U0226509

星载仪器观测的夏季青藏高原云降水及辐射研究

傅云飞　李　锐　刘　奇 等　著

国家自然科学基金委员会重大研究计划的集成项目“青藏高原云降水物理及其对能量收支和水分循环的影响”（项目批准号：91837310）资助
国家自然科学基金委员会重大研究计划的战略研究项目“青藏高原地-气耦合系统变化及其全球气候效应重大研究计划战略研究”（项目编号：92037000）资助
科技部第二次青藏高原综合科学考察研究子专题“青藏高原地形植被和降水特征研究和科考”（子专题编号：2019QZKK010401）资助
中国科学技术大学研究生教材出版项目资助

科学出版社
北　京

内 容 简 介

青藏高原地形复杂而广袤、自然条件恶劣，充分利用卫星平台搭载多仪器观测，可克服青藏高原地基仪器对云降水及辐射观测的局限性。因此，本书围绕青藏高原云降水和辐射时空分布特征这个主题，介绍了利用卫星搭载的多仪器观测数据及其他观测数据在此领域的最新研究成果。首先，介绍了青藏高原大气的基本状况，特别强调了青藏高原大气温湿风垂直结构的独特性；其次，介绍了用于青藏高原云降水及辐射研究的辐射传输方程、可见光与红外遥感仪器、星载微波雷达及其数据；之后，介绍了青藏高原云时空分布及其辐射、降水时空分布和雨团结构、降水类型及其降水垂直结构，并介绍了青藏高原降水潜热反演方法及潜热结构研究成果；最后，介绍了夏季青藏高原云水和水汽收支特点。

本书适合气象科技工作者和研究生阅读。

审图号：GS 京（2022）1122 号

图书在版编目（CIP）数据

星载仪器观测的夏季青藏高原云降水及辐射研究/傅云飞等著. —北京：科学出版社，2023.4

ISBN 978-7-03-075025-9

Ⅰ. ①星… Ⅱ. ①傅… Ⅲ. ①星载仪器–观测–青藏高原–降水–研究②星载仪器–观测–青藏高原–大气辐射–研究 Ⅳ. ①P426.61②P422

中国国家版本馆 CIP 数据核字（2023）第 038457 号

责任编辑：沈 旭/责任校对：樊雅琼

责任印制：师艳茹/封面设计：许 瑞

科学出版社 出版

北京东黄城根北街 16 号

邮政编码：100717

http://www.sciencep.com

北京九天鸿程印刷有限责任公司 印刷

科学出版社发行 各地新华书店经销

*

2023 年 4 月第 一 版 开本：720×1000 1/16

2023 年 4 月第一次印刷 印张：20

字数：403 000

定价：239.00 元

（如有印装质量问题，我社负责调换）

《星载仪器观测的夏季青藏高原云降水及辐射研究》

作者名单

傅云飞　李　锐　刘　奇

王　雨　仲　雷　赵　纯

前　言

我国的青藏高原是地球上独一无二的高原，其面积大、海拔高，使得它对区域甚至全球的天气和气候都有重要的影响。云和降水既形成于相应的天气过程和气候环境，又通过辐射等过程反馈作用于天气过程和气候环境。因此，了解云和降水及其辐射的诸多细节，是认知天气过程演变和气候变化规律的前提。我国政府和业界均十分重视青藏高原气象和水文、地质和地理等自然现象及规律的研究，对青藏高原的云和降水及辐射等相关大气科学问题的研究也不遗余力；四十多年来，已经组织实施了三次大规模的青藏高原科学试验，几代科学家不畏艰难险阻，克服种种困难，为获得青藏高原包括云和降水及辐射在内的诸多科学规律性的认知付出了巨大努力。

青藏高原海拔高、地形复杂，很多区域不具备开展地面观测的条件，因此借助卫星平台搭载多种仪器，观测青藏高原大范围的云和降水及辐射的诸多现象，并通过理论分析等手段，由此及彼地揭示这些现象背后的机理，不失为一种认知青藏高原云和降水及辐射特征的有效方法。我在最近的二十多年里，主要利用星载测雨雷达和可见光/红外仪器及被动微波仪器的观测结果，进行了云和降水及相关问题的研究，其中也涉及青藏高原云和降水及辐射的研究。撰写此书的目的在于从以往信马由缰式研究的结果中，将有关青藏高原云和降水及辐射的研究结果进行阶段性总结，通过整理和完善成册，抛砖引玉，为相关读者特别是本专业研究生提供一本较为详细的读物。

本书专注于星载测雨雷达等仪器观测现象的分析，因为认知事物的本质源于对现象的深入了解。由于云和降水及辐射之间的关系具有循环逻辑链，为简单起见，本书按照云、降水、辐射的顺序进行论述。考虑到水汽与云和降水密不可分，本书也用一章的篇幅论述青藏高原水汽收支问题。又考虑到本书可作为研究生的阅读参考书，故对大气辐射传输理论、雷达方程理论等进行简述，繁杂的公式推导可参阅书中所列的相关参考文献。

本书共分 8 章，大体为四个部分。第一部分由第 1 章和第 2 章组成，在介绍青藏高原大气基本状况的基础上，论述卫星遥感涉及的辐射传输理论、可见光和红外遥感仪器及云参数光谱反演方法，并论述星载测雨雷达涉及的雷达方程理论、星载测雨雷达特点和相关数据。第二部分即第 3 章，论述青藏高原云的时空分布特征和云识别方法，着重论述云辐射特征。第三部分由第 4～7 章组成，系统论述星载测雨雷达探测青藏高原降水，如地域性降水特点、降水频次和强度的空间分布、雨团结构及空间分布；详细论述了青藏高原降水类型的划分方法及各类降水类型的结构特点，特别论述了深厚降水和穿透性对流降水的结构和空间分布；系统论述了喜马拉雅山脉南坡陡峭地形的云结构和降水结构、坡面风场与降水结构之间的关系；还介绍了青藏高原降水潜热的反演方法、高原降水潜热空间分布特点等。第四部分即第 8 章，论述了青藏高原昼间云水时空分布及区域性差异，介绍了青藏高原周边地区对高原的水汽输送和高原上的水汽收支，以及青藏高原极端降水与大气温湿的关系。

本书内容以我与所指导学生和同事发表的学术论文为素材。在成书过程中，我执笔完成书稿的撰写和修改，其他作者对书稿框架给予了充分的建议，并参与完成相关章节的工作。如李锐教授完成了青藏高原降水潜热的研究，刘奇副教授完成了青藏高原降水廓线特征及其与周边地区差异的研究，冯沙博士完成了青藏高原对流层顶高度特点的研究，潘晓博士完成了喜马拉雅山脉南坡降水特征的研究，陈逸伦博士完成了青藏高原雨团的研究，张镛祺博士完成了喜马拉雅山脉南坡风场与降水的研究；还有不少工作由我指导的在读研究生完成：云辐射由陈光灿博士生完成，穿透性对流由孙囡博士生完成，深对流日变化由罗晶博士生完成，高原切变线降水和高原水汽收支由孙礼璐博士生完成，拉萨降水云内温湿风结构由王梦晓博士生完成，降水潜热算法的改进工作由王立羽博士生完成。杨柳、杨可和吴振豪等同学帮助完成了绘图和参考文献校对工作。在此，非常赞赏和衷心感谢他们对我研究意图和计划的充分理解，并付出大量时间和精力努力实施。

衷心感谢刘国胜教授把我领进了卫星遥感云和降水的研究领域，激发了我对此领域的浓厚兴趣，本书的一些内容为两人联名发表的学术论文。衷心感谢马耀明研究员和马伟强研究员热情邀请我参加青藏高原科考活动，使得我有机会获得很多感性认识，并拍摄大量青藏高原上云的照片。衷心感谢编辑沈旭女士约稿和鼓励，以及为本书顺利出版而辛苦工作的编辑。

本书的研究内容得到了国家自然科学基金委员会多个项目（课题编号：91837310，92037000，91337213，40375018）、科技部第二次青藏高原综合科学考察研究子专题（子专题编号：2019QZKK010401）的共同资助，还受到中国科学技术大学研究生教材出版项目（编号：2021ycjc09）的资助。再次衷心感谢业界老师们和朋友们的大力支持和帮助。

衷心期待本书的出版对我国青藏高原云和降水及辐射等研究起到些许的推动和借鉴作用。由于本人水平有限且在不到半年内撰写成稿，并因为预定字数限制而删去很多图表（可联系本人提供），书中瑕疵在所难免，真诚欢迎专家和学者的批评指正。

谨以此书祝福我的家人、老师们和朋友们！

傅云飞

2022 年 5 月

目　　录

照片 1.1 拍于沱沱河， 近处上空似为淡积云，其边沿纤维状明显，似卷云。远处为淡积云，块状分明。（光圈： f/13， 曝光时间： 1/200s，ISO：100）

第1章 青藏高原大气的基本状况

1.1 青藏高原地理特征和大气环流基本特征

1.1.1 地形和地貌

我国的青藏高原(Qinghai-Tibet Plateau) 海拔多在3000～5000m，是世界上海拔最高的高原，也被誉为“世界屋脊”或“第三极”。青藏高原介于26°～39°N、73°～104°E，高原南部有喜马拉雅山脉，东西横跨经度20多度，世界第一高峰——珠穆朗玛峰位于其中部；北部有昆仑山、阿尔金山和祁连山，东西长约2800km；西部为帕米尔高原和喀喇昆仑山脉，东部及东北部与秦岭山脉西段和黄土高原相接，南北宽300～1500km。按照地形划分，青藏高原分为藏北高原、藏南谷地、柴达木盆地、祁连山地、青海高原和川藏高山峡谷区6个部分，总面积约250万km^2。除西南边缘部分分属印度、巴基斯坦、尼泊尔、不丹及缅甸等国外，绝大部分位于中国境内。

青藏高原在中国地理上还被称为第一级阶梯，它包括喜马拉雅山脉以北、横断山脉以西、昆仑山和祁连山以南区域及柴达木盆地，平均海拔在4000m以上。青藏高原与其东部的第二级阶梯(包括内蒙古高原、黄土高原、云贵高原，还包括准噶尔盆地、塔里木盆地和四川盆地，平均海拔在1000～2000m)、第三级阶梯(主要是平原地区，大部分海拔低于500m)一起构成了中国西高东低的地形走势，也形成了中国特色的天气气候，地形坡面对降水具有增幅作用(傅抱璞，1992)，地理和地形因子能解释80%以上的降水量空间分布(舒守娟等，2007)。

青藏高原内地势相对平坦，地势也呈西高东低的特点。与同纬度周边地区相比，青藏高原显得突兀。青藏高原与周边过渡区高山大川密布，高山参差不齐，落差极大，故地势险峻、复杂多变，图1.1.1为利用地形海拔数据(Amante and Eakins，2009)资料绘制的青藏高原及周边地区的地形海拔分布，图中青藏高原相对周边地区宛如一座高耸至对流层中部的台地；夏季在太阳照射作用下，地面潜热和感热过程使得高原气温较周边同高度大气高出4～6℃。以海拔占面积的比例计算，西藏全区海拔4000m以上的面积占86.1%，青海全省海拔4000m以上的面积占60.93%。青藏高原地域间海拔落差巨大，位于喜马拉雅山脉的世界第一高峰——珠穆朗玛峰海拔为8848.86m，而金沙江海拔仅1503m；喜马拉雅山平均海拔在6000m左右，而雅鲁藏布江河谷平原仅有3000m。高原上的湖泊众多，共有大小湖泊1400多个，面积大于

$10km^2$ 的湖泊有 346 个；青藏高原众多水系及冰川融雪成为雅鲁藏布江（出境后称布拉马普特拉河）和恒河、澜沧江（出境后称湄公河）、怒江（出境后称萨尔温江）、金沙江及长江、黄河的发源地。

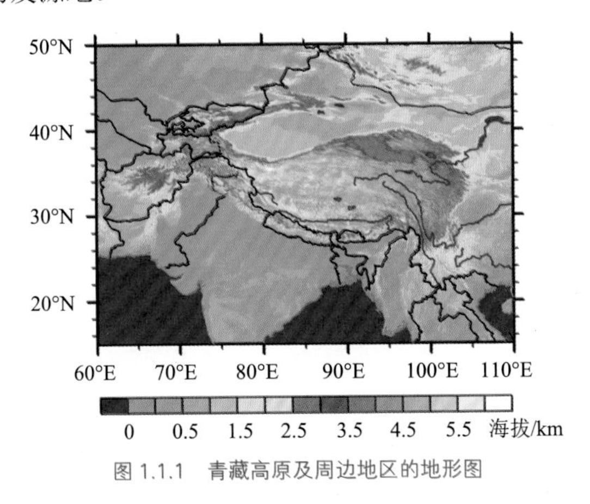

图 1.1.1 青藏高原及周边地区的地形图

1.1.2 地表和空气质量

植被指数（vegetation index，VI）作为反映地表植被覆盖情况的参数，常被用来表征地表特征，特别是对于广袤而缺乏地面观测的青藏高原地区，采用卫星搭载的光谱仪器观测反演植被指数，可描述其地表特征。植被指数是利用光学方法来估算提取植物中绿色生物量，因为植物叶子的细胞结构使它在近红外波段（IR）具有高反射值，而其叶绿素在红光波段（R）具有强吸收性，利用光谱中的 IR 和 R 通道便可计算比值植被指数（ratio vegetation index，RVI：RVI=IR/R）和归一化植被指数[normalized differential vegetation index，NDVI：NDVI=（IR–R）/（IR+R），其值介于–1～1 之间]。研究表明 NDVI 负值表示地面为云、水、雪等覆盖，0 表示有岩石或裸土等覆盖，正值表示有植被覆盖，且植被越茂密则正值越大。图 1.1.2 为利用中等分辨率成像光谱仪（Moderate Resolution Imaging Spectroradiometer，MODIS）产品数据绘制的青藏高原冬季和夏季的归一化植被指数分布，表明冬季青藏高原东部偏南的少数区域 NDVI 可达 0.2～0.6，其他区域均小于 0.2，高原西部和北部的 NDVI 近乎零；夏季青藏高原东部植被状况转好，NDVI 可达 0.5～0.8，但高原西部和北部植被仍旧很差。相比之下，中国西南至中南半岛、孟加拉平原、喜马拉雅山脉南坡的植被很好，这些地区冬季的 NDVI 为 0.4～0.8，而夏季可超过 0.8。由此可见，除青藏高原东部外，高原上的植被状况并不好，大部分地表为沙石，热容小，白天在阳光照射下，地面感热强，近地面气温也迅速上升，午后大气强烈的不稳定，如果水汽条件具备，则时常出现对流活动。

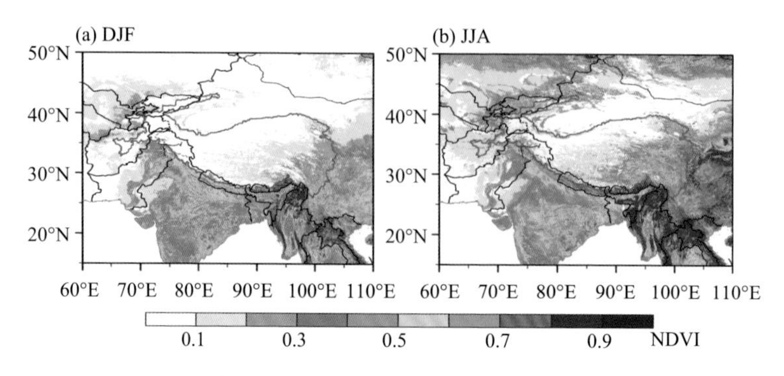

图 1.1.2 青藏高原冬季(a)和夏季(b)的归一化植被指数(NDVI)分布

利用 2003～2020 年冬季和夏季 MODIS 逐月数据计算；冬季指 12 月、1 月和 2 月，缩写为 DJF；夏季指 6 月、7 月和 8 月，缩写为 JJA；图中紫色实线为 3000m 海拔等值线；下同

青藏高原地处我国的西部，人口稀少、工业极少，因此这里的空气质量非常好。青藏高原的空气污染主要来源于局地生物燃料的燃烧和外来输入，前者与当地社区人们生活(如做饭、供暖等)有关，后者则为周边污染排放，经气流携带上了高原。研究表明南亚大气污染物可输送到青藏高原(Cong et al., 2015; Kopacz et al., 2011; Lu et al., 2012; Kang et al., 2016; Zhang et al., 2020)。图 1.1.3 为利用 MODIS 产品数据绘制的青藏高原冬季和夏季的气溶胶光学厚度的空间分布，它表明青藏高原上的气溶胶浓度低，冬季大部分区域的气溶胶光学厚度小于 0.2，甚至小于 0.1，少数地区

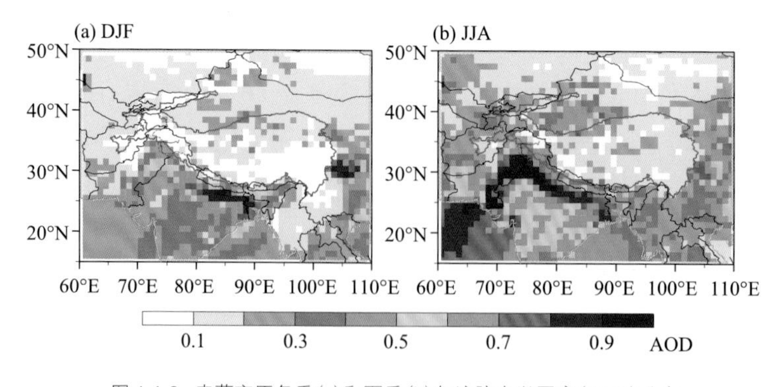

图 1.1.3 青藏高原冬季(a)和夏季(b)气溶胶光学厚度(AOD)分布

达到 0.3，估计由沙尘引起；而夏季气溶胶仍处于很低的水平，大部分区域的气溶胶光学厚度小于 0.2。因此，青藏高原大气透明度极好，到达地面的太阳辐射也极强，加之地面植被差，白天地面的感热非常强烈。

1.1.3 大气环流

一方面，青藏高原位于 26°～39°N 之间的内陆，但它南邻印度洋北部的印度次大陆、孟加拉湾北部的孟加拉国、缅甸，故南北方向的下垫面从水面经陆面至高原的分布，造成了辐射热力强迫的南北差异，进而加剧了南亚的夏季风环流。另一方面，青藏高原总体上处于北半球西风带，高原上盛行偏西风；从春季至夏季，伴随着西南季风自印度向北推进，季风暖湿气流到达喜马拉雅山脉南坡，出现爬流、越流和绕流现象，在静止卫星云图上时常可见云系翻越喜马拉雅山脉进入高原，继续向偏东方向移动，到达高原东部并移向内陆地区。

图 1.1.4 为利用再分析资料 ERA5 绘制的青藏高原冬季和夏季地面风速和大气温度的空间分布。该图表明冬季高原中部的近地面偏西风较强，可达 $5m\cdot s^{-1}$ 以上，因为冬季高原处于北半球西风带中；高原大部分区域的地面气温低于 265K。夏季近地面的风速较小，大部分区域小于 $3m\cdot s^{-1}$，且风向朝高原中部辐合，地面气温为 280K 左右；夏季高原中部地面感热强烈，形成了热低压区，故成为气流的辐合中心，这也是夏季高原上对流活动旺盛的原因。和周边地区的地面气温相比，青藏高原的地

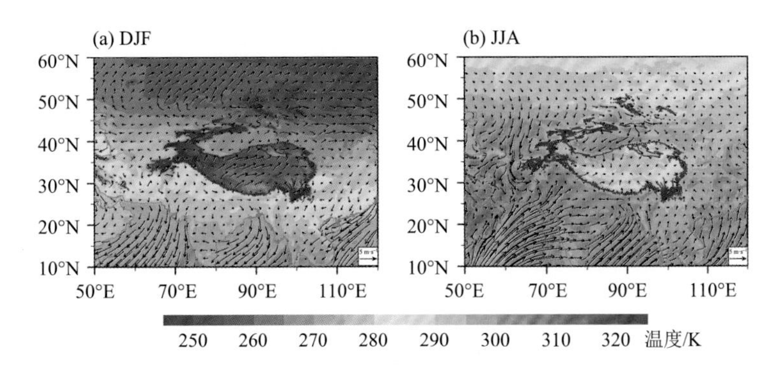

图 1.1.4　利用 1990～2019 年逐月再分析资料 ERA5 绘制的青藏高原冬季(a)和夏季(b)地面风速(黑色矢量)和大气温度(填色)

图中青藏高原轮廓为 3000m 海拔等值线，下同

面气温要低近 30K，但与周边地区同高度的大气相比，高原地面气温要高。在青藏高原南部的印度次大陆及周边海域，该图清楚地表明南亚冬季风(偏北风)和夏季风(偏南风)的差异。

在 500hPa 气压高度，冬季青藏高原位于准东西向的等高线中[图 1.1.5(a)]，表明冬季海拔 5500m 左右的高度，高原上为西风气流控制；高原东北部处于东亚大槽的后部，冷空气会经过高原东北侧南下，进入我国东部；高原上主要为盛行下沉气流。图 1.1.5(b)显示在夏季 500hPa 气压高度，高原上为低气压区(中心位于高原中部)，并且大部分区域盛行上升运动，这与地面气流辐合区一致[图 1.1.4(b)]。此外，在印度次大陆的中部偏东地区，500hPa 为一低压中心，即夏季的南亚季风低压中心和上升运动中心，该低压东侧的偏南气流，将向青藏高原输送季风暖湿空气；高原北侧(40°N 以北)等高线密集，表明夏季北半球西风带已经北移至青藏高原以北地区，因此高原夏季主要受西南季风的影响。

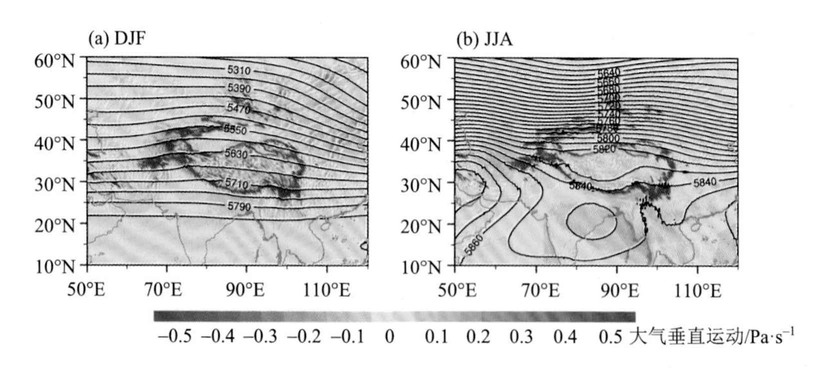

图 1.1.5 利用 1990～2019 年逐月再分析资料 ERA5 绘制的青藏高原冬季(a)和夏季(b)500hPa 位势高度等值线(黑色实线，单位：位势米)和大气垂直运动(填色)

在 200hPa 气压高度，冬季青藏高原仍处于准东西向的等高线中，且空气下沉运动[图 1.1.6(a)]，结合 500hPa 等高线分布可知，冬季青藏高原上空为深厚的西风气流控制，因此冬季青藏高原大气干燥。夏季青藏高原 200hPa 为大气辐散区[图 1.1.6(b)]，该辐散区一直向南延伸至印度次大陆和孟加拉湾上空，它们对应 200hPa 的高压区，高压中心位于喜马拉雅山脉中段偏东；结合图 1.1.5(b)中显示的季风低压中心位置可知，印度次大陆中部偏东地区至喜马拉雅山脉南侧，大气上升运动强烈，这里应该是夏季季风环流最强的上升支所在地，也是夏季西南季风作用高原的重要通道。

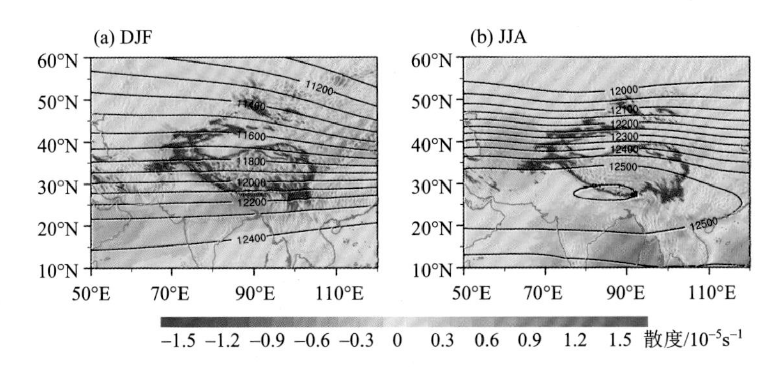

图 1.1.6 利用 1990～2019 年逐月再分析资料 ERA5 绘制的青藏高原冬季(a)和夏季(b)200hPa 位势高度等值线(黑色实线，单位：位势米)和散度(填色)

青藏高原对周边及更大范围大气环流的影响，充分体现在经圈和纬圈大气环流上。利用 1990～2019 年逐月再分析资料 ERA5，计算并绘制的青藏高原冬季和夏季沿 90°E 的经圈大气环流如图 1.1.7 所示。该图显示冬季青藏高原上空为偏南气流，在高原近地面至其上 2km 高度存在弱上升运动；冬季高原地面主要表现为冷源，因此这些弱上升运动由高原大地形动力强迫引起。而夏季因高原地面热力作用强烈，高原上空整层大气均表现为旺盛的上升运动区，最强上升运动位于喜马拉雅山脉南

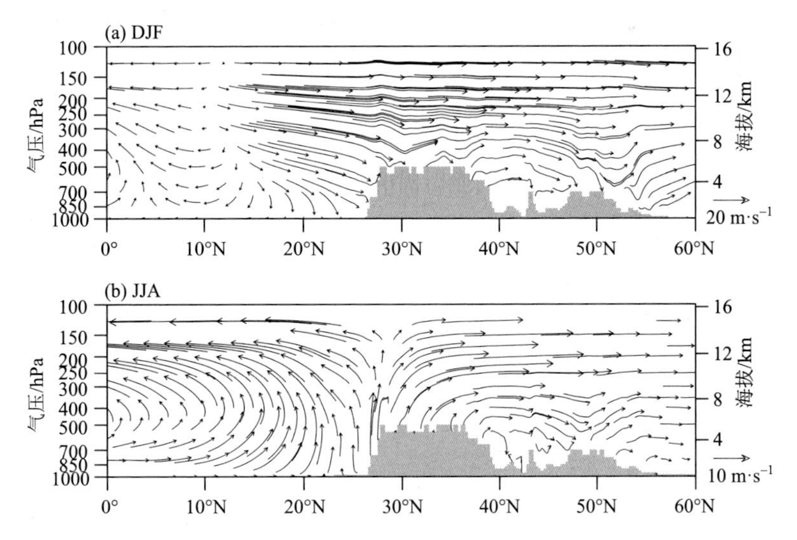

图 1.1.7 利用 1990～2019 年逐月再分析资料 ERA5 绘制的青藏高原冬季(a)和夏季(b)沿 90°E 的经圈大气环流

图中高台状阴影为青藏高原

坡，这里的强上升运动由地面感热和降水潜热的热力作用、陡峭坡面的动力强迫作用所引起。源于印度北部至喜马拉雅山脉和青藏高原的上升运动，在200hPa高度以上，分别流向南半球和北半球中纬度地区。图1.1.7(b)中30°N以南可见完整的南亚季风环流圈，青藏高原上空大范围上升运动成为高原上降水形成的有利条件，也是夏季青藏高原对流活动盛行的主要原因。

青藏高原冬季和夏季沿32.5°N的纬向大气环流如图1.1.8所示，可见冬季青藏高原处于深厚的西风带中，西风遇到高原西侧受到地形强迫，在400hPa以下高度产生上升气流，而在高原东侧的我国东部地区，气流下沉，这也是冬季我国东部地区大气较为干燥的原因之一；因地面摩擦作用，高原近地面风速较小，而高空风速大，存在西风动量下传过程。夏季随着青藏高原处于偏西气流中，但因高原地面感热强烈，高原上空气流上升运动盛行，图中可见自青藏高原向东至我国东部地区，大气向东倾斜上升，成为北半球中纬度夏季的纬向大气环流上升支，而青藏高原大气整体处于上升运动中，有利于对流活动的发生发展。

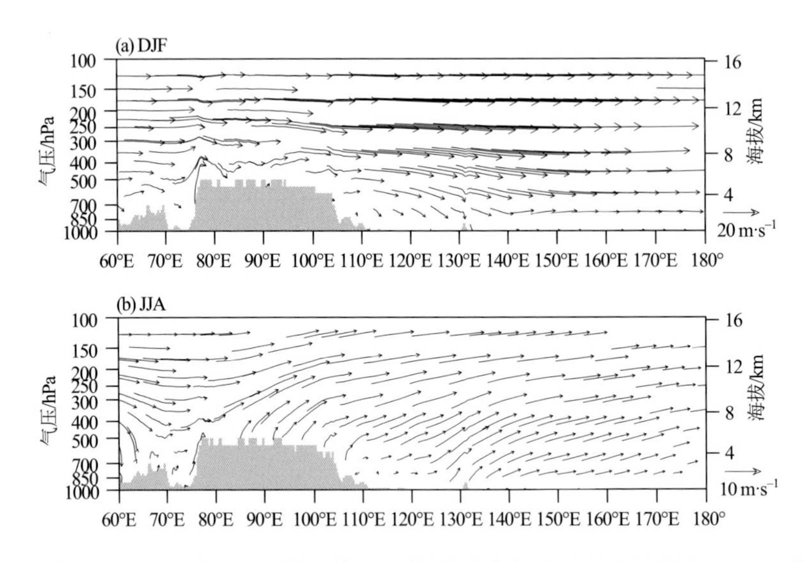

图1.1.8 利用1990～2019年逐月再分析资料ERA5绘制的青藏高原冬季(a)和夏季(b)沿32.5°N的东西向大气环流

图中高台状阴影为青藏高原

1.2 青藏高原大气垂直结构

在地球重力和太阳辐射热力的作用下，地球大气在垂直方向上呈层结结构，其中大气圈质量的90%均集中于对流层大气中，即海平面至海面上空16km的空间内。因为大气对太阳短波辐射基本透明，地面吸收太阳短波辐射而发出热辐射（长波辐射），而大气正好吸收来自地面长波辐射能量的一部分（相当于大气被地面加热），近地面大气较高层大气被加热得强，故此气候平均的对流层大气温度自地面向上递减。但是，因地球不同区域的下垫面差异，如积雪冰盖、沙漠、雨林、作物、城市等，这些不同性质的地表吸收太阳短波辐射的能力有所不同，故产生非均匀的地表受热空间分布，引起大气热力层结空间分布的不同，如大气温度随高度增加（逆温层结）、大气温度随高度强烈递减（超绝热冷却层结）等同时分布于不同区域，也就造成不同区域的不同天气现象。由此可见，大气温度结构与天气气候密切相关。为了解青藏高原的大气温度结构特点，选取与青藏高原同纬度带的中国东部平原（简称东部平原），作为对比分析区域。因COSMIC（Constellation Observing System for Meteorology, Ionosphere, and Climate）GPS（global positioning system）观测的温度垂直结构细致（见第2章中的介绍），以下用来计算热力学第一对流层顶（lapse rate tropopause，LRT，它定义为LRT_{first}）和冷点对流层顶（cold point tropopause，CPT）。

1.2.1 青藏高原与非高原大气温度结构的差异

青藏高原和东部平原的多年平均、多年冬季和夏季平均的大气温度廓线及其标准差廓线如图1.2.1所示，图中显示青藏高原与东部平原的大气温度垂直结构并未出现明显的差异，平均大气温度廓线均在冷点（cold point）高度以上变化较小，夏季温度标准差较冬季的小；冷点高度以上平均大气温度随高度增加而增加，大气平均状态稳定，冷点高度以下大平均气温度随高度增加而降低，大气平均状态稳定性差。青藏高原与东部平原的CPT均位于17～18km，但冬季的略高（高原为18.3km，平原为17.8km）、夏季的略低（高原为17.5km、平原为17.3km）；CPT对应的平均气温约为–70℃，但冬季的平均气温较高（高原为–67℃、平原为–67.1℃）、夏季的较低（高原为–75.7℃、平原为–72.5℃）。

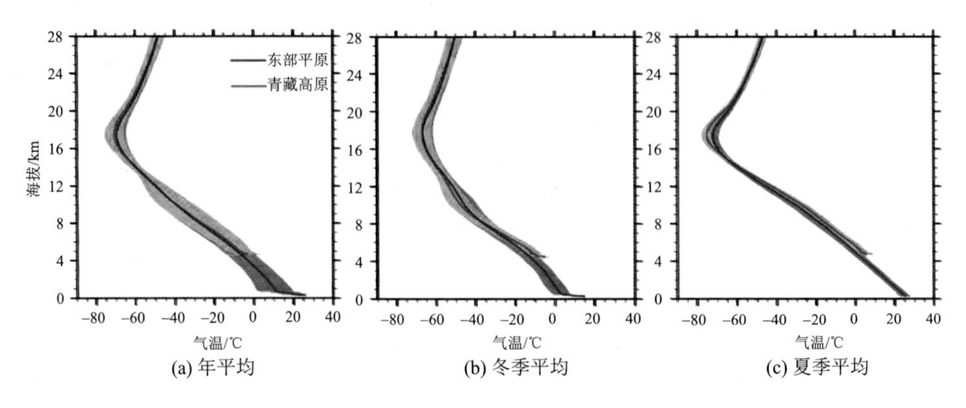

图 1.2.1 青藏高原和东部平原平均大气温度廓线及其标准差(引自 Feng et al., 2011)

计算时间长度为 2006 年 6 月～2009 年 12 月

计算的 2006 年 6 月～2009 年 12 月青藏高原和中国东部平原的大气温度随时间的变化及两地区大气温度差随时间的变化表明，青藏高原上空对流层与平流层之间厚度层(16～20km)比东部平原的厚，青藏高原 14km 以上大气温度较东部平原的低 1～4℃，而在 14km 以下至 5km 高度多数时间青藏高原的大气温度较东部平原高出 1～4℃。这是因为高原大气干洁、地面植被差，地面易受到强烈太阳辐射的加热，导致高原近地面大气温度递减率接近超湿绝热递减率，有利于对流活动的发展，而相变潜热和地面感热使得青藏高原对流层大气温度较东部平原高。青藏高原的 CPT 高度变化于 17～18km，而东部平原的 CPT 高度稍低 1km。由此可见，青藏高原大地形对大气垂直结构具有一定的影响，大体使高原上的对流层顶高度稍有抬升；但大地形明显导致高原上的对流层大气柱受到了压缩，如以冷点高度定义对流层顶高度，则青藏高原的对流层厚度为 14～15km，而平原地区的对流层厚度约为 18km。

1.2.2 青藏高原与非高原对流层顶的差异

热力学第一对流层顶(即 LRT_{first}，简记为 LRT)高度和冷点对流层顶(CPT)高度的概率密度分布(DPD)曲线显示，青藏高原和东部平原的 LRT 高度多呈现双峰分布，峰值分别位于 11km 和 16～17km 高度；研究表明这种双峰型分布由副热带急流引起的对流层顶折叠所造成(Kochanski, 1955; Holton et al., 1995; Chang et al., 1998; Schmidt et al., 2006; Randel et al., 2007; Añel et al., 2008)，LRT 高度在青藏高原上峰值分别为 11km(18.1%)和 16km(13.8%)，而在东部平原上的峰值分别为

11km(21.4%)和 15km(13.3%)。夏季时，副热带急流迅速减弱，且北移至 40°～45°N 附近，此时青藏高原地表被太阳辐射强烈加热，对流层大气混合充分，使得 LRT 抬升(Randel et al., 2007)，造成夏季 LRT 高度的 DPD 呈单峰型；此外，因青藏高原夏季强烈的地面感热加热对流层大气，使高原上 LRT 高度的 DPD 在 16km 高度的占比达 58%，而东部平原的占比仅为 39.2%。多年及冬季和夏季的 DPD 曲线显示，青藏高原和东部平原的 CPT 高度均呈单峰型分布，季节差异不明显，单峰位于 17～18km，高原和平原的占比分别为 72.52%和 69.22%，其中 CPT 高度为 18km 的 DPD 占比最高，青藏高原为 38.24%，东部平原为 37.9%。

由于 COSMIC 探测获得的大气温度廓线具有很高的垂直分辨率，且给出大气温度廓线伸展的高度高，故计算所得 LRT 的变化范围(8～22km)大于以往探空资料计算的 LRT 范围(11～17km)，以往的粗垂直分辨率探测无法识别多对流层顶结构。

利用月平均数据计算的对流层顶高度(CPT 高度和 LRT 高度)和相应气温的多年逐月平均变化曲线表明，LRT 高度和 CPT 高度具有反向变化的特点，LRT 在夏季达到最高，相应气温最低，而在冬季其高度最低，相应气温最高；与此相反，CPT 在冬季偏高，相应气温偏暖，夏季其高度最低，相应气温最低。LRT 季节变化明显，其高度变化范围为 13～19km，相应的气温变化在–72～–56℃，而 CPT 的高度仅在约 1.5km 范围内变化，相应的气温变化范围仅为 10℃左右。如果以 LRT 高度定义对流层顶的高度，则夏季青藏高原比东部平原的对流层顶高出约 2.5km，冬季则低于东部平原。如果以 CPT 高度定义对流层顶的高度，则夏季青藏高原与东部平原的对流层顶高度相当，但冬季时青藏高原比东部平原的要高约 1.5km(Feng et al., 2011)。

对流层顶高度(CPT 高度和 LRT 高度)和相应气温的多年季节平均变化显示，青藏高原 8 月的 LRT 高度(18.4km)最高、气温(–67.5℃)最低，2 月其 LRT 高度(13.1km)最低、气温(–57.5℃)最高；在东部平原，8 月其 LRT 高度(17.4km)也最高、气温(–67.5℃)最低，1 月其 LRT 高度(13.4km)最低、气温(–58.7℃)最高(Feng et al., 2011)。LRT 高度变化和气温变化基本上呈反向变化，在以往的研究中也有类似结果(Randel et al., 2000; Santer et al., 2003; Schmidt et al., 2004, 2006)。但 CPT 高度的季节变化具有地域差异，如在热带地区 25°S～25°N 的 CPT 高度为冬低夏高(Gettelman and Forster, 2002)，而在赤道地区 10°S～10°N 的 CPT 高度则冬高夏低(Seidel et al., 2001)。

总体上，青藏高原和东部平原的 CPT 高度基本上没有季节变化(仅在 0.6km 以内)，但两地 CPT 气温具有季节变化，夏季 CPT 的气温最低；青藏高原和东部平原的 CPT 高度差异小，但两者的气温差异较大，夏季差异最大(可达 4.2℃)。LRT 高度和气温都具有强烈的季节变化，青藏高原的 LRT 高度为夏高冬低，且青藏高原的 LRT 高度季节变化幅度最大;两地的 LRT 气温与 LRT 高度变化恰恰相反，夏季 LRT 高度最高，但 LRT 气温最低；两地的 LRT 高度差在 8 月达到最大(1.1km)，而两地的 LRT 气温差在 6 月达到最大(7℃)。

为了清楚地理解夏季青藏高原大地形动力和地面热力对对流层顶高度的作用，图 1.2.2 给出了沿 32.5°N 的东西方向，LRT 和 CPT 的多年年均值、多年冬季和夏季均值。图 1.2.2(a)表明 CPT 高度在青藏高原(平均海拔超过 4000m)上被抬升至 18km，在高原西部和中部尤为明显，而在东部平原 CPT 高度仅为 15km；不论高原还是平原的 CPT 均无明显的季节变化；由此可知，青藏高原上的 CPT 高度主要受到高原大地形的动力强迫作用，而地面热力强迫作用对 CPT 高度的影响较小。图 1.2.2(b)表明青藏高原和东部平原的 LRT 高度存在明显的季节变化，夏季 LRT 高度显著地高于冬季 LRT 高度，说明地面热力作用能显著改变 LRT 高度；冬季青藏高原和东部平原的 LRT 高度基本相同，而夏季青藏高原的 LRT 高度稍高于东部平原的 LRT 高度，高原上 LRT 高度较平原高出 1～2km，说明青藏高原夏季地面热力作用较东部平原地面强，同时也表明青藏高原的 LRT 高度主要受高原地面热力作用，高原大地形作用属于次要影响因素。

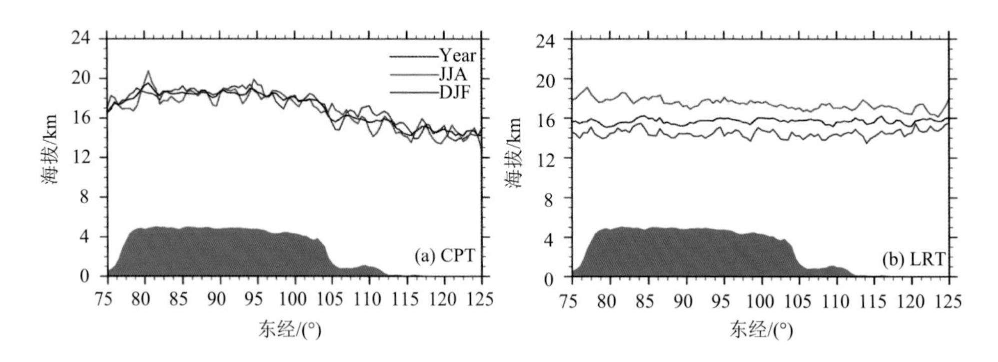

图 1.2.2 沿 32.5°N 的 CPT 高度(a)和 LRT 高度(b)变化曲线(引自 Feng et al., 2011)

2006 年 6 月～2009 年 12 月的年平均为黑色实线，夏季平均为红色实线，冬季平均为蓝色实线；冬季和夏季定义同图 1.1.2；图中阴影台地为青藏高原

1.3 本章要点概述

本章首先介绍了青藏高原的地形地貌特征、地表植被特点和空气质量状况，这些都是青藏高原云和降水发生的地理环境。随后介绍了青藏高原及周边地区冬季和夏季大气环流特征，包括地面风场和气温、500hPa 气压高度的位势高度和大气垂直运动、200hPa 气压高度的位势高度和散度的水平分布特点，并介绍了青藏高原冬季和夏季的垂直大气环流特征。最后重点介绍了青藏高原大气的垂直结构特点，包括青藏高原与非高原地区(中国东部平原)的大气温度结构差异、对流层顶高度的差异，指出青藏高原因地形海拔高度高，而其对流层顶高度与周边相差小，故青藏高原地形高度压缩了青藏高原上的对流层厚度，这点对理解青藏高原云和降水的特点至关重要。

照片 1.2 夏季青藏高原上长条排列的云。似淡积云，却具有很长水平尺度；似平原地区的高积云，云底距地面高度却很低。（行车速度约80km·h^{-1}，光圈：f/10，时间：1/800s，ISO：200）

照片 1.3 夏季青藏高原上大片积云，厚实部位透光性差，云底呈深灰色，而边沿较薄，呈纤维丝状。地面海拔约4400m，目测云底距地面高度约1000m，判断此云为（行车速度约80km·h^{-1}，光圈：f/11，曝光时间：1/800s，ISO：200）

照片 2.1 荒凉山脊上的浓积云，其底部可能出现降水。(拍于加乌拉山口，光圈：f/18，曝光时间：1/100s，ISO：200)

第2章 青藏高原云降水卫星遥感技术

云和降水是发生在地球对流层大气中的一种天气现象。云由多个小水滴或冰晶粒子或过冷水粒子构成，这些粒子在适当的环境下可长大，变成降水粒子，以雨、雪、霰或雹的形式降至地表。目前，云和降水的研究工作主要涉及其微观属性（主要指云粒子的大小、形状、相态等，简称云参数）和宏观属性（主要指云类型、云量、云结构等），前者的研究内容包括核化、粒子长大成雨的物理过程和化学过程，而后者的研究内容主要涉及云面积及形态等参数。卫星搭载仪器遥感云降水还涉及云参数反演、云类型识别和云团识别等方法研究。

从观测技术方法上说，获取全球范围的云宏观属性和微观属性，主要依靠卫星搭载光谱仪器、被动微波仪器、主动微波（雷达）和激光雷达的探测。20 世纪 80 年代初开始，通过分析静止卫星和极轨卫星的观测数据，给出了不同类型云的云量及其辐射的空间分布，云参数的反演方法也得到了发展，增进了我们对全球云气候特征和云辐射强迫效应的理解（Schiffer and Rossow，1983；Minnis et al., 1992；Klein and Hartmann，1993；Rossow and Garder，1993；Martin et al.，1995；Rossow and Schiffer，1999；Chen et al., 2000；刘洪利等，2003；李昀英等，2003；Raschke et al.，2005；刘奇和傅云飞，2009）。20 世纪 90 年代末，卫星搭载的测云微波雷达和激光雷达观测使我们对全球范围内云的垂直结构有了新的认识（Luo et al., 2009; Mace et al., 2009; 谭瑞婷等，2018）。目前，我们对云宏观属性的认识已远超对其微观属性的认识，如利用星载的光谱仪或成像仪观测结果，可以反演获得的云量、云状、云迹风等云产品，它们已广泛地用于天气分析和天气预报（陈渭民，2005）。随着卫星平台搭载更先进的光谱成像仪或光谱辐射计、微波成像仪、测云雷达和激光雷达等仪器，以及云参数反演算法的提高（Arking and Childs，1985；Huang and Diak，1992；Rao et al.，1995；McKague and Evans，2002；Zhao and Weng，2002；Stephens et al.，2002；Winker et al.，2010；Wang et al.，2011），为我们认识云参数特性提供了新的机遇。

本章将首先介绍辐射传输方程，然后介绍星载光谱仪器反演云参数的方法、星载微波雷达探测降水的方法，最后介绍所关注的星载主被动仪器观测数据及其融合数据，这些都是分析研究云降水规律的基础数据。

2.1 辐射传输方程简介

大气中的辐射传输理论已经发展了很多年，廖国男(2004)在《大气辐射导论》一书中，对辐射传输的研究历史做了概述。大气中的辐射传输与电磁波理论密不可分，迄今光波辐射传输研究已有百年以上的历史。大气中的辐射传输求解方法主要包括离散纵标法、不变性原理、累加法。它们均在平面平行假定下得出，这适合简化局域大气辐射传输的计算，因为局域大气参数和辐射强度主要在垂直方向变化。

2.1.1 辐射传输方程

相比可见光/红外波段，微波具有更长的波长，因此在微波谱区，只要考虑水汽和分子氧的吸收，而液滴和冰晶的粒子半径远小于微波波长，它们的吸收截面远大于其散射界面，故其散射效应可忽略。作者认为云中存在大粒子(如强降水的大雨粒子、大冰雹粒子)的情况下，不能忽略微波高频波段的粒子散射效应。在平面平行大气和非黑体表面的假定下，Liou(1980)给出了微波的辐射传输方程，如下：

$$
\begin{aligned}
L_\nu(0) = {} & \varepsilon_\nu B_\nu(T_{\mathrm{s}})\tau_\nu(p_{\mathrm{s}},0) + \int_{p_{\mathrm{s}}}^{0} B_\nu[T(p)]\frac{\partial \tau_\nu(p,0)}{\partial p}\mathrm{d}p \\
& + (1-\varepsilon_\nu)[\tau_\nu(p_{\mathrm{s}},0)]^2 \int_{p_{\mathrm{s}}}^{0} \frac{B_\nu[T(p)]}{\tau_\nu(p,0)^2}\frac{\partial \tau_\nu(p,0)}{\partial p}\mathrm{d}p \\
& + (1-\varepsilon_\nu)[\tau_\nu(p_{\mathrm{s}},0)]^2 B_\nu(T_{\mathrm{space}})
\end{aligned}
\tag{2.1.1}
$$

式中，下标 s 代表地面；下标 space 代表宇宙背景；下标 ν 代表频率为 ν 的参数；p_{s} 为地面气压，卫星所处高度的气压为 0；$L_\nu(0)$ 表示卫星天线(p=0)接收到的频率为 ν 的上行辐射强度；ε_ν 是地表比辐射率；$B_\nu(T)$ 是温度为 T、频率为 ν 的普朗克函数；$\tau_\nu(p_{\mathrm{s}},0)$ 是从地面($p=p_{\mathrm{s}}$)至卫星高度($p=0$)的大气透过率。

式(2.1.1)表明卫星天线接收的辐射强度是地表温度、地表比辐射率、宇宙背景辐射温度、大气透过率的函数，其中大气透过率还是温度和湿度廓线的函数。故卫星天线接收到的上行辐射强度表现为以下四部分之和：地表上行的发射辐射强度、大气上行的发射辐射强度、大气下行的发射辐射经地表反射后的上行辐射强度、宇宙背景辐射经地表反射后的上行辐射强度。研究表明相比与高于 5GHz 频率的大气发射温度，宇宙背景辐射温度非常低($T_{\mathrm{space}} \approx 2.7\mathrm{K}$)，所以式(2.1.1)最后一项通常可以忽略(Ulaby et al., 1981)。

2.1.2 辐射传输方程简化

上述辐射传输方程在特定的条件下可以简化，如 Grody(1976)在前人(Stogryn，1964；Shifrin，1969)的基础上，考虑在非降水情况下，局地大气处热动力平衡状态，因此星下点亮温 $T_B(\nu)$ 可以写成

$$T_B(\nu)=T_s\left[a_\nu-b_\nu\tau_\nu^2(0,H)\left(1-\varepsilon_s(\nu)\right)\right] \tag{2.1.2}$$

$$a_\nu=1+\int_0^H\left(1-\tau_\nu(z,H)\right)\frac{T'(z)}{T_s}\mathrm{d}z \tag{2.1.3}$$

$$b_\nu=1+\int_0^H\left(1-\tau_\nu(z,H)\right)\frac{T'(z)}{\tau_\nu(z,H)T_s}\mathrm{d}z \tag{2.1.4}$$

式(2.1.2)和式(2.1.3)中，$T'(z)=(\partial/\partial z)T(z)$，$T(z)$为 z 高度处气温；$\tau_\nu(z,H)$为 z 高度至卫星高度 H 的频率为ν的大气透过率；T_s 和$\varepsilon_s(\nu)$分别为地表(海表)温度和频率为ν的发射率(或吸收率)，而 $1-\varepsilon_s(\nu)$是地面的镜面反射率(没有考虑地表粗糙度)。在晴空情况下，低于 40GHz 频率相应的 a_ν和 b_ν小于 1，因此$\tau_\nu(z,H)$接近 1，故晴空情况下的大气柱中除了 22.235GHz 的水汽吸收外，对低于 40GHz 频率基本透明。而在云天情况下，a_ν和 b_ν显得重要，因为云层液态水的吸收效应显现，这就成为反演云液态水的基础。

Grody(1976)还仔细分析了水汽和液态水在微波波段的吸收性质，给出大气温度廓线和大气透过率，式(2.1.2)很适合频率低于 40GHz 的微波通道反演水汽和云液态水。此时，大气透过率由大气中的水汽、液态水和氧气决定，即$\tau_\nu=[\tau_\nu(H_2O)\ \tau_\nu(O_2)]\ \tau_\nu(\text{liquid})$，辐射传输方程则简化为

$$T_B(\nu)=T_s\left[1-\tau_\nu^2\left(1-\varepsilon_s(\nu)\right)\right] \tag{2.1.5}$$

该方程可以说是形式最简化、物理意义却非常清晰的辐射传输方程，曾被 Rosenkranz 等(1978)用来反演台风的可降水和云液态水及海面风速。

由于实际大气并非平面平行，而是一种层结大气，且云和降水粒子具有各种形状，并产生电磁辐射的偏振效应(或称为极化效应)，发展具有偏振辐射特性的传输理论及相应的模型[如矢量辐射传输方程(vector radiative transfer equations，VRTE)]

就显得十分重要。理论上，求解偏振辐射传输方法需要通过高斯-赛德尔迭代方法、蒙特卡罗方法或倍增加法等。离散纵标法用于计算行星大气辐射强度及通量，可靠且有效，但用于多重散射和分层发射介质中的 VRTE 求解时则存在问题。

为此，Weng(1992a)考虑辐射场的极化特性，提出了矢量微分辐射传输方程离散化的理论，它包括了太阳辐射和热辐射传输过程，并用多层离散纵标法给出了介质散射和发射的四个 Stokes 参数的显式解。该理论通过对多层散粒子的散射矩阵进行平均，然后根据球面三角学对平均散射矩阵进行线性变换，得到了相位矩阵；再将向量辐射传输方程中的相位矩阵和辐射向量展开为傅里叶余弦级数和傅里叶正弦级数形式；通过求解本征值、本征向量和特解，得到了辐射向量余弦和正弦模态离散矩阵方程组的完备解。Weng(1992b)还从多方面检验了 VRTE，表明其辐射传输计算精度好。

为简洁起见，Weng 和 Grody(1994)给出的垂直极化和水平极化微波辐射传输方程如下：

$$\mu\frac{\mathrm{dTV}(\tau,\mu)}{\mathrm{d}\tau}=\mathrm{TV}(\tau,\mu)-(1-\varpi)T(\tau)-\varpi t_{\mathrm{vms}}(\tau,\mu) \tag{2.1.6}$$

$$\mu\frac{\mathrm{dTH}(\tau,\mu)}{\mathrm{d}\tau}=\mathrm{TH}(\tau,\mu)-(1-\varpi)T(\tau)-\varpi t_{\mathrm{hms}}(\tau,\mu) \tag{2.1.7}$$

式中，TV 和 TH 分别是垂直极化和水平极化辐射量(或理解为卫星天线接收的亮温)；T 为大气温度；τ是光学厚度；μ是天顶角的余弦值；ϖ是单次散射反照率；t_{vms} 和 t_{hms} 分别表示多次散射过程项。式(2.1.6)和式(2.1.7)表明经过τ和μ的垂直极化和水平极化辐射量变化，由温度为 T、光学厚度为τ的气层吸收和该层内的多次散射引起的衰减造成。

如果考虑到上行和下行辐射过程，上式可改写为

$$\mathrm{TV}(\tau,\mu)=T_{\mathrm{vu}}+\zeta\left[\varepsilon_{\mathrm{v}}T_s+(1-\varepsilon_{\mathrm{v}})T_{\mathrm{vd}}\right]+\varpi T_{\mathrm{vms}} \tag{2.1.8}$$

$$\mathrm{TH}(\tau,\mu)=T_{\mathrm{hu}}+\zeta\left[\varepsilon_{\mathrm{h}}T_s+(1-\varepsilon_{\mathrm{h}})T_{\mathrm{hd}}\right]+\varpi T_{\mathrm{hms}} \tag{2.1.9}$$

式中，ε_{v} 和ε_{h} 分别为垂直和水平极化的表面发射系数，在洋面它们是海表温度、盐度、风速的函数；T_{vu} 和 T_{vd} 分别为上行和下行的垂直极化辐射；T_{hu} 和 T_{hd} 分别为上行和下行的水平极化辐射；ζ 为大气透过率；T_{vms} 和 T_{hms} 代表多次散射项。式(2.1.8)和式(2.1.9)表明卫星天线接收的辐射由三项构成：大气本身的上行辐射、穿透大气的海表温度的发射辐射及大气下行辐射被海表吸收后的发射辐射、大气中的多次散

射辐射。

VRTE 是描述实际大气辐射传输的完整形式(详细参看文献 Weng，1992a，1992b)，但它的求解具有一定的复杂性。针对微波辐射传输复杂而计算速度慢的不足，Liu(1998)依据平面平行大气假定，设计了一个快速且精度高的微波辐射传输模式，其方程如下：

$$\mu\frac{\mathrm{d}I(\tau,\mu)}{\mathrm{d}\tau}=I(\tau,\mu)-\frac{\omega_0}{2}\int_{-1}^{+1}I(\tau,\mu')\cdot P(\mu,\mu')\mathrm{d}\mu'-(1-\omega_0)B(\tau) \quad (2.1.10)$$

式中，$I(\tau,\mu)$是光学厚度τ处、沿μ方向传输的微波辐射率，它可由普朗克函数转换成辐射亮温；$B(\tau)$为τ处的黑体辐射率；P为散射相函数；ω_0为单次辐射反照率。式(2.1.10)表明$I(\tau,\mu)$经过光学厚度τ的衰减变化由该厚度层内粒子散射和成分吸收引起。

Liu(1998)的研究结果表明，该模式在微波观测频率为 19.4GHz 和 85.5GHz、观测角为 53°时，与辐射传输的精确模式(32 流离散纵标法)相比，其计算速度提高了 1000 倍，且最大误差不超过 3K。因此，该模式快速、准确的特性在微波反演和微波资料同化方面具有优势。

总体上，微波辐射传输方程有不同的表达方式(积分式、微分式或矩阵式)，但其物理意义都非常清楚，那就是经过某一介质的辐射量的变化，由介质的吸收和散射引起。考虑到地球大气的层结效应、云和降水粒子形状散射辐射的极化效应，通过计算辐射传输方程，可获得不同气层间的密度(温度)和成分的吸收和发射、粒子散射及其引发的上行和下行的辐射量。这一过程中的地面吸收(发射)和反射效应也必须考虑在内，也就涉及地表粗糙度、地面温度(海表温度、风速、盐度等)等因素。这也是辐射传输方程具有一定复杂性的原因。

2.2 星载可见光与红外遥感

2.2.1 光谱遥感波段

可见光为人眼可感知光波，它属于自然界中电磁波谱中的一部分，它来自太阳的短波辐射。其波长范围为 0.4～0.76μm，按照波长由短至长，可见光由紫、蓝、青、绿、黄、橙、红七个波段组成，即七色光。当太阳的短波辐射被目标物散射(如大气中的颗粒、大气分子等散射)或反射(如地面、水面、云层等反射)时，会发出不同色彩的光，白色光则为它们的综合视觉光，但正常视力的人眼对 0.55μm 波长的绿色光最为敏感。可见光波段的散射光或反射光可用于遥感目标物探测，确定或大体确定其性质。

卫星平台搭载可见光波段的光谱成像仪或辐射计，可感应地面或云层反射的太阳光或大气气溶胶粒子散射光的上行分量；成像仪或辐射计感应的信号显示在平面图上，即得可见光云图(其中可能包含粒子的散射光和晴空区的地面反射光)。云图的黑白程度表示地面或云层的反照率大小，白色(黑色)表示反照率大(小)。通常云层越厚，其亮度越高；而在同样的太阳光照、同样厚度的云的情况下，冰晶粒子云比水粒子云亮。

自然界中一切物体的温度皆高于–273℃，因此它们的分子和原子存在无规则运动，其表面会不断发出红外波段的电磁辐射(简称红外辐射)。红外辐射的波长范围为 0.76μm～1mm，为人眼不可见波段，红外波段的辐射均来自物体的表面。按照红外辐射特性，可分为近红外、中红外和远红外(也称热红外)，它们可以用来反演得到云的宏观属性(如云顶高度等)和微观属性(如云粒子尺度及云水含量等)。通常卫星平台搭载的光谱成像仪或辐射计均有红外波段，它们可接收来自云顶或晴空区的地面(洋面)或大气的红外辐射，如近红外波段 1.65μm 对冰云敏感，由于冰相吸收该波段辐射，故卫星上的光谱成像仪或辐射计接收该波段的信号就弱；又如远红外波段 10.8μm 对冷暖十分敏感，当云顶很高时，该波段接收的辐射亮温就很低，低于 233K 的云顶可认为是冰相，而高于 273K 的云顶可认为是水相。

红外辐射研究涉及黑体辐射概念、普朗克辐射定律、斯特藩-玻尔兹曼定律、基尔霍夫定律和发射率概念，而黑体热辐射的基本规律是红外辐射研究的理论基础。所谓黑体是一种在任何情况下对一切波长的入射辐射吸收率都等于 1 的理想物体。黑体发射的热辐射特性可用普朗克辐射定律、斯特藩-玻尔兹曼定律和基尔霍夫定律描述。

普朗克辐射定律描述的是辐射光谱分布规律，对于一个绝对温度为 T 的黑体，其单位表面积以波长为 λ 向整个半球空间发射的辐射功率(简称为光谱辐射度) $M_{\lambda b}(T)$ 与波长 λ、温度 T 满足下列关系：

$$M_{\lambda b}(\lambda,T)=\frac{c_1}{\lambda^5\left(e^{\frac{c_2}{\lambda T}}-1\right)} \tag{2.2.1}$$

式中，c_1为第一辐射常数，$c_1=2\pi hc^2=3.7415\times10^8\,\mathrm{W\cdot m^{-2}\cdot \mu m^4}$；$c_2$为第二辐射常数，$c_2=hc/k=1.43879\times10^4\,\mathrm{\mu m\cdot K}$，$h$ 为普朗克常数，c 为光速，k 为玻尔兹曼常数。

斯特藩-玻尔兹曼定律可由普朗克辐射定律推导而来，它描述黑体辐射功率随温度变化的规律，即黑体单位表面积向整个半球空间发射的所有波长的总辐射功率$M_b(T)$（简称全辐射度）随其温度的变化规律，由普朗克辐射定律对波长积分得到：

$$M_b(T)=\int_0^\infty M_{\lambda b}\mathrm{d}\lambda=\sigma T^4 \tag{2.2.2}$$

式中，$\sigma=6.49\cdot\frac{\pi^4 c_1}{c_2^4}=5.6697\times10^{-8}\,\mathrm{W\cdot m^{-2}\cdot K^{-4}}$，称为斯特藩-玻尔兹曼常数。

该定律表明黑体单位表面积发射的总辐射功率与热力学温度的四次方成正比，因此较小的温度变化可以引起很大的物体热辐射功率变化。根据斯特藩-玻尔兹曼定律，可以通过物体的总辐射功率估计其温度，而其有效温度可表示为$T_\mathrm{e}=\left(\frac{M_b}{\sigma}\right)^{\frac{1}{4}}$，因此该定律是所有红外测温的基础。

基尔霍夫定律描述的是物体发射辐射与吸收辐射的规律，它指出了对于固定波长的单色光，不同物体的辐射出射度 $M(T)$ 和吸收率 α 的比值（M/α）与物体的性质无关，且等于同一温度下黑体的辐射出射度 $M_0(T)$。通常将实际物体与同温度黑体辐射之比定义为发射率（或称为辐射系数/比辐射率），故此物体对于固定波长单色光的吸收率和发射率相等，吸收能力大的物体，其发射能力也大；如果某一物体不能发射某一波长的辐射能，它也决不能吸收此波长的辐射能。不考虑波长的影响，物体在某一温度下的全发射率为

$$\varepsilon(T)=\frac{M(T)}{M_0(T)} \tag{2.2.3}$$

则斯特藩-玻尔兹曼定律可表示为

$$M(T)=\varepsilon(T)\cdot\sigma T^4 \tag{2.2.4}$$

2.2.2 云的光谱遥感仪器

自 1960 年美国发射第一颗气象卫星 TIROS-1 以来，全球已发射了上百颗气象卫星，目前用于云参数遥感的手段主要可分为被动探测式和主动探测式。就主动探测方式而言，探测仪器有 CloudSat 卫星上的云廓线雷达（Cloud Profiling Radar，CPR）和 CALIOP 卫星上的 CALIPSO 激光雷达。而被动探测方式的仪器则众多，如中等分辨率成像光谱仪（MODIS）。地球观测系统卫星（EOS）高级微波扫描辐射计（Advanced Microwave Scanning Radiometer for EOS，AMSR-E）、云和地球辐射能量系统（Clouds and the Earth's Radiant Energy System，CERES）、多角度成像光谱辐射计（Multi-angle Imaging Spectro-radiometer，MISR）。上述仪器均搭载在 A-Train 星座上，成为美国国家航空航天局（National Aeronautics and Space Administration，NASA）实现对地协同观测的主要仪器。A-Train 设计由 6 颗星构成，分别是 Aqua、Aura、CloudSat、CALIPSO、PARASOL（Polarization & Anisotropy of Reflectances for Atmospheric Sciences coupled with Observations from a Lidar）和 OCO（Orbiting Carbon Observatory，2009 年发射失败），它们均为低轨道卫星，轨道高度约 705km，轨道倾角 98°，这 5 颗星都于当地时间下午 1:30 左右依次通过赤道，故称为“下午卫星编队”（区别于由 Terra、LandSat-7、SAC-C 和 EO-1 组成的上午卫星编队）。

除了美国 NASA 和欧洲空间局（European Space Agency，ESA）外，我国风云（FY）系列卫星也已经成为国际气象卫星组网的重要部分（Yang et al.，2012），如 FY-3 搭载的可见光红外扫描辐射计（Visible and Infra-Red Radiometer，VIRR）、中分辨率光谱成像仪（MERSI）、微波成像仪（MWRI）和地球辐射探测仪（Earth Radiation Measurement，ERM）等，都可实现对云等参数进行有效的遥感探测（张鹏等，2012）。

2.2.3 云参数的光谱反演方法

云粒子尺度一般为 1～100μm，典型液态云粒子特征尺度为 10μm，固态云粒子约为 30μm。云粒子对可见光（0.38～0.78μm）、近红外（0.8～3μm）、中红外（3～8μm）和热红外（8～14μm）波段的电磁波辐射具有不同的消光作用。在短波（0.4～4μm）尤其在可见光区，云粒子对太阳入射光的影响主要表现为散射作用，其作用的大小受到云粒子尺度和相态的控制，并随着太阳照射角度、云体结构的改变而变化，而云粒子的吸收作用可以忽略；在长波(4～100μm)特别是地-气系统发射的热红外波段，液滴和冰晶粒子的吸收/发射作用凸显，该作用主要决定于云顶温度(通常与云顶所处高度有关)，而对薄云来说，云顶上行辐射还受云下地表上行辐射的影响。

辐射在云粒子的传输中，云层反射和透射的太阳光主要取决于云粒子有效半径(R_e)和云水路径(LWP)(Hansen and Travis，1974)。R_e定义为不同大小云粒子半径的三次方之和除以其二次方之和，是衡量云整体粒子大小的参数，以便于辐射计算。研究表明云层的云光学厚度(τ_c)可用 LWP、R_e和云粒子相态来表征，LWP 取决于云滴密度(即云水含量)和云厚度，R_e 取决于云粒子谱分布，而云粒子相态取决于云体温度。

在云参数的诸多反演方法中，双光谱反射率(bispectral reflectivity，BR)算法最具有代表性。它最早由 Twomey 和 Seton(1980)提出，用来计算云层的τ_c和 R_e。随后 Nakajima 和 King(1990)对 BR 方法的适用范围进行了扩充，将其应用到 MODIS 的 R_e和τ_c反演。BR 反演方法的原理就是利用云滴对可见光波段的吸收作用可以忽略不计而在近红外波段具有吸收效应的特点，来同步反演云粒子的光学厚度和有效半径。

由辐射传输理论可知，对平面平行(即一维)模型，在某一可见/红外波长(λ)的光谱反射率 R_λ 可表示为τ_c、单次散射反照率ϖ(随波长变化)、不对称因子 g(决定散射相函数)、地表反射率 r_s、太阳方向角 ξ_0 及观测方向角 ξ 的函数：$R_\lambda = f_\lambda(\tau_c, \omega, g, r_s, \xi, \xi_0)$，而 R_λ 与 $\tau_c(1-g)$ 具有函数关系(van de Hulst，1980)。由于可见光波段云粒子吸收可忽略，故可假定 ω=0，R_λ 的变化主要与 $\tau_c(1-g)$ 有关；在近红外波段，云粒子既有吸收又有散射效应，故 R_λ 的变化可看作 $\tau_c(1-g)$ 和 ω 综合作用的结果。

BR 反演方法先采用辐射传输模式的模拟计算，以获取 BR 相应的 R_e和τ_c，然后建立 R_e和τ_c对应的 BR 查询表(lookup table)，这样就可以通过卫星光谱仪器的实测反射率，查表得到相应的 R_e和τ_c值。必须指出以上只考虑了云滴对太阳辐射的吸收和散射，而没有考虑云滴本身的热辐射。如果利用较长波长(如 3.7μm)来反演，则要考虑云滴的热辐射，可根据云滴温度来估算其热辐射大小，并将它在观测值中扣除。

Nakajima 和 King(1990) 曾利用辐射传输模式计算得到了 BR 与τ_c及 R_e的关系，结果表明当反射率小于 0.4 时，这两个通道并不完全独立，而当反射率大于 0.4 时(即云存在时)，R_e线与τ_c线的正交性才凸显出来，这时可认为这两个通道信号独立：τ_c主要随可见光(0.75μm)反射率的增大而增大，与近红外(2.16μm)通道反射率变化基本无关；R_e则随近红外通道反射率的增大而减小，与可见光反射率变化无关。这样就可以利用这两个通道的反射率大小，通过插值计算得到相应的τ_c和R_e。

在获得τ_c和R_e后，云水路径 LWP(单位为 $g \cdot m^{-2}$ 或 $kg \cdot m^{-2}$)由下式计算得到(Arking and Childs，1985；Han et al.，1994；Nakajima and Nakajima，1995)

$$\mathrm{LWP} = \frac{2}{3}\rho\tau_c R_e \tag{2.2.5}$$

式中，ρ为液态水密度，取为$1 g \cdot cm^{-3}$。必须指出可见/红外波长较短，穿透性较差，故由其反射率(或辐射率)反演获得的τ_c和R_e仅反映了云顶附近的云参数。

在BR算法基础上，中外学者又发展了光谱三通道(如1.65μm、2.1μm和3.7μm)、多通道(如 0.65μm、3.7μm、10.8μm 和 12μm)等联合的云参数反演方法(Nakajima et al.，1991；King et al.，1992；Ou et al.，1993；Han et al.，1994；Nakajima and Nakajima，1995；Rosenfeld et al.，2004；Masunaga et al.，2002；Platnick et al.，2003；陈英英等，2007)。Chen 等(2007)基于 MODIS 两个近红外通道 1.6μm 和 2.1μm，结合一个中红外通道 3.7μm，获得了云顶附近不同深度的信息，进而反演得到不同高度处云粒子的R_e，即给出了云层R_e廓线。叶晶等(2009)设计了一套基于 MODIS 可见光通道 0.65μm 和近红外通道 2.13μm 观测结果，反演计算多层云τ_c和R_e的方案，该方案使用 SBDART(Santa Barbara DISORT atmospheric radiative transfer)辐射传输模式，建立不同观测条件(如下垫面类型、大气环境等)下，多层云、水云和冰云的τ_c和R_e的辐射查找表，并经过云检测、云相态识别和多层云检测后，结合该查找表，实现了τ_c和R_e的反演。Meyer 和 Platnick(2010)提出利用 MODIS 的 1.38μm 和 1.24μm 通道的配对技术，来估算云上和云内的水汽衰减大小，实现水汽衰减校正和卷云τ_c的反演。Nauss 和 Kokhanovsky(2011)还提出了一种基于辐射传输方程渐近解的方法，并用该方法反演了云τ_c、R_e、云液态及固态水路径等信息。

夜间的云参数光谱反演方法始于 20 世纪 90 年代，主要是利用光谱的长波波段来进行反演(Baum et al.，1994，2003；Kubota，1994；Strabala et al.，1994；Key and Intrieri，2000)，即利用红外通道间的亮温差，获得云的τ_c和R_e及相态，如改进型甚高分辨率辐射计(Advanced Very High Resolution Radiometer，AVHRR)联合使用一个中红外通道 3.7μm 和两个热红外通道 10.8μm 和 12μm，高分辨率红外辐射探测仪

(High-resolution Infrared Radiation Sounder，HIRS)则联合使用三个热红外通道 8μm、10.8μm 和 12μm。因为这些通道对同样的云粒子表现出不同的吸收和散射特性，散射使近红外至中红外区的吸收率和发射率显著小于 1(如 AVHRR 的 3.7μm 通道)；但对 10.8μm 和 12μm 通道具有相对较小的单散射反照率，故其散射消光作用可忽略，所以发射率和吸收率近似等于 1；在云层很厚且云滴 R_e 比较小时，3.7μm 通道的发射率远小于 10.8μm 通道的发射率，故 BTD34(3.7μm 通道与 10.8μm 通道的亮温差)为负值，且负值随云滴增大而减小；对于薄云(即半透明云)情况，因 3.7μm 通道吸收率小、透射率大，在正常地表温度高于云层温度的情况下，3.7μm 通道亮温将大于 10.8μm 通道亮温，使 BTD34 为正值，因此 BTD34 还可以用来识别薄云。通常 BTD34 的敏感性高于 BTD45(10.8μm 通道与 12μm 通道的亮温差)，但在白天使用 BTD45 更为直接，因为不需要考虑由反射太阳入射辐射所带来的 3.7μm 通道的额外亮温(Inoue and Aonashi, 2000)。

目前，由于星载主动探测(如测云雷达 CloudSat 和激光雷达 CALIPSO)可以给出云的垂直结构，将星载光谱探测与之结合，可以提高云参数垂直分布信息的获取能力，如 Wu 等(2009)利用 MISR、AIRS、MODIS、OMI、CALIPSO 和 CloudSat 综合探测对多层云系的良好观测能力，揭示了不同高度云出现的概率等信息；Hu 等(2010)分析了 CALIPSO、IIR(Infrared Imaging Radiometer)和 MODIS 观测的融合结果，揭示了过冷水云的液态水含量、出现频次及分布特点；Joiner 等(2010)基于 A-Train 星群多仪器观测数据，发展了一个相对简单的多层云及其垂直结构特性的识别算法。Delanoë 和 Hogan(2010)将 CloudSat、CALIPSO 和 MODIS 探测结果融合，反演得到了冰云的冰水含量、冰粒子有效半径及冰粒子消光系数等参数。Stein 等(2011)利用 CloudSat、CALIPSO 和 MODIS 综合观测结果，详细分析了冰云云参数反演的四种方法，并指出在这些反演方法中，仍需要改进微物理过程的诸多假设。Kühnlein 等(2013)利用第二代气象卫星搭载的 SEVIRI(Spinning Enhanced Visible and Infrared Instrument)具有以 15min 的高时间分辨率观测云的优势，提出了一种半解析的云参数反演方法。Wang 等(2013)利用 MODIS 和 CloudSat 观测截轨，建立了全球降雪云中的液态水反演方法。上述研究都展示了多源卫星多仪器对云的探测优势以及云参数反演算法研究的进步。

2.3 星载微波雷达探测

雷达(radio detector and ranging，RADAR)最先是利用发射的无线电波测量目标物(飞机或舰船)距离和方位的设备。随后该技术被用于气象云和降水的探测，这类雷达称为气象雷达。气象雷达出现至今差不多有80年的历史，有关气象雷达理论及应用方面的内容可参见文献(Rogers and Yau，1982；Atlas et al.，1989；张培昌等，2001；胡明宝，2007)。现在的气象雷达已是多种多样，如测云雷达用于探测云的空间分布(云面积大小、云顶高度、云底高度等)和演变，又如测雨雷达(也称为天气雷达)用于探测降水的强弱空间分布及变化。气象雷达通常由信号发射系统、信号接收系统、天线馈线系统、伺服系统、信号处理系统、监控系统、光纤通信系统、数据处理及显示系统、电源系统等组成。中国气象局新一代天气雷达集成度高，由三个子系统(雷达数据采集子系统、雷达产品生成子系统和基本用户终端子系统)组成，通过多部雷达的组网，可实现对大范围区域降水强度、降水落区的观测，并对强降水进行临近预警。

气象雷达探测降水是基于电磁波与粒子相互作用时的散射原理，即特定波长的电磁波与一定大小和浓度的云粒子相互作用时会产生散射现象。当雷达发射的高频振荡电磁波入射至云粒子时，云粒子即被极化而产生电荷和电流分布，该分布随着入射波的振荡而振荡，这样云粒子会向外辐射电磁波。这种源于粒子被极化后的二次辐射电磁波，称为粒子的散射波。按照已有的研究结果显示，粒子散射电磁波的频率与入射电磁波的频率相同；粒子散射电磁波的空间分布状态既与粒子的散射能力有关，也与入射电磁波的特性有关，而粒子的散射能力则与其电学性质、几何形状有关。

当雷达波长与粒子尺度相当时，会产生米散射(Mie scattering)现象；当雷达波长大于粒子尺度时，则产生瑞利散射(Rayleigh scattering)。通常天气雷达波束遇到云和降水粒子时，会产生米散射或瑞利散射，其中与入射方向相反的散射信号(也称为后向散射信号)，将被天气雷达的天线捕获，经过雷达的信号处理单元和参数计算等处理，即能显示出降水信息的图像，如降水回波强度、降水强度等的分布。

气象雷达天线捕获的降水粒子回波信号不仅与气象雷达系统参数有关，如雷达发射功率、波长等，还与降水粒子的物理属性有关，如粒子尺度、浓度和相态等，而这正是我们希望得到的参数，气象雷达方程也由此建立。气象雷达方程具有普适性，因此，星载测雨雷达探测降水也同样遵从普遍的气象雷达探测原理。

2.3.1 气象雷达方程

气象雷达方程是描述气象雷达接收到的粒子后向散射产生的回波功率 P_r 与哪些因子有关的表达式。气象雷达方程的最简单形式是对单个孤立降水粒子。假定气象雷达参数如下：发射功率 P_t、天线增益 G、波长λ、粒子后向散射截面σ、粒子距雷达的距离 R，则有单个粒子的雷达方程：

$$P_r = \frac{P_t G^2 \sigma \lambda^2}{(4\pi)^3 R^4} \tag{2.3.1}$$

由于气象雷达发出电磁波脉冲具有一定的持续时间(称为雷达的脉冲宽度τ)，该脉冲宽度在空间的电磁波列形成了一定的长度，即以光速 c($c = 3\times10^8 \mathrm{m\cdot s^{-1}}$)传播的电磁波在$\tau$时间内的传播距离，该距离称为脉冲长度 h（$h = c\tau$）。研究表明该脉冲长度的一半所具有的体积(称为雷达的有效照射体积)内诸多降水粒子相应的后向散射信号能被雷达天线捕获，这些粒子相应的后向截面记为$\Sigma\sigma_i$；如假定雷达有效照射体积内的降水粒子谱分布均匀，则单位体积的后向散射截面记为η($\eta = \sum_{单位体积}\sigma_i$)($\eta$也称为气象目标反射率，单位为 $\mathrm{cm^2 \cdot m^{-3}}$)，这时的回波功率$\overline{P_r}$为

$$\overline{P_r} = \frac{P_t G^2 \lambda^2}{(4\pi)^3 R^4}\eta \tag{2.3.2}$$

如气象雷达发射波束的水平波瓣宽度为θ、垂直波瓣宽度为φ，则回波功率$\overline{P_r}$为

$$\overline{P_r} = \frac{P_t G^2 \lambda^2 h\theta\varphi}{512\pi^2 R^2}\eta \tag{2.3.3}$$

式(2.3.3)为初步形式的气象雷达方程。

如果气象雷达波长远小于降水粒子直径 D，则满足瑞利散射，此时反射率为

$$\eta = \sum_{单位体积}\sigma_i = \frac{\pi^5}{\lambda^4}|K|^2 \sum_{单位体积} D^6 \tag{2.3.4}$$

式中，$|K|$为降水粒子的介电常数，$K = (m^2-1)/(m^2+2)$，其中 m 为复折射指数，

它由普通折射指数 n 和吸收系数 k 组成，即 $m=n-\mathrm{i}k$ 。K 取决于粒子的温度、雷达波长和粒子组分。

瑞利散射时的气象雷达方程为

$$\overline{P_\mathrm{r}} = \frac{\pi^3 P_\mathrm{t} G^2 h\theta\varphi}{512\lambda^2 R^2}|K|^2 \sum\nolimits_{单位体积} D^6 \tag{2.3.5}$$

如果气象雷达波长与降水粒子直径 D 可比拟，则需要采用米散射理论来计算降水粒子的反射率，此时有

$$\eta = \sum\nolimits_{单位体积} \sigma_i = \frac{\pi^5}{\lambda^4}|K|^2 Z_\mathrm{e} \tag{2.3.6}$$

式中，Z_e 为等效反射率因子，单位为 $\mathrm{cm}^6 \cdot \mathrm{m}^{-3}$。

米散射时的气象雷达方程为

$$\overline{P_\mathrm{r}} = \frac{\pi^3 P_\mathrm{t} G^2 h\theta\varphi}{512\lambda^2 R^2}|K|^2 Z_\mathrm{e} \tag{2.3.7}$$

考虑到雷达发射的电磁波强度随天线主轴偏离的角度分布，则得到 Probert-Jones（1961）的气象雷达方程：

$$\overline{P_\mathrm{r}} = \frac{C}{R^2} Z \quad 或 \quad \overline{P_\mathrm{r}} = \frac{C}{R^2} Z_\mathrm{e} \tag{2.3.8}$$

式中，$C=\dfrac{\pi^3 P_\mathrm{t} G^2 h\theta\varphi}{1024(\ln 2)\lambda^2}\left|\dfrac{m^2-1}{m^2+2}\right|^2$；$Z$ 为反射率因子。

式（2.3.8）表明气象雷达探测的回波信号强弱与雷达自身诸多参数 C、降水云特性相关的反射率因子 Z、降水云与雷达之间距离 R 三者有关。

反射率因子 Z 定义为雷达天线接收的降水粒子后向散射信号强度与发射信号强度之比，它取决于降水粒子的微观结构（即粒子数量、密度和尺度）：

$$Z = \int_0^\infty N(D) D^6 \mathrm{d}D \tag{2.3.9}$$

式中，$N(D)\mathrm{d}D$ 是单位体积在粒子尺度间隔 $\mathrm{d}D$ 内直径 D 的粒子数目，实际上 $N(D)$ 就是雨滴的粒径分布（或融化的雪花直径分布）。

气象雷达通过天线指向的方位角和仰角来获得降水云的空间位置，并通过计算发送信号和接收信号之间的时间来获得降水云与雷达之间的距离。考虑到实际大气的层结效应对电磁波的折射效应、距离衰减效应等，对上述雷达方程进行修正，就可通过探测的回波信号强弱（反射率因子 Z）实现降水大小（降水率 RR）及分布范围的

反演。

对遵从马歇尔-帕尔默(Marshall-Palmer)分布的球形降水粒子，天气雷达反射率因子 Z 与降水率或降水强度 RR($\mathrm{mm \cdot h^{-1}}$) 存在如下关系：

$$Z \approx 200\mathrm{RR}^{1.6} \tag{2.3.10}$$

对降雪有

$$Z \approx 2000\mathrm{RR}^{2} \tag{2.3.11}$$

如果用液态水含量(LWC)来表述降水率 RR，则有

$$\mathrm{RR} \approx (\mathrm{LWC} \cdot \Delta Z) / (t\rho) \tag{2.3.12}$$

式中，ΔZ 是云的厚度；t 是 ΔZ 中云滴变成降水的时间；ρ 是水的密度。需要说明一点：参数 $(\mathrm{LWC} \cdot \Delta Z)$ 通常被称为云的垂直液态水路径(LWP)；LWP 可利用卫星搭载的微波仪器或光谱仪器观测反演获得，因此在不需要知道降水粒子下落速度的情况下，很容易反演降水率 RR。

2.3.2 星载测雨雷达 PR 和 DPR

1. 测雨雷达 PR

现在的地基测雨雷达有效探测距离在 400km 以内，在平原地区可以通过布设多部测雨雷达组网观测，以获得广大空间范围的降水信息。但在山区，测雨雷达波束常常会受到山体的阻挡，不能对降水进行有效探测；而在广阔的洋面也无法布设地基测雨雷达。因此，就有了将测雨雷达搬到卫星上的想法和行动，于是 1997 年 11 月就出现了搭载于热带测雨卫星(Tropical Rainfall Measuring Mission, TRMM)上的测雨雷达(Precipitation Radar, PR)，PR 也就成为世界上首部星载测雨雷达(Simpson et al., 1988)。TRMM 卫星是一颗非太阳同步卫星，其轨道与赤道的倾角约为 35°，轨道高度为 350km(2001 年 8 月 7 日后调整到 400km)，环绕地球一周约需 91.6min。TRMM 在 38°S～38°N 之间飞行，每天约有 16 条轨道。

PR 探测结果可提供降水的三维结构，特别是降水云的垂直结构分布，能获得陆地和海洋上的降水强度和降水性质。它与 TRMM 搭载的其他仪器如微波成像仪(TMI)和可见光红外扫描仪(VIRS)结合，能给出反映降水云顶部云粒子大小、云顶相态、云顶高度、云柱液态水含量等信息的反射率和辐射亮温，从而可以获得降水

云的综合信息。

PR 是一部工作波长为 2.2cm(13.8GHz)由 128 个单元构成的有源相控阵系统，包括由 128 个固态功率放大器(SSPA)、低噪音放大器(LNA)和 PIN-二极管移相器(PHS)组成的发射机/接收机(T/R)。每一个 T/R 元件与一个 2m 长的狭缝波导天线相连，通过狭缝波导天线构成一个 2m×2m 的平面阵列天线。为了达到较低的天线旁瓣电平，通过对 SSPA 输出功率和 LNA 增益进行加权，实现了 1dB 的泰勒(Taylor)分布。PR 平台和天线的机械结构尺寸约为 2.3m×2.3m×0.7m。天线基板与运动平台相接实现运动，以防止因天线的机械运动和热变引起的天线方向图退化。PR 工作时采用变频技术获得 64 个独立样本，PR 的脉冲重复频率固定为 2776Hz，脉冲持续 1.6μs，发射一对频率相差 6MHz 的波束。PR 天线跨轨扫描角范围为 17°，在地球表面的扫描宽度为 215km(跨轨扫描宽度)，49 个角箱发射 32 对脉冲，角箱间隔为 0.71°，这样便获得跨轨扫描的 49 个像素相应的降水廓线(Kummerow et al., 1998)。

在 PR 工作模式中使用了内部环路校准和雷达校准器(ARC)的外部校准，以测量 PR 接收器的传递函数。PR 还拥有待机模式(暂停射频发射)、分析模式(监控 128 个 LNA 的工况)、健康检查模式(检查 CPU 内存工况)。在 ARC 标定中，可以监测测雨雷达的天线方向图。PR 阵列天线的权重则通过 PR 分析模式获得的数据，并由 SSPA 进行遥控监测。在 PR 的分析模式中，128 个 LNA 逐个被激活的时间为 0.6s，并使用 LNA 测量表面回波强度水平。这样重复 128 次，以证实每个 LNA 都工作正常，并获得接收天线振幅加权的估计数。

PR 天线采集的回波包括降水回波、地面回波和镜像回波。测量地面回波用于估算波束总的路径衰减(Meneghini and Kozu，1990)，并用于提供沿雷达波束的地表属性。而镜面回波是 PR 接收的地面双反射的降水回波，用于某些降水率的反演计算。镜面回波在 PR 的星下点测量，此时采样的垂直分辨率为 125m，以实现检索地面返回波的最大值。

为了获得 PR 的有效信噪比，需对逐个角箱进行独立的噪声水平测量，以便从接收的总信号(回波加上噪声)中估计出雷达回波功率大小。在该测量中，旁瓣回波和地面杂波忽略不计，最终获得的有效信噪比约为 4dB(相当于降雨率为 $0.7\text{mm}\cdot\text{h}^{-1}$，Meneghini and Kozu，1990)。

PR 探测的降水数据存档分为 1B 级和 1C 级。1B 级数据遵循仪器数据的标准定义，并附加地理位置信息。1B 级数据中包含回波功率和噪声级别，1C 级数据将回波功率和噪声值转换为表观反射率(即没有经过衰减校正)，便于后续降水反演处理。此外，数据中所有不超过降雨阈值 15dBZ(即低于 PR 灵敏度数据)的像素被省略，以节省数据储存空间(Okamoto and Kozu, 1993)。

为确保 PR 降水数据产品的准确、可靠和稳定，首先需要对 PR 进行标定，其中 PR 校准算法将 PR 参数的变化和漂移分为“中期”和“长期”两部分。前者由 PR 内部的温度变化引起，可以通过监测 PR 运行周期(约 91min)的温度变化来对这一项进行内部校准。后者由 PR 系统性功能的逐渐退化(如天线增益变化、元部件损耗等)或有源阵列元件的故障造成，这就需要使用外部参考校准来解决。

内部校准算法由 PR 系统模型实现，该模型描述了从 PR 接收的回波功率到雷达反射率因子转换等过程中所有参数与温度的依赖关系。误差分析表明 PR 反射率因子的估计可达到小于 1dBZ 的水平。PR 的外部校准在 PR 升空之前的地面校准场进行(Kumagai et al.，1995)，主要对 PR 的应答器、接收器和信标发射机进行校准，其中涉及减小 PR 天线波束指向的不确定性，提高回波电平和天线波束中心位置的精准性。

依据气象雷达方程和相关电磁学理论的计算，通常 PR 被认为具有的最小可探测回波反射率因子为 17dBZ，大约对应 $0.5\text{mm}\cdot\text{h}^{-1}$ 的降水率。PR 探测的扫描宽度约为 220km，PR 的星下点分辨率是 4.3km(水平)、250m(垂直)；PR 垂直探测高度自地表至 20km 高度(Kummerow et al., 1998)。

2. 双频测雨雷达 DPR

作为 TRMM 卫星搭载 PR 的升级版，全球降水任务卫星(Global Precipitation Mission，GPM)于 2014 年 2 月 28 日发射升空，它是全球测雨计划核心平台的主要仪器，搭载了双频测雨雷达(Dual-frequency Precipitation Radar，DPR)，即 DPR 由 KaPR(35.5GHz)和 KuPR(13.6GHz)波段组成。GPM 卫星是一颗非太阳同步卫星，轨道倾角为 65°，轨道周期为 93min，每天绕地球观测约有 16 条轨道。由于轨道倾角高于 TRMM 卫星的 35°，DPR 探测覆盖的范围更广(Hou et al.，2014)。

DPR 的 KuPR 正常扫描方式(normal scan，NS)与 TRMM PR 接近，其扫描刈幅宽为 245km，每次扫描 49 个像元，星下点像元分辨率为 5km；KuPR 的垂直分辨率为 250m，探测地表至 22km 高度的降雨和降雪三维结构，最小回波阈值为 14.5dBZ(相当 $0.5\text{mm}\cdot\text{h}^{-1}$)。KaPR 扫描刈幅宽为 120km，它以两种方式进行扫描。一种是高分辨率扫描(high-sensitivity scan，HS)方式，即在 KuPR 两条扫描线的中间进行扫描，此时 KaPR 通过发射双倍宽度脉冲进行高分辨率扫描，其最小回波阈值减小到了 10.2dBZ（相当 0.2mm·h^{-1}），探测的垂直分辨率为 500m；另一种是匹配扫描（matched scan，MS）方式，即在 KuPR 跨轨扫描的中间 25 个像元上与 KuPR 进行同步扫描，此时 KaPR 的垂直分辨率与 KuPR 的一致，但 KaPR 的最小回波阈值变大，达 16.7dBZ。匹配扫描方式的目的是便于相关降水参数的反演。

KaPR 波长较 KuPR 短，故 KaPR 对小降水粒子的敏感性更好，可实现对弱降水的探测，但在探测强降水时，KaPR 的波束受到更多的衰减，且粒子散射更倾向于米散射，使 KaPR 探测强降水的能力变差。将 KaPR 和 KuPR 探测的信息相结合，便使 DPR 实现了对弱降水和强降水的有效观测。Hamada 和 Takayabu（2016）指出 DPR 较 PR 可多探测约 21.1%的降水频次和 1.9%的降水。此外，利用两个波段的联合探测信息，还能有效反演降水粒子谱和固态降水（降雪），因此 DPR 成为深入了解降水性质及其空间结构的利器（Beauchamp et al.，2015；Skofronick-Jackson et al.，2015）。

基于上述的 DPR 三种扫描探测方式，GPM 研究团队开发了单频反演算法和双频反演算法，其中单频反演算法继承了 TRMM PR 的降水反演算法（Iguchi et al.，2000），而双频反演算法主要参考了 Marzoug 和 Amayenc（1994）的方法（Iguchi et al.，2012）。这样该团队提供的降水产品就包括了三种单频反演产品 KuPR、KaHS 及 KaMS 和三种双频反演产品 DPR_NS、DPR_MS 及 DPR_HS（Kotsuki et al., 2014; Chandrasekar and Le, 2015）。这些降水产品均包含了地表降水率、降水回波顶高度、降水回波反射率因子、雨滴粒子谱（droplet size distribution，DSD）等参数。在反演处理过程中，降水产品的回波强度均经过衰减订正（Iguchi et al., 2010）。

值得一提的是，DPR 的雨粒子谱（DSD）参数使用了最常用的 Gamma 分布模型（Ulbrich, 1983），故能很好地反映 DSD 的实际分布（Tokay and Short, 1996）。Gamma 分布的表达式为

$$N(D) = N_0 D^{\mu} \exp(-\Lambda D) \tag{2.3.13}$$

式中，D 是有效粒子半径；$N(D)$ 为单位体积和单位粒子半径间隔的粒子数量（即粒子谱）；N_0、Λ 和 μ 分别是浓度、斜率和形状参数（即扁的还是圆的）。Λ、μ 与雨滴粒子有效半径 D_0 间满足：

$$D_0 = \frac{3.67 + \mu}{\Lambda} \tag{2.3.14}$$

在处理过程中，假设粒子为球形，则 μ 为 0，故 DSD 分布可表达为

$$N(D)=N_0\exp\left(-\frac{3.67}{D_0}D\right) \tag{2.3.15}$$

因此，利用 DPR 的探测结果，即可反演获得粒子谱。在 DPR 双频算法反演降水过程中，已经包括了粒子谱分布的反演(Iguchi et al., 2010)，这进一步提高了双频降水反演的精度及合理性。

为便于表示，记 dBN_0(粒子浓度参数)为

$$\mathrm{dBN}_0=10\lg(N_0) \tag{2.3.16}$$

当给定 DSD 时，就能对雷达反射率因子、降水率、液态柱水含量、雨滴总浓度等进行换算(Wen et al., 2016)。

此外，DPR 双频反射率因子的差(dual-frequency difference，DFD)和双频比(dual-frequency ratio，Z_{DR})为

$$\mathrm{DFD}=Z_{\mathrm{Ku}}-Z_{\mathrm{Ka}} \tag{2.3.17}$$

$$Z_{\mathrm{DR}}=10\lg\left(\frac{Z_{\mathrm{Ku}}}{Z_{\mathrm{Ka}}}\right) \tag{2.3.18}$$

式中，Z_{Ka}和Z_{Ku}分别代表 Ka 和 Ku 波长的反射率因子。DFD 和Z_{DR}反映了降水粒子的微物理特征，对降水粒子尺度大小具有较好的指示性。这些参数对分析云降水微物理过程的变化具有重要用途。

2.3.3 探测数据及其融合数据

1. 测雨雷达 PR 探测数据

最常使用的 TRMM PR 探测数据是其轨道级产品 2A25，它来自对 PR 探测信号的处理，即依据雷达方程对降水粒子的后向散射信号进行计算，得到粒子的反射率因子(Z)，然后再依据 Z-RR 关系，计算得到降水强度(RR)(Iguchi and Meneghini, 1994)。2A25 产品中包含降水反射率因子(单位为 dBZ)和降水强度(单位为 $\mathrm{mm\cdot h^{-1}}$)，两者以廓线形式给出。2A25 产品还提供了降水反射率因子廓线或降水强度廓线的降水类型，如对流降水或层状降水或其他类型降水。降水类型分类根据 PR 探测回波的水平分布特征(H 方案，Steiner et al., 1995)和垂直分布特征(V 方案，Awaka et al., 1998)来确定。在 H 方案中，主要计算零度层以下高度的降水回波水平变化梯度来识

别对流降水与层状降水；而在 V 方案中，利用回波阈值(39dBZ)和是否存在亮带来识别对流降水和层状降水，前者是对流降水的主要标准，后者是层状降水的标志。

为了确保 PR 探测结果的可靠性，主要通过比较 PR 与地基雷达探测结果和机载雷达探测结果的差异，来改进 PR 降水反演算法等。如比较 PR 与西太平洋夸贾林环礁(Kwajalein)地基测雨雷达的探测结果，发现两部雷达对层状降水云亮带结构和对流降水单体结构的描述相当一致(Schumacher and Houze Jr.，2000)；PR 与机载测雨雷达的探测结果的比较也表明，两者可以获得相似的降水结构(Durden et al., 2003)。此外，还通过比较 PR 探测的降水与其他方法获得的降水的差异，来间接地检验 PR 探测的可靠性，如在月尺度比较热带地区 PR 探测的降水与全球降水气候计划(Global Precipitation Climatology Project，GPCP)提供的降水的分布(李锐等，2005)，又如在年平均和季平均时间尺度比较 PR 与中国 40°N 以南地区 430 个雨量计观测的降水的差异(刘鹏等，2010)等，上述研究都表明了 PR 探测降水具有很好的精度，故 PR 被誉为“飞行雨量计”(Adler et al., 2000)。

即便如此，PR 的降水类型分类方法在青藏高原出现了问题。研究表明由 2A25 产品所给出的青藏高原降水，出现了大量虚假的层状降水，在 2A25 的第四版和第五版产品中层状降水比例分别达 73%和 70%(Fu and Liu, 2007)，本书后面章节将详细叙述。

2. 可见光红外扫描仪 VIRS 观测数据

VIRS 以 45°跨轨角度扫描，观测地球表面 720km 带状区域内的云(无云时则为地表)，每条扫描带包含 261 个像元，其星下点观测的水平分辨率约为 2.2km。VIRS 拥有可见光到热红外的 5 个波段，其中心波长分别为 0.65μm、1.65μm、3.75μm、10.8μm 和 12.0μm。VIRS 产品数据 1B01 为经过辐射校正和标定后的轨道级数据，该数据提供 5 个通道接收的地–气系统上行辐射强度(radiance，又称辐亮度，单位为 $W \cdot m^{-2} \cdot \mu m^{-1} \cdot sr^{-1}$)、观测角和太阳照射角等信息。

为方便实际使用，将短波通道(0.65μm 和 1.65μm)的辐射强度转换为量纲为一的反射率(reflectance)，并利用辐射强度与温度间的单调关系，将其余 3 个通道的辐射强度转换为等效黑体温度(equivalent blackbody temperature)或亮度温度(brightness temperature，简称亮温)。因此，1B01 给出了像元级的云顶(晴空时为地表)的可见光和近红外的反射率、中红外和远红外的辐射亮温，这些可用来反演云参数或了解云相态等。

根据云的光谱特性，VIRS 的可见光通道(0.65μm)反映云的光学厚度和粒子大小，云越厚且粒子越小，该通道的反射率也越大。VIRS 的近红外通道(1.65μm)表现为对云粒子尺度敏感，粒子尺度越大(如水云)，则在该通道表现为强信号；由于水云和冰云粒子尺度差异大，且对该通道的吸收性差异大，该通道常用来区分云的相态。中红外通道(3.75μm)既接收了云顶反射的太阳辐射，又接收了云顶发射的红外辐射，因此该通道白天和夜晚的信号存在差异。而远红外 10.8μm 和 12.0μm 通道则接收表面(云顶或地表)热辐射，云顶越高，这两个通道的亮温越低；由于这两个通道为窗区通道，而 12.0μm 通道稍偏离窗区，因此 10.8μm 通道较 12.0μm 通道的亮温约高 2K。

3. PR 与 VIRS 融合数据

为了获得 PR 探测的降水率廓线(回波反射率因子廓线)相应的云顶信息，可将 TRMM 平台上 PR 探测和 VIRS 观测的轨道级数据相融合。由于 PR 的分辨率低于 VIRS 的分辨率，故可在 PR 像元上将多个 VIRS 像元的多通道信号进行权重平均，得到 PR 探测的降水率廓线(回波反射率因子廓线)相应的可见光和近红外的反射率、中红外和远红外的辐射亮温(傅云飞等，2011)。该融合资料保持了 PR 的原始分辨率(星下点水平分辨率约为 4.5km、垂直分辨率为 250m)，但以降低 VIRS 的水平分辨率为代价，且该融合资料只能展现在 PR 扫描宽度(即 220km 左右)内。傅云飞等(2011，2005)和 Liu 等(2008b)的研究表明，PR 像元内通常有 7 个左右的 VIRS 像元，融合后的 VIRS 各通道信号变化没有受到加权平均的歪曲，如 10.8μm 通道红外辐射温度融合后的均值变化小于 0.7%，均方差小于 2.5%，故 PR 与 VIRS 的融合结果可靠(傅云飞等，2011)。利用该融合资料中测雨雷达 PR 对降水云的识别，Liu 等(2008)分析揭示了降水云和非降水云光谱及云参数特征。利用该融合资料的可见光与近红外通道信号，结合辐射传输方程的计算，建立查表法(即双反射率的云参数反演方法)，反演得到了云粒子有效半径(R_e)、云光学厚度(τ_c)、云水路径(LWP)等云参数(Fu，2014)。

4. PR 与 IGRA 融合数据

大气温湿风垂直结构反映了大气气团的热动力特性。通常地面探空站的探空数据可以提供大气温湿风廓线，目前世界气象组织(WMO)提供的全球常规无线电探空数据集(integrated global radiosonde archive，IGRA)包括全球1500多个探空站逐日00:00(世界时，下同)和12:00探测的温度、气压、风向和风速、位势高度等大气参数，并经过了严格的质量控制流程(Durre et al.，2006)。另外，测雨雷达(包括地面天气雷达)的探测，可以获得一定范围内的降水强度和降水结构等特性。但是由于地面探空站的探空与测雨雷达的分离观测，使我们对降水云内的大气温湿风状态知之甚少。因此，将PR与IGRA的探测结果相融合，可获得降水廓线相应的大气温湿风廓线的融合资料。如以拉萨站(站号为55591，29.7°N，91.13°E)为例，将该站30km范围内的PR降水廓线(回波反射率因子廓线)与IGRA的大气温湿风廓线匹配，则得到该探空站附近大气温湿风垂直结构相应的降水垂直结构信息。

为使匹配范围更准确，首先统计了1998～2012年拉萨探空站上空不同气压层的平均风速(表2.3.1)，表明拉萨近地面风速大于5m·s^{-1}，300hPa高度的风速接近9m·s^{-1}，而在200hPa高度的风速接近12m·s^{-1}；如取大气柱水平风平均风速为10m·s^{-1}，并考虑到探空气球上升速度为400m·min^{-1}，则气球上升到20km高度时水平位移大约为30km。依据已有研究(夏静雯和傅云飞，2016；Wang and Fu，2017)，选择探空观测前后两小时内的时间窗口，在以探空站为中心、0.25°(约27.5km)为半径的圆面积中，可较准确地对TRMM经过探空站时PR回波反射率因子廓线(降水率廓线)与探空廓线进行匹配。必须指出探空所得的大气温湿风廓线仅代表这一匹配范围内前后两小时的大气平均状态，而PR给出的回波反射率因子廓线(降水率廓线)为瞬时探测结果，这是卫星遥感与地基探测之间时间同步方面遇到的困难，目前还难以克服这种瞬时探测量与时间累积观测量之间的一致性问题，但总体上，长时间序列的统计结果还是具有物理意义的。

表2.3.1　夏季拉萨探空站上空各气压层平均风速

气压/hPa	风速/(m·s^{-1})			
	6月	7月	8月	平均
500	5.74	5.17	5.09	5.33
300	12.74	6.71	6.92	8.79
200	15.29	9.16	10.32	11.56

必须指出由于探空站资料为每天固定时次(00:00和12:00)，根据潘晓和傅云飞(2015)对青藏高原不同类型降水频次及强度的统计可知，深厚降水发生的频次和强度的峰值分别出现在世界时8:00和5:00，而浅薄降水的峰值分别出现在世界时8:00

和 12:00。因此，今后还需要依据降水强度和频次出现的峰值时间，来时间加密探测大气温湿风结构。

5. 双频测雨雷达 DPR 数据

利用 DPR 具有双波长 KaPR 和 KuPR 雷达的优点，即两者对云中粒子的响应也不同，GPM 开发了双频算法产生降水产品 2ADPR(Rose and Chandrasekar，2006；Iguchi et al.，2012)。该算法首先从 KaPR 和 KuPR 的雷达反射率中提取粒子大小分布(DSD)廓线，然后根据 DSD 廓线计算降水率廓线。该数据由美国国家航空航天局(NASA)的戈达德航天飞行中心(Goddard Space Flight Center，GSFC)实验室发布(https://pmm.nasa.gov/data-access/downloads/gpm)。2ADPR 产品中包含雷达反射率因子廓线、地面降水率、降水类型(对流降水、层状降水和其他类型降水)、粒子谱(DSD)廓线等降水参数。雷达反射率因子廓线和 DSD 廓线的垂直分辨率为 125m，水平分辨率为 5km。产品的有效性已被众多研究者验证(Kotsuki et al.，2014；Hamada and Takayabu，2016；张养祺和傅云飞，2018)。

6. 微波成像仪 GMI 数据

GPM 卫星上搭载的多频段微波成像仪(GPM Microwave Imager，GMI)有 13 个通道，它与 TRMM 卫星搭载的微波成像仪(TRMM Microwave Imager，TMI)相比，增加了 4 个高频毫米波通道。GMI 也是一部多通道锥形扫描的微波辐射计，它有 8 个垂直极化(VP)通道、5 个水平极化(HP)通道，即 10.6GHz(VP/HP)、18.7GHz(VP/HP)、23GHz(VP)、37GHz(VP/HP)、89GHz(VP/HP)、166GHz(VP/HP)、(183±3)GHz(VP)、(183±7)GHz(VP)。相比 TMI，它增加的 4 个高频毫米波通道频率为 166GHz 和 183GHz。根据微波遥感理论，GMI 的 10～23GHz 频率对云中液态水粒子敏感，36～89GHz 频率对云中液态和固态粒子(冰或雪)敏感，而高于 89GHz 的频率对云中固态粒子(冰或雪)敏感。GMI 的工作方式与 TMI 类似，即天线与星下点相交 48.5°，以保持地球入射角 52.8°的等角锥面扫描，其跨轨扫描角度为 140°，故刈幅宽为 904km，其中间部分与 KuPR 重叠，该重叠部分的观测持续时间约为 67s。

7. MWRI 和 VIRR 及其数据

微波成像仪(MWRI)和可见光红外扫描辐射计(VIRR)为搭载于风云三号

(FY-3)卫星上的两部仪器。VIRR在0.44～12.5μm的波长范围内共有10个探测通道，扫描宽度为±55.4°，星下分辨率1.1km，可用于观测云、植被、雪、气溶胶、陆/海表温度等参数；VIRR的探测结果每5min存为一个文件，分别给出了目标物的反射率和热辐射温度；其红外亮温误差低于0.3K，等效反射率误差低于0.002。

MWRI使用10.65GHz、18.7GHz、23.8GHz、36.5GHz和89GHz频率进行对地探测，每个频率包含垂直和水平两种极化方式；该仪器采用绕轴旋转的扫描方式，其星下点分辨率与其扫描频率有关，10.65GHz的星下点的水平空间分辨率为51km×85km，而89GHz的为9km×15km；MWRI的灵敏度为0.6～2K，定标误差为1.2～2.8K，且误差随频率增加而增大；MWRI可以全天候监测降水、地表温湿等参数。MWRI的数据产品则是以轨道为单位进行输出(杨军等，2009；董超华等，2010)。

2.4 本章要点概述

卫星光谱和微波遥感云降水以辐射传输理论为基础。本章首先介绍了平面平行大气的辐射传输方程，并讨论了非降水情况下辐射传输方程的简化，简单介绍了矢量微分辐射传输方程。然后论述了星载光谱反演云参数的双光谱反射率方法。随后介绍了气象雷达方程，并对热带测雨卫星搭载的测雨雷达(PR)、全球降水测雨卫星搭载的双频测雨雷达(DPR)进行了介绍。最后阐述了本书所使用的星载主被动仪器观测数据、数据间的融合方法。

照片 2.2 高耸冰川上的积云，其上部为毛卷云或密卷云。(拍于加乌拉山口，远处为珠穆朗玛峰，光圈：f/18，曝光时间：1/320s，ISO：200)

照片 2.3 荒凉山脊上的积云，远处云遮处可能为马卡鲁峰。(拍于加乌拉山口，这里海拔 5210m，光圈：f/18，曝光时间：1/250s，ISO：200)

照片 3.1 珠穆朗玛峰前飘浮的卷云，由于拍摄于下午日落前，光线从右方照射，卷云呈现灰色。(光圈： f/7.1， 曝光时间： 1/640s，ISO：200)

第3章 青藏高原云辐射特征

地-气辐射收支过程中，云辐射过程对地-气系统的辐射收支平衡有极其重要的影响(Schiffer and Rossow, 1983；Hertmann et al., 1986；Rossow, 1989；Fouquart et al., 1990；Wielicki et al., 1995；邱金桓等，2003；汪方和丁一汇，2005)。对于青藏高原地-气辐射过程及其对天气和气候作用的认识，学者们从青藏高原大气辐射及其地表热力过程变化方面进行了不懈的研究，试图探究青藏高原的大气辐射热力作用对地-气能量收支、气候变化和周边天气的影响。20 世纪 50 年代开始，我国气象工作者克服高原恶劣的自然环境，建立了有限的地面辐射观测站，并多次深入高原腹地包括冰川区等复杂地形地貌地域，进行了地面太阳辐射(直接辐射、散射辐射、反射辐射和总辐射)观测和净辐射估算，地面温度、湿度和风向、风速等参数的观测及热量平衡分析研究，初步认知了青藏高原有限观测站附近的地面热源变化特点(叶笃正等，1957；杨鉴初等，1960；陈隆勋等，1964；左大康等，1965；陆龙骅和戴家冼，1979)。

20 世纪 70 年代末，我国开展了第一次青藏高原气象科学试验(QXPMEX)，主要在拉萨、那曲、林芝、双湖、狮泉河和格尔木 6 个观测站开展了观测试验，获取了诸多大气辐射参数的观测结果和地面气象参数观测结果(陶诗言等，1984)。随后在 1982～1983 年组织开展了青藏高原热源野外考察，主要获得了拉萨、那曲、改则和甘孜等观测站的辐射各分量等参数(季国良等，1985；陈有虞等，1985；Liou and Zhou, 1987；江灏和季国良，1988)。

20 世纪末，我国开展了第二次青藏高原大气科学试验(TIPEX-II)，特别注重了青藏高原陆气过程和边界层过程的观测研究，发现在特定云天情况下，青藏高原上可出现太阳总辐射、有效辐射和地表净辐射的极值；高原地面反照率变化所产生的热源、热汇时空变化具有区域影响效应，并进一步影响到大气长波波形的季节变化；还发现青藏高原对流边界层顶距地面高度可达 2km 以上，湍流边界层高度比平原地区明显偏高；高原边界层过程所产生的对流云团，会成串地从青藏高原中部或东部发生、发展，且显著东移，并认为它们是产生长江流域暴雨的初始对流云源头(徐祥德，1998；刘辉志和洪钟祥，2000；徐祥德和陈联寿，2006)。

21 世纪开始，我国继续进行第三次青藏高原大气科学试验(TIPEX-III)，主要针对高原西部缺乏探空观测，在狮泉河、改则和申扎新建了自动探空系统，填补了高原西部缺少探空观测的空白；同时在高原西部和中部建成了土壤温、湿度观测网，实现了对大范围边界层的观测，还利用那曲多型雷达和机载仪器对区域云降水物理特征进行了综合观测。通过上述观测研究，发现高原地表热量湍流交换系数和感热通量明显低于以前的估计值，还发现高原主体的对流云活动不是来自南亚季风区的传播，而可能是局地发展所致(李跃清，2011；赵平等，2018)

就青藏高原云的研究而言，学者们主要利用国际卫星云气候计划(International Satellite Cloud Climatology Project，ISCCP)云产品资料和辅助资料，分析了青藏高原云总量、云光学厚度、云顶气压和云类型的时空分布(魏丽和钟强，1997；王可丽等，2001；梁萍等，2010)。陈隆勋等(1999)利用日本静止卫星和美国国家海洋与大气管理局卫星观测的云顶黑体亮温(TBB)资料，分析了夏季青藏高原对流云系的日变化特点，指出高原对流云主要出现在午后，而凌晨出现稀少；对流云顶的平均高度可达9.6km，甚至达到13km。江吉喜和范梅珠(2002)利用日本静止卫星红外观测数据，计算得出了夏季青藏高原上对流云和中尺度对流系统(mesoscale convection system，MCS)活动的空间频率，指出夏季青藏高原上对流云十分活跃、频繁，但强度不太大；对流云主要在高原中南部活动，主要发生在下午后半段至午夜，充分展现了高原加热对对流活动的决定性作用。张鸿发等(2003)则分析了青藏高原多次试验获得的资料，发现夏季青藏铁路沿线强雷暴天气由北向南增加，在那曲、安多和索县地区，强雷暴呈东西向(与青藏高原山脉走向一致)分布。探测结果还发现了青藏高原不同区域云底和云顶高度存在差异(王胜杰等，2010)、区域性云量的季节性变化(汪会等，2011)、云系发生频次及结构特点(刘建军和陈葆德，2017)。由于到目前为止，星载激光雷达和测云雷达只进行星下点探测，这十分有利于揭示薄云或非厚云的垂直结构，但对云量的探测效果远不及光谱成像仪，因为光谱成像仪视场宽，覆盖面积大，能监测到大范围的云系，故利用光谱成像仪观测结果，分析云出现频次的可靠性更高。因此，Shang 等(2018)利用新一代地球同步卫星葵花-8(Himawari-8)的先进成像仪(AHI)观测的高时空分辨率的云信息，通过对比极轨卫星的中等分辨率成像光谱仪(MODIS)的云检测，发现两者对青藏高原云识别率分别为74%和80%，但在月尺度上高原最小云量和最大云量大约出现在上午10点和下午6点(地方时)。由此可见，青藏高原云系出现频次及其时空分布还有待细致研究。在这方面，地球同步卫星光谱成像观测无疑具有极大的优势，因为它能进行高时空分辨率的观测；但长时间的极轨卫星光谱成像观测也具有独特优点，如 Shang 等(2018)指出 MODIS 对云的识别率高于 AHI。青藏高原云识别的另一个难点在于冰川或冰面具有很大的反射率，白天晴空时可见光通道很容易将冰川或冰面误判为云层。

就高原大气辐射研究而言，科学试验研究发现青藏高原地区的总辐射远大于平原地区，高原东部有效辐射的年总量超过 2484×10^6 $J\cdot m^{-2}$，高原西部甚至达 3416×10^6 $J\cdot m^{-2}$(季国良等，1989)，超过了热带沙漠地区的观测值 3348×10^6 $J\cdot m^{-2}$(么枕生，1959)；高原地区地面还出现观测总辐射大于太阳常数的现象，这是云散射辐射造成的；而青藏高原的年平均地表反射率在 20%～28%，其中高原西部大于高原东部、冬季大于夏季(高国栋和陆渝蓉，1982)。研究还发现青藏高原地面感热输送给大气的热量起着主导作用，年平均高原西部荒漠区感热约占 85%、东南部湿润区占 5%(李丁华等，1987)；湿润地区的干季仍以感热为主，雨季高原东部潜热才会超过 50%，雅鲁藏布江河谷可达 70%～80%(Weng, 1986)；通过对改则、那曲、拉萨和甘孜的地面辐射收支观测及 NOAA-7 辐射收支的分析，得出了大气顶净辐射与地表净辐射之间的关系(王可丽和钟强，1995)；通过对 ERBE(Earth Radiation Budget Experiment)资料的分析，揭示了青藏高原地-气系统辐射收支场的分布特征(柳艳香，1998)，还揭示了改则、当雄和昌都夏季辐射平衡和热源强度的变化特征、降水和非降水的辐射平衡差异(卞林根等，2001)、高原西部辐射平衡各分量变化特征(巩远发等，2005)、不同下垫面地表辐射各分量及地表反照率的日变化和月际变化特征(武荣盛和马耀明，2010；李宏毅等，2018；谷星月等，2018)。通过分析云和地球辐射能量系统(CERES)资料，揭示了青藏高原地区不同天气条件下地表有效辐射的时空分布及成因(于涵等，2018)。然而，较晴空状况而言，云的存在使高原地-气辐射收支变得复杂，如在甘孜、改则、拉萨和那曲，春季云使地表净辐射减小 $27.5W\cdot m^{-2}$，夏季云则使地表净辐射减小 $20.8W\cdot m^{-2}$(王可丽，1996)，说明高原云对地表感热通量和潜热通量的影响大(蔡雯悦等，2012)，又如林芝地区晴天较阴雨天的感热通量和净辐射差异非常明显(李娟等，2016)。夏季云时空变化所引起的高原地表热力强迫变化还会影响中国东部降水和水汽输送(徐祥德等，2015)。

由于高原地表感热通量和潜热通量等参数的地面观测多局限于测站附近，而对青藏高原大范围长短波辐射收支还缺乏整体性的认知，本章将利用星载可见光红外扫描仪、云地球辐射仪长时间的观测结果，分析青藏高原及周边地区云和云顶不同相态云的频次及时空分布特征；给出如何利用光谱仪器结合微波成像仪的观测结果，识别青藏高原云系；最后探讨云的净辐射收支及其大气辐射加热，特别分析晴空大气与云天的辐射差异和辐射日变化特征。

3.1 云的时空分布

到目前为止，可见光和红外是星载测云仪器使用的主要波段。依据第 2 章所述远红外辐射探测的原理，热红外 10.8μm 通道的辐射亮温代表了目标物表面的热度。假设目标物为黑体，则 10.8μm 通道的亮度温度近似等于该黑体的表面温度。对于云来说，它只能是灰体，但云顶越高，10.8μm 通道的亮温则越低。因此，10.8μm 通道是一种识别云顶附近相态的简单方法，如 Braga 和 Vila(2014)利用地球静止环境卫星 GOES-12 (Geostationary Operational Environment Satellite)搭载的可见光红外成像仪热红外通道对冰云区进行识别，认为该通道亮温低于 235K 为冰云区。为此，利用 TRMM 卫星上搭载的 VIRS 远红外 10.8μm 通道观测的云顶辐射亮温，可将青藏高原及周边地区的云分为三类，即云顶为水相(亮温高于 273K)、混合相(亮温介于 273～233K)和冰相(亮温低于 233K)，并结合白天可见光通道反射率大于 0.3，作为对一定厚度云的判识，假定可见光通道反射率大于 0.6 时，表明云具有相当的厚度。

3.1.1 昼间云频次

昼间 VIRS 的五个通道均有信号，其中可见光通道 0.65μm 和近红外通道 1.65μm 能观测到云顶(晴空为地表)的反射率，中红外通道 3.75μm、热红外通道 10.8μm 和 12.0μm 能测到云顶(晴空为地表)的红外辐射亮温。研究表明 0.65μm 通道是一个非吸水通道，该通道测到的云反射太阳的短波辐射强度与云光学厚度关系密切，云光学厚度越大，则该通道的反射率越大；而近红外通道 1.65μm 是一个重要的吸收通道，冰云在该通道表现为弱信号。利用这两个通道的特性，可以反演白天云的光学厚度和云粒子有效半径(Nakajima and King，1990)。白天中红外通道 3.75μm 的信号由云滴的发射辐射和反射的太阳辐射决定，故该通道存在明显的昼夜差异(Inoue and Aonashi, 2000; Liu and Fu, 2010)。10.8μm 和 12.0μm 通道可探测云顶附近的相态。

图 3.1.1 为夏季青藏高原及周边地区昼间云、水云、混合云、冰云的频次空间分布(可见光通道反射率大于 0.3 时的情形)，该图为利用 VIRS 十五年夏季逐日逐轨的像元数据，在 0.5°格点内统计 VIRS 探测的总次数与不同类型云出现次数，再计算得到的格点上不同类型云出现的频次。为了避免低太阳高度角对可见光和近红外波段

的影响，只对地方时 8～16 时的样本进行统计。图 3.1.1(a)表明夏季帕米尔高原、沿喜马拉雅山脉至青藏高原东南喇叭口的大峡谷地区、横断山脉、高原东部至川西高原地区，云的频次超过 70%，这些地区主要以混合云为主[频次超过 45%，图 3.1.1(c)]，而水云和冰云的频次皆低于 25%[图 3.1.1(b)、(d)]；相对而言，青藏高原西部云频次较小(25%～45%)。青藏高原以外地区，如中国东部、印度南部和中部(特别是西海岸)、孟加拉湾东北部至缅甸西海岸、中南半岛中北部至云贵高原，这些地区也是云的高频次区(超过 55%)，且也以混合云为主(频次 30%～45%)，而水云和冰云的频次均小于 25%。

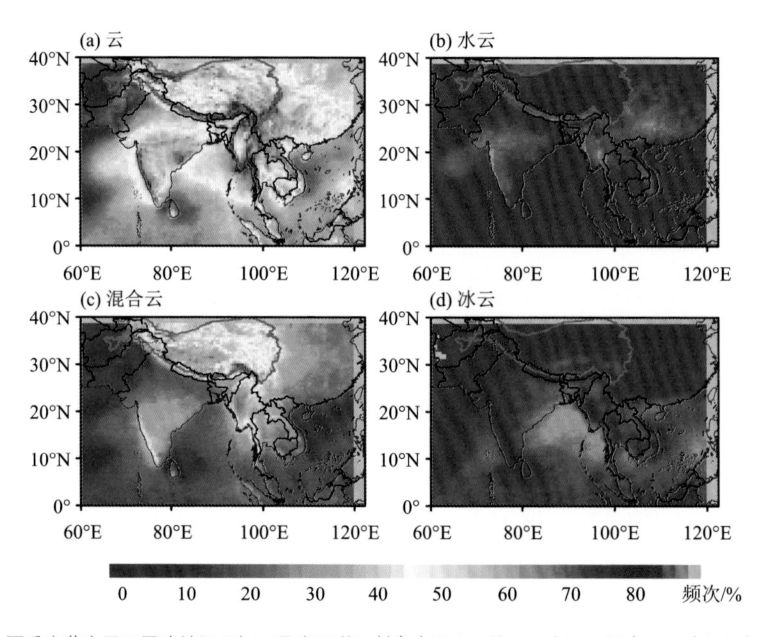

图 3.1.1　夏季青藏高原及周边地区昼间可见光通道反射率大于 0.3 的云、水云、混合云、冰云的频次空间分布
在 0.5°格点内，对 1998～2012 年夏季 VIRS 像元级观测数据的统计结果；图中高原轮廓线为 3000m 海拔等值线，下同

当可见光通道反射率大于 0.6 时(对应较厚的云系情形)，图 3.1.2 表明此时青藏高原东侧包括四川盆地和长江上游流域、青藏高原东南峡谷地区、孟加拉湾与缅甸交汇地区、印度中部偏东地区为厚云高比例区(超过 25%)，这些地区厚的混合云和冰云比例也高(分别超过 15%和 10%)，沿喜马拉雅山脉南坡、中国西南地区、印度中部偏西多为厚水云区(比例超过 10%)，而青藏高原上厚云(小于 25%)及厚水云(小于 3%)、厚混合云(小于 15%)和厚冰云(小于 10%)的比例均偏少。此外，沿西南季

风向东北运动的路径上，厚冰云的频次分布大体呈现三个高值区：印度西海岸以西的阿拉伯海、孟加拉湾东部至缅甸西海岸、中南半岛至云贵高原和青藏高原中部及东部，这或许是季风与海陆地形相互作用的结果。上述说明夏季青藏高原特别是喜马拉雅山脉南坡和大峡谷、横断山脉多云系活动，这不仅与夏季高原地面热动力过程强有关，也与西南季风及季风和海陆交界地形作用有关。

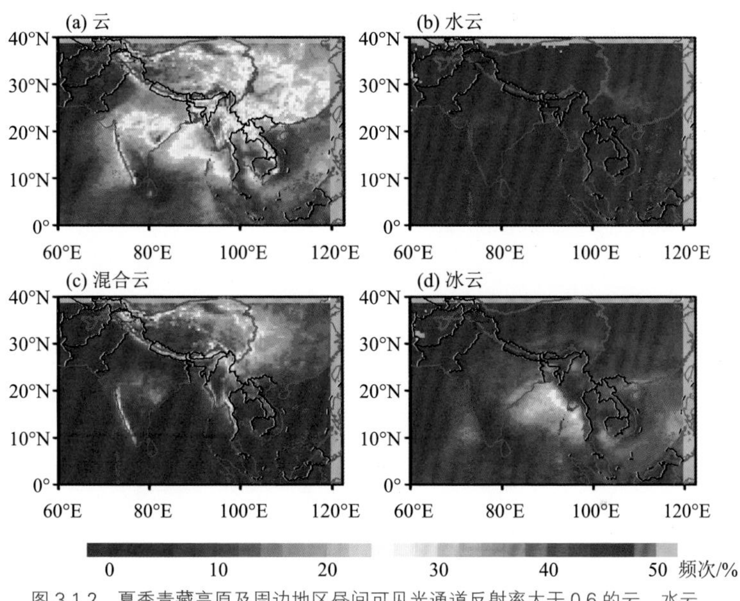

图 3.1.2　夏季青藏高原及周边地区昼间可见光通道反射率大于 0.6 的云、水云、混合云、冰云的频次空间分布

3.1.2　昼间云的可见光和红外信号

利用 VIRS 五个通道的观测结果，我们可统计得到所定义的三类云信号的空间分布，并以此获得不同类型云的地域性差异。图 3.1.3 为青藏高原及周边地区昼间可见光通道反射率大于 0.3 的云的可见光 0.65μm 通道、近红外 1.65μm 通道、中红外 3.75μm 通道和热红外 10.8μm 通道信号的十五年夏季均值的空间分布。图 3.1.3(a)表明青藏高原中部和东部可见光 0.65μm 通道的云顶反射率为 0.55～0.6，高原西部为 0.5 左右，帕米尔高原为 0.55～0.6，而中国东部、南中国海和孟加拉湾、印度中部云顶可见光反射率超过 0.6，说明夏季高原上云的厚度比上述四个地区的薄，这或许也是高原云的垂直伸展受到地形高度压缩的证据之一。图 3.1.3(b) 中近红外

1.65μm 通道反射率的空间分布表明，高原上为 0.25～0.35，帕米尔高原南部为 0.35 左右，北部偏低，为 0.25 左右；帕米尔高原西侧至伊朗高原东部超过 0.4[对应图 3.1.3(a)的可见光发射率低于 0.5]；沿喜马拉雅山脉南坡至川西高原为 0.35，恒河至孟加拉国接近 0.3；而中国东部(尤其是云贵高原北部)、印度次大陆、阿拉伯海的反射率则高于 0.35。上述说明高原、恒河至孟加拉国的云顶中冰水粒子较多，中国东部、印度次大陆、阿拉伯海云顶中水粒子偏多；帕米尔高原西侧地区云厚度有限且云顶水粒子多，图 3.1.3(d)中该区域的远红外亮温高于 270K 也支持这种解释。图 3.1.3(b)还清晰地表明洋面的近红外反射率均匀地分布在 0.25 附近，说明洋面降水云顶冰粒子很多，结合图 3.1.3(d)中的远红外信号可知洋面降水云顶高(远红外亮温低于 250K)。图 3.1.3(c)的中红外信号表明其亮温陆面高于洋面(除阿拉伯海外)，因为 3.75μm 通道除了接收云粒子发射的辐射外，还接收其反射的太阳辐射，故在薄云区该通道的亮温高，如前面所说的帕米尔高原西侧至伊朗高原东部便是如此；高原中部和东部较西部的亮温低 10K 左右。远红外通道对云顶高度的表征能力强，图 3.1.3(d)表明高原中部和东部云顶较高(亮温低于 255K)，而高原西部至帕米尔高原

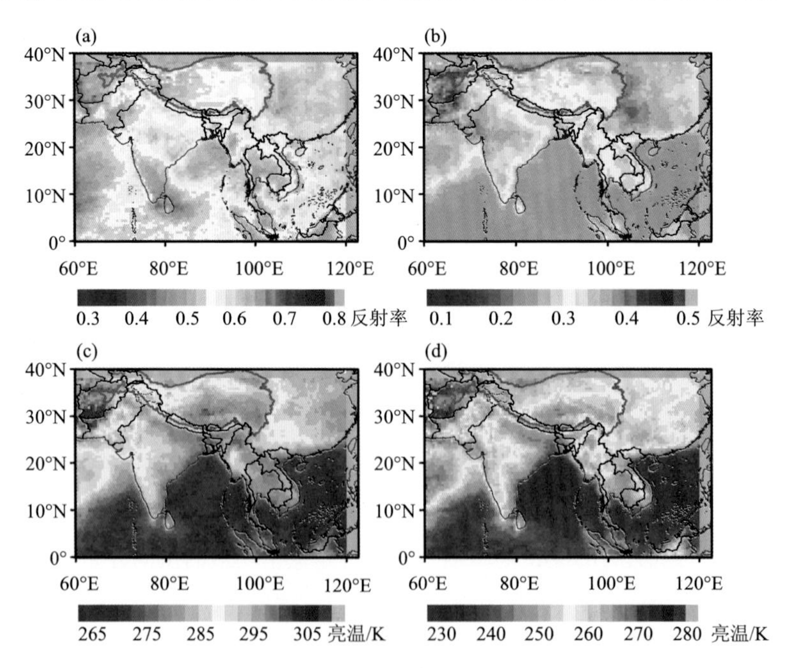

图 3.1.3 夏季青藏高原及周边地区昼间可见光通道反射率大于 0.3 的云的可见光反射率(a)、近红外反射率(b)、中红外亮温(c)和远红外亮温(d)的空间分布

云顶较低(亮温为 255～265K)；沿喜马拉雅山脉南坡云带分布清晰，其云顶亮温也分布于 255～265K，说明这里的云并不深厚，但喜马拉雅山脚区包括恒河流域的云顶亮温低于 255K，说明这个区域云顶较高，这与 PR 探测的喜马拉雅山脉南坡降水回波顶低、山脚区降水回波顶高(Fu et al., 2018)一致。此外，洋面云顶的远红外亮温低于 250K，其中南中国海、孟加拉湾西部的亮温低于 235K，但阿拉伯海云顶远红外亮温却高于 255K，说明除了阿拉伯海外，洋面云顶高、云深厚。研究表明阿拉伯海的海表温度在 6 月和 7 月是最低的(Wilson-Diaz et al., 2009)，这里大气稳定，多层状云，故云顶高度也低。

昼间水云的可见光(0.65μm)、近红外(1.65μm)、中红外(3.75μm)和远红外(10.8μm)通道的平均信号表明，青藏高原上水云可见光和近红外通道的反射率小(分别小于 0.4 和 0.35)，中红外通道亮温为 295～305K，远红外通道亮温低于 280K(其中高原东部较中部和西部低 2～3K)，说明青藏高原水云薄。相比之下，陆面上水云的可见光和近红外通道的反射率高，尤其是中国东部和印度中部，两个通道的反射率均高于 0.5 和 0.45，而中红外通道和远红外通道的亮温则低于 305K 和 283K；洋面可见光、近红外、中红外及远红外的信号均比陆面低。上述都说明青藏高原较周边地区相比，水云较薄但云顶高。

昼间混合云的可见光(0.65μm)、近红外(1.65μm)、中红外(3.75μm)和远红外(10.8μm)通道的平均信号表明，青藏高原上该类云的可见光和近红外反射率(分别为 0.5～0.6 和 0.3～0.35)比中国东部(分别为高于 0.6 和高于 0.35)的低，但比洋面(分别为低于 0.45 和低于 0.25)的高。青藏高原上该类云的中红外信号比中国东部的高，也高于洋面；远红外通道亮温分布与近红外反射率分布相似，青藏高原上的亮温为 255～260K，而沿喜马拉雅山脉区的亮温高(260～265K)，说明这里混合云的云顶较低；此外，中国西南至华南、长江上游至中游、印度西部、阿拉伯海北部至伊朗高原的亮温也较高，也表明这些地区的混合云云顶高度低，尤其是伊朗高原。

昼间冰云的可见光(0.65μm)、近红外(1.65μm)、中红外(3.75μm)和远红外(10.8μm)通道的平均信号显示，冰云的反射率高，其中高原北部、中国东部(包括长江流域、江淮、华南)、喜马拉雅山脉的山脚区、高原东南的大峡谷、缅甸西海岸至孟加拉湾东部、印度西海岸的反射率都超过了 0.75。上述地区冰云在近红外通道的反射率基本低于 0.25；中红外通道亮温分布显示冰云在陆面(除印度次大陆外)的亮温低于洋面，且高原上该通道的亮温最低(低于 258K)；冰云的远红外通道亮温分布显示，高云顶冰云位于喜马拉雅山脉山脚以南的印度北部至孟加拉湾西部、南海至华南沿海，高原中部偏南至横断山脉的冰云云顶也较高(亮温为 217K 左右)。

3.1.3 昼间云的区域性差异

为了解夏季青藏高原云的区域性特点，我们分别对高原西部(80°E～85°E、30°N～38°N)、中部(85°E～95°E、30°N～38°N)、东部(95°E～102°E、30°N～38°N)和中国东部(115°E～120°E、27°N～35°N)的可见光(0.65μm)、近红外(1.65μm)、中红外(3.75μm)和远红外(10.8μm)通道信号进行概率密度分布统计。对于云天(可见光通道反射率大于 0.3)来说，图 3.1.4(a)表明青藏高原西部和中部的可见光反射率分布基本一致(峰值为 0.35)，而高原东部的可见光反射率分布接近中国东部的分布，即可见光反射率分布较宽，大于 0.6 的反射率比例高；四个地区的近红外通道反射率分布基本一致，两个峰值分别出现在 0.25 和 0.4，前者对应冰云，后者对应水云和冰水混合云[图 3.1.4(b)]；四个地区的中红外通道亮温分布也基本一致，两个峰值分别位于 260K 和 300K，谷值位于 270K，但峰值和谷值的比例不同，从而表明这四个区域云的差异[图 3.1.4(c)]；在远红外通道，高原上三个区域的亮温分布相近，峰值在 260K，但高原西部亮温分布稍宽，而中国东部地区的亮温分布宽，且高于 250K 的比例偏多，此外因限制云的远红外亮温必须低于 288K，故亮温曲线在此处截断[图 3.1.4(d)]。云的远红外亮温阈值与季节和下垫面有关，因为下垫面的远红外辐射能穿过薄云，卫星上远红外通道不仅能接收到来自云顶的辐射，还能接收到地面的辐射。

青藏高原三个区域的水云可见光和近红外通道的信号分布基本一致，可见光反射率主要分布在 0.3～0.6，峰值为 0.35；近红外反射率主要分布在 0.25～0.55，峰值为 0.4，但青藏高原东部反射率峰值附近的比例偏多。中国东部的可见光和近红外通道的反射率分布较宽，分别为 0.3～1.0 和 0.2～0.75。上述说明青藏高原水云的厚度薄，而中国东部水云的厚度变化大。中红外通道亮温分布于 280～320K(中国东部)和 280～325K(高原三个区域)，高原上该通道的亮温偏高，是因为高原上水云薄，下垫面的辐射到达了该通道，而中国东部水云较厚，故其水云云顶的亮温比高原的低。远红外通道的亮温分布也表明高原上三个区域的水云云

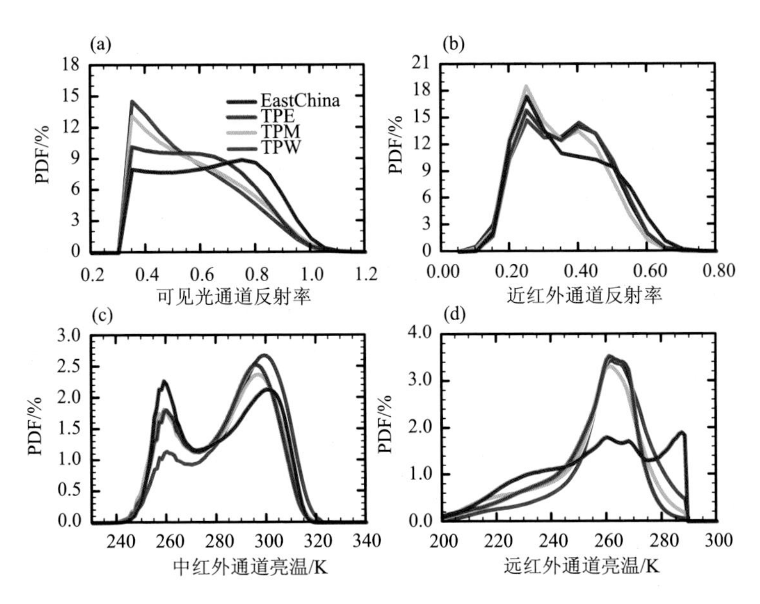

图 3.1.4 夏季青藏高原西部(TPW)、中部(TPM)、东部(TPE)、中国东部地区(EastChina)昼间可见光通道反射率大于 0.3 的云的可见光通道反射率(a)、近红外通道反射率(b)、中红外通道亮温(c)和远红外通道亮温(d)的概率密度分布

青藏高原西部范围：80°E～85°E、30°N～38°N，中部范围：85°E～95°E、30°N～38°N，东部范围：95°E～102°E、30°N～38°N，中国东部地区范围：115°E～120°E、27°N～35°N；下同

顶高度的峰值相近(对应亮温峰值为 275K)，但各区域高度有所不同，如高原西部水云云顶亮温偏高(即云顶高度低)的比例多；而中国东部水云云顶亮温分布宽，说明这里水云云顶高度变化大。

混合云在四个区域的可见光、近红外、中红外和远红外的信号概率密度分布表明，青藏高原上这四个通道的信号分布基本相近，但与中国东部地区差异明显，主要表现在中国东部地区可见光的高反射率和近红外的低反射率的比例偏多，而中红外和远红外的低亮温比例偏多，说明中国东部地区云顶混合相态且云顶较高的比例多于高原地区。

冰云在四个区域的可见光、近红外、中红外和远红外的信号概率密度分布表明，冰云四个通道的信号分布高度相似，相似度超过混合云和水云，只有可见光通道峰值稍有差异，说明云顶冰相云的粒子构成(尺度和浓度)、云顶高度的地域性差异最小。这或许是冰云分布的高度高，那里大气运动较大气中低层均匀、温湿层结也相对稳定的缘故。

3.2 微波和光谱结合识别高原云系

青藏高原上的一些高海拔地区，一年四季均存在冰雪，尤其在冬季会被大面积积雪覆盖。积雪对其上的大气与其下的地表都有着重要影响，特别是它本身的辐射效应以及融化时吸收大量的热量，会造成明显的区域或局地气候效应。较厚的积雪还是冬季农牧区主要的自然灾害，容易产生雪崩、吹雪等次生灾害(沈永平等，2013)。晴空大气时的积雪或冰川区，在可见光波段常常会被误判为云区，这是因为积雪或冰川区在可见光波段具有高反射率；而积雪或冰川区在远红外波段也表现为低亮温区，因此远红外波段也难以区分积雪或冰川与云区的差异。

一方面，微波较可见光和红外线的波长长，故微波低频通道基本不受大气中的烟雾、气溶胶和云的影响，可实现全天候、全天时的对地遥感观测(张俊荣，1997)。前面已述，被动微波的低频通道可观测并表征地表及云中水粒子的发射辐射信号，而其高频通道可接收云中冰粒子的散射信号，故被动微波可用于地表、云水和云冰的反演(李晓静等，2007；王雨和傅云飞，2010；Liu, 2004)。目前，学者们已开发出大气水汽(Wang et al., 2009b)、地表雪水当量(Dai et al., 2012)、地表降水强度(Liu and Curry, 1992)等诸多参数的反演算法。但是，一方面与可见光红外扫描仪 1～2km 的高分辨率相比，微波成像仪的分辨率较低，通常大于 10km，这就极大地制约了微波通道的精细探测能力。如何提高微波通道的计算分辨率是目前亟须解决的问题。另一方面，FY-3 上的诸多仪器在同一时刻注视的目标物不同，探测的分辨率也不同。因此，通过时空匹配，可实现多仪器探测信号的融合，获得同一目标物的光谱和微波信号，以提高云降水等大气参数和地表参数的反演确定性和精度。

前人曾围绕微波成像仪 SSM/I(Special Sensor Microwave/Imager)多通道不同分辨率展开很多研究，如 Poe(1990)曾利用 BG 理论(Backus-Gilbert theory)对 SSM/I 数据进行插值、重采样和平滑，获得了较高质量的微波图像；Robinson 等(1992)利用 BG 理论将 SSM/I 所有通道统一到 37GHz 的分辨率上，以消除 SSM/I 不同通道之间分辨率差异对反演云水、降水等参数的影响；Farrar 和 Smith(1992)利用去卷积的方法将低频通道分辨率匹配至高频通道 85GHz 的分辨率上；Long 和 Daum(1998)则利用 BGI(Backus-Gilbert inversion)和 SIR(scatterometer image reconstruction)算法来提高 SSM/I 图像质量，结果表明两种算法提高计算分辨率的能力相近；Migliaccio

和 Gambardella(2005)利用 BGI 求解积分方程和截断奇异值分解(truncated singular value decomposition，TSVD)矩阵这两种算法，来提高 SSM/I 的计算分辨率，这两种算法均通过辐射计观测值的加权求和来重建亮温，但前者计算复杂，需要多组系数，而后者则需要获得一组系数。由于目前利用卫星微波成像仪探测时，其低频通道有效视场为起始像元与结束像元的重合部分，客观上就造成了小范围(10～40km)内低频通道亮温空间分布一定的连续性，这从数学上为提升微波成像仪低频通道的计算分辨率带来了便利。基于此，Fu 等(2013)提出了利用动态最小二乘法的二次曲面拟合技术方法，来构建 PR 像元附近多个 TMI 像元亮温构成的二次曲面，然后在该曲面 PR 像元位置重新采样，从而获得了 PR 像元位置相应的 TMI 九个通道的亮温，实现了 TMI 低频通道计算分辨率的提高及与 PR 的融合。高越等(2013)还评估了多种融合方法对提升 TMI 计算分辨率的影响。

3.2.1 微波和光谱数据匹配融合和检验

采用距离反比权重法(inverse distance weighted，IDW)和就近取值法(nearest neighbor interpolation，NNI)是一种计算简单且有一定精度的数据匹配方法。IDW 基于“地理第一定律”的基本假设：两个物体相似性随它们之间的距离增大而减小。故在已知点信息分布较均匀的情况下，IDW 匹配的效果好，因此它常用于气象场的插值。

NNI 方法基于一个隐含的假设条件，即任意一点的属性值与距离其最近位置点的属性值相同，即意味着待计算点的信息可用其最邻近点的信息代替。据此原理，VIRR 像元上的微波亮温可用距该 VIRR 像元位置最近的 MWRI 的微波亮温表示。

图 3.2.1 给出了 FY-3B 在过境青藏高原时 VIRR 的探测结果，探测时间为 2013 年 12 月 14 日 07:55(UTC)，这一时次对应当地午后；由于 VIRR 分辨率较高，各通道的影像看上去十分细腻。VIRR 的第四通道[图 3.2.1(d)]表明青藏高原西部(78°E～83°E)大部分为晴空，亮温在 270～285K，在这片晴空区西侧，有一片积雪区(亮温低于 230K)；83°E 以东的高原上从各通道来看，短波波段(可见光及近红外)的高反射率(大于 0.2)基本上反映了晴空地表积雪、冰川及云的位置，而中波和长波的低辐射亮温区(低于 263K)基本反映了云的位置；第十通道作为水汽吸收带，也在一定程度上说明了高原东南部存在大量的水汽。此外，VIRR 各通道影像中，青藏

高原轮廓清晰，可见该仪器探测结果对地域特征有很好的探测能力。由此可见，如果将粗分辨率的 MWRI 融合到高分辨率的 VIRR 上，将大大地改善 MWRI 的观测能力。

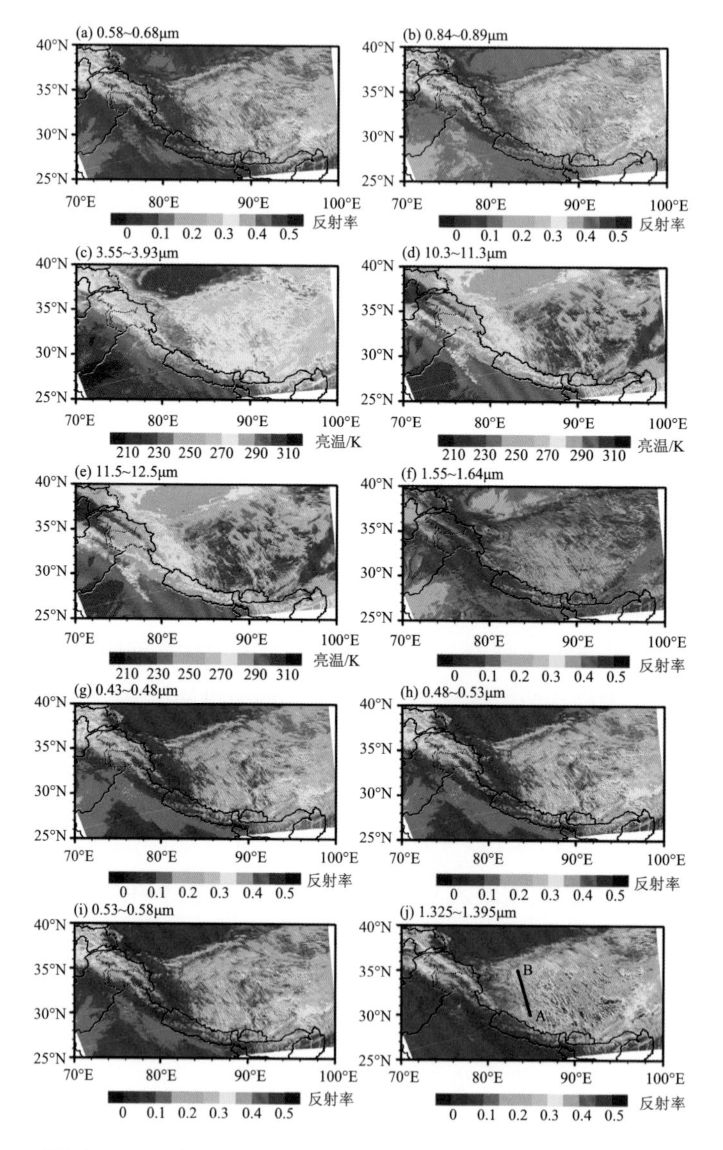

图 3.2.1　2013 年 12 月 14 日 07:55(UTC)VIRR 的 10 个通道观测的反射率和红外亮温(引自陈逸伦等，2016)

为了解上述两种匹配融合方法的优劣，必须使用自检验方法来评估。所谓自检验方法，就是先随机抽取 MWRI 探测的一部分像元(位置坐标)作为待检验像元，这些像元已经有微波亮温(为真值亮温)；随后选取这些待检验像元周围的 MWRI 像元亮温，利用 NNI 和 IDW 两种方法，分别计算获得待检验像元的微波亮温(为计算亮温)；然后将待检验像元的真值亮温与计算亮温进行比较(真值和计算值之差)，即可以知道两种方法的优劣，具体可参考文献（陈逸伦等，2016）。

3.2.2 地面温度反演

青藏高原测站稀少且分布极不均匀，常规气象观测对大范围气象参数的表征性差，而卫星遥感观测可有效地弥补这些缺点(Fu et al.，2006；Feng et al.，2011；潘晓和傅云飞，2015)。地表温度作为表征大气下边界状况的参数之一，也是数值天气预报模式重要的初始场；长期的地表温度序列还是表征气候变化的重要参数之一，是全球变化的重要指标。微波遥感反演地表温度的技术已被广泛运用，Hollinger 等(1991)提出的基于 SSM/I 微波反演地表温度的方法已业务运行数十年，该方法充分考虑了水汽吸收、散射对微波的影响，并考虑了下垫面的类型(茂密植被、草原、耕地、半干旱区、沙漠等)，地表温度反演精确度为±2.5K。由于 MWRI 通道涵盖了 SSM/I 的七个通道，因此完全可以借用 SSM/I 的地表温度反演算法，使用得到的 MWRI 与 VIRR 融合数据，反演地表温度。

图 3.2.2 为反演计算的地表温度，其中左图为利用 MWRI 原始分辨率亮温反演的地表温度，右图为利用 MWRI 各通道亮温匹配融合至 VIRR 像元后的微波亮温反演的地表温度，下方两张图分别为上方图中标注黑框区域的放大图。上面两张图表明反演的地表温度并没有显著的差异，右图略显细致；这两张图还表明青藏高原地表温度远低于其南北两侧的非高原地区的地表温度，在青藏高原上最低地表温度可达到 250K 左右，而高原南侧的印度北部地表温度为 280～290K，高原北侧的塔里木盆地地表温度约为 280K，这符合冬季午后上述地区地表温度的气候值。将上方图中 3°×1.5°黑框区域图像放大后，就可以看到 MWRI 匹配融合前后的显著差异：融合前(左图)地表温度呈现出明显的马赛克分布特征，这是因为 MWRI 原始分辨率粗，相邻像素反演得到的地表温度差可达 5K 以上；而利用融合后 MWRI 反演的地表温度分布就显得非常细腻和连续，这也符合地表温度空间分布的特点。对 MWRI 融合前

后亮温反演的地表温度分布的统计分析表明，MWRI 融合后亮温反演的地表温度与融合前亮温反演的地表温度相比，均值增加约 0.8K，标准差降低了约 0.2K，最大值降低了 1.2K，最小值增加了 2.7K，而这些差异均小于地表温度反演算法本身的误差（2.5K），表明 IDW 方法既能提高 MWRI 各通道的计算分辨率，同时也不会影响其反演产品的精度。

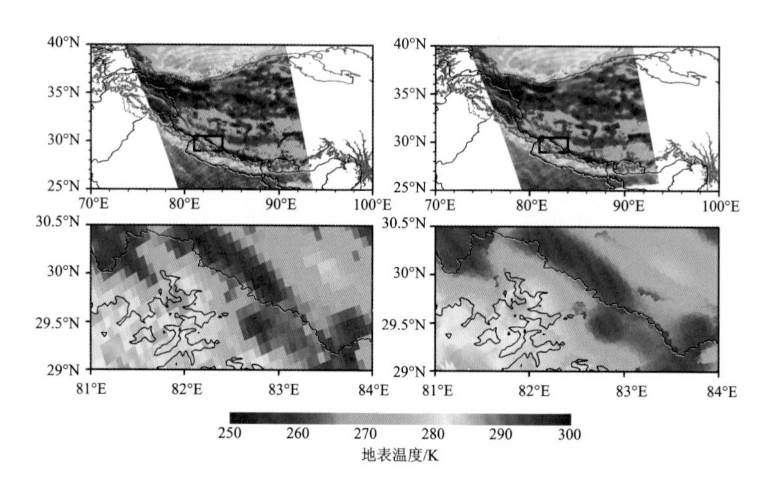

图 3.2.2 利用 MWRI 微波亮温反演计算的地表温度（引自陈逸伦等，2016）

左列为 MWRI 融合前的图像，右列为利用 IDW 方法匹配融合后的图像；下图为上图黑框区域的放大；上图黑色细线为 3000m 等高线，下同

3.2.3 积雪与云区识别

由于高原地面站分布有限，利用卫星遥感反演可得到青藏高原全区的积雪分布。利用微波和光谱均可观测积雪，但两者观测原理不同，各有优劣。可见光和红外波段观测的分辨率高，但易受到云的干扰，且夜晚对雪的观测能力下降；而微波能穿透云层对地观测，但分辨率较粗，且易受地表发射辐射的影响。利用上述融合方法得到的 VIRR 分辨率上的 MWRI 与 VIRR 融合数据，就可实现在高空间分辨率条件下对晴空、积雪和云进行有效识别。

图 3.2.3（a）为使用匹配融合资料中的微波数据识别的雪盖类型，识别方法采用李晓静等（2007）根据微波多通道法改进的更适用于青藏高原积雪识别的算法，该算法的阈值由星载微波数据结合地面站观测数据确定。图 3.2.3（b）为微波和光谱协同识

别算法给出的云和积雪分布，该识别算法的原理为：①利用 SSM/I 的地表温度反演算法计算得到的地表温度与 VIRR 的 10.3～11.3μm 通道进行比较，如果反演的地表温度高于红外亮温值，则判定该像元为云，反之则判定为晴空或雪；②当判定像元为云时，按照近红外亮温阈值法获得云的属性(Fu and Qin，2014)；③当判定像元为晴空或雪时，则利用光谱通道计算 NDVI 和 NDSI (normalized difference snow index)，从而确定积雪的判定阈值，进而分离出积雪和晴空(包慧漪等，2013)。图 3.2.3(c)为微波和光谱观测反演的积雪的叠加图，由于光谱探测难以穿透云，在对积雪进行识别时，晴空时使用光谱判定结果，有云时使用微波判定结果。

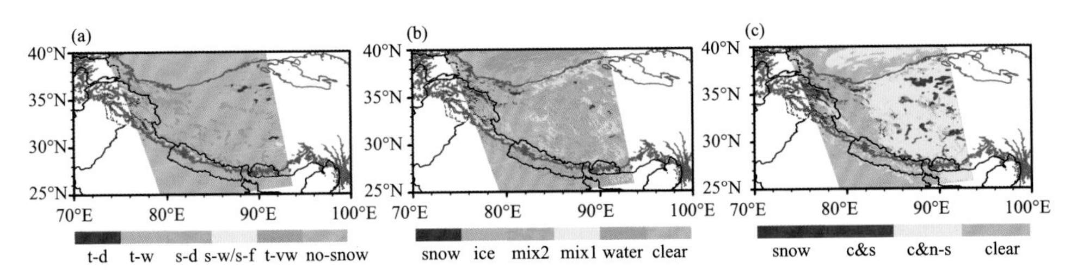

图 3.2.3 利用匹配融合数据反演的云和地表特征(引自陈逸伦等，2016)

(a)提升计算分辨率后的微波数据计算的雪盖类型，(b)协同识别算法得到的云-积雪分布，(c)协同算法得到的云-积雪叠加图；(a)中：厚干雪(t-d)、厚湿雪(t-w)、浅干雪(s-d)、浅湿雪(s-w)/森林浅雪(s-f)、非常厚湿雪(t-vw)、无雪(no-snow)；(b)中：积雪(snow)、冰云(ice)、混合云 II 型(mix2)、混合云 I 型(mix1)、水云(water)、晴空且无积雪(clear)；(c)中：积雪且晴空(snow)、积雪且有云(c&s)、无雪且有云(c&n-s)、无雪且晴空(clear)

图 3.2.3(b)的积雪主要位于三大区域：高原西北的昆仑山脉南麓、高原中部的可可西里山脉和唐古拉山脉交接部、高原南部的喜马拉雅山脉。以上这些区域均在图 3.2.3(a)中存在积雪。从图 3.2.3(b)中还可看到，卫星过境时高原中部很大程度被冰云、混合云 II 型和混合云 I 型覆盖，由于光谱的局限性，无法获得云下面的信息，而图 3.2.3(a)显示在这些云下方有雪覆盖。不过图 3.2.3 还表明在光谱判定晴空的区域，微波对雪盖的判定存在一定程度的高估，这是由于微波对湿雪的判别精度有限，现有阈值容易对湿雪产生误判(李晓静等，2007；包慧漪等，2013)。图 3.2.3(c)有效地揭示了被云层遮挡下的积雪覆盖情况，确实有大量积雪位于云层下方，这是现有的光谱资料难以观测的。对这幅图像的统计表明被云遮挡的积雪面积占总积雪面积的 80.5%，这部分积雪都会被单一的光谱探测所漏判；仅用微波数据，对于晴空区域的积雪空报率(false alarm ratio)达到了 76%，蒋玲梅等(2014)将 FY-3B 的 MWRI 反演的积雪与 MODIS 的积雪产品相比，计算的空报率甚至超过 82%，这说明仅用

微波数据识别积雪还存在较大误差。总体而言，将微波与光谱进行融合来协同识别和反演，可在晴空时减少微波反演雪盖的误差，又可克服光谱无法获取有云地区的积雪的问题，还可得到云的参数。利用上述反演结果可实现对云参数和地表参数的综合分析，提高获取雪情、云参数的能力，这将大大提高卫星多仪器遥感信息的应用效能。对于夏季，将上述方法用于青藏高原冰川区的云和积雪识别仍有效。

3.3 辐射观测数据及其处理

20 世纪 60 年代中期，美国的电视红外观测卫星（Television Infrared Observation Satellite，TIROS）搭载了 MRIR（Medium Resolution Infrared Radiometer），实现了对云和地表发射红外辐射的观测。70 年代中期，美国在卫星 Nimbus-6 上搭载了 ERB（Earth Radiation Budget），实现了对地球辐射收支的观测；随后分别在卫星 ERBS（Earth Radiation Budget Satellite）和 NOAA-9 上搭载了 ERBE，对地球辐射收支进行观测试验；90 年代，他们分别在卫星 Metror 和 Terra 上搭载 ScaRaB（Scanner for Radiation Budget）和 CERES，实现了对云和地球辐射较准确的观测，并提高了地–气辐射收支的估算精度；进入 21 世纪，他们在静止卫星 Meteosat-9 上搭载 GERB（Geostationary Earth Radiation Budget），可在地球同步轨道上对地球辐射进行高时间和空间分辨率的观测。我国从 2008 年开始在极轨卫星风云三号（FY-3）上搭载 ERM，对地球辐射进行观测。

3.3.1 CERES 和 MODIS 数据

地球气候受控于太阳辐射进入大气和地表（陆面和洋面）的入射短波辐射和地–气系统自身向外发射的长波辐射，两者之间的差值变化即为地球辐射收支（ERB）变化。目前，在利用星载仪器进行全球和区域地–气辐射观测方面，最具有代表性的仪器就是 CERES。该仪器先后搭载于不同的卫星平台，如 Terra、Aqua 和 NOAA-20 等。CERES 的观测数据与其他卫星平台搭载的高分辨率成像仪的观测数据等结合，如与 MODIS 和 VIIRS（Visible Infrared Imaging Radiometer Suite）的协同观测，可有效地用来分析大气顶部、大气内部及地表的辐射收支，提高了地球辐射收支（ERB）

观测分析能力，为气候和天气等方面的科学研究提供了有力的数据支撑。

CERES 仪器具有一个窄视场扫描辐射计，其星下点分辨率为 10km（TRMM）或 20km（Terra、Aqua）或 24km（S-NPP、NOAA-20）。其窄视场可实现更高的空间分辨率观测。CERES 仪器拥有三个宽带通道，分别以 0.3～5μm（短波段）、8～12μm（大气窗波段或长波波段）和 0.3～200μm（总辐射波段）观测云-地球系统的上行辐射，也可能有来自云层和大气（云天时）的上行辐射，它们在星下点的观测分辨率约为 20km。搭载于 NOAA-20 上的 CERES，将大气窗波段替换为 5～35μm 波段。研究表明 CERES 三个通道的视场重叠达到 98%（Wielicki et al.，1996），CERES 的长波波段和短波波段在地面的校准误差分别为 0.5%和 1%；由于采用了新的角度分布模型（ADM），可减少 2～4 倍的系统误差和均方根误差。CERES 的伺服系统定位精度高，温度探测器的时间常数小（8ms）、热滞系数小，因此具有测量快速、系统误差小（小于 1%）的特征（Wielicki et al.，1996）。

CERES 仪器可以三种主要模式进行扫描观测，即固定方位角平面（FAP 或交叉）、旋转方位角平面（RAP）和可编程方位角平面（PAP）。在交叉模式下，CERES 以垂直于地面轨道的方式进行跨轨扫描；在 RAP 模式下，CERES 以方位角旋转进行仰角扫描观测；PAP 模式下，还可通过地面控制，使其扫描平面与其他仪器（包括不同平台上的 CERES 仪器）的扫描平面对齐，以便对不同的仪器进行比较。CERES 还定期扫描月球，以检查仪器对辐射观测的稳定性。利用极轨卫星搭载的成像仪进行观测，可为 CERES 提供观测场景信息，如成像仪的光谱辐射可用来推断云、气溶胶和地面的特性，确定地表辐射通量。这些信息被用于 CERES 产品的处理，如将 CERES 观测的辐射量转换为大气顶（top of atmosphere，TOA）的辐射通量。CERES 的二级（Level-2）数据提供大气顶的长波、短波、大气窗向上辐射通量密度、像元内云量数据。

CERES 观测结果已经大量的校准对比研究（Dewitte and Clerbaux，1999；Lee et al.，2000；Loeb et al.，2016），确保了仪器测量的准确性，并减小了行星反照率和出射长波辐射等估算的不确定性。Yan 等（2011）研究分析了 2008～2010 年黄土高原上 CERES 地表辐射产品与地表观测站数据之间的关系，结果显示除了瞬时上行长波辐射误差稍大外，CERES 轨道级的瞬时地表辐射产品精度均可以满足相关研究的需要。这些研究成果表明 CERES 资料可以为高原地-气辐射研究提供准确的资料，弥补了高原大气辐射测量站点少且分布不均匀的缺点。

MODIS 具有 36 个通道，这些通道覆盖了紫外、可见、近红外、红外波段，各通道的定标精度高，空间分辨率也高，但各通道的空间分辨率有所差别，其中可见光通道具有最高的空间分辨率，星下点为 250m；MODIS 扫描覆盖的空间范围大(King et al., 1992; Barnes et al., 1998)，能观测到大面积云或地表的可见光、近红外和远红外信息。命名为 MYD02SSH 的 MODIS 二级数据，提供了 0.659μm 通道反射率和 11.03μm 通道红外亮温，其分辨率为 5km；命名为 MYD06L2 的二级数据，提供了云水路径(LWP)、云粒子有效半径(R_e)、云光学厚度(τ_c)，它们的分辨率为 1km。

准确的云结构信息可利用 CloudSat 卫星搭载的云廓线雷达(CPR)探测的结果获得(Stephens et al., 2002)。CPR 是一台毫米波雷达，它通过探测云粒子的后向散射回波，可给出云底至云顶的雷达反射率因子廓线。其星下点探测的水平分辨率为 1.1km、垂直分辨率为 240m，探测高度自地面向上 25km。宇路和傅云飞(2017)曾利用命名为 2B-GEOPROF 的 CPR 轨道数据，并结合 CALIPSO 卫星搭载的激光雷达(CALIOP)数据，分析了夏季热带与副热带区域的云顶与云量的差异特征。

3.3.2 数据处理、辐射和辐射加热率计算方法

先前不少研究多采用格点化的卫星仪器产品资料(张丁玲等，2012；于涵等，2018)，格点分辨率如 0.5°、1°或 2.5°，故空间分辨率较粗；此外，在对仪器的像元数据进行格点化时，采用诸如对格点内像元信息平均的方法，均会产生一定的误差(Chen et al.，2019)。因此，采用仪器观测的像元数据，无疑具有优点。由于 CERES 与 MODIS 的像元分辨率不同，为便于计算和分析，必须将两者进行匹配，如采用加权平均的融合方法，可将细分辨率的 MODIS 像元信号融合到粗分辨率的 CERES 像元上。

加权平均的融合方法曾用于热带测雨卫星(TRMM)的测雨雷达(PR)与可见光红外扫描仪(VIRS)的探测结果的融合。作者曾分析该融合数据，揭示了夏季热带及副热带降水云可见光和红外信号的气候分布特征(傅云飞等，2011)、东亚台风和非台风降水结构特征(陈凤娇和傅云飞，2015)、雨季喜马拉雅山脉南坡降水云顶的信号特征(Fu et al.，2018)。

图 3.3.1(a)为 MODIS 的 11.03μm 通道观测的一个青藏高原多云个例的亮温分布，图 3.3.1(b)为融合至 CERES 像元分辨率的该通道亮温分布，图 3.3.1(c)为融合

前后的亮温概率密度分布(DPD)，该图表明融合后的亮温与原始亮温基本一致，如高原地区云区、云区间的晴空区分布基本不变，只是融合后分辨率有所下降(融合后的亮温分辨率为 20km，即 CERES 的分辨率)。DPD 曲线显示融合前后概率密度分布型相同，峰谷值及位置也一致，但还是因为分辨率变化，造成融合后亮温稍偏离原始亮温，最大的误差为 2%；融合后 240～285K 的亮温比例稍多，这也是高原上图 3.3.1(b)比图 3.3.1(a)亮的原因。总体上，融合效果良好，误差可以接受。

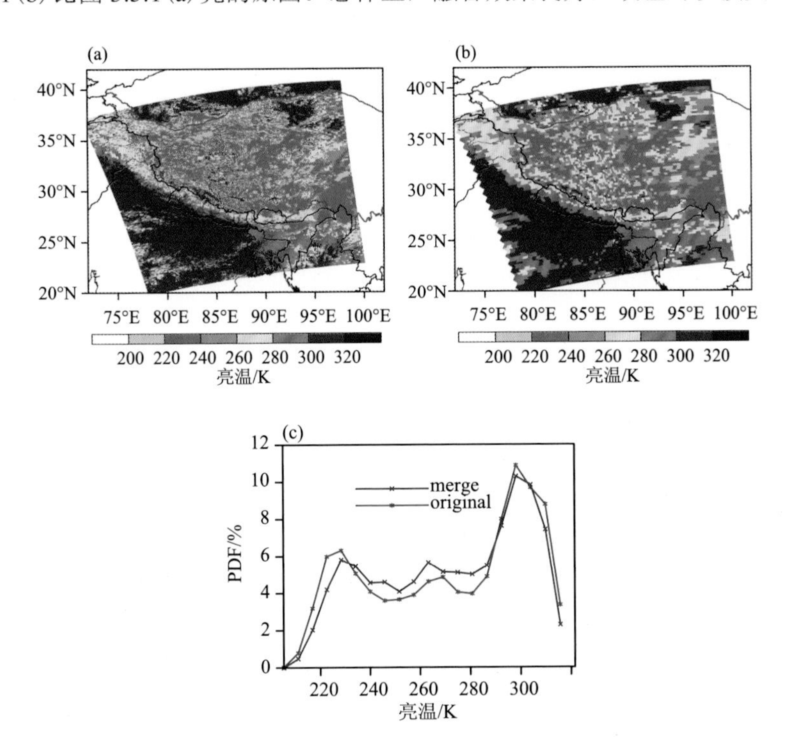

图 3.3.1　多云个例 MODIS 的 11.03μm 通道亮温分布(a)、CERES 像元内多个 MODIS 像元 11.03μm 亮温加权平均后的亮温分布(b)和 MODIS 的 11.03μm 通道融合前(红色)后(蓝色)亮温的概率密度分布(c)(引自陈光灿等，2021)

(a)和(b)中的紫色细实线为 3000m 等高线

晴空大气辐射强迫的计算涉及晴空像元的定义。CERES 产品数据中 SSF(single scanner footprint)提供了其像元内晴空面积百分比(clear area percent coverage，CAPC)，白天时，它可由 MODIS 产品数据中分辨率为 250m 的云标识码计算得到。当 CERES 像元内的 CAPC 大于 99%时，该像元被定义为晴空像元。

由于地球大气中众多气体成分或云都会对长短波辐射产生吸收、发射和散射作用，从而导致大气顶净辐射通量变化。依据惯例，某种大气成分或云的辐射强迫定义为该成分变化所引起大气层顶净辐射通量的改变(单位：W·m^{-2})，计算公式为

$$F = F_y - F_n \tag{3.3.1}$$

式中，F_n 和 F_y 分别表示无大气和有大气时的净辐射通量；F 表示大气的总辐射强迫；习惯上将向上的辐射通量密度符号记为正，向下的辐射通量密度符号记为负。

根据盛裴轩等(2003)提出的计算公式，地表发射辐射值 F_{surf} 由 $\varepsilon\sigma T_{11.03}^4$（$\varepsilon$ 为地表发射率，σ 为斯特藩-玻尔兹曼常数，$T_{11.03}$ 为 11.03μm 通道亮温）计算得到；CERES 测得的辐射值定义为 F_{CERES}，则大气长波辐射强迫 F_{atmo} 为

$$F_{atmo} = F_{surf} - F_{CERES} \tag{3.3.2}$$

大气内的辐射加热率空间分布与大气环流直接相关，垂直方向大气辐射变温率分布与对流活动息息相关。对于任意一个气压层，该层的辐射加热率与其上、下边界接收和发射的长短波辐射通量密度成正比。因此，某一气压层的辐射加热率（$\partial T / \partial t$）可写成

$$\Delta E^* = E_{top}^{\downarrow} + E_{bottom}^{\uparrow} - (E_{bottom}^{\downarrow} + E_{top}^{\uparrow}) \tag{3.3.3}$$

$$\frac{\partial T}{\partial t} = -\gamma_d \left(\frac{\Delta E^*}{\Delta p} \right) \tag{3.3.4}$$

式中，辐射通量密度(E)上标处的上下箭头指辐射的方向，上箭头代表发射，下箭头代表接收；下标指示该通量的位置；γ_d 为温度的干绝热递减率；ΔE^* 为净辐射通量密度；Δp 为气层的气压差。

由于云对大气辐射场有着重要的影响，可结合云辐射强迫的物理内涵，计算云辐射强迫大小($\dot{C}$)：

$$\dot{C} = \left(\frac{\partial T}{\partial t} \right)^{cloud} - \left(\frac{\partial T}{\partial t} \right)^{clear} \tag{3.3.5}$$

式中，上标 clear 代表晴空大气的辐射加热率；cloud 代表全云天时大气的辐射加热率。因此，式(3.3.5)表明云的存在造成了云天与晴空的辐射加热率的改变。

3.4 少云与多云的辐射差异

3.4.1 少云与多云的标准

为探究晴空与云天的辐射强迫差异，可近似以多云和少云情况来研究，因为实际中高原大范围的晴空与云天个例不易获得，少云和多云的选择标准要求高原上少云与多云的天空云状况差异分明，且两个个例的 CERES 观测范围(轨道)重合度要高。按此标准，本节给出的多云个例发生在 2017 年 5 月 5 日 15:25，CERES 在高原上拥有 3745 个观测像元；少云个例发生在 2017 年 8 月 2 日 15:20，CERES 在高原上具有 4075 个观测像元。图 3.4.1 为这两个个例的可见光通道的反射率分布和热红外通道的亮温分布。少云个例表明高原上对应大片小于 0.2 的反射率，它们对应的大

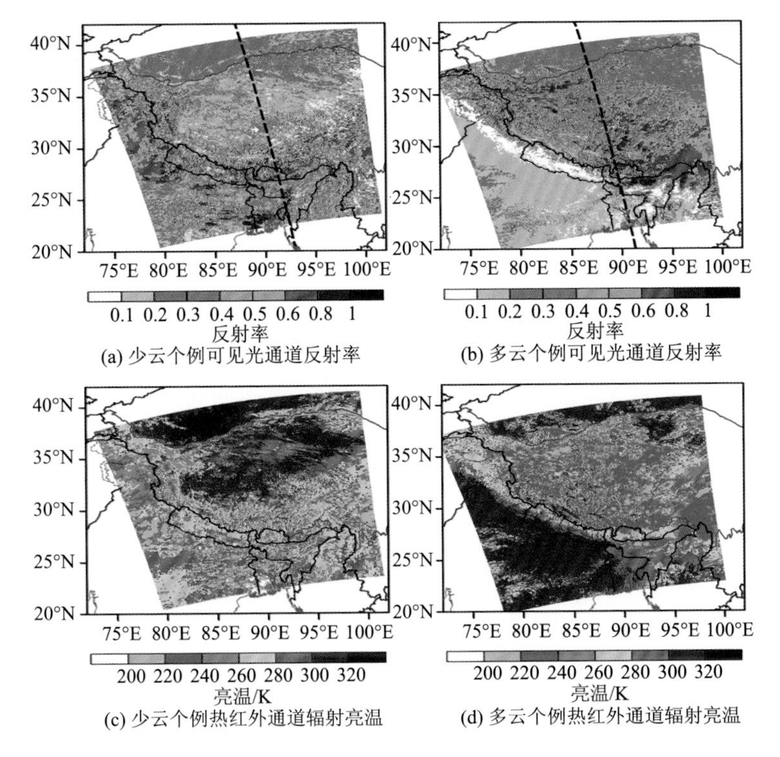

图 3.4.1 少云个例、多云个例的 MODIS 可见光通道反射率与热红外通道辐射亮温分布图(引自陈光灿等，2021)

(a) 和 (b) 中的黑色虚线代表 CloudSat 卫星星下点的轨迹

部分热红外通道亮温高于 280K，而喜马拉雅山脉南侧至印度北部云系多(反射率大于 0.3、热红外亮温低于 280K)，高原北侧的塔克拉玛干沙漠为晴空区(反射率低于 0.3、热红外亮温高于 300K)。对于多云个例，青藏高原上大片区域的可见光反射率大于 0.8，它们对应 11.03μm 通道的大片低亮温区，亮温多低于 240K，而喜马拉雅山脉南侧至印度北部为清晰的晴空区(可见光反射率小于 0.1、热红外亮温高于 320K)。上述说明了多云和少云时，高原地面热状态的差异大。少云时，太阳短波辐射加热地表，使地表温度明显高于云顶温度；而多云时，地面吸收到的太阳辐射少，地面温度就低。这种地表温度随云分布的变化，正是地-气辐射收支及水分收支研究所关注的重点。

3.4.2 云参数与辐射的关系

利用 MODIS 产品数据提供的云参数，绘制了多云个例和少云个例的云参数(云粒子有效半径、云光学厚度和云水路径)空间分布(图 3.4.2)，并计算得到了高原地区云参数概率分布(图 3.4.3)。结果表明少云个例的云区主要在青藏高原东部，云粒子有效半径多分布在 20μm 以下，峰值为 10μm 左右；多云个例的云区位于 86°E 以东和 83°E 以西的高原上，其云粒子有效半径分布在 10～40μm，峰值出现在 26～28μm。

图 3.4.3(b)表明不论是少云个例还是多云个例，其云光学厚度均为单峰分布，峰值的云光学厚度为 5，且云光学厚度都小于 60，这表明高原上云的云光学厚度大小的统计学分布相似，且厚云少。因为云水路径是云粒子有效半径与云光学厚度的组合参数，但云光学厚度数值的量级大于云粒子有效半径，所以云水路径的分布偏向云光学厚度的分布[图 3.4.3(c)]；另外，由于少云个例的云粒子有效半径比多云个例的云粒子有效半径小，故少云个例的云水路径峰值明显小于多云个例的峰值(相差 $50g·m^{-2}$)。

计算结果表明少云个例 CERES 探测到长波辐射通量高值区位于高原中部和高原北侧的塔里木盆地，其中高原中部的长波辐射通量达 $320W·m^{-2}$，而塔里木盆地的长波辐射通量更大，因为其地面温度高；长波辐射通量高值区与晴空少云区相对应。CERES 探测的多云个例的长波辐射通量在 180～$280W·m^{-2}$。高原区域大气顶长波辐射通量的概率密度表明，少云个例和多云个例的长波辐射基本呈现单峰分布，少云个例的长波辐射峰值为 310W·m^{-2}，而多云个例的长波辐射峰值为 160W·m^{-2}，说明云的存在减弱了地-气系统向上出射的长波辐射，而少云时地-气系统则向上出射更多的长波辐射，使得地-气系统冷却。

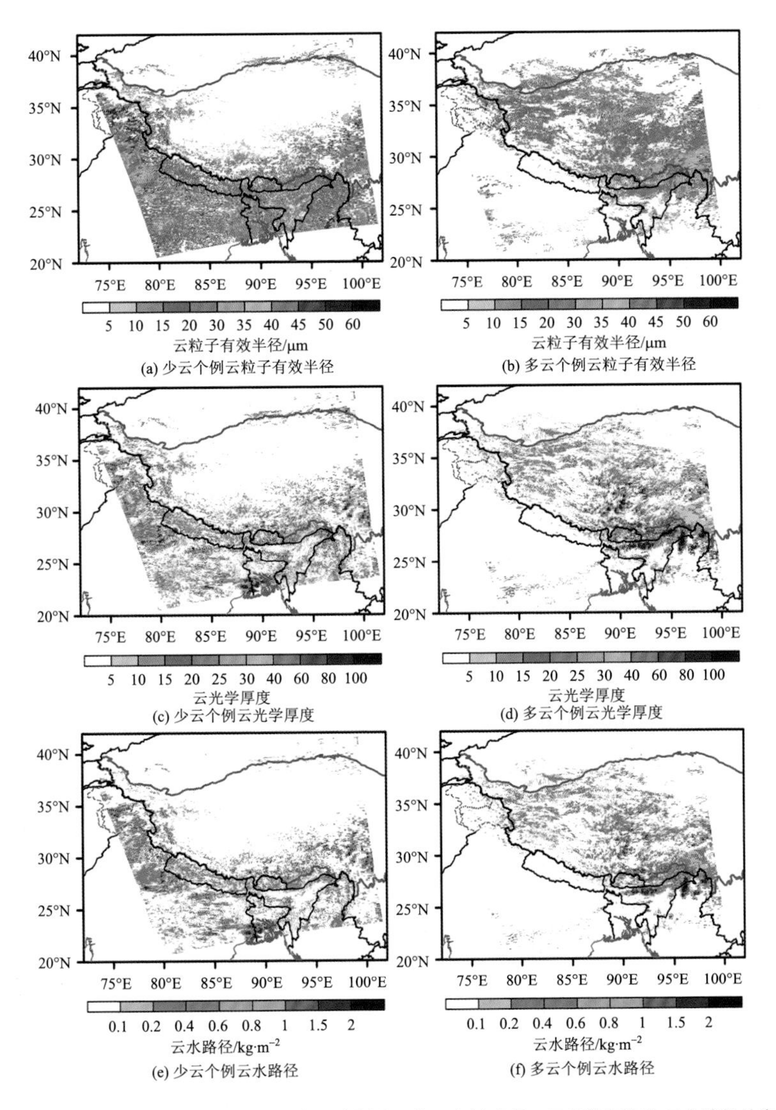

图 3.4.2 MODIS 云参数给出的少云个例和多云个例的云粒子有效半径、云光学厚度和云水路径的空间分布（引自陈光灿等，2021）

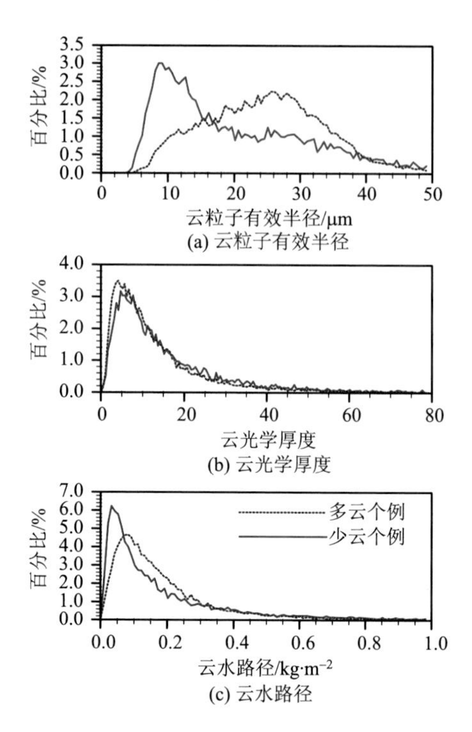

(a) 云粒子有效半径

(b) 云光学厚度

(c) 云水路径

图 3.4.3 云粒子有效半径、云光学厚度和云水路径的概率密度分布曲线(引自陈光灿等，2021)

CERES 探测的大气顶射出短波辐射通量表明，少云个例中高原地区大气顶短波辐射通量大多在 200W·m^{-2} 以上，而多云个例中高原上云区的大气顶短波辐射通量大多在 400W·m^{-2} 以上。少云个例的大气顶短波辐射通量概率密度呈现单峰分布，峰值出现在 220W·m^{-2}，而多云个例的短波辐射通量概率密度分布较为平坦，大部分位于 300～600W·m^{-2}。由于 CERES 探测的大气顶射出的短波辐射来自地面或云顶对太阳短波辐射的反射辐射，可见云顶反射更多的太阳短波辐射，使得到达地面的短波辐射减少，降低了地面温度。总之，云辐射强迫对长短波辐射产生了截然不同的效应，它一方面削弱了出射的地-气系统长波辐射，对地-气系统而言起到了加热作用；另一方面反射了更多的太阳辐射，起到了冷却作用(Ramanathan et al., 1989)。所以需要精确地计算云辐射强迫效应，这有助于我们更好地了解地-气辐射平衡。

根据 3.3.2 节定义的辐射强迫算式，可计算出少云和多云时的大气辐射强迫。晴空大气辐射强迫由非云像元计算，少云个例中共有 222 个晴空像元，这些像元的大气长波辐射强迫平均值为 108.3W·m^{-2}；多云个例中只有 4 个晴空像元，其大气长波辐射强迫平均值为 104.5W·m^{-2}，表明多云个例和少云个例中的晴空长波辐射大小相近，说明 CERES 晴空面积百分比数据可信。

为对比高原地区的晴空大气辐射强迫，可选取少云个例中塔里木盆地区域的晴空像元做同样的计算。结果(表 3.4.1)表明该区域的大气长波辐射强迫平均值为 200.7W·m^{-2}，远大于高原上的值。这是因为塔里木盆地平均海拔为 0.8km，而高原的平均海拔为 4.5km，两者在海拔上的巨大差异造成了地面温度相应的差异，由此导致高原地面上行长波辐射小。而两地的短波上行辐射差异小，说明两地的地表性质接近。可见，海拔因素是高原地-气系统辐射平衡有别于非高原地区的主要原因之一，尤其体现在长波辐射强迫上。

表 3.4.1　晴空大气时青藏高原与塔里木盆地的地-气长波强迫、地表发射辐射和平均海拔

地点	大气长波辐射强迫 /W·m^{-2}	地表发射辐射 /W·m^{-2}	平均海拔 /km
青藏高原	108.3	422	4.5
塔里木盆地	200.7	558	0.8

研究已经表明云类型及其时空分布引起的辐射强迫影响着全球的地-气辐射平衡，造成全球或区域的气候变化，而这些气候变化也会反馈作用于云时空分布的变化(Hansen et al., 1997; Zelinka et al., 2017)。依照上述计算辐射强迫的公式，以云区附近的 CERES 晴空像元的辐射量减去 CERES 有云像元的辐射量，可得到云的辐射强迫大小。计算结果表明多云个例云像元的瞬时短波辐射强迫平均值为–223.2W·m^{-2}，瞬时长波辐射强迫平均值为 139.4W·m^{-2}，瞬时云净辐射强迫平均值为–83.8W·m^{-2}，可见多云个例中的云区对地-气系统有冷却效应。类似于 Huang 等(2006)，可假设云稳定不变，并考虑到 CERES 逐日两次观测、夜间短波辐射为零，则可得到云的总辐射强迫值为 27.8W·m^{-2}。但在实际中，云的生命史不会稳定不变，它会受到多方面因素的作用，如大气层结状况变化，或气溶胶的间接效应也会影响云的生命史(Boucher et al., 2013)，因此这只是一个估算值。

在了解晴天与云辐射强迫的基础上，可分析云天时深厚和浅薄云区的辐射强迫差异。利用 CPR 提供的云反射率因子廓线，可分析了解云垂直结构，获得云的深厚程度。CPR 像元对应的大气顶辐射通量，可由 CPR 像元位置最近的 CERES 像元的大气顶辐射通量数据插值计算得到。图 3.4.4 为两个个例中 CPR 探测的云垂直结构。图 3.4.4(b)表明多云个例中 33°N 以南以深厚云为主，而 33°N 以北以浅薄云为主。

尽管多云个例中深厚云区与浅薄云区的云顶高度相差不大，但它们对应的 CERES 辐射通量显示深厚云区较浅薄云区反射了更多的太阳辐射[图 3.4.4(d)]，但深厚云区与浅薄云区的长波辐射没有太大的差别。

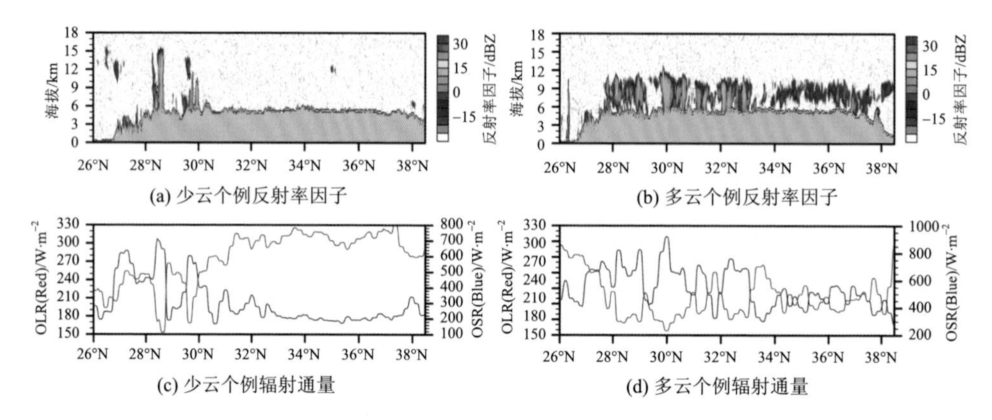

图 3.4.4　少云个例、多云个例的 CPR 探测的云回波反射率因子剖面及对应的 CERES 探测的大气顶出射长(红色)短(蓝色)波辐射通量(左侧纵坐标为长波段，右侧纵坐标为短波段(引自陈光灿等，2021)

为了定量分析深厚云区与浅薄云区的辐射差异，表 3.4.2 给出了计算结果。它显示多云个例中深厚云区的瞬时净辐射强迫为–215.1W·m^{-2}，浅薄云区的瞬时净辐射强迫为–84.1W·m^{-2}；少云个例中深厚云区的瞬时净辐射强迫为–209.5W·m^{-2}。就短波辐射强迫而言，深厚云区的短波辐射强迫是浅薄云区的 2 倍多。这表明在研究高原云辐射强迫时，不但要利用云顶高度来分析云辐射强迫(张丁玲等，2012)，还要注意云的深厚度。

表 3.4.2　多云个例和少云个例中深厚云和浅薄云的辐射强迫（单位：W·m^{-2}）

项目	多云个例深厚云	多云个例浅薄云	少云个例深厚云
长波辐射强迫	58.9	45.6	79.5
短波辐射强迫	–274.0	–129.7	–289.0
瞬时净辐射强迫	–215.1	–84.1	–209.5

3.5　云和辐射收支的日变化

日变化是地球大气参数变化的基本特点之一，它由地球旋转获得太阳辐射的日变化引起，因此决定了地-气能量的收支与平衡，并决定了地球气候及其变化的基本特征。宏观上，地-气辐射收支可用大气顶部(TOA)的辐射平衡来表征，即气候系统的基本模态(Liou, 2002)。当地-气系统吸收的太阳短波辐射等于地-气系统发射的长波辐射时，地-气系统的能量达到平衡。从地球演化的长时间尺度看，从人类文明诞生以来，这个星球的地-气系统辐射收支总体平衡，因此地球气候变化平稳、人类宜居。

但由于云系面积及类型的时空变化、火山爆发造成的大气成分变化、人类排放的大气气溶胶和温室气体等，会引起一定时空尺度的地-气辐射收支变化。此外，因局地的大气顶太阳辐射随时间变化，故相应的其他辐射分量也随时间变化，构成了辐射日循环，并深刻地影响着局地或区域的季节变化，因此准确地估算大气顶和地表的辐射收支极为重要(Loeb et al., 2009；Trenberth, 1997)，其中云系日变化及其与气候系统间的反馈，还是地-气辐射收支的观测和估算研究的重点(Wielicki et al., 2013)。

就地-气辐射监测而言，前面所述的云和地球辐射能量系统(CERES)是一部非常好的仪器，它能提供TOA宽波段的短波、长波及全波段辐射的稳定观测，其观测结果促进了云、气溶胶与气候之间反馈的研究(Doelling et al., 2016)。到目前为止，CERES仪器已经搭载于Terra和Aqua等多颗卫星上，它们的观测结果以Terra星上CERES的辐射量为标准，通过辐射标定换算进行统一，确保各星上CERES的观测结果具有可比性(Loeb et al., 2009)，且由辐射强度到辐射通量的计算过程中，采用了新的角度方向模型，从而减小了误差(Loeb et al., 2003)。现在发布的第四版CERES辐射产品数据中，给出的水云和冰云特性描述都有一定的改进，且给出了1h的时间分辨率，这极有利于青藏高原云和辐射的日变化研究。

虽然青藏高原地面观测站有限，但学者们为探索这里的大气运动规律，在云降水和辐射等日变化研究领域做出了不懈努力并取得了许多重要进展(Fujinami and Yasunari, 2001; Uyeda et al., 2001; Liu et al., 2002; Guo et al., 2014)。Fujinami和Yasunari(2001)发现青藏高原南部对流和降水在13时(地方时)后云量增加，并在18时(地方时)左右达到最大；Ma等(2005)通过地面观测研究了青藏高原中部地区地表热通量的日变化及月变化；Ma等(2021)指出青藏高原地表温度升高主要由云量特别是中高云量的减少造成，研究表明云层在调节地-气辐射平衡中发挥着关键作用(Zelinka et al., 2017)。以往的大多数研究主要针对大气顶和地面的云辐射强迫及辐射收支，但由于不同高度的云具有不同的辐射特征，Zelinka 等(2017)的研究还指出云和大气增温之间的反馈会随着云层高度的变化而改变。因此，有必要分析研究不同高度云的辐射强迫，探讨它们在青藏高原上的日变化特点，这有助于了解高原云和气候之间的反馈作用，并为高原气候变化研究提供基础信息。

3.5.1 辐射通量平均状况

因为物体发生的长波辐射与物体表面温度有关，物体表面温度越高，则发出的长波辐射越多。卫星搭载仪器观测的大气顶射出的长波辐射，由大气、云顶和地表所发射。图 3.5.1 表明 2016～2019 年各年夏季青藏高原中部和东部偏南地区的大气顶长波射出辐射通量较低(低于 $210W \cdot m^{-2}$)，该低值区向南延伸至孟加拉湾，说明这些地区的云层多且云顶较高。相反，在高原西部至伊朗高原东部，这里的大气顶长波射出辐射通量高，可达 $300W \cdot m^{-2}$，说明这里夏季云少，地面较热，故地表向太空发出了很多热辐射。总体上，青藏高原及周边地区大气顶射出长波辐射通量分布自东南向西北增大，与这里西南季风活动引起的空气干湿、下垫面植被和云系分布密切相关。

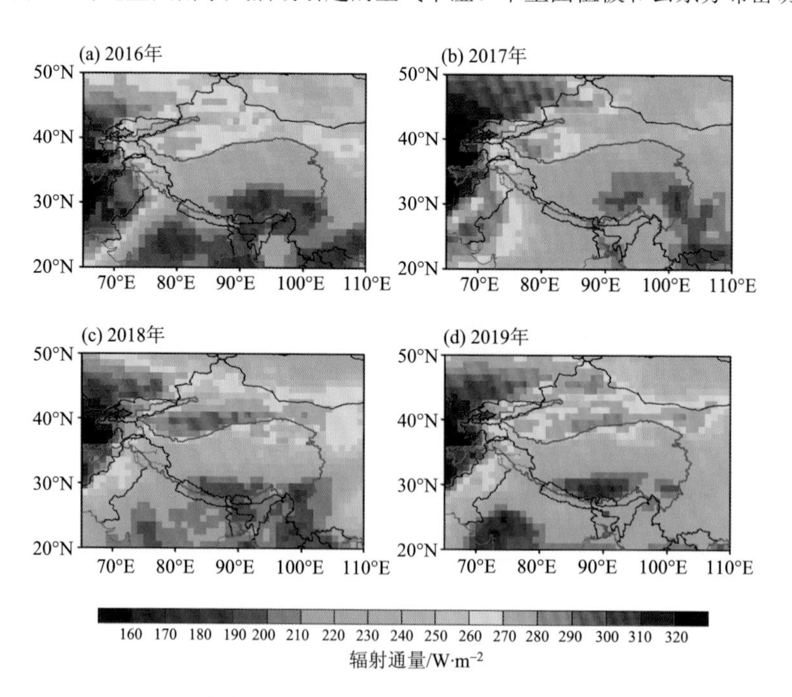

图 3.5.1 青藏高原及周边地区 2016～2019 年夏季的大气顶长波射出辐射通量空间分布

地面接收的太阳短波辐射(或称为地面接收的入射短波辐射)取决于太阳高度角、地表特性，如与地表粗糙度、植被等有关。通常地表反射率小，将有利于接收太阳短波辐射能量，如果地表的热容也小，则有利于将接收的太阳短波辐射转换成热能，如沙石地表在阳光照射下就会发热，再如冰面或积雪的发射率大，将太阳辐射反射，因此冰面或积雪接收能量少，其上方空气的温度也就低。2016～2019 年各年夏季青藏高原及周边地区的地面入射短波辐射通量空间分布如图 3.5.2 所示，表明地面入射短波辐射自高原东部、东南部至孟加拉湾到印度及阿拉伯海为低值区，由该低值区向西北逐渐增大；超过 300W·m^{-2} 高值区位于青藏高原西部、帕米尔高原以西的伊朗高原；青藏高原上的地面入射短波辐射通量大体在 230～290W·m^{-2}，其中青藏高原西部比东部稍大(约 50W·m^{-2})。上述的低值区应该是云系偏多造成的，如高原大峡谷地区，这里夏季云系多(Yu et al., 2004)，阻挡了太阳辐射照射至地面；而伊朗高原东部夏季干燥、云系少，太阳普照地表，故地面入射辐射多。

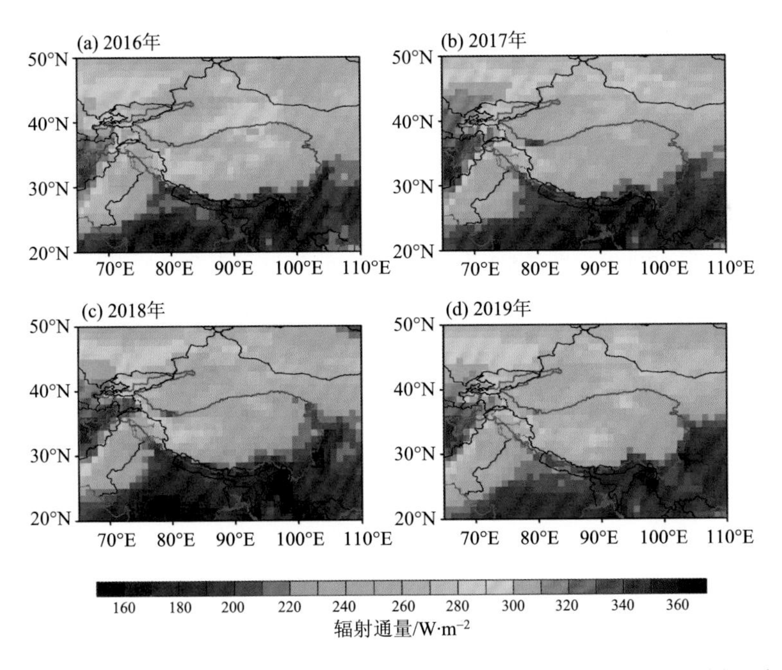

图 3.5.2 青藏高原及周边地区 2016～2019 年夏季的地面接收短波射入辐射通量空间分布

大气净辐射定义为大气顶净辐射与地面净辐射之差，计算结果表明 2016～2019 年各年夏季青藏高原及周边地区的大气净辐射通量均为负值，说明大气失去了能量，且它们的空间分布非均匀，其中 75°E 以西的印度河平原和印度大沙漠地区的大气失去的能量最多，这里大气净辐射通量小于–110W·m^{-2}；而青藏高原上大体为–30～–70W·m^{-2}，其中青藏高原中部偏南地区大气的净辐射通量为–30W·m^{-2}左右，估计与这里云系活动多有关；沿喜马拉雅山脉南坡的大气净辐射通量比高原小(约–90W·m^{-2})，说明这里大气失去的辐射能高于高原。

此外，2016～2019 年夏季的大气顶长波射出辐射通量(图 3.5.1)、地面接收短波射入辐射通量(图 3.5.2)和大气净辐射通量的空间分布稍有差异，这是由这些年份夏季云系活动的差异引起的。

3.5.2 云的日变化

夏季南亚、青藏高原和东亚主要被西南季风控制，一方面，来自南亚的暖湿气流沿喜马拉雅山脉南坡爬上高原，在静止卫星云图上可见云系自这个方向上高原，并向东偏北方向移动；另一方面，西南暖湿气流会沿青藏高原东南的大峡谷地区涌上高原，并沿雅鲁藏布江河谷深入高原中部。因此，比较充分的水汽结合高原特殊的大气层结结构，使得高原上经常出现积云天气，且这些积云具有显著的日变化特征，这一现象已被青藏高原科学试验所证实(陈隆勋等，1999；Uyeda et al.，2001；江吉喜和范梅珠，2002)。图 3.5.3 为 2000～2020 年夏季青藏高原及周边地区总云量日变化的空间分布。该图表明这一地区各时段的云量均自东南向西北减少，最大云量出现在青藏高原大峡谷地区(各时段的云量均超过 80%)，这里因喇叭口地形，暖湿空气受到地形阻挡而抬升凝结成云。该图显示青藏高原在正午的云量达到最大，其中高原东部、东南部的云量超过 80%，高原中部和西部也可达 60%～70%；下午高原的云量开始减少，午夜达到最小；高原西部在各时段均为云量低值区，午夜为 50%，正午为 80%；高原北部各时段的云量也较少，因为这里水汽少。喜马拉雅山脉的东段和中段云量多于西段，东段和中段云量在午夜达到最大，这也是此处夜雨多的原因。

六个时段的高云云量分布也是东南多、西北少，但高云云量在下午的青藏高原中部偏南和东部偏南达到最大(超过 55%)，随后减小，晚间和午夜减到 40%，凌晨进一步减少，上午消失。这两处的高云云量中心与这里的对流活动密切相关，研究表明青藏高原午后多对流活动(陈隆勋等，1999；Uyeda et al.，2001；江吉喜和范梅珠，2002；

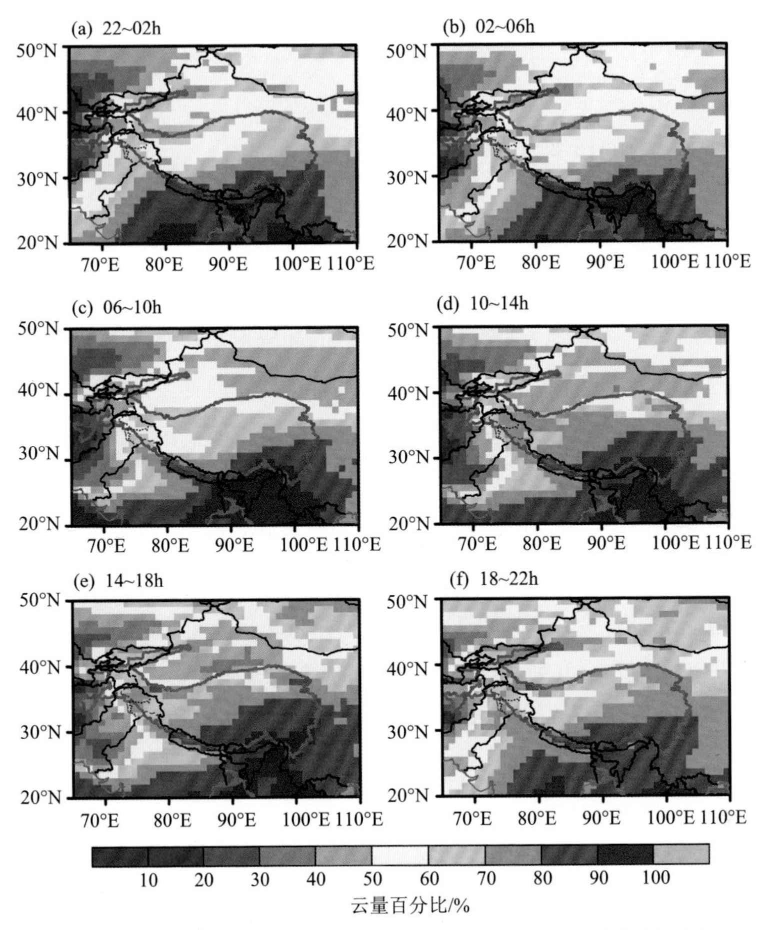

图 3.5.3　2000～2020 年夏季青藏高原及周边地区总云量的日变化空间分布

Fujinami and Yasunari，2001；Fu et al., 2006)，而这些高云云量高值中心正好与这里的深对流降水对应(Luo et al., 2021)。

青藏高原的低云实际上是其他地区的中高云(云顶气压为 500～300hPa)。青藏高原及周边地区低云云量日变化空间分布表明，夏季高原低云时空分布完全不同于高云，整个高原低云云量在凌晨多(云量超过 40%的面积大)，上午在高原中部偏东、偏南地区达到极值(超过 50%)，正午开始减少，下午最低(小于 20%)。此外，青藏高原东南的大峡谷地区从凌晨至正午一直维持低云量高值(超过 45%)，前面已叙述这与地形强迫有关。必须指出光谱观测低云存在不准确的问题，如存在多层云系，上面的云系将阻挡光谱穿过，使得低云无法被观测到，故这里给出的高原午后的低云云量少未必正确，还有待于未来更先进的仪器去探测证实。

3.5.3 净辐射的日变化

地表或某一气层的净辐射指它们吸收辐射与发出辐射之差，其日变化由太阳短波辐射的日变化所驱动，但与局地的天气状况(云系多少、云层厚度和高度)、地面植被、土壤性质等有关。地表或某一气层获得的净辐射多，意味着这里获得辐射能量，有利于气温升高。青藏高原及周边地区大气顶(天顶)净辐射通量的空间分布表明，青藏高原天顶的净辐射通量在午夜最小，并随着太阳高度角的增大而增大，在正午达到最大，然后逐渐减小，这一日循环过程非常分明。这一过程在青藏高原中部最为显著，这里正午的辐射通量最大值超过 $600\text{W}\cdot\text{m}^{-2}$，而午夜的最小值低于 $-200\text{W}\cdot\text{m}^{-2}$；白天(上午、正午和下午)，青藏高原东南的大峡谷地区、青藏高原东部、喜马拉雅山脉、藏北昆仑山脉为天顶净辐射通量低值区，前三个地区天顶净辐射通量低主要是因为云系多、低云多，云顶将反射更多的太阳辐射(喜马拉雅山脉冰川和积雪也反射大量的太阳辐射)，而低云云温高，故出射了更多的长波辐射，造成这些地区天顶辐射低。夜间三个时段，因没有太阳短波辐射，云和地面将向上出射长波辐射，故高原天顶净辐射通量为负值，即青藏高原地-气系统从天顶向外太空辐射能量，其中高原中南部、高原东南的大峡谷地区损失的能量最少，净辐射通量为 $-210\sim-200\text{W}\cdot\text{m}^{-2}$，因为这里夜间云多，云温低于地面温度，故云顶上行长波辐射小，形成净辐射相对高值区；高原西部、高原北部至塔里木盆地，因为云少，且地表多为沙石或戈壁，故夜间这些地区为天顶净辐射低值区，午夜辐射通量低于 $-240\text{W}\cdot\text{m}^{-2}$。上述意味着青藏高原大气在白天获得辐射能，夜间失去辐射能，而且可以看到青藏高原较周边地区的天顶净辐射日变化强，这也是造成青藏高原大气参数(如降水日变化)强(Fu et al., 2006；Luo et al., 2021)的原因。

地表净辐射收支由地面出射长波辐射、大气向下长波辐射(也称为大气逆辐射)、地面接收太阳照射辐射(也称为入射辐射)和地面反射太阳辐射组成。地面射出长波辐射基本上为热辐射，它与地面温度密切相关；而地面入射辐射及反射辐射与地表特性有关，这些特性包括地面粗糙度、植被等，地面净辐射越大，表明地面接收能量越多。计算结果显示夜间青藏高原西部偏南(80°E、33°N 附近)为地表净辐射通量低值中心，对应云量低值区。由此可见，该净辐射低值中心为地面长波辐射引起，这是一种常见现象，即晴空夜晚地面长波辐射会造成地面冷却，如果大气低层水汽充分，则可产生辐射雾。计算结果还显示白天地表净辐射收支在正午达到最强、上午强于下午，这是因为下午高原上云系增多，一方面，增多的云系阻挡了太阳射入地表的短波辐射，阻止下午地表温度持续上升；另一方面，上午至正午高原地面温度的不断升高会持续一定时间，故下午地表将发射更多的长波辐射，使下午高原地表净辐射减小。由此可知，大气参数不会持续线性变化，这也是自然界的一种平衡。

3.6 本章要点概述

本章首先回顾了青藏高原三次科学试验的云辐射观测研究历程，并介绍了近三十年来，利用卫星产品资料研究青藏高原云结构、利用地基观测资料研究青藏高原局地或区域辐射收支所取得的成果。

随后介绍了利用热带测雨卫星搭载可见光红外扫描仪十五年观测结果，研究青藏高原及周边地区昼间云频次、云及云顶不同相态云的可见光和红外信号空间分布特征，以及青藏高原西部、中部和东部云的可见光和红外信号差异。

针对青藏高原地面高反射率情况（如积雪等），光谱识别云的困难，介绍了利用卫星微波与光谱相结合的青藏高原云系识别方法。该方法以风云三号搭载的微波成像仪（MWRI）和可见光红外扫描辐射计（VIRR）观测为例，分别利用距离反比权重法（IDW）和就近取值法（NNI），分析了两种方法匹配两种观测数据的优劣，指出 IDW 方法更适合将粗分辨率的微波观测数据融合到细分辨率的光谱数据像元上（相当于对粗分辨率的微波信号降尺度处理）；在此基础上，利用微波能够穿透云层的特点，采用微波信号反演地表温度；通过比较反演获得的地表温度和 VIRR 热红外通道观测的云顶亮温，确定云像元（反演的地表温度高于红外亮温值）；通过近红外亮温阈值法获得云的属性，并通过光谱通道计算归一化植被指数（NDVI）。最终实现云（包含相态属性）和积雪（包括雪属性）的识别。

本章还介绍了利用云和地球辐射能量系统（CERES）、中等分辨率成像光谱仪（MODIS）和云卫星搭载的云廓线雷达（CPR）研究青藏高原云辐射的结果。首先，介绍了云辐射和辐射加热率的计算方法；然后，介绍了青藏高原少云和多云个例引起的辐射强迫差异，包括云参数与辐射量的关系、云量与辐射通量的关系，指出深厚云区与浅薄云区的长波辐射却差异小，而深厚云区的短波辐射强迫可为浅薄云区的2 倍以上，并指出在青藏高原晴空区，利用热红外通道估算的大气顶长波辐射高于实测值而在云区，热红外估算的大气顶长波辐射与实测值相近；对于大气顶的短波辐射，利用卫星搭载的可见光仪器估算大气顶的短波辐射量是可靠的。

本章最后介绍了青藏高原云辐射的研究结果。首先，给出了夏季青藏高原及周边地区大气顶长波射出辐射、地面接收短波射入辐射和大气净辐射通量的空间分布；然后，介绍了夏季青藏高原及周边地区总云量、高云云量和低云云量的日变化空间分布；最后，介绍了夏季青藏高原及周边地区天顶净辐射、地表净辐射的日变化空间分布。

3.2 辐射状积云，其底部似乎有云滴蒸发，水汽使得云看上去较模糊。(光圈：f/4.0，曝光时间：1/640s，ISO：320)

3.3 大片状的层积云，其厚薄分布不均匀，因此显示出明暗分布差异。(行车速度约60$km \cdot h^{-1}$，光圈：f/16，曝光时间：1/500s，ISO：400)

照片 3.4 大片积云，似淡积云，但面积却很大；似层积云，但分布没非高原地区所见层积云那样的整齐。（光圈：f/7.1，曝光时间：1/640s，ISO：200）

照片 3.5 蓝天飘浮的淡积云，但顶部云的边界纤维状明显，这与非高原的淡积云不同。（光圈：f/20，曝光时间：1/125s，ISO：200）

照片 4.1 远方外形似炸弹爆炸后飞溅物的积云。(北京时间2020年8月26日 16:57，拍于林芝至拉萨的途中；光圈：f/10，曝光时间：1/1000s，ISO：250)

第4章 青藏高原降水基本特点

青藏高原海拔高、大气湿度比低海拔地区小、空气干洁，发生在这种环境中的云降水具有独特的云微物理过程，也造成了这里独特的降水特征。受益于青藏高原科学试验及相关研究，我们对青藏高原的降水特征有了一定的认识(叶笃正等，1957，1979；钱正安等，1984；陈隆勋等，1999；巩远发等，2004；蔡英等，2004)，如高原夏季对流活动十分活跃，对流云云量可占总云量的 60%以上，且多分布在青藏高原中部、东部地区及藏东南地区；对流降水云顶距离地面高度平均可达 8km，最高可达 13.7km(距地面高度)；对流降水及回波强度的日变化特征显著，午后降水明显增强，在高原东南部的雅鲁藏布江等河谷地区，夜雨特征显著(刘黎平等，1999；江吉喜和范梅珠，2002；Liu et al.，2002；郄秀书等，2003)。

第三次青藏高原大气科学试验期间，通过在那曲开展水汽-云-降水的综合观测，特别是利用地基雷达对云的探测，认知了局地云的精细结构，如分析多种雷达观测数据，发现高原对流云的平均云顶高度约为 11.5km，最高可超过 19km，云底平均高度为 6.88km(常祎和郭学良，2016)。研究还表明青藏高原降水与那里的大气温度场时空分布存在一定联系(韦志刚等，2003；林振耀和赵昕奕，1996)。但因青藏高原地域辽阔、地形复杂多变、自然环境恶劣，以往的科学试验范围主要在人员可达区域，对云降水等大气参数的认知也主要局限在那些区域，而青藏高原更广大地区的降水特征则需要借助星载测雨雷达进行探测。本章将介绍利用 PR 在青藏高原不同地区探测的结果，给出降水结构等特征，并结合大气环流背景进行分析，以了解青藏高原不同地区降水的特点。

4.1 东南大峡谷降水

这个星球上的降水具有鲜明的地域性特征，人们已习以为常。山区、平原、海岸、海岛等地区的降水差异，直接影响和改变了人们的生活方式。从气象专业角度看，降水的地域性是因为引起降水的天气过程与地域和季节密切相关。对同一地区而言，不同季节的大气环流形势不同，则相应的天气过程也不同。比如，长江流域初夏的梅雨，宏观上说是因南北暖冷空气交汇于该地区，其中暖湿空气来自孟加拉湾的西南季风和西太平洋副热带高压西南侧东南气流，冷空气则来自黄河以北地区；但在地面天气图上，可见准静止锋面位于该流域，而在 850hPa 天气图上，则可见风切变位于该流域，切变线北部为偏东气流，切变线南部则吹西南气流，且切变线上时常有气旋东移出海，这一过程中常常伴随短时对流性强降水和稳定性层状降水。而长江流域冬季的降水，主要产生于北方南下的冷空气活动，在地面天气图上可见不断向东南方向移动的冷锋，在 850hPa 和 500hPa 天气图上则可见东移的低槽，该过程的降水以层状云形式为特征。对于青藏高原地区，由于海拔高、植被分布差异大等特殊地理环境形成的大气温湿热力结构和大气环流动力结构，这里的降水具有怎样的特点呢？

4.1.1 降水强度及其热红外和微波高频信号

夏季来自印度的西南季风，在向东推进过程中，可沿青藏高原东南部的大峡谷进入雅鲁藏布江河谷，在这里形成大量降水。因河谷地区的地形复杂，地面观测仪器很难对这里的降水进行系统性的观测。但利用 PR 的探测结果，或许能帮助我们了解该地降水的某些特点。图 4.1.1(a)为 PR 探测的发生于 1999 年 5 月 4 日 13 时 05 分(UTC，当地太阳时为 19 时 26 分)的雅鲁藏布江河谷东段拐弯处的降水，降水落区位于 95°E～97°E、29°N～30°N，大体在南迦巴瓦峰东侧附近的河谷里。地表降水率分布表明降水范围的最大长度超过 100km，宽度为 40km 左右，地表降水率分布不均，其中强降水云团范围很小，呈边长为 20km 的块状，位于雨区的西侧，其地表降水率超过 $10mm\cdot h^{-1}$。图 4.1.1(b)和(c)为 PR 探测的降水最大反射率因子和最大回波高度的空间分布，表明大部分降水的最大回波强度分布在 22～32dBZ，对应海拔超过 6km，而最大降水则具有最强的回波信号(超过 36dBZ)，相应的回波高度为 4.5～5km。对照地形海拔可见，最大降水回波信号位于地面以上 1～3km，强降水最大回波相应的高度比较低，这是因为强降水的大粒子位于降水云的下端。图 4.1.1(d)为 PR 探测的降水回波顶高度，大体分布在 8～10km，其中地面强降水相应的回波顶高度最高，超过 10km。

VIRS 的 10.8μm 通道和 TMI 的 85GHz 垂直极化通道观测的降水云系红外亮温和微波亮温分布表明，该降水区对应的亮温低于 240K，其范围超过 200km(东西向)×100km(南北向)；从该低亮温区(亮温低于 250K)向北偏东方向延伸 200km 左右为大片云区，由此判断这里大气中上层吹偏南风，这符合该地区初夏大气运动的特点。85GHz 垂直极化通道亮温的分布表明，低于 220K 的亮温区位于降水云系上方，

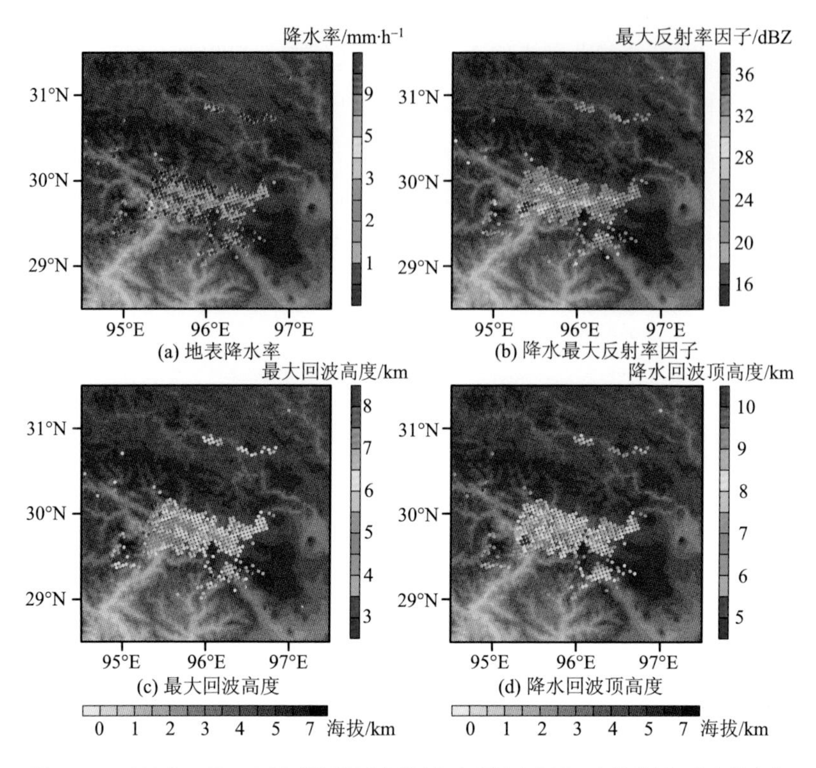

图 4.1.1 1999 年 5 月 4 日 PR 探测的雅鲁藏布江东段的南迦巴瓦山峰附近河谷中的降水

美国国家地球物理资料中心 http://www. ngdc.noaa.gov；图(a)引自傅云飞等，2007；但重新绘制

并向东南和西北呈多块状的伸展，长度近 400km，这是一大片冰云，且云中冰粒子分布不均。另外，从高于 270K 的亮温分布可推测，降水区的南部(大体为 29° N 以南)大气和地面温度高。值得注意的是，VIRS 的 10.8μm 通道和 TMI 的 85GHz 通道所反映的物理本质存在差异，前者为云顶的热辐射，后者为云体中冰粒子的上行散射辐射，这对认知云宏观和微观特性至关重要。

4.1.2 降水垂直结构

利用 PR 探测的 4km 和 5km 高度的降水像元分布，以及沿强降水中心的两条降水回波强度剖面（图 4.1.2）可见，强降水中心出现在河谷中，为一强对流柱，它自河谷底部向上，在 5km 高度以上向周围展开，似乎是河谷底部对流云受到周围地形的约束而向上发展。最强回波(超过 40dBZ)位于河谷里的对流降水云下部，该对流云的顶部回波高度接近 12km；散开区为弱降水，回波顶高度在 9km 左右。

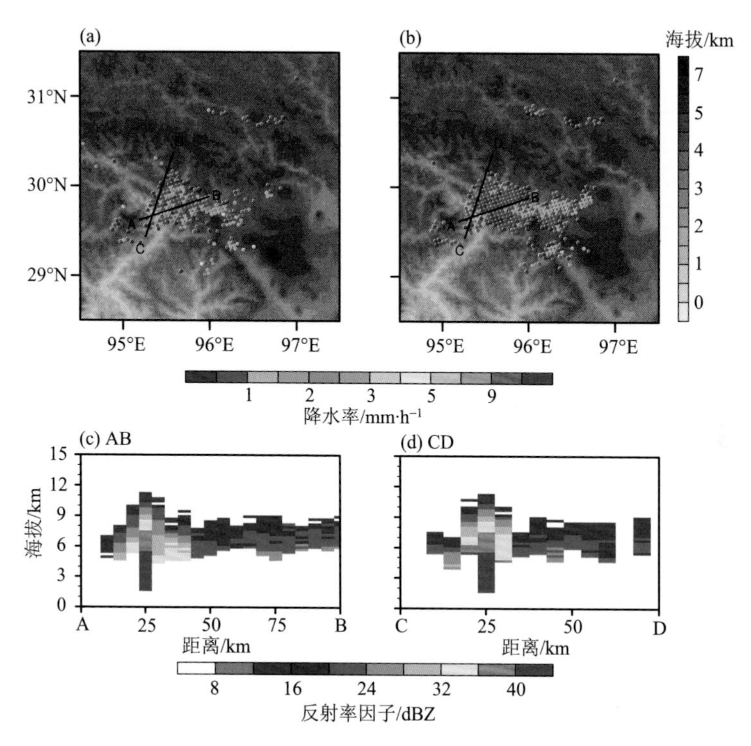

图 4.1.2 PR 探测地面(海拔 4～5km)的降水像元分布((a)和(b))以及沿强降水中心 AB 和 CD 的降水回波强度剖面(引自傅云飞等，2007；但重新绘制)

该强对流降水中心附近的地形海拔分布表明，强降水发生在河谷转弯处(强度超过 $10mm \cdot h^{-1}$)，这里为海拔低于 3000m 的深谷，其西南方向为南迦巴瓦山，大部分高度超过 5500m，其东部为北西—南东走向、长度超过 100km 的山体，由多座高度超过 5000m 的山峰组成，这里出现了大片弱降水(强度小于 $4mm \cdot h^{-1}$)。显然这样的地形有利于气流强烈辐合，引发水汽汇聚，形成强降水。不难推断，当西南气流沿河谷向上运动，在河谷拐弯处会受到地形阻挡，产生强烈的辐合，形成强对流云，并在地形约束下，呈现出“爆炸”外形，并由此在河谷和其东侧 3000m 的岸壁地形处形成强降水，在下风方向出现弱降水。作者曾在第三次青藏高原大气科学试验期间，于林芝附近拍摄到“爆炸”外形的对流云团照片(照片 4.1)。地形辐合如喇叭口状地形，会引起和加剧降水，这已在多次洪涝灾害中有所体现，表明地形对暴雨具有十分重要的动力作用(孙健等，2002；崔春光等，2002)。但这类形似“爆炸”状的强对流降水的热动力和云微物理过程，还有待数值模式进行模拟研究。从雷达探测而言，对于河谷地形如何影响雷达波，也有待仔细研究。

PR 探测的强对流降水中心地表降水强度变化剧烈，降水率最大达 254.8mm·h^{-1}，最小为 4.1mm·h^{-1}，平均为 46mm·h^{-1}；红外亮温变化于 225.9～242.7K，均值为 232K；微波 85GHz 亮温则在 183.0～233.0K，均值为 216K。说明同一强对流降水云团单体中不同部位的地表雨强、云顶高度及云中含冰量都存在相当大的差异，这反映了降水云体内复杂的上升气流分布等动力结构。另外，红外亮温与地表雨强无一一对应关系，地表降水强度虽小，但对应的红外亮温也可以很低(即云顶很高)，相应的微波 85GHz 亮温也低(即云柱内冰粒子多)。另外，强降水廓线的降水率随高度向下迅速增大，说明雨滴在下降过程中是不断碰并增大的，造成地表出现很大的降水率。

4.2 切变线降水

4.2.1 青藏高原切变线

切变线是青藏高原的主要天气系统之一。高原高海拔地形作用下形成的切变线天气系统，通常发生在高原边界层内，因此它是一种浅薄天气系统(冷性切变线除外)(陶诗言等，1984)，且在 500hPa 高度处表现最为明显(何光碧，2013)，常常表现出南暖北冷的弱斜压性(叶笃正等，1977)。高原切变线的形态在空间分布上可分为横切变(准东西走向)和竖切变(准南北走向)，横切变线出现次数较竖切变线多出一倍(何光碧，2013)，当处于合适的环境场中，典型的竖切变线可以转变成横切变线(赵大军和姚秀萍，2018)。

自 20 世纪 70 年代末至今，经过第一次和第二次青藏高原气象科学试验，中国科学家对高原切变线天气学过程、发生发展动力学过程及其对下游地区降水的影响方面，做了大量的观测、分析和模拟研究，初步认识了高原切变线的形态、成因、热动力结构及其与高原其他天气系统间的作用(何光碧，2013；姚秀萍等，2014；Yu et al.，2016)。陶诗言等(1984)利用两层 P-6 原始方程模式，加入地形及热力条件进行数值模拟，得出高原陡峭地形的动力作用是形成高原切变线的主要原因，热力作用则起到了加强作用。对于典型的夏季 500hPa 切变线，其形成可能取决于三个因子：

高原北侧西风加大、高原主体风速减弱和地形绕流作用(徐国昌，1984)，而这三个因子均与高原地面加热有关(陶诗言等，1984)。通常高原切变线可维持在 12h 内(占 71.5%)，通过对高原切变线维持机理的研究，可知它与副热带急流的维持和加强、伊朗高压脊的东伸、印度西南季风带来的大量水汽及凝结潜热释放等密切相关(刘富明和潘平山，1987；唐洪，2002)。

研究表明当水汽辐合带基本位于切变线区域时，很有可能带来强降水(李山山和李国平，2017)。刘富民和潘平山(1987)及何光碧等(2009)通过对多年切变线天气的统计，指出其在 6 月份出现的次数最多，并常常伴随降水。在合适的大气环流形势下，高原切变线会东移发展至高原以东地区，甚至影响到长江中下游、黄淮流域，引发那些地区的局地暴雨和雷暴等灾害性天气(叶笃正等，1957；乔全明和谭海清，1984)，如造成四川盆地西部暴雨(李维京和罗四维，1986；郁淑华等，1997；矫梅燕等，2005；Zhao，2015)，华东、华南及华北暴雨或大暴雨(何光碧等，2009；许习华，1987)，长江中上游持续性强降水(郁淑华，2000；杨克明等，2001)。为了应对灾害性天气的发生，研究青藏高原切变线区域的云降水特征就显得十分重要。

由于青藏高原地形复杂、海拔高、观测站有限，以往的研究多使用再分析资料，如欧洲中期天气预报中心再分析资料(ECMWF re-analysis interim data，ERA-Interim)、NCEP(National Centers for Environmental Prediction)/NCAR 再分析资料等，研究青藏高原天气过程，如高原低涡的判识和高原横切变线时空变化及其对高原下游地区暴雨的影响等(孙兴池等，2012；李国平等，2014；林志强，2015；马嘉里和姚秀萍，2015)。然而，再分析资料对云降水特性的描述存在不足，如不能给出云区、云粒子特征、降水垂直结构等，因此影响了我们对高原切变线区域云降水特征的认识(卢鹤立等，2007)。

高原横切变线等定义参照 Zhang 等(2016)给出的方法，即利用再分析资料 500hPa 高度上的风场资料，得出纬向风切变、相对涡度和纬向零风速线三个参数：①$\partial u/\partial y<0$；②$\xi>0$；③$u=0$，其中相对涡度 $\xi=\dfrac{\partial v}{\partial x}-\dfrac{\partial u}{\partial y}$，$x$ 为东西向坐标，y 为南北向坐标。当满足上述三个条件，且这些位置的连线长度大于 5 个经距，则给出了高原横切变线的位置。

4.2.2 切变线降水及云参数

青藏高原上两个横切变线降水个例分别出现在 1998 年 6 月 22 日 9 时 56 分和 2011 年 7 月 3 日 10 时 20 分(下文简称 1998 个例和 2011 个例),PR 探测的轨道号分别为 03257 和 77642。PR 探测的近地面降水强度及 500hPa 风场分布如图 4.2.1 所示。

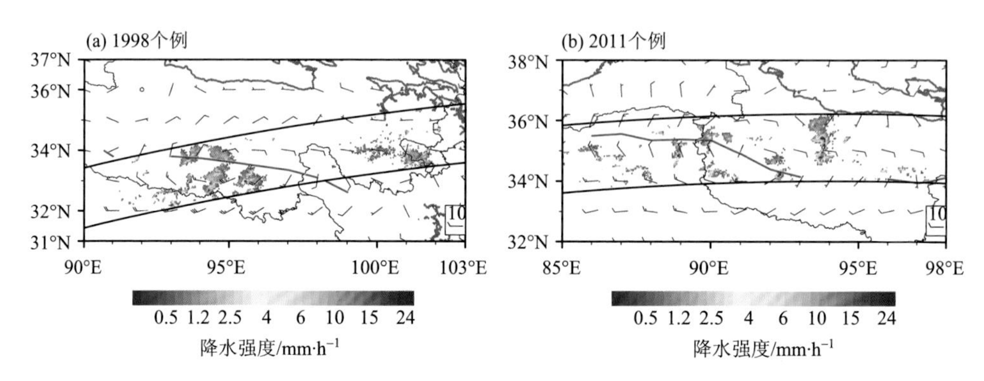

图 4.2.1 1998 个例和 2011 个例高原横切变线区域近地面降水强度叠加 500hPa 风场(风羽，单位：$m \cdot s^{-1}$)(引自孙礼璐等，2019)

黑色粗实线为 TRMM 的轨道，即 PR 扫描覆盖范围；红色实线为横切变线

图 4.2.1 中 1998 个例的横切变线跨越 6 个经度，从 93°E～98°E，降水基本分布在横切变线西侧的 3～4 个经度内(93°E～96°E)，且降水不连续地沿横切变线呈南北较大块状分布。横切变线北侧降水强度较小，多在 0.5～2.5$mm \cdot h^{-1}$，横切变线南侧降水强度大于北侧，在横切变线南侧，中部和西部出现了几个降水的高值中心，可达 24$mm \cdot h^{-1}$ 左右；风向切变强烈的地区，降水强度大。2011 个例的横切变线跨越 7 个经度(86°E～93°E)，降水沿横切变线呈现零散的小块状分布，其南北两侧降水强度多在 0.5～2.5$mm \cdot h^{-1}$，高值中心并不多，仅出现在横切变线中部及东部，降水强度常在 10～20$mm \cdot h^{-1}$，而 24～25$mm \cdot h^{-1}$ 的强降水极少。500hPa 风场分布表明降水基本分布在风场中的风向切变区内，其中 2011 个例的切变线与低涡相伴。

降水强度的概率密度分布(PDF)表明 1998 个例与 2011 个例的降水强度概率密度分布均为单峰不对称分布，且两者的概率密度分布曲线极为相似，降水强度多分布于 0.5～2.5$mm \cdot h^{-1}$，说明这两个个例横切变线的降水强度不大，多为小雨，其所占比例分别达到 90.75%和 85.11%。两个个例的概率密度分布均在 1$mm \cdot h^{-1}$ 处达到最大值，分别对应于 34.79%和 40.46%。

为了解高原横切变线区域的云系特点，利用 VIRS 遥感的可见光通道(0.65μm)的反射率、近红外通道(1.65μm)的反射率和热红外通道(10.8μm)的亮温分布分析了横切变线区域内云系分布，并利用可见光通道和近红外通道的信号反演了横切变线云系的云参数(云粒子有效半径 R_e 及液态水路径 LWP)(Liu et al.，2008；Fu，2014)。

图 4.2.2 表明 1998 个例横切变线中段及西段有大片云系，其反射率高于 0.75，说明横切变线中段及西段云系云顶附近存在较多小粒子，它们对可见光通道具有强散射作用，而横切变线东段该通道的反射率较低(低于 0.45)，说明这里的云系粒子偏大且数量少，对太阳可见光散射较弱。对应于可见光通道高反射率区域，如横切变线中段、西段及南侧，其近红外通道的反射率较低(低于 0.2)，表明这些区域云系中冰相粒子多，它们对近红外通道具有强吸收性，故该通道的信号弱。横切变线其他区域的近红外通道反射率变化于 0.2～0.45，估计这些区域多为冰水混合相云。热红外 10.8μm 通道亮温的分布表明，在可见光通道高反射率和近红外通道低反射率的区域，即横切变线中段及西段范围内，热红外通道的亮温多低于 230K，说明这些区

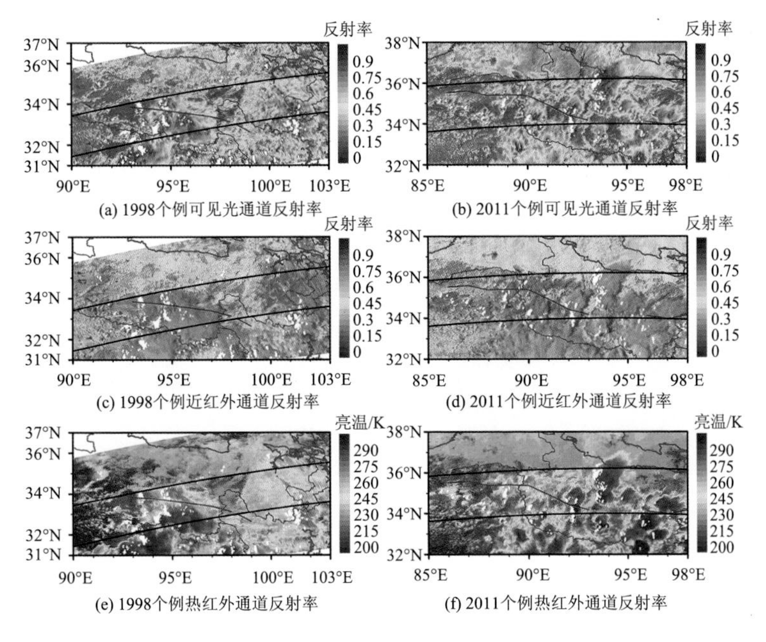

图 4.2.2　1998 个例和 2011 个例高原横切变线区域云系特征(引自孙礼璐等，2019)

(a)和(b)为可见光(0.65μm)通道反射率，(c)和(d)为近红外(1.65μm)通道反射率，(e)和(f)为热红外(10.8μm)通道亮温；图中黑色粗实线为 TRMM 的轨道，即 PR 扫描覆盖范围；红色实线为横切变线，下同

域云系的云顶很高，降水概率大；而横切变线东段云系的亮温值多高于 250K，说明这里云系的云顶较低，发生降水的概率非常小，估计这里虽然大气流场有利，但水汽不足。综上可知，1998 个例深厚云和降水主要集中在切变线的西段至中段及其南侧，而横切变线东段及其北侧云顶高度较低且并无降水。

2011 个例的可见光通道高反射率(大于 0.75)区域呈零碎块状分布在高原横切变线的南北两侧，对照近红外通道反射率分布和热红外通道亮温分布可知，这些块状云团的云顶高(亮温低于 230K)、云顶为冰相(近红外通道反射率多小于 0.2)，说明该横切变线南北两侧分布着深厚的对流云团。这些云团之间存在着可见光通道反射率小于 0.2、近红外通道反射率高于 0.5、热红外亮温高于 275K 的区域，估计是深厚对流云团间的低云区或晴空区。由此可见，该横切变线造成了对流性云系及降水，这与 1998 个例有所不同，说明青藏高原上流场切变线可以造成不同性质的云系和降水，这对我们以后的统计分析具有启示作用。

利用 VIRS 热红外通道 $T_{b10.8}$ 的亮温值，可将横切变线云系分为冰云($T_{b10.8}$ 低于 233K)、偏冷混合云($T_{b10.8}$ 高于 233K 但低于 253K)、偏暖混合云($T_{b10.8}$ 高于 253K 但低于 273K)和水云($T_{b10.8}$ 高于 273K)，且将亮温高于 295K 的区域视为晴空。图 4.2.3 为这四类不同相态云系在高原横切变线上的分布。1998 个例 VIRS 视场给出的横切变线西段和中段及其南部多为冰云，而在东段则多为偏冷混合云；2011 个例横切变线两侧有多个块状对流云团，它们的顶部为冰云，周边有偏冷混合云及偏暖混合云，这些对流云团与水云团相间分布。

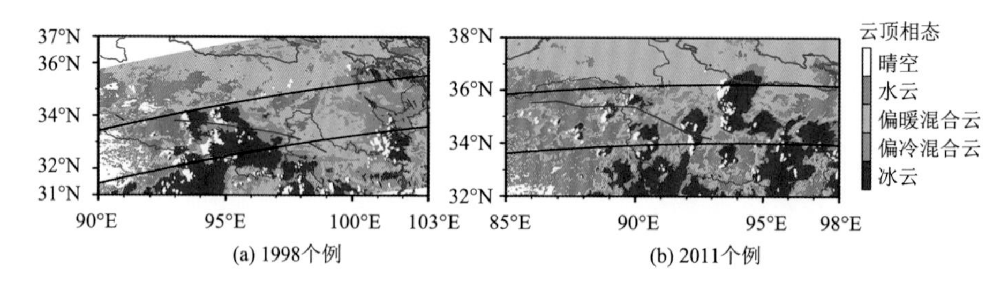

图 4.2.3　1998 个例和 2011 个例高原横切变线区域不同云顶相态的云系分布(引自孙礼璐等，2019)

利用 PR 和 VIRS 的融合资料，可给出 PR 探测降水像元上云的信息(图 4.2.4)，可见 1998 个例降水云的顶部均对应冰云或偏冷混合云，且分布在横切变线中段及西段；2011 个例降水云的顶部也对应冰云或偏冷混合云。

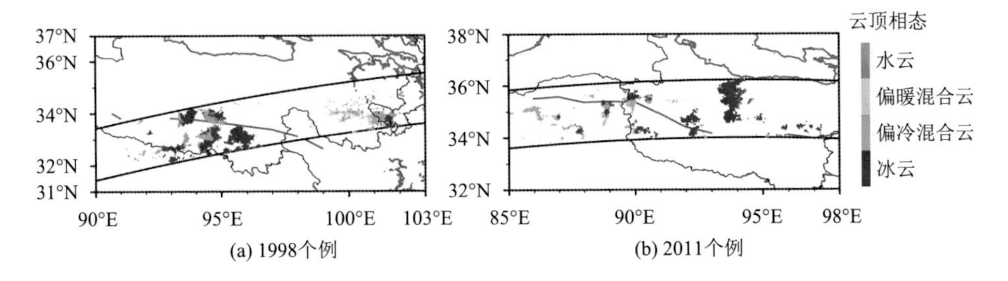

图 4.2.4　1998 个例和 2011 个例高原横切变线区域不同云顶相态的降水云系分布(引自孙礼璐等，2019)

由 VIRS 可见光和近红外信号反演的两个横切变线个例云参数(云粒子有效半径 R_e 及液态水路径 LWP)如图 4.2.5 所示，可见 1998 个例的横切变线云系 R_e 分布较为均匀，R_e 变化于 5～30μm，多数 R_e 在 10～25μm，局部可达 25μm 以上；而 2011 个例的 R_e 变化于 5～40μm，多数 R_e 在 10～30μm，局部可达 30μm 以上。这两个个例云系的 R_e 的峰值均在 16μm 左右，而洋面云系的 R_e 峰值通常在 20μm 左右(Fu，2014)。

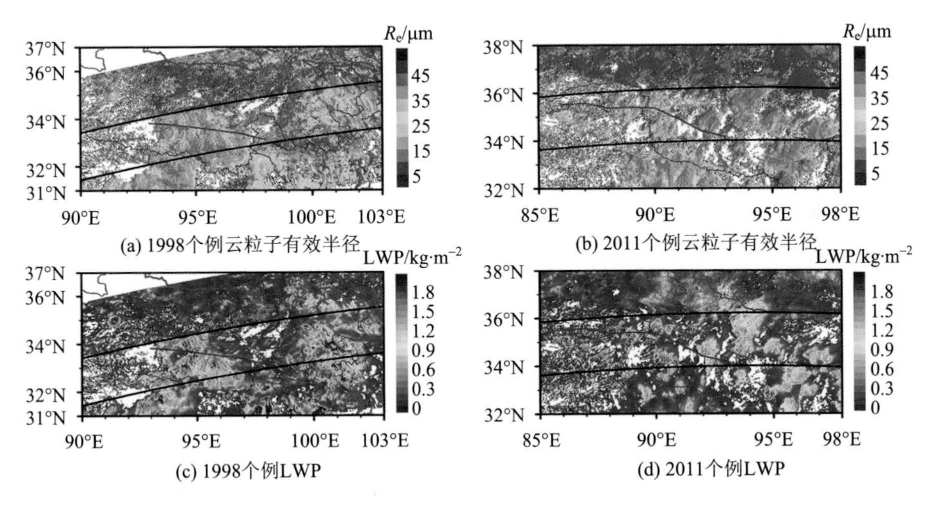

图 4.2.5　1998 个例和 2011 个例高原横切变线区域云系云顶附近云粒子有效半径 R_e、云系液态水路径 LWP 的空间分布(引自孙礼璐等，2019)

1998 个例的横切变线中段及西段有较大的 LWP，峰值在 1.5kg·m^{-2} 左右，LWP 高值区基本对应降水区，而 LWP 低于 0.3kg·m^{-2} 的区域基本无降水。2011 个例的 LWP 高值区与对流云团分布一致，说明这些对流云团的含水量高，直接导致降水的发生。与中国东部的锋面降水云的 LWP(峰值在 1.8kg·m^{-2}) (Fu，2014)相比，这两个个例的 LWP 峰值(0.3kg·m^{-2})偏小。

概率密度分布(DPD)的计算表明 1998 个例云系与降水云 R_e 均呈现单峰分布，且两者分布曲线形状十分相似，R_e 大体分布在 5～30μm，其中 10～25μm 的占比分别约为 88.14%和 95.21%，峰值约为 16μm(概率密度接近 12%)。2011 个例云系与降水云 R_e 大体也呈现单峰分布，但分布较宽(5～40μm)，其峰值为 16μm(云系)和 20μm(降水云)，相应的概率密度约为 6%和 8%。这说明个例所处大气环境的不同对云粒子大小的影响也不同。

云水路径的概率密度分布表明 LWP 均小于 $2.5kg{\cdot}m^{-2}$，1998 个例的降水云 LWP 峰值主要分布在 $1.0\sim2.0kg{\cdot}m^{-2}$，而 2011 个例的降水云 LWP 峰值分布较宽，大体在 $0.2\sim2.0kg{\cdot}m^{-2}$。云系因包含非降水云，故它与降水云的 LWP 分布有所差异，具体表现为云系中很多云团具有偏小的 LWP，如 1998 个例 LWP 存在 $0.2kg{\cdot}m^{-2}$ 的峰值、2011 个例 LWP 小于 $0.2kg{\cdot}m^{-2}$ 的云比例很高。此外，虽然 1998 个例降水云的 R_e 主要分布在 10～25μm，比 2011 个例的 R_e 小，但 1998 个例降水云中高 LWP 的比例较 2011 个例偏多，说明 1998 个例降水云非常深厚，故云水含量高，这是该个例强降水多的直接原因。

4.2.3 切变线降水垂直结构

图 4.2.6 为 1998 个例和 2011 个例的降水反射率因子概率密度随高度的分布(distribution of probability density with height, DPDH)，其中水平坐标间隔为 3dBZ，垂直坐标间隔为 0.25km(即 PR 的垂直分辨率)。考虑到青藏高原地表的影响，降水回波高度低于 5km 时易受地面回波的影响(潘晓和傅云飞，2015；傅云飞等，2016)，所以 DPDH 只分析 5km 以上的回波信号。

1998 个例和 2011 个例的降水回波顶高度最高可达 17km，近地面降水回波强度最大可达 50dBZ，但其发生的概率极小(小于 0.1%)，且没有出现层状降水的典型亮带结构；高于 0.3%的降水回波信号高度和雷达反射率因子出现范围分别是：6.0～9.5km 和 17～25dBZ(1998 个例)、7.0～9.0km 和 18～24dBZ(2011 个例)，其中 1998 个例位于 7.0～9.5km 和 19～23dBZ 范围内的降水回波信号出现概率最大(达到 0.6%)，而大于 39dBZ 的降水回波顶高度均不超过 10km，故该个例出现强回波信号的高度并不高，表明该个例虽然降水强度大，但其中的对流活动并不强烈；而 2011 个例中大于 39dBZ 的降水回波顶高度可达 13km，说明该个例中的对流活动强烈，

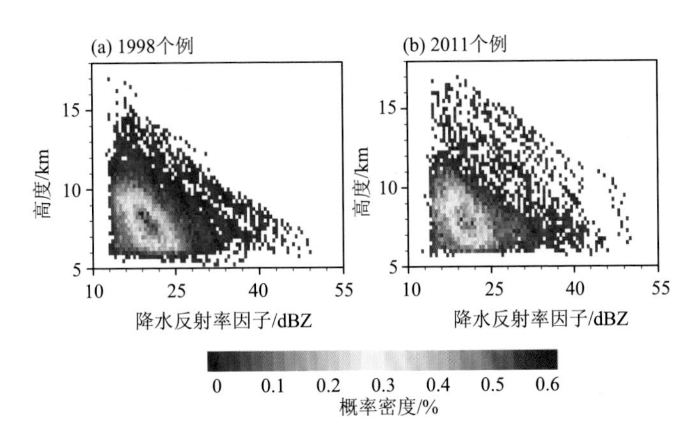

图 4.2.6　1998 个例和 2011 个例高原横切变线区域降水反射率因子概率密度随高度的分布（引自孙礼璐等，2019）

这与图 4.2.2(b)、(d)、(f) 中光谱信号所展现的多对流云团一致。总体上，1998 个例和 2011 个例的两个横切变线降水均属于深厚降水系统，而后者的降水垂直结构更深厚。

对两个个例中降水云顶为冰云、偏冷混合云、偏暖混合云和水云的 DPDH 的统计表明，1998(2011) 个例中，冰云降水占比最多，达到 76.9%(61.9%)；偏冷混合云降水占比为 22.6%(29.6%)；偏暖混合云降水占比最少，只有 0.5%(8.5%)；水云降水因为出现极少，故不予统计。两个个例的冰云降水回波顶高度可达到 17km，近地面降水回波信号也出现了 50dBZ 的回波，其分布形状及特征与图 4.2.6 相近。对于两个个例中偏冷混合云降水，降水回波顶高度最高均不超过 11km，近地面降水回波达到 37dBZ(46dBZ)，最易发生降水回波信号的降水回波高度和降水回波信号在 7～9km 和 19～25dBZ(7～8km 和 18～23dBZ)。对于偏暖混合云降水，1998 个例中这类降水回波分布在 14～28dBZ，高度分布在 6～9km，其比例大，可达 1%；2011 个例中这类降水回波分布在 14～40dBZ，高度分布在 6～10km，可见该个例因对流活动强，这类降水的强度和高度变化幅度均较大。与青藏高原多年的统计结果（傅云飞等，2016）相比，这两个横切变线个例中冰云、偏冷混合云、偏暖混合云的降水雷达反射率因子的垂直结构表现出了与其对应类型多年平均结构的显著差异，即这两个横切变线个例中冰云、偏冷混合云、偏暖混合云的降水雷达反射率因子的垂直结构具有明显的差异，尤其是偏冷混合云、偏暖混合云的垂直结构差异大。

依据文献（潘晓和傅云飞，2015；傅云飞等，2016）定义的青藏高原新的降水类型：浅薄降水、深厚弱对流降水、深厚强对流降水，对这三类降水的垂直结构进行了统计分析。样本统计结果显示 1998(2011) 个例中深厚弱对流降水比例达 90.7%(88.1%)，浅薄降水比例达 5.7%(4.8%)，深厚强对流降水比例达 3.6%(7.1%)。这三类降水的垂直结构存在明显的差异，浅薄降水的回波分布在 15～30dBZ、6～7.5km 范围内；深厚弱对流降水的回波主要分布在 15～36dBZ、6～15km，但主要集中在 15～20dBZ、6.5～9.0km 范围内；深厚强对流降水的回波垂直结构明显不同于另两类，其近地面降水回波介于 30～48dBZ，反射率因子随高度的升高而减小，其回波顶部高度可超过 15km，表明这类降水垂直结构深厚、近地面降水强，属于强对流云。两个横切变线个例的差异在这类降水上体现明显，2011 个例中的对流更加深厚，强回波的高度也更高。横切变线降水中浅薄降水、深厚弱对流降水、深厚强对流降水的垂直结构差异明显，并相应地产生不同的近地面降水强度。然而，云顶不同相态的降水云对应的降水垂直结构虽有差异，但它们对应的近地面降水强度差异并不明显。

这两个青藏高原切变线降水个例的分析表明，1998 个例的降水发生在横切变线中段和西段及其以南区域，对应着大面积的片状深厚云系，多为冰相及冰水混合相云系，而横切变线东段的降水稀少，降水回波顶高度多分布于 4～10km；2011 年个例的降水由多个对流云团造成，故降水沿横切变线呈零散的块状分布，其回波顶高度在 4～8km，但横切变线东段降水回波顶高，可达 12km。两个横切变线个例的降水强度谱分布相近，有 85%以上的降水强度为 0.5～2.5mm·h^{-1}，仅局部达 20mm·h^{-1} 以上，说明这两个个例横切变线降水多为小雨，所占比例分别达到 90.75%(1998 个例)和 85.11%(2011 个例)。两个横切变线个例的云参数，即粒子有效半径(R_e)谱、液态水路径(LWP)谱分布不同，但多数尺度分布在 10～30μm，R_e 的峰值均为 16μm，局部可达 30μm 以上，比洋面云系的云粒子尺度小 5μm 左右。降水云液态水路径的峰值在 1.5kg·m^{-2} 左右，比中国东部锋面降水云的液态水路径峰值小 0.3kg·m^{-2}。虽然 2011 个例降水更为深厚，但两个个例横切变线的降水垂直结构外形相近，降水回波顶高度最高可达 17km，近地面降水回波强度最大可达 50dBZ，降水回波主要出现在 6～10km 高度，其强度大体为 17～25dBZ；横切变线降水中浅薄降水、深厚弱对流降水、深厚强对流降水的垂直结构差异明显，并相应地产生不同的近地面降水强度。

4.3 拉萨地区降水云内大气温湿风结构

云内温湿风垂直结构(或温湿风廓线)既反映云内的热力状况，如潜热释放、空气饱和度、稳定度等，又反映云内的动力状况，如平流或对流引起的温度变化等。利用多仪器探测结果，可以揭示云内结构参数与大气参数之间的关系，如Biondi等(2012)分析星载激光雷达(the Cloud-Aerosol Lidar and Infrared Pathfinder Satellite Observation，CALIPSO)探测数据和全球定位系统(GPS)掩星(radio occultation，RO)数据，发现了GPS弯曲角在深对流云顶处出现剧烈变化，这一变化与云温相关性较高。为了给出云降水的大气参数分布，现有研究将再分析资料与卫星探测结果进行了融合(Mitrescu et al.，2008；Posselt et al.，2008)，如Haynes和Stephens(2007)将模式大气参数与星载测云雷达(CPR)探测的云廓线结合，进而得到了云垂直结构对应的模式大气参数垂直分布。利用机载探测仪器的穿云飞行，也可获得一定范围内云相应的大气温湿分布，但该类探测成本高，且具有一定的危险性，故飞机通常也不进入强对流云进行观测。

利用青藏高原有限的探空站观测数据，可得到高原局地的大气温湿风廓线(徐桂荣等，2016)，但青藏高原降水云团内部的温湿风结构具有怎样的特点，他们的研究尚未给出。模式模拟试验是获得降水云内温湿风结构的一种途径，但其真实性还有待利用实际探测结果加以检验。之所以对降水发生时云团内部的大气温湿风垂直结构等环境参数的认知不足，是因为常规探测难以同时获取降水云内的降水参数和大气温湿参数。夏静雯和傅云飞(2016)将全球常规无线电探空数据集(IGRA)的大气温湿资料与TRMM的PR降水廓线资料进行融合，研究了东亚和南亚季风区雨季降水云团内的降水垂直结构相应的大气温湿风垂直结构特征，并分析了两个地区间上述特征的差异，为研究降水云团的降水结构及温湿风结构提供了新思路。这里基于同样的思路，给出拉萨站附近的降水结构及降水云内的大气温湿风垂直结构特征。

4.3.1 个例分析

建立在个例分析基础上的统计分析，有助于了解诸多数据匹配、探空站大气温湿风廓线及降水类型特征等细节。因此，首先选取拉萨站附近的两个夏季降水个例进行分析，它们分别为文献(傅云飞等，2008a；潘晓和傅云飞，2015)中定义的深厚强降水和深厚弱降水。图 4.3.1 为 PR 探测降水个例的近地面降水强度分布，其上叠加了 500hPa 位势高度。在探空站的 0.25°范围内，这两个个例的降水强度差异明显。2003 个例如图 4.3.1(a)所示，该个例为 PR 于 2003 年 6 月 22 日 11:00(世界时)所探测(轨道号：31928)，降水站位于 500hPa 槽线区域，等高线较密集，位势高度梯度大，估计降水发生时的风速较大；拉萨探空站附近的近地面降水强度多在 3mm·h^{-1} 以上，最大超过 6mm·h^{-1}。2002 个例如图 4.3.1(b)所示，该个例为 PR 于 2002 年 7 月 23 日 11:00(世界时)所探测(轨道号：26723)，降水处于低压区，拉萨探空站西侧有一低压中心，探空站外围的等高线比较密集，但探空站附近位势梯度不大，估计降水发生时的风速较小；PR 测得站点附近的近地面降水强度多在 3mm·h^{-1} 以下。由此可见，2003 个例为强降水个例，而 2002 个例的降水相对弱，但总体上两个个例的降水强度呈现非均匀块状分布，即发生在低压区的降水由多个雨团组成，这些雨团中存在非降水区域，这也许是对流云中强烈上升运动所导致的对流云周边的下沉运动造成的(傅云飞等，2003)。

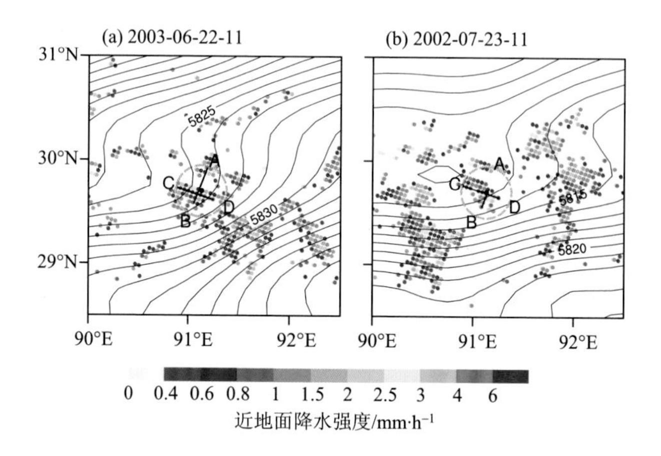

图 4.3.1 PR 在拉萨探空站及附近探测的近地面降水强度分布(引自王梦晓等，2019)

(a)和(b)显示的时间分别为 2003 年 6 月 22 日 11 时和 2002 年 7 月 23 日 11 时，黑色圆点为拉萨探空站位置，直线 AB 和 CD 分别为过探空站且沿轨道前进方向和垂直于轨道前进方向的降水剖面位置，细实线为 500hPa 位势高度线(单位：位势米)，灰色虚线圆圈内为 PR 降水廓线与探空温湿风廓线的匹配区域

Zipser 和 Lutz(1994)的研究表明降水雨团的热动力结构及微物理结构特性，常常反映在降水云的垂直结构上，因此分析这两个降水个例的垂直结构可以更好地了解其降水云内的状况。由于地面会对地面附近的降水回波信号产生干扰，考虑到拉萨站及附

近地表海拔均在 3.6km 左右，仅使用 PR 回波反射率因子廓线 4km 以上的数据。

强降水个例的雷达回波反射率因子剖面[图 4.3.2(a)和(b)]显示，在高度方向和水平方向皆呈现强弱相间的不均匀分布，表明降水云中的降水粒子随着气流不规则运动，故降水粒子大小和浓度的空间分布不均；这些回波顶高度可达 15km，近地面雷达回波反射率因子可达 35dBZ 以上，表明近地面的降水强度大；大于 39dBZ 的反射率因子主要出现在地面至其上的 2km 高度，说明在此高度处降水粒子尺度大；该高度以上至 9km 雷达回波反射率因子减小至 25dBZ，9km 以上反射率因子衰减至小于 25dBZ。弱降水个例的降水回波反射率因子剖面[图 4.3.2(c)和(d)]表明，降水垂直伸展高度不超过 10km，降水云层相对薄，且降水雷达回波反射率因子均小于 32dBZ，反射率因子的水平变化和垂直变化皆小，说明该降水个例的对流活动弱，近地面降水强度小[图 4.3.1(b)]，为一个深厚弱对流降水。

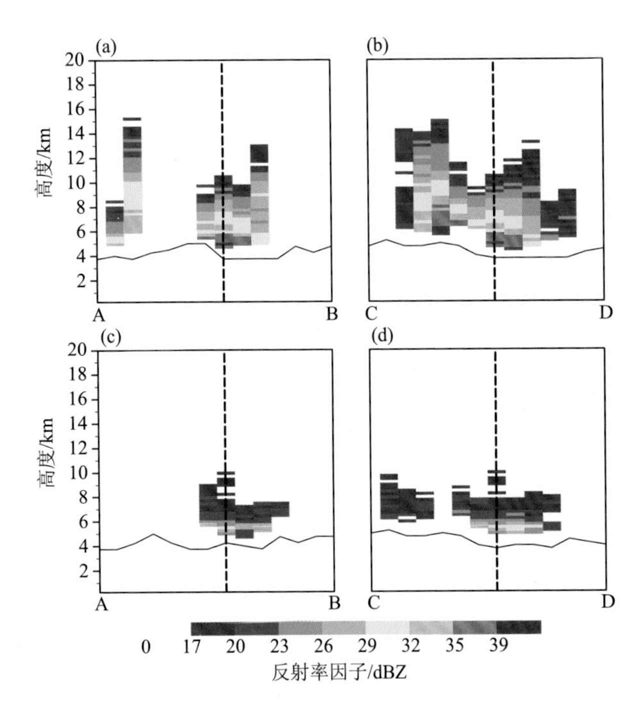

图 4.3.2 PR 在拉萨站及附近探测的降水反射率因子垂直剖面(引自王梦晓等，2019)

(a)和(b)为 2003 年 6 月 22 日 11 时降水个例，(c)和(d)为 2002 年 7 月 23 日 11 时降水个例。图中 *X* 轴 AB 和 CD 的位置如图 4.3.1 所示，细实线为地形高度，垂直虚线为探空站位置

将 PR 的降水反射率因子廓线(降水率廓线)与探空的大气温湿风廓线相融合，可便捷地得到降水云内的大气温湿风廓线，并估算相应的大气不稳定能量。图 4.3.3 给出了深厚强和弱对流降水个例对应的大气温湿风廓线图(T-log$P$ 图)，图中黑色实线为大气温度廓线，蓝色实线为露点温度廓线，二者之差越小表明大气层结内水汽越接近饱和，水汽越容易凝结成云；图中红色区域面积表征对流有效位能(convective available potential energy，CAPE)的大小，它反映大气柱内空气的不稳定程度，在 T-log$P$ 图上为探空得到的大气层结曲线与大气状态曲线所包围的面积，可通过探空温湿风廓线计算得到(彭治班等，2001)。CAPE 值的物理意义表示在自由对流高度以上，气块可从正浮力做功而获得的能量，即可转化为对流动能的大气位能，CAPE 的值越大，发生强对流的可能性就越大。

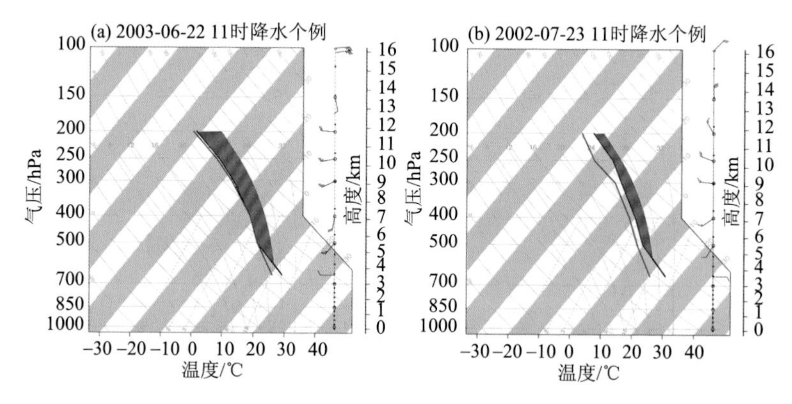

图 4.3.3 拉萨站探空探测的降水云内温度、露点和风随高度的分布(引自王梦晓等，2019)

图中黑线为大气温度廓线，蓝线为露点温度廓线，红色区域面积表示对流有效位能的大小，右侧为风廓线(单位：$m \cdot s^{-1}$)

图 4.3.3(a)表明深厚强对流降水个例发生时的近地面温度为 13.85℃，在 600～200hPa 气层内温度递减率约为 7.42℃$\cdot km^{-1}$；近地面大气温度与露点温度之差(即温度露点差)为 3.21℃，从 500～300hPa 各层温度露点差均小于 1℃，大气处于接近饱和的状态。而深厚弱对流降水个例[图 4.3.3(b)]发生时的近地面温度为 15.45℃，在 600～200hPa 气层内温度递减率约为 6.86℃$\cdot km^{-1}$；近地面温度露点差为 5.02℃，在 500～400hPa 层温度露点差最小。

两个个例的风向及风速随高度的变化表明，降水发生时探空站上空均存在风切变。深厚强对流降水个例的大气低层，即探空站地表至 400hPa，西风转为西南风到偏南风，随后在 300～200hPa 风向由西南偏西风变为西风。深厚弱对流降水的风向自地面至 500hPa 由偏东风转为西南偏南风，随后风向随高度增加顺时针变化，逐渐变为西风(300hPa)、西北风(200hPa)。两个个例风向随高度顺时针变化，根据热成风原理，探空站上空气柱存在暖平流(朱乾根等，2007)。事实上，这两个降水个例的大气低层(500hPa 高度)都吹西南风，对照图 4.3.1 也可见探空站及附近降水主要出现在该站的南部，这与夏季南亚季风活动大背景下，季风气流上高原有关；而在大气高层 300～200hPa，大气皆为西风气流；这种风垂直切变环境有利于对流降水的发生。

图 4.3.3 还表明深厚强对流降水和深厚弱对流降水自高原大气低层至 200hPa，皆存在大气不稳定能量，图中显示前者的红色区域面积明显大于后者，前者的 CAPE 值为 1657J·kg^{-1}，而后者的 CAPE 值为 916J·kg^{-1}，这也是图 4.3.2 中深厚强对流降水对流发展旺盛、垂直伸展超过 15km 的原因。深厚强对流降水之所以强的另一个原因，是降水发生时高原大气低层 500hPa 至中高层 250hPa 皆为西南和西南偏南风，对应大气柱温度露点差小于 1℃，即大气柱空气饱和。而深厚弱对流降水个例不存在上述条件。

4.3.2 统计结果

深厚强对流和深厚弱对流降水个例的分析，较好地展示了 PR 和探空探测给出的降水垂直结构及降水发生时相应的大气温湿风垂直结构特点，为统计分析拉萨探空站及附近降水垂直结构和大气温湿风结构特征奠定了基础。为此，匹配了 1998～2012 年夏季(6～8 月)PR 在拉萨探空站及附近探测的降水系统。表 4.3.1 为 PR 探测的降水系统和降水廓线的数量，可见 TRMM 经过拉萨站 PR 探测降水系统 169 次、降水廓线 1775 条。文献研究表明青藏高原深厚强对流降水的频次小于 6%(潘晓和傅云

表 4.3.1　PR 在拉萨站探测的降水系统及降水廓线的数量(引自王梦晓等，2019)

降水类型	降水系统数/次	降水廓线数/条
深厚降水系统	119	1420
浅薄降水系统	50	355
总计	169	1775

飞，2015)，不出所料，PR 在拉萨探空站及其附近探测到的深厚强降水样本数量也非常少，因此在进行如下统计时，不区分深厚强和弱对流降水，仅把这两类降水作为深厚降水进行统计。

利用雷达回波反射率因子的 DPDH 来展示 169 个降水系统的平均降水垂直结构如图4.3.4所示，它表明拉萨探空站及附近的降水回波反射率因子分布在 17～45dBZ，回波顶高度可达 17km；近地面(5～6km)的降水回波反射率因子分布在 20～30dBZ，呈现“瘦高”外形；就整层而言，大部分的降水回波反射率因子小于 26dBZ，表明高原上大部分降水强度小，这也与已有高原降水的研究结果一致(傅云飞等，2016)。大于 39dBZ 的降水回波信号出现在地面至 9km，但其概率小于 4%，这与多年夏季 PR 探测结果统计得出的青藏高原深厚强对流降水概率小于 6%一致(潘晓和傅云飞，2015)。值得注意的是，图 4.3.4 (a)给出的 DPDH 与非高原地区的差异很大，如东亚和南亚对流降水的 DPDH 表明降水回波反射率因子分布在 17～50dBZ，回波顶高度基本上小于 15km，呈现“胖”的外形；近地面(2～3km)的降水回波反射率因子分布在 17～50dBZ (夏静雯和傅云飞，2016)。可见高原与东亚及南亚非高原的降水垂直结构存在很大差异，其原因很可能是高原独特的大气温湿风垂直结构及下垫面状态所致。此外，由于 PR 的垂直分辨率为 250m，可能不足以分辨高原降水的亮带，而 Ma 等(2018)利用布设在那曲的垂直分辨率为 33m 的 C 波段雷达探测结果，分析发现了对流消散演变为层云降水的亮带，其高度大约在 5.5km。由此可见，TRMM 的 PR 垂直分辨率对降水精细结构的探测还存在不足。

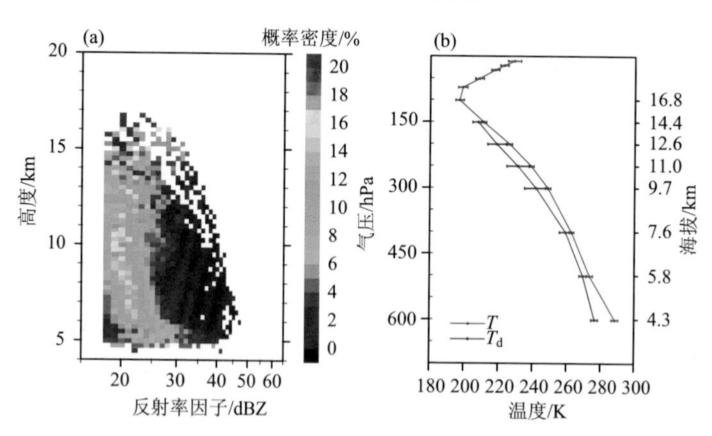

图 4.3.4 拉萨探空站及附近降水的反射率因子概率密度随高度的分布(a)、相应的降水云内平均大气温度 T和露点温度 T_d廓线及其标准差(b)(引自王梦晓等，2019)

与图4.3.4(a)的降水DPDH相对应的平均大气温度和露点温度廓线如图4.3.4(b)所示，它表明温度露点差自地面(约 10℃)向上至 5.8km 高度(约 4℃)逐渐减小，这与个例降水的大气低层温湿风结构类似；500～400hPa 温度露点差减小(均小于4℃)，大气显得湿润；400～200hPa 温度露点差逐渐增大，在此高度向上至 150hPa 的温度露点差又逐渐减小至小于 3℃。总体上，图 4.3.4(b)表明拉萨探空站及附近发生降水时，云内大气并非完全饱和，但降水时云内的温度露点差与该站的气候值差异明显，统计表明拉萨探空站及附近各气压标准层的温度露点差气候值(15 年平均气温与 15 年平均露点温度的差值)在 500hPa 和 400hPa 大于 5℃，而在 300hPa 及其以上高度均大于 10℃。图 4.3.4(b)还表明降水发生时云体内的零度层高度大约为 6.3km，该高度较 2014 年夏季那曲中午零度层(约 5km)高出约 1km(Ma et al.，2018)。

图 4.3.4(b)的气温廓线表明拉萨探空站及附近降水时的对流层最低平均温度约–76℃，对应高度大约为 16.8km，该高度即为冷点高度定义的对流层顶高度(Highwood and Hoskins，1998)，此高度以上约 3km 为对流层次低温度(约–74℃)，这两个高度即为拉萨探空站及附近降水发生时的对流层顶厚度层。Feng 等(2011)分析了无线电掩星(COSMIC)探测资料，指出青藏高原对流层的冷点高度分布在 17～18km；图 4.3.4 的统计计算对应时间在上午和傍晚，因此该图给出的冷点高度低于他们的结果；而高原午后对流活跃，对流层顶的高度应该更高。Feng 等(2011)的研究结果表明 30°N 附近的对流层顶的厚度接近 4km，较拉萨探空站及附近降水时的对流层顶厚度厚约 1km，说明降水时云体内部对流活动使对流层顶的下界高度升高，对流层顶的厚度变薄。

依据表 4.3.1 给出的深厚降水系统与浅薄降水系统的样本计算的雷达回波反射率因子的 DPDH 可知，拉萨探空站及附近夏季深厚降水系统的 DPDH 外形与降水时的 DPDH 外形基本类似，呈现“瘦高”形，整个云柱的降水回波反射率因子介于 17～45dBZ，大部分降水回波反射率因子基本小于 26dBZ；近地面降水回波反射率因子主要介于 25～35dBZ，大于 39dBZ 的降水回波信号出现在地面至 9km，其概率小于 4%；DPDH 的回波顶高度达 17km。浅薄降水的 DPDH 回波反射率因子均小于 35dBZ，说明此类降水系统中没有强对流发生，浅薄降水系统的定义是降水回波顶高度低于 7.5km，因此这类降水的回波高度均在 7.5km 以下；总体上，这类降水的大部分回波反射率因子小于 26dBZ，说明这类降水系统是弱降水。

此外，无论是深厚降水系统还是浅薄降水系统，其 DPDH 均没有出现零度层的亮带，很可能是亮带层太薄，而 PR 的垂直分辨率(250m)不足以分辨此亮带层，但这并不表明高原降水系统不存在零度层亮带。事实上，拉萨探空站及附近降水发生时的零度层高度大约为 6.3km，既然存在零度层，冰相粒子下降到这个层附近会融化，雷达也就应该探测到亮带，但 PR 没有探测到融化层的亮带信号，这有待进一步研究。

降水廓线是降水垂直结构的另一种直观的表现形式。刘奇等(2007)将青藏高原降水廓线按照不同近地表降水强度进行了统计，指出了深厚强对流与深厚弱对流降水廓线的差异；潘晓和傅云飞(2015)则按照降水云顶不同红外辐射温度区间，给出了云顶不同相态降水云的降水廓线，指出云顶冰相、混合相和液相的降水廓线差异。根据这种方法给出的拉萨探空站及附近夏季深厚降水系统和浅薄降水系统的平均降水廓线表明，降水率斜率随高度的变化不大，基本呈对数线性关系变化，最大平均降水率($0.7mm \cdot h^{-1}$)出现在地面，最大的平均降水回波顶高度为 7.2km。浅薄降水的降水强度向地面增大的原因是降水粒子下降过程中粒子碰并增长，这与洋面暖云降水过程类似(Qin and Fu, 2016)。

计算结果表明深厚降水系统的平均回波顶高度约 13.2km，平均降水强度随高度的降低不断非线性增大(降水强度由雷达回波反演得到；并且由雷达方程可知，降水强度主要与降水粒子大小有关)，最大降水率出现在近地面处，大约为 $2.7mm \cdot h^{-1}$。依据平均降水强度随高度的变化，降水垂直结构大体可分为三层：最大变化层(8～10km 高度)，其降水强度变化为 $0.39mm \cdot h^{-1} \cdot km^{-1}$，10km 以上高度的降水强度变化为 $0.15mm \cdot h^{-1} \cdot km^{-1}$，而 8km 以下的降水强度变化为 $0.18mm \cdot h^{-1} \cdot km^{-1}$。Liu 和 Fu(2001)、傅云飞等(2008b)在研究热带降水和亚洲降水时，依据热带对流降水的廓线斜率变化，将其分为四层，即云降水粒子的冰相层(7.5km 以上高度)、冰相粒子与水相粒子的混合层(7.5～5.5km)、水相粒子碰并增长层(5.5～3km)和水相粒子破碎层(3km 以下至地面)。对比可见，高原与热带及亚洲非高原地区的降水垂直结构差异甚大。

拉萨探空站及附近夏季气候态(降水与非降水一同计算)、降水发生、深厚降水发生及浅薄降水发生时的大气平均温湿风廓线如图 4.3.5 所示，表明这四种情况下云内温度廓线形态差异不大，其中气候态的近地面(600hPa)大气平均温度约为 289.88K，它比降水发生时和深厚降水发生时的近地面大气平均温度(288.27K)高 1.61℃；因浅薄降水发生时，600hPa 高度处样本量太少，故没有统计计算，但可以推测其近地面大气平均温度与气候态温度的差异不大。这四种情况下露点温度廓线

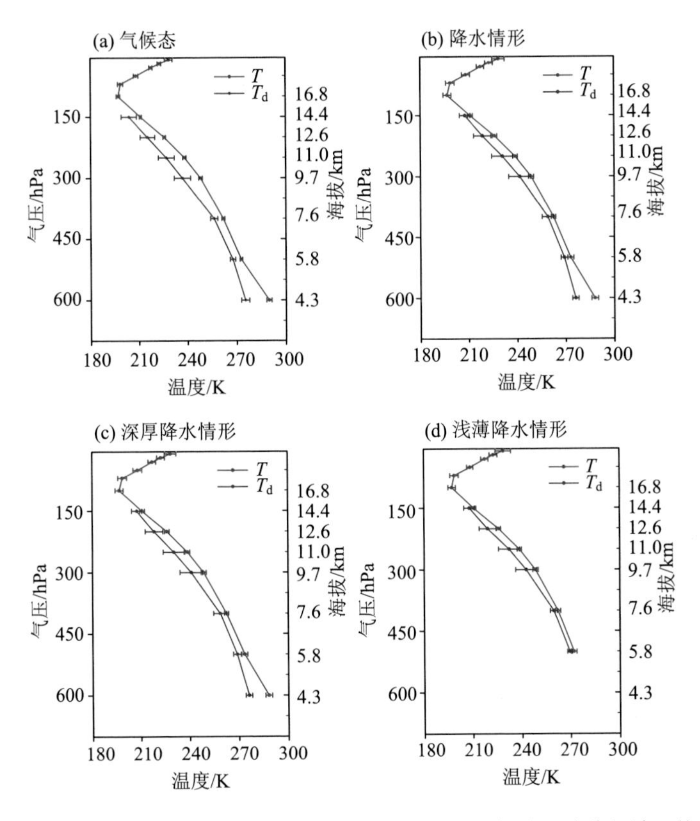

图 4.3.5 1998～2012 年夏季拉萨探空站在不同天气条件下的大气平均温湿风廓线(引自王梦晓等，2019)

的斜率在 400hPa 处有明显的变化，即 400hPa 高度以下露点温度递减的速率明显小于 400hPa 高度以上露点温度递减的速率，这个气压层高度约为 7.5km，正是深厚降水回波顶高度与浅薄降水回波顶高度的分界，在此分界高度以下大气温度与露点温度之差随高度增加而逐渐减小，在此分界高度以上至 200hPa 则相反；在降水情况及深厚降水与浅薄降水时，150hPa 高度大气温度与露点温度几乎接近，说明此处大气几乎饱和，这与降水云中的对流活动有关，而 150hPa 高度距此时的对流层顶的下界高度还差近 5km，表明统计的平均状态难以表现穿透性对流活动的痕迹，因为穿透性对流活动的频次非常低(Xian and Fu, 2015)。

卓嘎等(2013)对青藏高原 1980～2009 年大气可降水量的研究结果表明，降水量与大气可降水量在空间分布上具有一致性，且夏半年(5～10 月)大气可降水量占全年大气可降水量的 80.9%。这里统计的拉萨探空站及附近夏季降水、深厚降水及浅薄降水的大气可降水量，在降水情况下，拉萨探空站及附近的大气可降水量为

$20.89mm\cdot d^{-1}$，略大于周顺武等(2011)统计的高原夏季日平均可降水量(5～$19mm\cdot d^{-1}$)，降水情况下的 CAPE 值为 $1792.9J\cdot kg^{-1}$；深厚降水与浅薄降水的大气可降水量分别为 $20.63mm\cdot d^{-1}$ 和 $21.52mm\cdot d^{-1}$，对应的 CAPE 值分别为 $1941.7J\cdot kg^{-1}$ 和 $1451.8J\cdot kg^{-1}$。由于局地气柱中的可降水量只有一部分能转化为实际降水量，那么局地的降水转化率可表示为实际降水量与可降水量的比(李霞和张广兴，2003)。周顺武等(2011)的统计结果显示拉萨站附近的平均降水转化率为 28%，这里估计的降水转化率为 27.0%，深厚降水系统的降水转化率约为浅薄降水系统的 2.9 倍。

相比夏季东亚和南亚对流降水回波的“胖”外形，拉萨探空站及附近降水回波呈现“瘦高”外形，整个云柱的降水回波反射率因子介于 17～45dBZ，大部分小于 26dBZ；大于 39dBZ 的降水回波信号出现在地面至 9km，比例小于 4%。浅薄降水系统的大部分回波反射率因子小于 26dBZ。深厚降水系统的平均降水强度随高度的降低不断非线性增大，最大降水率出现在近地面处，大约为 $2.7mm\cdot h^{-1}$。不同于热带及亚洲非高原地区的对流降水垂直四层结构，拉萨探空站及附近的深厚降水系统的垂直结构可分为三层：10km 以上、8～10km、8km 以下，其物理意义尚在研究中。浅薄降水系统的垂直结构呈现为一层，即平均降水率斜率随高度的变化不大，最大平均降水率($0.7mm\cdot h^{-1}$)出现在地面。无论是深厚降水系统还是浅薄降水系统，均未出现零度层的亮带，很可能是高原零度层太薄，PR 探测的垂直分辨率(250m)不足以分辨零度层的亮带。

统计结果还表明拉萨探空站及附近的大气可降水量为 $20.89mm\cdot d^{-1}$，降水转化率为 27.0%，深厚降水系统与浅薄降水系统的大气可降水量分别为 $20.63mm\cdot d^{-1}$ 和 $21.52mm\cdot d^{-1}$，深厚降水系统的降水转化率是浅薄降水系统的 2.9 倍。

4.4 降水的时空分布

因为青藏高原海拔高，很多地方人迹罕至，布置高密度雨量计进行观测较困难。近 20 年来，随着卫星搭载仪器的进步，特别是星载测雨雷达的出现，揭示青藏高原大范围降水强度或降水量的空间分布才成为可能，也为检验再分析资料提供的青藏高原降水、天气模式模拟青藏高原降水提供了实测降水数据。

因热带测雨卫星(TRMM)搭载的测雨雷达(PR)的探测不受地域和自然条件限

制，用于青藏高原降水的观测可克服地面观测的不足。作者及其合作者分析了 PR 开始运行的前三年的探测结果，发现夏季青藏高原降水垂直结构相对周边地区高耸(Fu et al., 2006)。随后，分析了 PR 探测的雅鲁藏布大峡谷河谷降水个例的结构特征(傅云飞等，2007)，刘奇和傅云飞(2007)还利用 TRMM 的微波成像仪(TMI)观测反演结果，并结合全球降水气候计划(GPCP)地表降水资料，在分析亚洲夏季降水时，指出青藏高原 60%降水的平均日降水量小于 2mm·d^{-1}。胡亮等(2010)分析了 PR 探测数据，对青藏高原及其下游平原和海洋地区降水厚度的地区差异进行了对比分析，指出青藏高原地区对流和层状降水厚度都要比下游平原地区更为浅薄。

由于 PR 降水类型划分方法不用于青藏高原，导致 PR 探测给出了青藏高原高达 85%以上的层状降水(Fu and Liu, 2007)，随后作者及其合作者利用多年 PR 探测数据，结合有限的地面探空观测的大气温湿风廓线，对 PR 在青藏高原探测的降水类型做了重新定义(潘晓和傅云飞，2015；傅云飞等，2016)。本节将系统阐述利用 PR 探测数据给出的青藏高原降水时空分布特征。

4.4.1 降水强度

早期的研究表明 PR 探测得到热带地区的深对流降水、层状降水和暖云降水的平均强度分别为 8.6mm·h^{-1}、1.3mm·h^{-1} 和 0.5mm·h^{-1}(Liu and Fu, 2001)；在东亚地区，深对流降水、层状降水和暖云降水的平均强度分别为 10.2mm·h^{-1}、1.7mm·h^{-1} 和 1.6mm·h^{-1}(Fu et al., 2003)；在东亚中纬度地区的陆面，夏季对流降水和层状降水的平均强度分别为 15.5mm·h^{-1} 和 2.1mm·h^{-1}，而在东亚中纬度地区的洋面，夏季对流降水和层状降水的平均强度则分别为 13.6mm·h^{-1} 和 2.2mm·h^{-1}。由此可见，对流降水和层状降水的平均强度存在地域性差异，青藏高原也不会例外。

夏季青藏高原、高原西部、高原中部和高原东部及中国东部、西太平洋暖池、孟加拉湾和印度次大陆的近地面降水率概率密度计算结果表明，青藏高原及各区的近地面降水强度主要分布在小于 2mm·h^{-1} 的区间，峰值在 1mm·h^{-1}，对应概率密度超过 50%，而大于 2mm·h^{-1} 的近地面降水概率密度小于 5%；相比之下，中国东部、西太平洋暖池、孟加拉湾和印度次大陆的近地面降水强度分布宽，1mm·h^{-1} 降水强度峰值对应的概率密度小于 40%，而大于 2mm·h^{-1} 的降水概率密度超过 5%，特别是 10mm·h^{-1} 降水强度的峰值明显(概率密度约 5%)。由此可见，青藏高原的降水强度明显小于其周边的中国东部、西太平洋暖池、孟加拉湾和印度次大陆的降水强度。其原因也众所周知，即青藏高原海拔高，那里产生降水的水汽相对平原或洋面少。

依据青藏高原近地面降水的概率密度分布，可将青藏高原降水分为强降水(近地面降水率大于 3mm·h^{-1})和弱降水(近地面降水率小于 0.75mm·h^{-1})，由此计算并绘制了 1998～2012 年夏季青藏高原及周边的降水、强降水和弱降水的平均降水率水平分布(图 4.4.1)。图 4.4.1(a)表明青藏高原降水的平均降水率分布在 1.0～2.5mm·h^{-1}，其中西部和中部为 1.5mm·h^{-1} 左右，东部的大部分区域超过 2mm·h^{-1}；平均降水强度高于 3mm·h^{-1} 的区域则分布在非高原地区，而平均降水强度高于 4mm·h^{-1} 的区域分布在喜马拉雅山脉南坡及其山脚附近，特别是在兴都库什山与喜马拉雅山脉西段之间构成的喇叭口区，这里夏季的平均降水强度超过 5mm·h^{-1}；此外，阿拉伯海、孟加拉湾、中南半岛南部、南海北部的部分区域出现了超过 4mm·h^{-1} 的平均降水强度。对照图 4.4.1(b)可见，上述非高原地区的强降水平均强度可超过 10mm·h^{-1}，最大的超过 12mm·h^{-1}，而在青藏高原上，强降水平均强度均小于 8mm·h^{-1}，说明青藏高原上的强降水弱于非高原地区。图 4.4.1(c)表明青藏高原上的弱降水平均强度(大于 0.55mm·h^{-1})高于周边地区(小于 0.55mm·h^{-1})，说明青藏高原上弱降水的强度比较大。此外，图 4.4.1(c)还表明自青藏高原至云贵高原及中国中东部，随着地形海拔的降低，弱降水的平均降水强度逐渐减小。

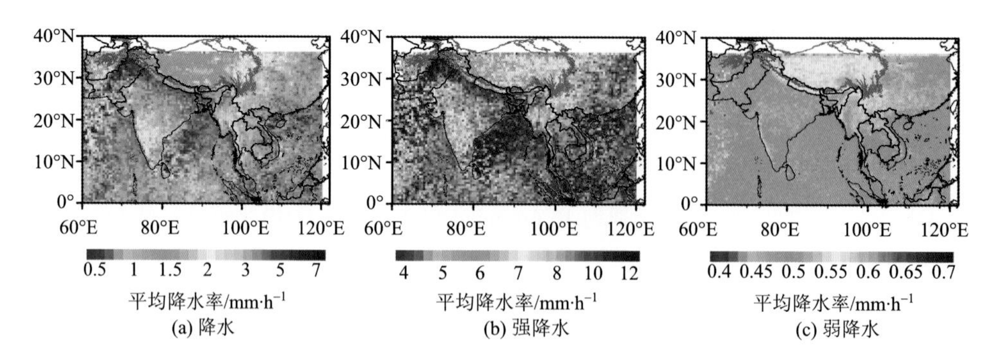

图 4.4.1　夏季青藏高原及周边的降水、强降水和弱降水的平均降水率水平分布(1998～2012 年夏季平均)

强降水的近地面降水率大于 3mm·h^{-1}，弱降水的近地面降水率小于 0.75mm·h^{-1}；图为利用 PR 探测的逐日逐轨数据(1998～2012 年夏季)，在 0.5°格点进行统计计算

为了明确青藏高原与周边地区降水强度的气候差异，表 4.4.1 给出了青藏高原、高原西部、高原中部和高原东部与中国东部、西太平洋暖池、孟加拉湾和印度次大

陆的多年夏季平均降水率，可见青藏高原上的平均降水率比周边地区小，大体只有周边地区的一半。而在青藏高原上，其东部的平均降水率最大，接近 2mm·h^{-1}，中部和西部的平均降水率相当，中部为 1.61mm·h^{-1}，西部为 1.68mm·h^{-1}，中部最小是因为青藏高原周边水汽很难进入这里，西部稍大，估计是受西风带水汽的影响。

表 4.4.1 青藏高原(TP)、高原西部(TP_W)、高原中部(TP_M)和高原东部(TP_E)与中国东部(CH_E)、西太平洋暖池(PO_W)、孟加拉湾(MJLW)和印度次大陆(Indo)的多年夏季平均降水率

项目	TP	TP_W	TP_M	TP_E	CH_E	PO_W	MJLW	Indo
平均降水率/mm·h^{-1}	1.67	1.68	1.61	1.97	3.36	3.44	3.83	3.01

注：TP 的范围为 75°E～100°E、28°N～35°N，海拔高于 3000m；TP_W 的范围为 75°E～85°E、27°N～40°N，海拔高于 3000m；TP_M 的范围为 85°E～95°E、27°N～40°N，海拔高于 3000m；TP_E 的范围 95°E～102°E、27°N～40°N，海拔高于 3000m；CH_E 的范围为 110°E～120°E、25°N～40°N，海拔低于 1000m；PO_W 的范围为 132°E～145°E、0°N～15°N，海拔低于 1m；MJLW 的范围为 83°E～95°E、8°N～15°N，海拔低于 1m；Indo 的范围为 75°E～85°E、15°N～22°N，海拔低于 1000m。

4.4.2 降水频次

对 1998～2012 年夏季 PR 探测结果进行统计得到的降水频次如图 4.4.2 所示，表明青藏高原近地面降水频次小于 7%，其中高原西部小于 3%，高原东部为 5%～7%，高原中部为 3%～5%；相比之下，中国东部地区的夏季降水频次为 6%～10%，中国西南(云贵高原)至中南半岛为 8%～15%，印度次大陆西海岸附近至阿拉伯海东侧、缅甸西海岸附近至孟加拉湾东部的降水频次则高达 10%～20%，而在印度次大陆南端至斯里兰卡及其东部洋面、南中国海西侧靠近越南附近的降水频次则小于 5%。类似的空间分布出现在强降水和弱降水情形下，只是强降水和弱降水出现频次在上述区域的数值有所差异，如青藏高原中部和西部的强降水频次小于 1%，东部强降水频次小于 2%，青藏高原弱降水频次基本上没有区域性差异，大体都小于 1.5%。强降水/弱降水频次最大(高于 4%/高于 3%)的区域位于印度次大陆西海岸附近至阿拉伯海东侧、缅甸西海岸附近至孟加拉湾东部、喜马拉雅山脉南坡山脚、中南半岛越南西侧，这是因为西南季风携带暖湿空气在这些区域受到地形强迫(傅云飞等，2008b)。

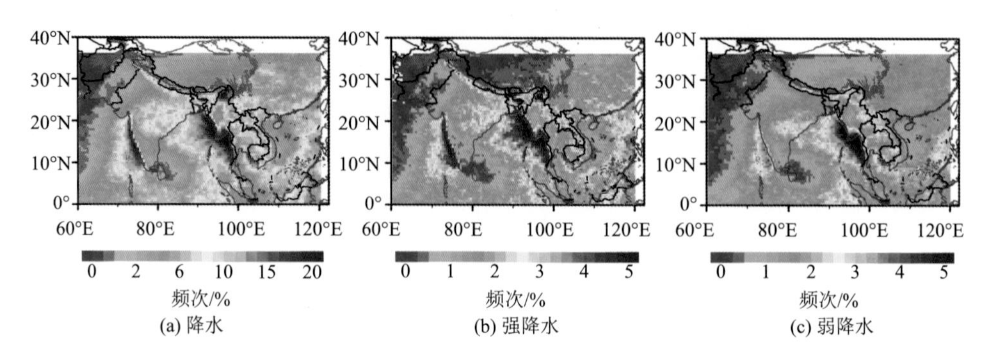

图 4.4.2 夏季青藏高原及周边的降水、强降水和弱降水的降水频次水平分布(1998 ~ 2012 年夏季)

对照平均降水率可知，在亚洲地区，青藏高原降水强度(强降水强度)最小、频次最低，弱降水频次最低、强度最大；其他区域则表现为强度与频次相反的特点，如上述的降水频次大值区域的强度并不高，相反在频次低值区如兴都库什山与喜马拉雅山脉西段之间的喇叭口区、印度次大陆南端至斯里兰卡及其东部洋面、南中国海西侧靠近越南附近，却出现降水(强降水)强度大于 $5mm·h^{-1}$ ($11mm·h^{-1}$) 的高值。这也许说明了在气候上降水强度与频次的一种平衡关系。

4.4.3 降水回波

对于给定波长等参数的雷达，它探测降水的回波反射率因子是云粒子尺度和数量的反映。而云中云粒子的空间分布与云内热动力学过程有关，如垂直气流强，会把大的云粒子带到云的上部，这样雷达会探测到云上部具有较大的反射率因子；又如地面降水强度大，源自大量的云粒子从云中下沉，其原因或许是上升气流减弱或许是云粒子太大，这时雷达可以探测到近地面上空具有高反射率因子。因此，获得云体中的最大反射率因子的大小和高度，对了解云的结构信息非常重要。

图 4.4.3 为夏季青藏高原及周边的降水、强降水和弱降水的最大反射率因子气候分布，它表明青藏高原上平均最大反射率因子小于 26dBZ，而其周边地区的平均最大反射率因子皆大于 28dBZ，有些区域甚至接近 32dBZ；对于强降水相应的平均最大反射率因子，青藏高原上为 32～36dBZ，青藏高原周边则大于 36dBZ；对于弱降水的平均最大反射率因子，青藏高原上小于 24dBZ，青藏高原周边则大于 24dBZ。这些都说明青藏高原上云粒子比周边地区的普遍偏小。

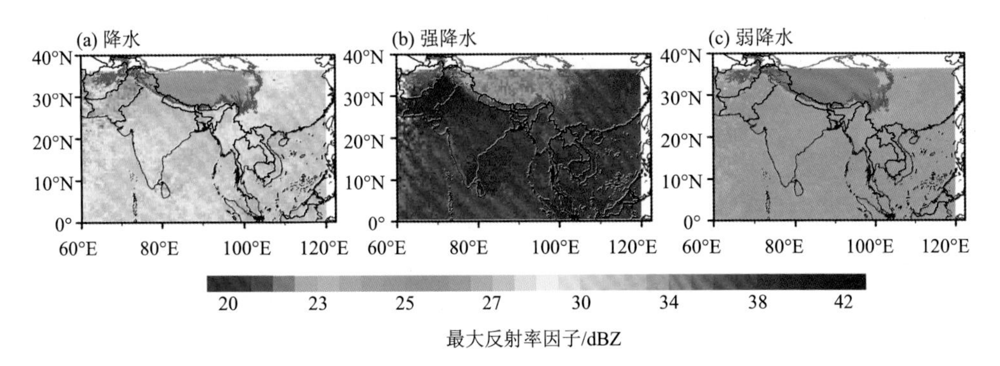

图 4.4.3 夏季青藏高原及周边的降水、强降水和弱降水的最大反射率因子分布

降水的最大反射率因子对应的平均高度分布在 6～8km，高原东部稍低，为 5.5～6.5km，高原东南的云贵高原和高原东北的甘南地区为 4～5.5km，西亚兴都库什山地区为 4.5～6km，非高原地区则低于 4km。强降水的最大反射率因子对应的平均高度空间分布在上述地区基本类似，只是非高原地区的平均高度更低(小于 3.5km)。弱降水的最大反射率因子对应的平均高度，在青藏高原上高于 7km，在大部分非高原地区分布于 4～5km。最大反射率因子对应的平均高度空间分布差异有明确的物理意义，即青藏高原上的最大云粒子被地形抬升了，其平均高度不低于 5.5km，如减去平均海拔 4.5km，则这些粒子通常位于地面以上 2km；而非高原地区，最大云粒子通常位于地面 3.5km(强降水为 3km，弱降水为 4.5km)高度。这说明青藏高原的海拔高度也影响了云的微物理过程。

降水的回波顶高度反映云内上升运动的强弱，上升运动越强，则回波顶高度越高。雷达探测的回波顶高度还与雷达波长有关，雷达波长越长，则探测的回波顶高度越低(傅云飞等，2012)。图 4.4.4(a)表明降水回波顶高度在青藏高原中部和西部高于 8.5km、东部为 7.5～8.5km，在西亚兴都库什山与喜马拉雅山脉西段之间的喇叭口地区为 6～8km，在非高原的陆面为 6～6.5km，在洋面则低于 5.5km。对于强降水情形，降水回波顶高度在青藏高原中部和西部上高于 9.5km、东部为 8～9.5km，在西亚兴都库什山与喜马拉雅山脉西段之间的喇叭口地区为 8～10km，而在非高原陆面和洋面均低于 7.5km，10°N 以南的孟加拉湾、阿拉伯海则更低(低于 6.5km)。对于弱降水情形，降水回波顶高度在青藏高原中部和西部上高于 8km、东部为 6.5～8km，在西亚兴都库什山与喜马拉雅山脉西段之间的喇叭口地区为 6～8km，在云贵高原、印度北部、北部湾和海南岛为 6km 左右，其他非高原陆面和洋面则低于 5.5km。

上述表明青藏高原降水回波顶高度因高原大地形而抬升，如果扣除青藏高原海拔，则青藏高原降水、强降水和弱降水的回波顶高度大体分别为 4.5km（高原东部为4km）、5.5km（高原东部为 5km）和 4km（高原东部为 3.5km），它们均低于非高原地区的回波顶高度。这反映了青藏高原降水云内热动力过程与非高原地区的差异，如非高原地区降水的水汽更高，降水释放潜热更大，因此使得降水回波顶高度更高。这些猜测都有待数值模式模拟验证。

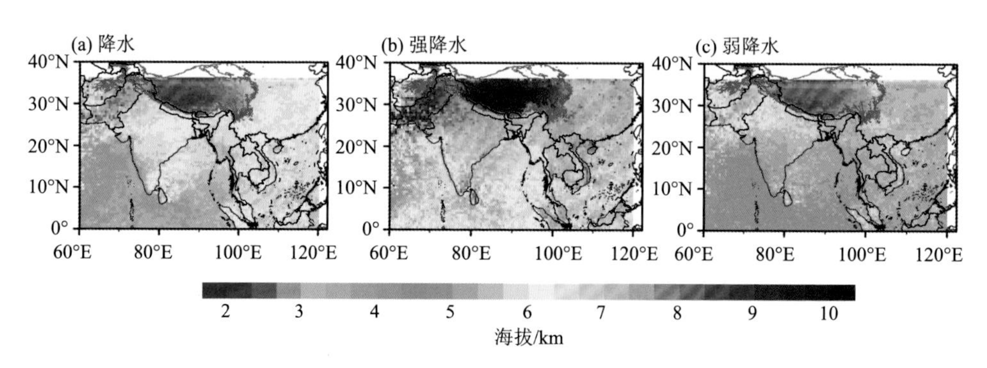

图 4.4.4 夏季青藏高原及周边的降水、强降水和弱降水的回波顶高度均值空间分布

利用 15 年 PR 探测的逐日逐轨数据统计计算得到的最大降水反射率因子概率密度表明，青藏高原上最大降水反射率因子主要分布在 20～28dBZ，峰值为 23dBZ，青藏高原东部与高原其他区域稍有差异，主要是最大降水反射率因子大于 28dBZ 的降水比高原其他区域稍多。位于高原以外的中国东部、西太平洋暖池、孟加拉湾和印度次大陆的最大降水反射率因子主要分布在 20～40dBZ，峰值为 24dBZ，且除了西太平洋暖池和孟加拉湾地区峰值比例稍小外，上述地区之间差异甚小。

依据青藏高原夏季最大回波反射率因子的概率密度分布，可划分出小于 23dBZ 和大于 28dBZ 的最大回波反射率因子，它们分别代表了弱和强的最大回波反射率因子，在总样本中其占比分别约 20%。强最大回波反射率因子相应的平均降水率为 3.5～6mm·h^{-1}，而弱最大回波反射率因子对应的平均降水率则小于 0.9mm·h^{-1}；这种强弱最大回波反射率因子相应降水率的差异在青藏高原以外地区也相当明显，表明近地面降水率与云中最大云粒子有着很好的相关性。

4.4.4 降水垂直结构

自 Flohn(1968)指出青藏高原感热驱动的气泵效应以来，中国学者研究指出青藏高原云过程凝结释放的潜热是另一个重要的热源(叶笃正等，1979；吴国雄等，1997；Wu and Zhang，1998)，且高原上的非绝热加热与东亚夏季降水季内变率密切相关(Hsu and Liu，2003；吴国雄等，2005)。而云过程所释放的潜热与降水垂直结构有关，后者是云热动力过程和微物理过程的重要反映(Fujiyoshi et al., 1980；Houze Jr., 1981；Szoke et al.，1986；Hobbs, 1989；Liu and Takeda，1989；Zipser and Lutz, 1994)。利用卫星搭载的被动微波仪器(如被动微波成像仪)遥感反演降水算法也需要降水的垂直结构信息(Wilheit et al., 1977；Petty, 1994；Kummerow and Giglio, 1994)，因为被动微波的高低频通道对降水云中水粒子和冰粒子的垂直分布非常敏感(Smith and Mugnai, 1988；Adler et al., 1991；Fulton and Heymsfield, 1991；Fu and Liu, 2001)，并且雷达探测的降水垂直结构信息还为改进数值模式中的云雨过程参数化提供了观测依据。

Fu 等(2006)率先分析了 PR 前三年的探测结果，给出了包括青藏高原在内的东亚沿 30°N 的降水剖面，指出青藏高原上高降水率位于 6km 以上，相对周边非高原地区，在垂直方向上青藏高原降水如同“高塔”位于大气对流层中上部，这意味着青藏高原降水潜热可直接释放到对流层中上部并影响大气环流，而非高原地区的降水潜热则通常释放在大气对流层中部。由此可见，青藏高原降水垂直结构对大气环流有着重要的影响。图 4.4.5 为利用 PR 1998～2012 年夏季探测结果计算的青藏高原西部、中部和东部的降水回波反射率因子概率密度随高度的分布，其中中国东部降水作为比对给出。该图表明夏季青藏高原与中国东部的降水垂直结构差异甚大。根据先前的研究结果，非高原洋面和陆面的对流降水和层状降水在垂直方向上存在四层结构，自上而下分别为冰层、冰水混合层、融化层和雨层，在垂直结构上对流降水与层状降水的差异主要表现在雨层，前者出现雨粒子破碎，导致雷达回波在近地面减小，而后者雨粒子基本保持不变，故雷达回波基本不变(Liu and Fu, 2001；Fu et al., 2003; Fu and Liu, 2003)。由于层状降水比例高，故图 4.4.5(d)中的外形偏向层状降水。反观青藏高原上降水回波反射率因子概率密度随高度则没有非高原地区降水的层结分布，且高原西部、中部和东部均表现出一致的降水反射率因子概率密度分布型，概率密度中心位于 15～25dBZ、5～8km，最大反射率因子小于 40dBZ(西部)、43dBZ(中部)、45dBZ(东部)，高度均低于 16km；概率密度分布型没有显示出类似非高原地区的融化层。

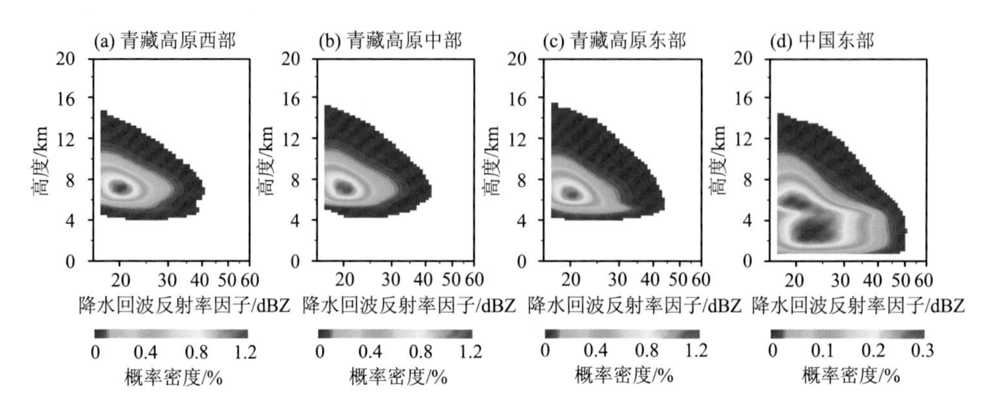

图 4.4.5　夏季青藏高原西部、中部、东部和中国东部降水回波反射率因子概率密度随高度分布

上述区域范围见表 4.4.1

依据青藏高原近地面降水概率密度分布划分的青藏高原强降水和弱降水，计算的青藏高原西部和中部强降水回波反射率因子概率密度随高度的分布型基本一致，概率密度中心位于 25～35dBZ、5～8.5km，而高原东部的概率密度中心位于 20～35dBZ、4.5～8.5km；弱降水的回波反射率因子概率密度随高度的分布型基本没有在青藏高原上表现出非一致性，概率密度中心位于 15～23dBZ、6～8km；强降水与弱降水的降水回波顶也有明显差异，前者低于 17km，后者的绝大部分低于 15km。这些都反映了强降水与弱降水云内热动力过程和微物理过程的差异，如强降水云内上升运动强，云粒子可以到达更高的高度，且云粒子也大，故其反射率因子大；此外，强降水反射率因子概率密度随高度的分布还表明了在 5～10km 高度，随高度降低云粒子增大的现象，说明青藏高原强降水云中云粒子在下降过程中，碰并增长或许是非常重要的过程。

4.4.5　降水日变化

对流层内大气参数的日变化是一个普遍存在的现象，如 Haurwitz 和 Cowley(1973)指出地面气压存在日变化振荡，Short 和 Wallace(1980)指出高低云量变化存在昼夜的差异。大气参数的日变化实际上反映了大气运动的某些规律。降水作为一个重要的大气参数，研究其日变化特征对于理解降水形成机理和认识水汽循环特点都具有重要意义(刘鹏和傅云飞，2010)。通常大陆深厚对流在夜晚达到强度峰值，而在海陆风、山谷风及中尺度对流系统共同作用下，则峰值时间存在区域性差异(Yang and Slingo，2001)，如陆面和洋面的弱降水多发于清晨，阵性降水与雷暴多发于陆面的傍晚，而洋面雷暴多发于午夜(Dai，2001)。我国华南和东北地区的降水峰值多出现于傍晚，而黄河至长江流域之间的降水则存在早晚双峰(Yu et al., 2007)。

青藏高原因其复杂的下垫面环境，造成了其地表热力和动力参数的复杂多变，高原上大气参数的日变化现象也普遍存在。如青藏高原上地表反照率存在明显的日变化，夏秋季其变化范围也较大(李英和胡泽勇，2006)。对卫星红外信号反演的地表温度分析表明，青藏高原下垫面具有最强烈的地表温度日变化幅度，说明青藏高原地区辐射收支的变动较大(王旻燕和吕达仁，2005)。这些日变化既与高原地表特性有关，又与地表上热动力的湍流交换方式有关(冯璐等，2016)。

早年利用有限的地面观测资料，学者们发现了夏季青藏高原对流活动旺盛，且有显著的日变化特征(叶笃正等，1977；陈隆勋等，1999；江吉喜和范梅珠，2002)。星载测雨雷达探测的有效探测，克服了青藏高原降水地面观测的不足。Fu 等(2006)通过分析 PR 的多年探测结果，指出青藏高原中部降水强度和频次的日变化幅度远比周边地区的大，降水强度和频次的峰值均出现在午后 16 点前后；造成这种降水日变化极值的原因主要是太阳短波加热和青藏高原下垫面沙石热容小。郑永光等(2008)和白爱娟等(2008)随后的研究都证实了上述结果。刘黎平等(2015)对青藏高原地面测雨雷达和测云雷达探测结果的分析，也证实了先前 PR 探测的青藏高原降水日变化特点，他们指出青藏高原太阳短波辐射的加热有利于午后对流系统的发生发展。

图 4.4.6 为利用 PR 15 年夏季探测结果计算的青藏高原及周边地区夏季降水率日变化分布，表明降水始于上午的高原中西部(降水率小于 $2mm \cdot h^{-1}$)，正午降水面积增大、强度增强($2\sim3mm \cdot h^{-1}$)，午后降水持续，傍晚降水面积减小、强度减弱，午夜至凌晨降水消退。高原周边地区各时段的降水强度均高于高原，其中中国东部夏季降水在午后达到最强(大于 $4mm \cdot h^{-1}$)，孟加拉湾和中国南海的降水则主要出现在上午和正午(大于 $5mm \cdot h^{-1}$)。

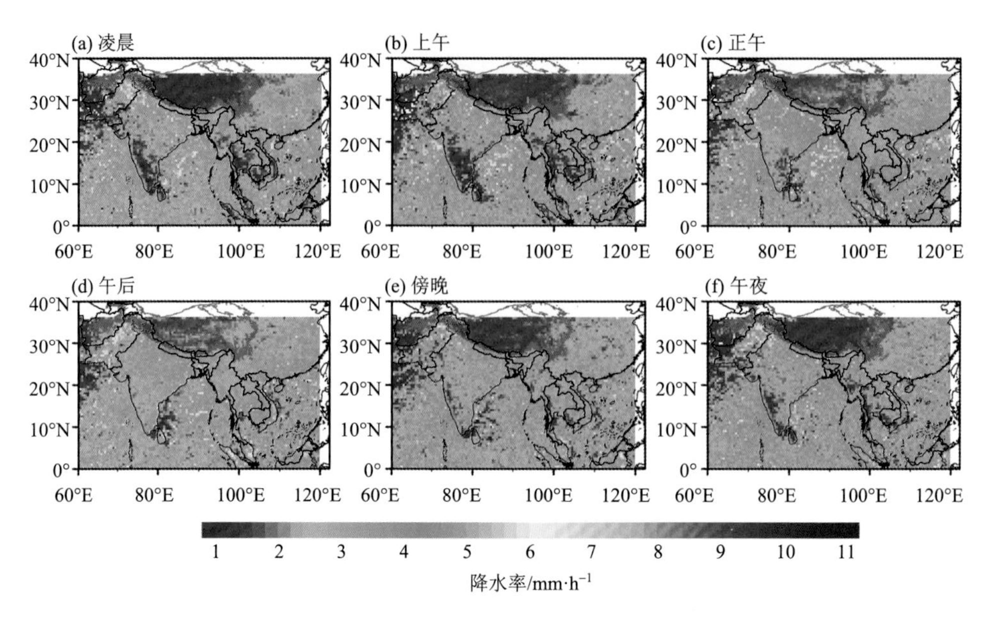

图 4.4.6　夏季青藏高原及周边的降水率日变化分布

02～06 地方时为凌晨，06～10 地方时为上午，10～14 地方时为正午，14～18 地方时为午后，18～22 地方时为傍晚，22～02 地方时为午夜

相较于图 4.4.6 的降水率日变化，夏季青藏高原及周边强降水的强度(图 4.4.7)显示出更明显的日变化特征，强降水的强度明显在正午增强、面积增大；午后几乎

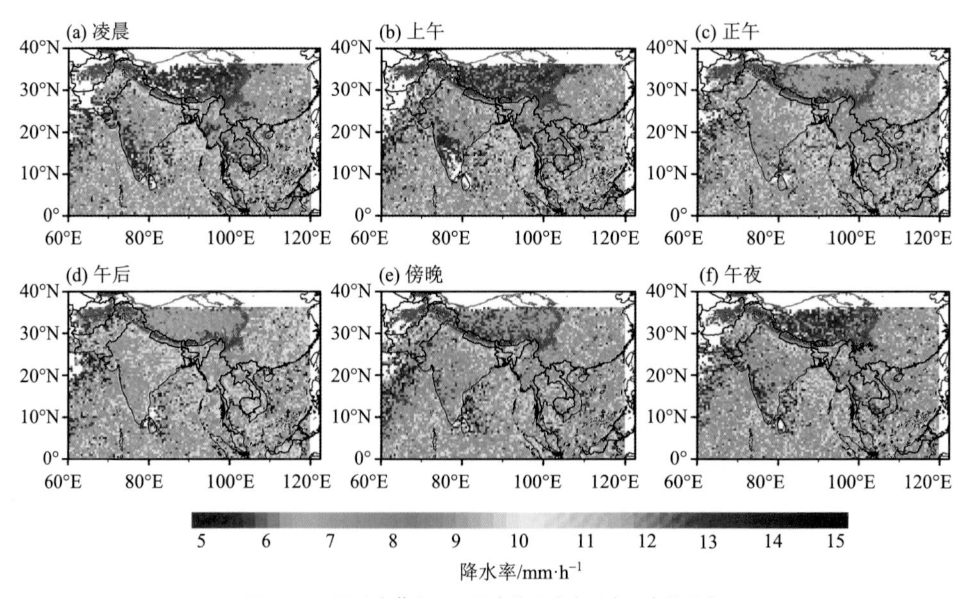

图 4.4.7　夏季青藏高原及周边的强降水强度日变化分布

分布于整个高原，高原西部和中部降水强度达 6.5～7mm·h^{-1}，高原东部则超过 8mm·h^{-1}；傍晚强降水减弱，并持续减弱至凌晨。青藏高原周边地区强降水的强度日变化也较明显，如中国东部至华南及中南半岛的强降水在午后达到鼎盛，多地强降水强度超过 13mm·h^{-1}；喜马拉雅山脉南坡及其与兴都库什山脉构成的喇叭口地区的强降水没有明显的日变化，而是整日维持出现 10～13mm·h^{-1} 的强降水；孟加拉湾和中国南海 10～13mm·h^{-1} 的强降水则主要出现在凌晨至午后，并在傍晚和午夜减弱。

相比于强降水，夏季青藏高原及周边弱降水的强度在午夜至次日上午偏大，正午至午后减小，且青藏高原上弱降水的强度超过 0.6mm·h^{-1}，高原以外地区则小于 0.6mm·h^{-1}(除阿拉伯海、喜马拉雅山脉南坡西段与兴都库什山脉交汇的喇叭口地区)。总体上，包括青藏高原在内的亚洲弱降水强度的日变化没有强降水日变化明显。

青藏高原及周边的降水、强降水和弱降水的回波顶高度日变化分布表明，青藏高原较周边地区降水回波顶高度日变化更分明，凌晨低于 7.5km，上午低于 8km，正午超过 8.5km(多地超过 9km)，午后超过 9km 的面积增大，傍晚则降低至低于 8.5km，而午夜至凌晨持续降低。青藏高原周边地区的降水回波顶高度日变化主要表现在中国东部、华南、中南半岛、印度次大陆，这些地区午后的回波顶最高(6～7km)、午夜最低(低于 6.5km)；孟加拉湾和中国南海的回波顶高度在上午达到最高(高于 6km)、午夜最低(低于 6km)。

青藏高原强降水的回波顶高度日变化更加明显，从凌晨至午后强降水面积不断增大，回波顶高度由 8km 增加到高于 11km，随后降水面积逐渐缩小，回波顶高度也逐渐降低至 8km。中国东部、华南、中南半岛、印度次大陆的强降水也是正午增多，午后发展到鼎盛(高度可超过 8km)，而洋面与陆面似乎同步，同样是午后强降水面积大、回波顶高度高(高于 6.5km)，阿拉伯海因海温低，这里的降水回波顶高度大部分低于 6.5km。同样，青藏高原的弱降水回波顶高度日变化也比周边地区强烈，它们于午后达到高度的峰值(高于 8.5km)、凌晨最低(低于 8km)，上述青藏高原的周边地区弱降水回波顶也于午后达到最高、凌晨最低。总体上，青藏高原降水回波顶高度比周边地区高出 3km 左右。如果扣除青藏高原 4km 的平均海拔，则青藏高原降水回波顶高度比周边地区低 1km，这也许是青藏高原水汽少，降水释放潜热的热力作用产生的浮力小的缘故。

4.5 青藏高原雨团

众所周知，雨量计测量的是点降水量(即观测站位置的降水量)，雷达通过发射具有一定时间长度和空间宽度的波束，探测降水粒子的空间分布信息，并由此计算地面降水率，而具有一定长度、宽度和高度的雨团才是发展在自然界中最基本的降水系统单位，其几何特征和物理特征才是反映降水最基本性质的参数。作者曾利用15年的PR测量结果，采用最小边界矩形(the minimum bounding rectangle，MBR)方法识别雨团，并分析揭示了热带地区陆面和洋面雨团的几何参数和物理参数特征。结果表明热带地区约50%的雨团长度为20km、宽度为15km，长度超过200km、宽度超过100km的雨团占比不足1%，而且雨团平均长度和宽度之间为对数线性关系。通常对相同水平几何参数，陆面雨团在垂直方向上呈“瘦高”状，而洋面雨团在垂直方向上呈“矮胖”状。陆面雨团的降水率为0.4～10mm·h^{-1}，洋面雨团的降水率为0.4～8mm·h^{-1}(Fu et al., 2020)。以往对青藏高原降水的研究中，多关注降水区面积大小、降水云系深厚度和降水强度(Xu，2013；Qie et al.，2014；Bhat and Kumar，2015；Chen et al.，2017；Zhang et al.，2018)，而对青藏高原雨团特征的认识还很有限。

4.5.1 雨团定义

按照作者先前研究的结果，定义雨团为由PR探测相连降水像元所构成，且至少拥有4个连接降水像元(即PR探测的4个降水像元是最小的雨团尺寸，以让雨团识别的噪声最小化)；此外，该定义要求这些相连的降水像元位于PR扫描范围内，而被PR探测轨道裁切的降水像元不被识别为雨团，这样定义的优点是确保了雨团识别的真实性(Fu et al., 2020)。雨团识别的具体方法是采用最小边界矩形(MBR)将PR探测的相连降水像元框住，然后计算该矩形的长度和宽度、降水回波顶的高度(平均高度和最大高度)，即得到雨团的几何参数，随后可计算得到诸如雨团降水强度等物理参数，而雨团的空间位置为雨团内所有降水像元位置的平均值。雨团的主要几何参数如下：长度(L)、宽度(W)、宽长比(α，平面形态参数)、平均回波顶高度(H_{av})、平均高度(H_{av})与平均水平尺度[$(L+W)/2$]比(γ，立体形态参数)；而物理参数有雨团平均降水率(RR_{av})等。该定义不但给出了雨团的二维形态，还给出了雨团的三维形态，如 α 越大，则雨团越方，而 α 越小，则雨团越长；又如 γ 越大，雨团或特别深厚，或水平尺度小，即雨团显得"瘦高"，反之，则显得"胖矮"。有关雨团详细的几何参数和物理参数可参见文献(Fu et al., 2020)。

图 4.5.1 为计算得到的青藏高原雨团的立体形态参数 γ 与长度 L 和平均高度 H_{av} 的关系，图 4.5.1(a)以频次分布方式给出，图中 61%、0%、21%、18%分别表示实线所分割的四个区域所占的百分比，黑色实曲线代表 γ 随 L 和 H_{av} 变化的中值线。该图揭示了当雨团长度 L 小于 20km 时，青藏高原上 61%的雨团 γ 大于 0.6，即这些雨团非常深厚，属于"瘦高"外形；而当雨团长度 L 大于 40km 时，则青藏高原上 18%的雨团 γ 小于 0.2，这些雨团的高度比长度小得多，故外形显得"胖矮"。图 4.5.1(b)则显示当青藏高原雨团的高度变化于 6～12km 时，平均来说这些雨团的立体形态参数 γ 分布于 0.35～0.5，但 γ 分布于 0.45～0.65 的比例偏高(对应 L 分布于 7.5～9km)，说明青藏高原的"瘦高"外形的雨团数量不少。

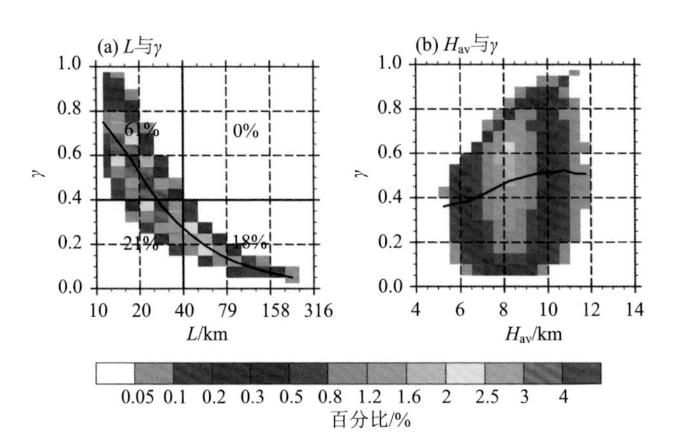

图 4.5.1 青藏高原雨团的立体形态参数 γ 与长度 L 和平均高度 H_{av} 的二维概率密度分布(引自 Chen et al., 2021)
图中 61%、0%、21%、18%分别表示实线所分割的四个区域所占的百分比，黑色实曲线代表 γ 随 L 和 H_{av} 变化的中值线

4.5.2 雨团水平尺度特征

雨团平均降水强度与雨团长度的二维概率密度分布如图 4.5.2 所示，它表明青藏高原由西部至中部到东部雨团的长度变长、平均降水率也变大。如以大于 0.5%频次

计算，青藏高原西部、中部和东部的雨团长度和平均降水率分布均为12～80km、0.5～4.0mm·h^{-1}；如以大于0.2%频次计算，青藏高原东部雨团长度和平均降水率的分布均比高原西部和中部的大，即青藏高原东部有很多长度更长、降水强度更大的雨团。图4.5.2还显示当雨团长度小于15km时，青藏高原雨团的降水率中值随着雨团长度增长而减小，而当雨团长度继续增长至 80km(高原西部)、60km(高原中部)和160km(高原东部)的过程中，降水率中值随着雨团长度的增长而增大，但平均降水率增大幅度均在1.5mm·h^{-1}内；在高原西部和中部，如雨团长度继续增长，则雨团平均降水率基本保持不变，但在青藏高原东部，没有这一现象，意味着高原东部雨团有别于西部和中部。此外，从频次中心分布看，高原上大部分雨团的长度小于30km，平均降水率小于 2mm·h^{-1}，这与青藏高原已有的观测研究结果表明那里多孤立对流相一致。

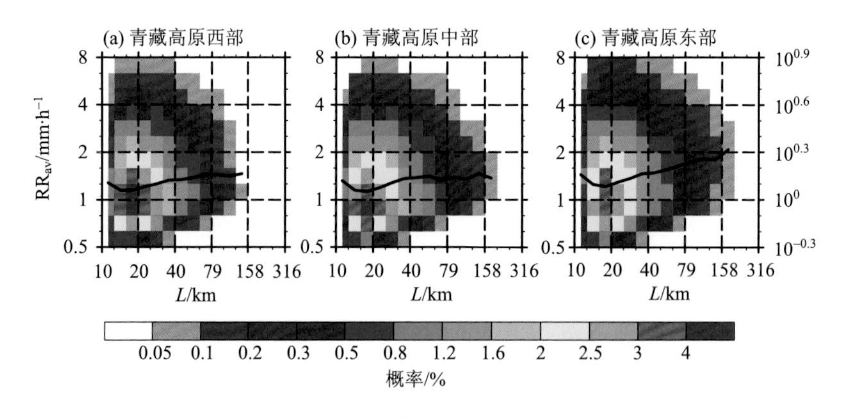

图4.5.2 雨团平均降水强度RR_{av}与雨团长度L的二维概率密度分布(引自Chen et al., 2021)

黑色实线为L对应的RR_{av}中值线；(c)中右侧纵坐标刻度值为左侧纵坐标刻度值的指数形式

计算的雨团平均降水强度与雨团平面形态参数α的二维概率密度表明，青藏高原西部、中部、东部大部分雨团的平面形态参数分布于 0.4～0.8，相应的平均降水率为0.6～3mm·h^{-1}，频次中心范围：α为0.55～0.65、RR_{av}为0.8～1.6mm·h^{-1}，说明夏季青藏高原上高度超过其长度一半的雨团出现频次高，这也是高原夏季多孤立对流降水的反映。此外，降水率中值线随α的变化曲线显示，随着雨团平面形态偏向方形，雨团的降水率增大，这或许是青藏高原孤立对流降水演变的一个标志性特征，有待模式模拟和进一步的观测检验。

4.5.3 雨团垂直尺度特征

前面已述降水系统的回波顶高度表征了降水在垂直方向发展的深厚度，通常回波顶高度越高，表明云体内垂直气流越强、云粒子到达的高度越高，地面降水强度也越大。Short 和 Nakamura (2000) 应用方程 $R_c=0.0745(H-2)$ 来回归浅薄降水的平均降雨率与平均回波顶高度，其回归相关系数仅为 0.71。如用二次函数关系来表示平均降水率与回波顶高度之间的关系，则回归相关系数达 97%以上（傅云飞等，2012），Chen 等 (2016) 的研究也发现热带和副热带的降水回波顶高度与降水率之间遵从这种关系。那么雨团的降水强度如何随其立体形态参数变化？

为此，可利用二维概率密度方法计算雨团平均降水强度 RR_{av} 与雨团立体形态参数 γ 之间的关系。结果表明青藏高原西部和中部 RR_{av} 与 γ 频次分布具有相似的特征，降水率为 0.7～2mm·h^{-1} 的雨团拥有 0.3～0.7 的 γ；青藏高原东部 RR_{av} 分布较宽（0.7～2.5mm·h^{-1}），特别是当 γ 小于 0.6 时。整个青藏高原上，当 γ 小于 0.6 时，RR_{av} 中值随 γ 的增大而下降，其中青藏高原东部下降幅度最大；当 γ 大于 0.6 时，RR_{av} 中值随 γ 增大而增加，说明随着高原雨团由“胖矮”向“瘦高”转变时，雨团的平均降水率经历由大减小再增大的过程，这个关键转折点出现在 γ 为 0.6～0.7 时，如在高原中部，随着 γ 值从 0.7 增大到 0.95，RR_{av} 的中值从 1.12mm·h^{-1} 增加到 2.24mm·h^{-1}。降水率中值线的起伏变化表明高原中部雨团的降水率主要对雨团的“瘦高”程度更敏感，雨团越“瘦高”，则平均降水率越大；而高原西部和东部雨团越“胖矮”或越“瘦高”，则雨团平均降水率越大。

通常可依据雨团长度范围，将青藏高原雨团分为大雨团（长度超过 50km）、中雨团（长度介于 20～50km）、小雨团（长度小于 20km）三类。结果显示小雨团多为“瘦高”外形，而大雨团多为“胖矮”外形。青藏高原中部这三类雨团反射率因子出现的高度最高，如 18dBZ 的最大高度超过 12km（小雨团）、14km（中雨团）、15km（大雨团），27dBZ 最大高度则超过或接近 9km（三类雨团），而高原西部和东部相应的反射率因子对应的最大高度均比上述高度低；高原中部雨团反射率因子出现的最低高度（5km 左右）也比高原西部和东部高（4km 左右）。由此可见，雨团深厚度表现为高原东部最为深厚、西部次之、中部相对浅。潘晓和傅云飞 (2015) 的研究发现青藏高原弱对流降水主要出现在 16 点（地方时）前的高原西部，而强对流降水主要出现在 16～20 点（地方时）的高原中部和东部。此外，青藏高原东部三类雨团的近地面反射率因子比西部和中部的大，表明这里雨团降水率大，这与高原东部水汽相对多有关。

依据雨团平面形态参数 α 和立体形态参数 γ，将雨团分为偏长雨团（α 小于 0.4）、介于长形和方形之间雨团（α 介于 0.4～0.8）、偏方雨团（α 大于 0.8），以及分为偏“胖矮”雨团（γ 小于 0.4）、“中间形态”雨团（γ 介于 0.4～0.7）、偏“瘦高”雨团（γ 大于 0.7）。统计结果显示随着雨团水平形状偏方形，青藏高原西部、中部和东部的雨团近地面反射率因子变大（即雨团降水率变大），回波顶高度变高（即雨团厚度升高）；而对相同水平形状的雨团而言，高原东部反射率因子概率密度分布范围明显大于高原西部和中部，这说明高原东部雨团的降水强度及厚度变化大，高原西部的最小，高原中部的介于东部和西部之间。

不论是在青藏高原西部、中部还是东部，偏“胖矮”（γ 小于 0.4）和偏“瘦高”（γ 大于 0.7）雨团的反射率因子概率密度随高度分布的范围大于“中间形态”雨团，说明这两类雨团的降水强度和回波顶高度的变化范围大；与“胖矮”雨团相比，“瘦高”雨团的回波底高度升高了 1km 左右。如果比较同一类立体外形的雨团，高原东部反射率因子概率密度分布范围明显大于高原西部和中部。

4.5.4 雨团空间分布

依据雨团的长度、平面形态和立体形态，图 4.5.3 给出了它们各自三种分类情况下在青藏高原产生平均降水率的空间分布。如果以雨团长度来衡量雨团在高原的平均降水率分布，则可见雨团长度越长，相应的平均降水率越大、空间分布也越广，如高原上大部分地区平均降水率超过 $2\text{mm}\cdot\text{h}^{-1}$ 的主要由长度大于 50km 的雨团引起，而长度小于 20km 雨团的平均降水率均小于 $2\text{mm}\cdot\text{h}^{-1}$。如果以平面形态来衡量雨团在高原的平均降水率，则可见雨团越偏向方形，相应的平均降水率越大，如α大于 0.8 时的雨团平均降水率明显高、范围也大。如果以立体形态来衡量雨团在高原的平均降水率，则可见雨团越偏向“瘦高”外形，相应的平均降水率越大，如 γ 大于 0.7 时的雨团平均降水率明显很高、范围也大；而 γ 小于 0.4 时（“胖矮”外形雨团），相应雨团的平均降水率也很可观；γ 介于 0.4～0.7 的非“瘦高”非“胖矮”雨团的平均降水率最小，这是挺有趣的现象，值得深入研究。此外，图 4.5.3 中可见青藏高原东部的高降水率通常由长度偏长、平面形态偏方、立体形态偏“瘦高”的雨团造成，这也反映了青藏高原降水的区域性特征。

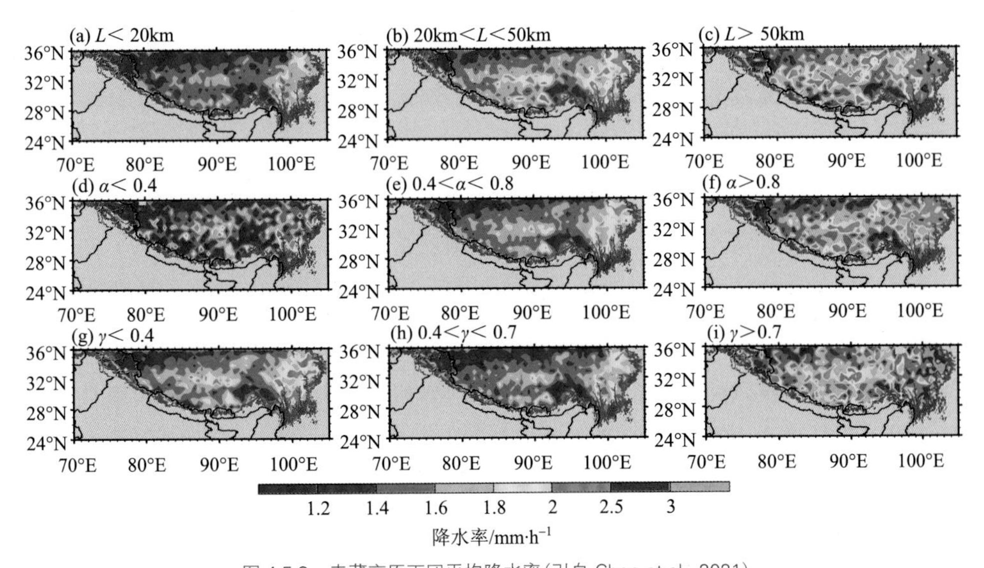

图 4.5.3　青藏高原雨团平均降水率(引自 Chen et al., 2021)

上行为三种长度 L 雨团，中行为三种平面形态参数α雨团，下行为三种立体形态参数 γ 雨团

4.6　本章要点概述

本章首先介绍了星载测雨雷达探测的青藏高原东南雅鲁藏布江河谷东段拐弯处的降水，于 1999 年 5 月 4 日 13 时 5 分(UTC，当地太阳时间为 19 时 26 分)被探测到，具体位于南迦巴瓦峰东侧附近的河谷一侧的迎风地域。测雨雷达清晰地测到巨大地形落差和小尺度强回波、雷电、降水廓线及相应的红外信号与微波高频信号。研究发现局地低层大气强水汽辐合和高层大气冷平流是此次降水的主要原因。由于青藏高原地形复杂，自然条件恶劣，这类降水利用常规方法难以观测，故该个例研究结果让我们初步认知了青藏高原大峡谷的降水特点。

其次介绍了青藏高原切变线降水。夏季切变线是青藏高原的主要天气系统之一，它通常发生在高原边界层内，是一种浅薄天气系统。文中介绍的两例青藏高原横切变线降水，分别被测雨雷达在 1998 年 6 月 22 日 9 时 56 分和 2011 年 7 月 3 日 10 时 20 分探测到。分析结果表明高原切变线降水强度小，切变线上云系呈块状或大片状位于切变线南侧，云顶为冰相或混合相态，降水云的液态水路径多分布于 1～2kg·m^{-2}、非降水云多小于 0.3kg·m^{-2}，降水回波强度多小于 30dBZ，回波顶高度多低于 11km。

随后介绍了拉萨地区降水云内对应的大气温湿风结构。PR 探测的强降水和弱降水分别发生在 2003 年 6 月 22 日 11:00（世界时）和 2002 年 7 月 23 日 11:00（世界时），它们的降水强度均呈非均匀块状，分布于低压区；强降水回波垂直方向呈高耸状，而弱降水的则低矮，对应的大气温湿风廓线结构表明强降水发生时大气中储存了大量的对流不稳定能量。统计分析表明拉萨地区深厚降水的回波强度自地面向上可达 15km 以上，近地面回波强度也大于 35dBZ，浅薄降水的回波强度则位于 8km 以下，且近地面回波强度小于 35dBZ；大气温湿风垂直结构表明深厚降水与浅薄降水的分界高度（约为 7.5km）大气温度与露点温度之差的变化存在明显差异，这个分界高度以下的大气温度与露点温度之差随高度增加而逐渐减小，此分界高度以上至 200hPa 则相反。

然后重点介绍了青藏高原降水的时空分布特征，着重从降水强度、降水频次、降水回波强度、最大回波强度、最大回波强度对应降水率等参数，分析了它们的空间分布特点，并分析了青藏高原不同区域的降水回波强度的垂直结构特征；还分析了青藏高原及周边地区的降水率、强降水率、弱降水率的日变化空间分布，以及降水回波顶高度、强降水回波顶高度、弱降水回波顶高度的日变化空间分布。

最后介绍了利用最小边界矩形方法识别青藏高原雨团，分析了高原雨团的几何参数（长、宽、高、平面形态参数、立体形态参数）和物理参数（降水强度、反射率因子）的特征及它们之间的关系，还分析了不同长度雨团、不同平面形态参数和不同立体形态参数雨团的空间分布特点，指出青藏高原东部的强降水雨团在平面上偏方、在立体上偏“瘦高”的形态特征。

4.2 积雨云，云底呈现悬球状，左前方远处已经开始下雨。（于那曲至拉萨途中拍摄，行车速度约100km·h^{-1}；光圈：f/8，曝光时间：1/640s，ISO：250）

4.3 积雨云，云底出现悬球块状，意味着大雨即将来临。（于那曲至拉萨途中拍摄；光圈：f/18，曝光时间：1/200s，ISO：250）

照片 4.4 夏季积云和上方的密卷云，远处云下出现降水。(于那曲至拉萨途中拍摄，行车速度约 90km·h^{-1}；光圈：f/14，曝光时间：1/800s，ISO：250)

照片 5.1 浓积云和淡积云，其上部为密实的卷云。(拍摄时海拔为 4400m，光圈：f/18，曝光时间：1/250s，ISO：250)

第5章 青藏高原降水类型

按照文献(Houze Jr., 1981)所述，气象学家认为降水有两种基本类型，层状降水(stratiform precipitation)和对流降水(convective precipitation)，Houghton(1968)认为降水粒子长大方式和云中垂直运动的强弱是区分这两类降水的重要指标。层状降水云中因气流上升运动弱，云体上部冰粒子生成后会缓慢下降，当它们接近融化层1km内时，便开始融化，在接近云底时就形成大雨滴而降水，这一过程的时间短；另外，这个融化层便产生雷达回波的“亮带”，在多普勒雷达图像中还表现为一个强烈的下降速度梯度层。因大气热力不稳定产生的对流，其云中气流上升运动强烈，携带前期形成的云粒子到云体上部，云粒子在上升过程中不断碰并长大，直至大粒子的重力可以克服上升气流运动而下降至地面，这一过程的时间较长。Houze Jr. (1981)对中纬度气旋和雷暴、热带云团和飓风、季风等降水系统的调查表明，上述降水系统都可用传统的层状降水和对流降水概念来描述。上述还表明降水类型与降水云内的热动力垂直结构有着密切的关联，而降水廓线可以很简洁地表征降水垂直结构。

5.1 PR的降水类型识别方法

依据传统降水的分类，热带测雨卫星测雨雷达PR的降水类型识别方法也将降水分为层状降水和对流降水，具体方法由V-方法和H-方法给出。

V-方法针对PR探测的反射率因子廓线，首先检测PR是否探测到了亮带(bright band，BB)，如亮带存在，亮带高度以下的反射率因子小于40dBZ，则降水归为层状降水，而反射率因子大于40dBZ，则为对流降水；如亮带不存在，则规定反射率因子大于40dBZ为对流降水；如既不是层状降水，也不是对流降水，则归为其他类型降水。V-方法中如亮带识别失败，则规定降水为对流降水或其他降水。此外，V-方法还可识别暖云降水(warm rain)即暖对流降水(warm convective rain)，要求PR探测的回波顶高度低于冻结层高度(Awaka et al., 1998)。

H-方法是基于地基雷达探测结果分析总结的一种将对流与层状降水分离的方法(Steiner et al., 1995)，该方法分析某一高度层回波反射率因子的水平分布特征，识别这两种降水类型。PR的降水类型识别算法对原先的Houze Jr.方法进行了修改，即依据PR扫描角度，在冻结高度以下1km处，分析最大反射率因子的水平分布型中是否存在对流核心，来确定对流中心和附近的降水类型；当降水为非对流时，则归为层状降水，而非常弱的回波归类为其他类型降水。

根据 PR 降水分类方法，美国 NASA 的 GSFC 推出了 PR 轨道级降水廓线产品 2A25，其降水类型标准为：如 PR 回波在 0℃层高度附近出现明显的亮带，则相应的降水廓线被定义为层状降水廓线；如 PR 回波没有出现亮带，但回波中出现了超过 39dBZ 的信号，则相应的降水廓线被定义为对流降水廓线；如没有达到 39dBZ 阈值，但有不少于 12 个高度处的回波强度超过 30dBZ，或者有回波强度超过 30dBZ 且与超过 40dBZ 的像素相邻，则该廓线也被判定为对流降水廓线。

5.1.1 中国东部及周边洋面降水廓线

Liu 和 Fu（2001）、Fu 等（2003）对热带、中国东部大陆、东海和南海深厚对流降水廓线与层状降水廓线进行了研究，发现尽管近地面降水率不同，但对流降水和层状降水的廓线具有不同的层结和稳定的降水率廓线斜率，即深厚对流降水在垂直高度上，稳定的斜率将降水率廓线分成 4 层，而层状降水分成了 3 层，各层均有相应的物理内涵。对于深厚对流降水廓线，其平均降水廓线的层结表明，自近地面向上至 4km（陆面）或 2.5km（东海和南海）为雨滴下降过程中的蒸发或破碎层（热带洋面可能没有此层）；此层顶部向上至融化层高度（陆面高约 5km，洋面高约 4.5km）为云粒子下降过程中的碰并增长层；碰并增长层向上至 6.5km（洋面）或 7km（陆面）为冰相粒子与水相粒子的混合层；此层顶部向上为冰晶层。对于层状降水廓线，其平均降水廓线的层结表明，融化层以下为降水层，即雨粒子形成后，直接下落至地表，雨粒子在下降过程中基本保持大小不变；融化层顶至 6km（陆地和洋面）为冰相粒子与水相粒子的混合层；其上为冰晶层。因此，深厚对流降水与层状降水的差异在于层状降水云中没有云粒子的碰并增长过程，雨粒子在离开融化层后也没有发生蒸发或破碎的过程。平均降水廓线所反映的物理含义与前人的研究基本一致，如 Houze Jr. 和 Cheng（1977）、Houze Jr.（1981，1993）指出热带层状降水多在强对流降水衰减后形成，形成的层状降水云中上升气流弱，云体上部冰粒子下降，并在融化层附近融化成雨滴而落至地面。

5.1.2 青藏高原 PR 降水类型的特点

PR 探测结果显示夏季青藏高原降水云团多呈零星、孤立块状结构，其水平尺度在 10～30km，但瞬时降水强度可达 100mm·h^{-1}，这些降水均属于当地午后出现的对流降水。图 5.1.1 为降水个例的地面降水水平、垂直剖面位置及相应的反射率因子垂直剖面，剖面图表明这两例降水系统在近地面(海拔 6km 以上)存在强回波中心，反射率因子大于 36dBZ 或 40dBZ，自强回波中心向上或两侧，反射率因子迅速减小，形成明显的减小梯度；剖面还显示降水云团垂直厚度在 10～12km、水平尺度在 10～70km，最高的回波顶高度可伸展到 17.5km，整个回波外形如“馒头”或“圆柱”状耸立。和非高原地区的降水剖面相比，如与 1998 年 7 月 20 日 PR 探测的武汉大暴雨[图 5.1.2(a)]的降水剖面相比，则可见平原地区的强降水回波更强(超过 44dBZ)、厚度更厚(接近 14km)，且层状降水的亮带非常明显(傅云飞等，2003)。对比图 5.1.1 和图 5.1.2 可判断，青藏高原上的降水在垂直方向上受到了地形的压缩。

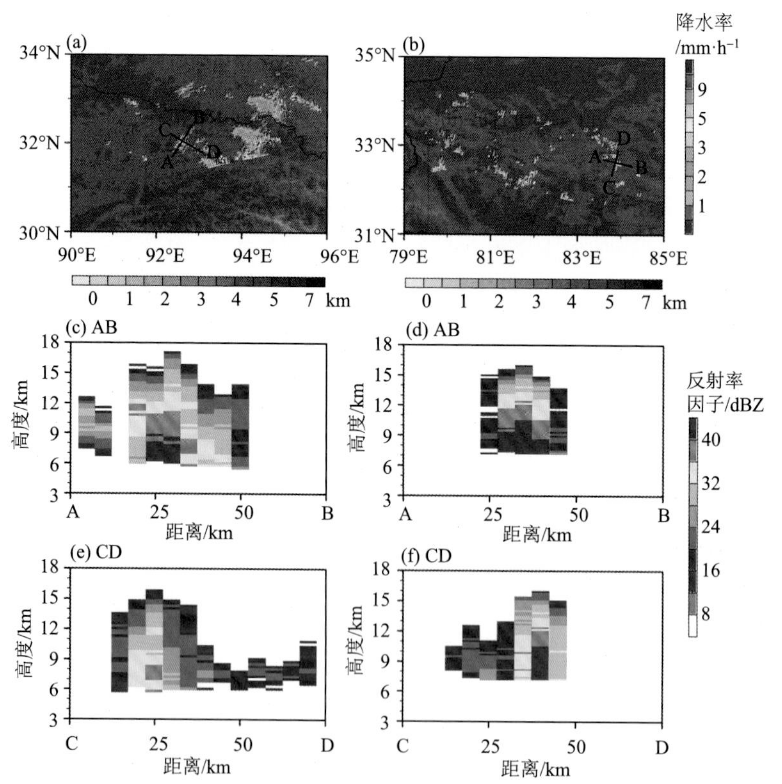

图 5.1.1 PR 探测的降水云团和反射率因子垂直剖面位置以及相应的降水剖面(引自刘奇等，2007；重新绘制)
(c)和(e)为(a)中的降水剖面，(d)和(f)为(b)中的降水剖面

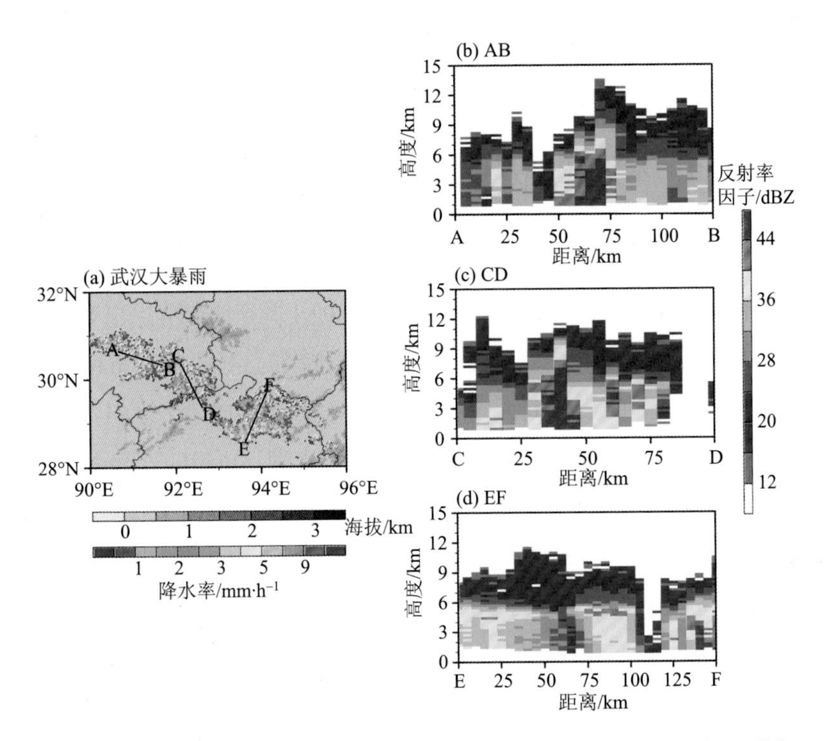

图 5.1.2　1998 年 7 月 20 日 PR 探测的武汉附近大暴雨及 AB、CD 和 EF 黑实线位置对应的反射率因子垂直剖面(引自傅云飞等，2003；重新绘制)

PR 的标准产品数据 2A25 给出的夏季青藏高原层状降水、对流降水和其他类型降水的频次分布表明，青藏高原层状降水出现频次自西向东由 1%增加到 4%以上，明显多于对流降水频次(自西向东由 0.2%增加到 0.8%)；2A25 给出高原上其他类型的降水频次小于 0.02%(除个别局地出现 0.03%频次外)，研究已表明非高原地区这类降水多为对流顶部溢出且靠近对流主体的云砧，其中只有少部分出现降水(傅云飞等，2010)。

PR 的标准产品数据 2A25 给出的层状降水、对流降水和其他类型降水的平均降水强度表明，青藏高原上层状降水的平均强度小于 1.8mm·h^{-1}，对流降水的平均强度为 2～6mm·h^{-1}，且高原东部降水强度均大于高原中部和西部，其他类型降水的平均强度小于 0.6mm·h^{-1}(靠近对流云体附近的云砧有时可降水)，且没有明显的区域性差异。

前面已经叙述降水回波顶高度在一定程度上反映了降水云团内上升运动的强弱，上升运动强烈则气流将大的云粒子或降水粒子或冰粒子带到云顶上部，这时 PR

就可以探测到较高的降水回波顶；反之，PR 探测的降水回波顶就低。对于波长 2.2mm 的 PR 来说，它探测的降水回波顶高度要低于云顶高度。夏季热对流强降水个例研究已表明，随着地面降水强度的增大，降水回波顶高度和云顶高度都相应升高，且两者的高度愈来愈接近(傅云飞等，2005)。计算结果表明 2A25 中青藏高原层状降水的平均回波顶高度低于 9.5km(高原中部和西部)或 8.5km(高原东部)，对流降水的平均回波顶高度大多高于 9.5km(高原中部和西部)或 8.5km(高原东部)，而其他类型降水的平均回波顶高度可高于 10km，特别是在高原西部可高于 12km，估计在高原上这类降水也多为云砧，因此其高度很高。

PR 多年夏季探测的青藏高原中部降水廓线表明，PR 给出的青藏高原中部两类降水廓线与中国中东部大陆、东海、南海和热带洋面深厚对流降水及层状降水平均廓线差异明显。高原对流降水平均廓线没有 4 层结构，高原层状降水平均廓线也没有 3 层结构和亮温回波特征，高原的降水率在海拔 8km 和 7.5km 之间出现明显的变化，似乎该层类似非高原地区的融化层。

5.1.3 PR 降水类型在高原上的缺陷

依据 PR 三类降水(对流降水、层状降水和其他类型降水)及对流降水中存在孤立浅对流和非孤立浅对流两种情况，表 5.1.1 统计了青藏高原主体 PR 产品 2A25 中这五种降水的数量、各自数量占总降水样本比例及平均降水强度。表 5.1.1 中可见高原主体上层状降水的比例最高(约 85%)，平均降水强度为 1.24mm·h^{-1}，对流降水的比例接近 15%，平均降水强度为 4.19mm·h^{-1}；孤立浅对流、非孤立浅对流降水及其他类型降水的比例几乎为零。

表 5.1.1 夏季(1998～2012 年)青藏高原主体(80°E～102°E，30°N～36°N)PR 的五种降水类型的数量、各自数量占总降水样本比例及平均降水强度

参数	层状	对流	孤立浅对流	非孤立浅对流	其他
数量	2431366	403042	18	29	9042
比例/%	85.51	14.17	0.00	0.00	0.32
平均降水强度/mm·h^{-1}	1.24	4.19	1.48	1.62	0.50

表 5.1.1 的统计结果与我们两次青藏高原科学试验观测结果及其他研究相悖(钱正安等，1984；Uyeda et al.，2001；Fujinami et al., 2005；Fu et al., 2006)。根据青藏高原科学试验及相关研究结果，2A25 错误地给出了青藏高原存在大量层状降水，其原因还是在 PR 做降水类型识别时，用到了融化层高度来识别层状降水；而夏季非高原地区的融化层高度与青藏高原地表高度接近(Shin et al., 2000)，因此 PR 容易把地表回波误认为层状亮带，导致大量弱对流降水被误判为层状降水。

对青藏高原中部(28.5°N～36°N，85°E～93°E，这里地形高度变化相对小)降水反射率因子的概率密度随高度的分布(DPDH)进行了计算，表明 PR 识别的高原中部层状降水反射率因子多数低于 27dBZ，且易出现在 6～10km，层状降水最大反射率因子不超过 35dBZ，也没有非高原地区层状降水的亮带，因此它不是通常意义下的层状降水；而高原中部对流降水的 DPDH 与层状降水的 DPDH 外形具有相似性，由此也可推测 PR 识别的高原中部层状降水应该是高原夏季常见的弱对流降水，只是 PR 给出的高原上对流降水 DPDH 伸展高，可达 17km，且其回波最大可达 45dBZ，最易出现降水的反射率因子范围和高度范围分别为 17～35dBZ 和 6～10km，在 7km 高度出现两个中心，分别为 17dBZ 和 34dBZ，故 PR 给出的青藏高原上对流降水应该是夏季高原上较强的对流降水(傅云飞等，2016)。

为了解释高原中部的弱对流降水如何被归类为层状降水，我们回顾一下 PR 降水类型分类的过程。降水类型识别在很大程度上依赖于冻结层高度(FLH)，它是根据海平面温度气候值和大气温度每千米 6.0℃的递减率计算得到的。在 PR 的降水类型识别 V-方法中，如果 PR 在预定义的冻结层高度附近探测到亮带(BB)，则探测到的降水被定义为层状降水。在降水类型识别 H-方法中，首先检测冻结层高度下方 1km 处水平分布的反射率因子 Z 的最大值，如果检测到的 Z 最大值超过对流降水的阈值，则该降水像元被识别为对流降水。需要指出亮带是雷达探测的强回波，该强回波由云层上部下降的冰粒子在零度层附近融化而产生，亮带通常出现在冻结层高度以下几百米处；显然，在热带地区冻结层高度总是远高于地面高度，亮带高度(BBH)也是如此。因此，在热带地区亮带的识别不会被地面的雷达回波干扰。然而，在青藏高原地区，夏季冻结层高度通常在地面上空 2km 高度左右，因此利用 PR 探测亮带几乎不可能(Fu and Liu, 2007)。

上述分析表明在 PR 降水类型识别过程中，会将青藏高原地面引起的强烈回波误判为亮带回波，因此回波信号小于 39dBZ 的对流降水被 V-方法误判为层状降水；而

H-方法也会造成误判，因为该方法检测冻结层高度下 1km 的最大回波而在青藏高原地区冻结层高度下 1km 很可能为地面，或在地面以下。故高原上许多层状降水可能是回波信号小于 39dBZ 的对流降水，即弱对流降水。

5.1.4 探空温湿风廓线定义的降水类型

由于 PR 探测的降水率在 8～7.5km 高度出现明显变化(Fu et al., 2006)，为了探究青藏高原上空这个高度层的物理内涵，作者及合作者利用中国气象局高原 9 个地面站和探空资料，统计测站 1991～2006 年夏季降水情况与非降水情况下的平均大气温度露点差廓线，结果表明两种情况下的温度露点差从近地面到高空一直增大，但在降水情况下，9km 以下的温度露点差均小于 4℃，说明在此高度有云存在；而在 7.5km 以下至近地面的温度露点差(约 2℃)几乎保持不变，即此高度层大气基本为饱和状态(潘晓和傅云飞，2015)。由此推测，7.5km 高度大体可以认为是青藏高原大气边界层顶的高度，故海拔 7.5km 可用来划分青藏高原深厚降水与浅薄降水。

根据上述提出的新概念，可对 PR 探测的降水类型进行重新定义，将青藏高原降水分为深厚对流降水(深厚强对流降水和深厚弱对流降水)及浅薄降水。深厚强对流降水定义为降水回波顶高度[PR 探测的第一个回波信号的高度(判断阈值为 0.4mm·h^{-1} 或 17dBZ)，且要求连续 3 层的有效回波信号高于阈值]高于 7.5km，且廓线中回波信号至少有一层的强度超过 39dBZ；深厚弱对流降水的降水回波顶高度也高于 7.5km，但廓线中回波信号的强度均小于 39dBZ；浅薄降水的降水回波顶高度低于 7.5km。

根据新定义的 PR 青藏高原降水类型，对任选 6 例降水系统进行了统计，结果显示有 653 个深厚强对流降水、4857 个深厚弱对流降水、118 个浅薄对流降水样本，它们分别占总降水样本的 11.6%、86.3%和 2.1%，可见深厚弱对流比例之多。1998～2000 年 6、7、8 月 PR 对高原主体(80°E～95°E、30°N～35°N)降水探测的结果如表 5.1.2 所示。表中统计数字显示高原主体以深厚弱对流降水为主要降水形式，占降水样本的近 90%，虽然降水率不大(1.5mm·h^{-1})，但由于数量多，对总降水量的贡献占 70%以上；深厚强对流降水的数量少(比例近 5%)，但因降水率大，对总降水量的贡献占 25%有余；浅薄对流降水比深厚强对流降水的数量多，占比 5%有余，但降水率小，对总降水量的贡献不足 5%。Liu 和 Fu(2001)指出热带深厚对流降水和层状降水对总降水量的贡献相当，虽然前者的数量只有后者的 1/7。与热带相比，上面的统计结果说明高原降水非常独特。

表 5.1.2 降水像元个数、占总降水像元的百分比和平均降水率

雨型	像元数目	面积百分比/%	降水率/mm·h^{-1}
深厚强对流	20784	4.5	10.5
深厚弱对流	407817	89.1	1.5
浅薄对流	28880	6.4	1.0

对 1998～2000 年 6、7、8 月 PR 探测的夏季高原主体深厚对流降水、深厚强对流降水、深厚弱对流降水和浅薄对流降水的廓线统计如图 5.1.3 所示，图中的深厚对流降水为深厚强对流和深厚弱对流的合计。深厚对流和深厚强对流降水的平均廓线以近地面(6km)降水率 3mm·h^{-1}、5mm·h^{-1}、10mm·h^{-1}、15mm·h^{-1}、20mm·h^{-1}、25mm·h^{-1}、30mm·h^{-1} 绘出，深厚弱对流和浅薄对流降水的平均廓线则以降水率 3mm·h^{-1}、5mm·h^{-1} 绘出。由于统计的样本多，得到的降水平均廓线较光滑。深厚强对流降水云团的平均回波顶高度在 14～16km，地表降水率越大，回波顶高度越高；当地表降水率小于 15mm·h^{-1} 时，在 7～8km 出现最大的回波信号；当地表降水率大于 15mm·h^{-1} 时，最

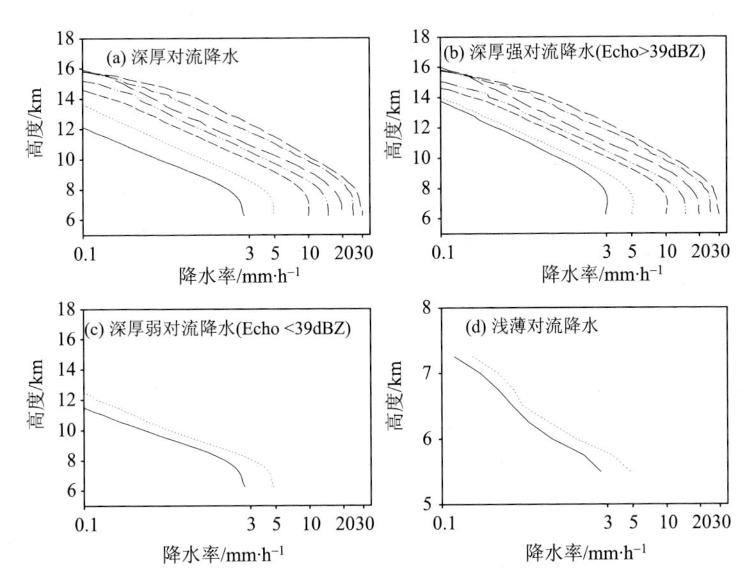

图 5.1.3 1998～2000 年夏季高原主体深厚对流降水、深厚强对流降水、深厚弱对流降水和浅薄对流降水的平均廓线(引自刘奇等，2007)

大回波信号出现在近地面。深厚弱对流降水的回波顶高度低于 13km，且最大回波信号出现在近地面。深厚对流降水中地表降水率小于 5mm·h^{-1} 的平均降水廓线外形与深厚弱对流降水相应的廓线外形相似，因为这类偏小的降水数量多；而深厚对流降水中地表降水率大于或等于 5mm·h^{-1} 的平均降水廓线外形与深厚强对流降水相应的廓线外形相似。

根据深厚强对流（深厚弱对流）的平均降水廓线外形，降水云团在垂直方向上大体分为 2 层：8km（7.5km）以下，降水率或反射率因子向地面减小或增大，表明雨滴发生破碎或碰并增长；8km（7.5km）以上，降水率或反射率因子向上均匀地递减，因此很难像非高原地区那样，依据廓线随高度的斜率变化，在这个高度以上给出冰水混合层或冰晶/过冷水层的厚度。对于浅薄对流降水，其平均降水廓线表明回波信号向地面增大，说明云粒子在下降过程中只存在雨滴碰并过程。

图 5.1.3 反映了深厚弱对流降水与深厚强对流降水的降水廓线外形差异，为更清楚地理解它们的差别，用近地表降水率分别对各自的降水廓线进行标准化（图 5.1.4）。结果表明两种降水的平均廓线最大差异在于 8km 以上廓线斜率的不同，深厚强对流降水平均廓线的斜率约–3.814（9～12km），而深厚弱对流降水平均廓线的斜率约–2.564。8km 以上深厚强对流比深厚弱对流的降水平均廓线陡峭斜率，说明在变化同样高度的情况下，深厚弱对流降水率的变化大于深厚强对流降水率的变化，由此可见深厚弱对流降水云体内 8km 以上高度存在更多的潜热释放。

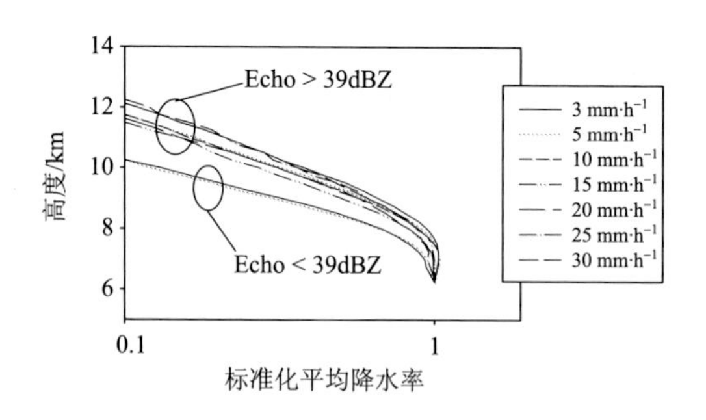

图 5.1.4　青藏高原深厚强对流降水与深厚弱对流降水的标准化平均降水廓线差异（引自刘奇等，2007）

5.1.5　高原与非高原降水深厚度的差异

青藏高原海拔比周边平均高出 4km 以上，而高原上对流层大气顶层的高度与周边的高度相当(Feng et al., 2011)，因此青藏高原上的大气柱受到了地形的压缩，加上高原比周边的大气水汽少、下垫面植被也不及周边地区，造成青藏高原夏季多对流降水；对比上述的图可以看到，青藏高原降水廓线与周边地区的差异明显，主要表现在青藏高原深厚对流降水系统在垂直方向上只存在 2 层，且其平均降水廓线不能清晰给出降水云团中的冰水混合层和冰晶/过冷水层，而在陆面(非高原)和洋面的深厚对流降水系统中，其降水廓线可清晰地表征蒸发与破碎层、碰并增长层、冰水混合层和冰晶/过冷水层。

这里通过标准化的降水廓线来反映青藏高原与东亚陆地和洋面的深厚对流平均降水廓线的差别。图 5.1.5 为青藏高原深厚强对流降水的标准化平均降水廓线，图中也绘制了中国中东部大陆、东海、南海和热带洋面的深厚对流降水标准化平均降水廓线。图 5.1.5 表明青藏高原深厚强对流降水的标准化平均降水廓线与中国中东部大陆深厚对流降水标准化平均降水廓线的上部(4km 以上)最相似，而与洋面上的标准化平均降水廓线差别较明显；似乎青藏高原深厚强对流降水的平均降水廓线为中国中东部大陆标准化平均降水廓线的上部向上抬升了近 4km，青藏高原深厚强对流降水廓线在垂直方向的厚度受到了明显“压缩”。

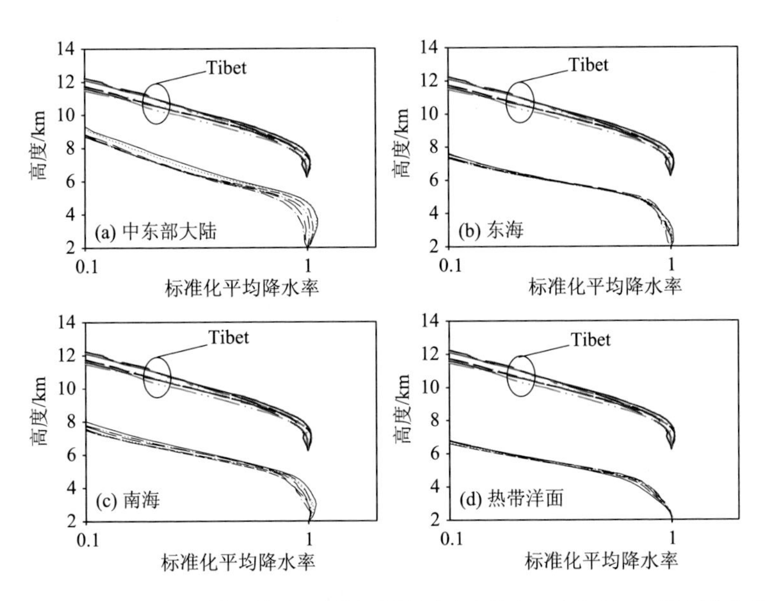

图 5.1.5　高原深厚强对流降水标准化平均降水廓线与中国中东部大陆(a)、东海(b)、南海(c)和热带洋面(d)的深厚对流降水标准化平均降水廓线的比较(引自刘奇等，2007)

青藏高原深厚强对流降水平均廓线与东亚及热带深厚对流降水平均廓线的定量差别可用它们平均廓线的斜率表征，计算结果表明青藏高原深厚强对流降水平均廓线的斜率(约为–3.8)比同纬度6.5km高度以上的中国中东部大陆和东海的斜率大(即高原廓线较平)，而比南海和热带洋面6km高度以上的斜率小(即高原廓线比较陡)。因此，在大气中上层高度处，青藏高原深厚强对流降水所释放的潜热比同纬度地区(陆地和洋面)多，但要比低纬度地区的少。对于青藏高原深厚弱对流降水，在8.5km以上它的平均降水廓线斜率(约为–2.6)均比其他地区深厚对流降水平均廓线斜率大，即高原深厚弱对流降水平均廓线较平，说明降水率在此高度以上随高度的变化大于其他地区。由于青藏高原深厚弱对流降水云数量很多(近90%)，则这两个因素的共同结果是高原深厚弱对流降水所释放的潜热十分巨大。

5.2 降水深厚度标准的降水类型

云的厚度或降水云的厚度反映云的热动力过程。利用云雷达或测雨雷达，可探测到云或降水云的回波顶高度；当然，如果雷达波长越长，云顶部的小粒子云滴则不易被探测到，故雷达探测的回波顶高度就越低。一般而言，季节内局地湿空气被抬升至凝结的高度可认为变化不大，因此云的深厚度由云顶高度决定，即云顶越高，则云体垂直厚度越大。而地表降水强度被认为与云的深厚度有关，如利用卫星红外信号反演地表降水时，认为云顶红外辐射亮温越低，云顶就越高、云越深厚(卷云不算)，则降水出现的概率也越大(Barrett, 1970；Arkin and Ardanuy, 1989)。根据这一原理，目前卫星的红外探测结果已被广泛地用于地面降水的反演(Arkin and Xie, 1994; Joyce and Arkin, 1997)。由于地表降水强度与云顶高度关系的非直接性，这种关系的研究对卫星红外信号反演地表降水仍有帮助。

云的深厚度还是云体内上升运动强弱的反映。当云体内上升气流很强时，云顶必然很高，云越深厚。热带深厚对流系统内存在的强烈上升运动，还能产生穿透性对流，即对流云顶高度突破了热带对流层顶层(tropical tropopause layer，TTL)的高度，把对流层水汽等物质直接输送至平流层低层。Sherwood和Dessler(2000，2001)指出热带对流层顶的高度在14～18km(150～70hPa)，而飞机观测结果已表明穿透性对流可把行星边界层空气输送至热带对流层顶附近，使这两个高度层的空气具有相似特性。

20 世纪 60、70 年代，美国使用飞机对强对流云顶进行了观测(Valovcin, 1965)，Shenk(1974)曾利用飞机搭载成像设备，在 14km 高度对美国得克萨斯州强对流云顶进行拍照，观测云顶高度的变化。而在 20 世纪 70 年代末和 80 年代初，静止卫星搭载光谱仪器的 11μm 红外通道被用来估计雷暴云的云顶高度(Adler and Fenn，1979，1981；Reynolds，1980；Fujita，1982)。地面云雷达和测雨雷达也可用来探测云的深厚度，如 Conway 和 Zrnic(1993)在探测科罗拉多风暴时，发现大于 30dBZ 的回波高度出现在 12km 左右；Spratt 等(1997)研究发现佛罗里达州龙卷风云体中 55～59dBZ 回波对应的高度多变化于 10.7～11.9km，回波顶高度最高接近 15km；Knupp 等(1998)发现北亚拉巴马地区低空切变环境中中小尺度强对流中的 20dBZ 回波高度在 12km 左右，而 5dBZ 回波顶的高度约为 14km，这一高度与 GOES 卫星红外反演的云顶高度相当。我国学者在青藏高原科学试验时，也对高原上对流高度进行了研究，如秦宏德等(1984)发现 1979 年夏季那曲对流降水回波顶的平均高度距地面达 8km，最大回波顶高度则距地面达 13.7km。

依据 5.1 节新定义的 PR 青藏高原降水类型，这里将利用 PR 十五年夏季的轨道观测数据，详细论述青藏高原深厚降水(深厚强对流降水和深厚弱对流降水)和浅薄降水(浅对流降水)的时空分布特征。基于 PR 十五年夏季逐日逐轨观测数据计算的青藏高原深厚降水和浅薄降水的平均回波顶高度表明，高原大部分地区夏季深厚强对流降水平均回波顶高度高于 12km，98°E 以东及 34°N 以北平均回波顶高度稍减小(10～12km)；深厚弱对流降水平均回波顶高度则低于 10km，且 98°E 以东及 34°N 以北平均回波顶高度也减小(低于 9km)；而浅薄降水的平均回波顶高度小于 7.5km(源于浅薄降水的定义)，但高原 98°E 以东的浅薄降水平均回波顶高度要低于 7km。总体上，高原西部和中部降水云的回波顶高于高原东部，这与 5.3 节云顶相态标准分类的青藏高原夏季回波顶的平均高度分布一致。

5.2.1 降水频次和降水强度

夏季青藏高原深厚强对流降水、深厚弱对流降水及浅薄降水的频次分布如图 5.2.1 所示，表明深厚强对流降水出现频次非常小，且由西向东频次增加，在高原中部和西部深厚强对流出现频次小于 0.08%，而高原 97°E 以东地区其频次可达 0.2%，说明青藏高原夏季降水云在东移过程中发展。对于深厚弱对流降水，在高原上其频次分布主要表现为南北的差异，高原南部频次可超过 3%、北部小于 2%；深厚弱对流降水频次是深厚强对流降水频次的 10 倍以上，使得深厚弱对流降水成为高原上的降水特色。高原上的浅薄降水出现频次分布也是中西部小、东部大，在 90°E 以西其频次小于 0.5%，90°E～98°E 小于 1.5%，而在 98°E 以东则高于 2%。

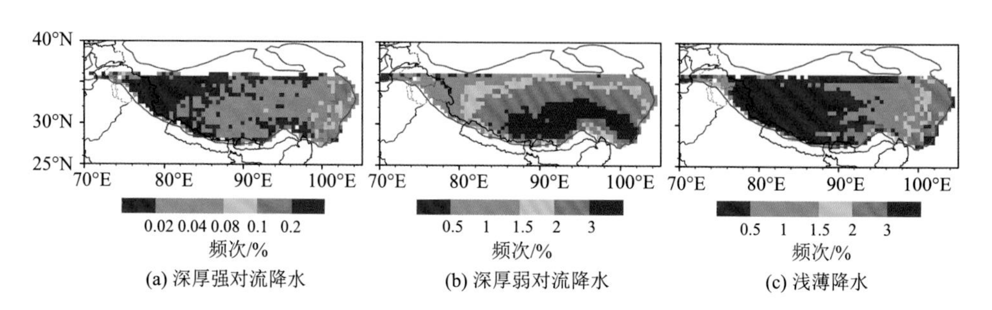

图 5.2.1 青藏高原深厚强对流降水、深厚弱对流降水、浅薄降水的频次空间分布(引自傅云飞等，2016)

必须指出深厚与浅薄是相对的概念。在夏季非高原地区，如洋面和平原地区，学者常用云顶或回波顶的高度是否达到 10km 来描述对流降水是否为深厚对流(刘鹏等，2012)，而用 0℃层高度(4.5km 左右)来描述降水是否为浅薄降水(暖云降水)(Liu and Zipser，2009)；由于夏季高原主体地面平均气温低至 8℃(高由禧等，1984)，使得高原主体的 0℃层高度在地表高度 1km 附近。故上述所论的青藏高原浅薄降水并非高原上的暖云降水。结合后面 6.3 节的分析可知，青藏高原暖云降水出现频次极低(小于 0.08%)，这很可能是由于高原地面至 0℃层只有 1km 左右的垂直空间，难以在云中产生大的降水粒子。

青藏高原深厚强对流降水、深厚弱对流降水和浅薄降水的平均降水率如图 5.2.2 所示，可以看到高原西部和东部的深厚强对流降水平均强度多在 18～20mm·h^{-1}，高原中部多在 16～20mm·h^{-1}；高原上深厚弱对流降水平均强度存在东西分布的差异，在 100°E 以东其平均强度在 2～3mm·h^{-1}，而在中部和西部则减小为 1.2～2mm·h^{-1}，且分布均匀；浅薄降水平均强度分布与深厚弱对流降水平均强度分布类似，100°E 以东其平均强度大于 1.2mm·h^{-1}，而在中部和西部则小于 1.2mm·h^{-1}，且分布均匀。

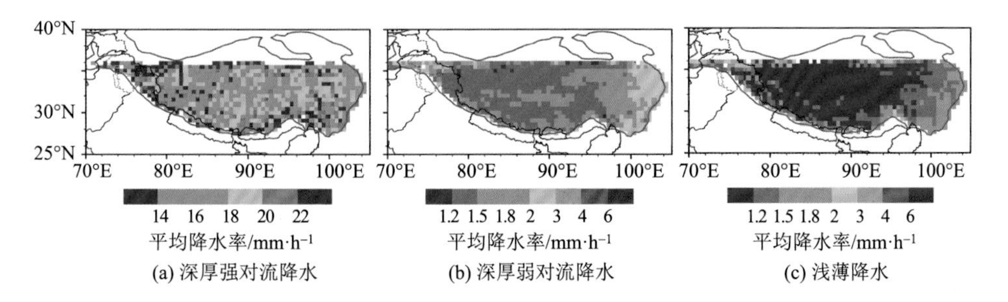

图 5.2.2　青藏高原深厚强对流降水、深厚弱对流降水、浅薄降水的平均降水率空间分布（引自傅云飞等，2016）

5.2.2　降水回波结构

基于回波顶高度划分的三种降水反射率因子概率密度随高度的分布（DPDH）如图 5.2.3 所示，表明高原深厚强对流降水的 DPDH 呈弧形管状分布，其下端在近地面分布于 33～47dBZ，对应近地面的强降水，其上端分布于 9～17km、小于 20dBZ，显示了高耸的回波顶高度，说明其内部对流活动非常强烈；此外，回波多出现在近地面至 10km 高度。深厚弱对流降水回波强度的 DPDH 则没有深厚强对流降水那样高耸，近地面回波强度不超过 39dBZ，说明这种降水云团内的对流活动相对较弱。高原浅薄降水回波强度的 DPDH 表明它是一种弱降水，回波强度均小于 35dBZ，这与图 5.2.2（c）相符。

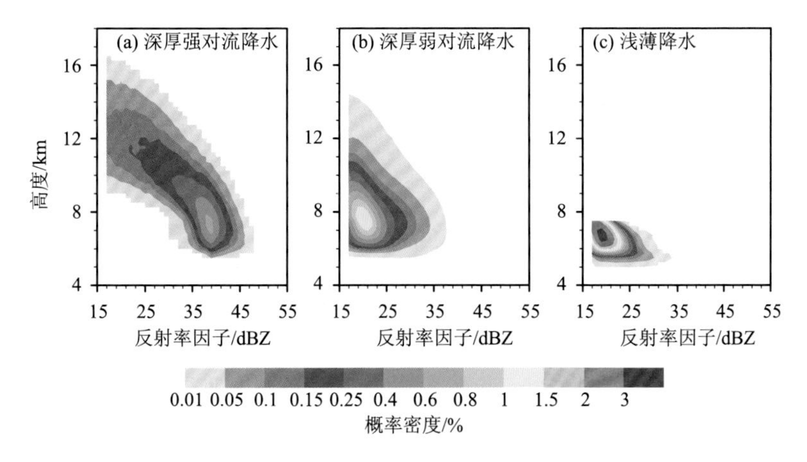

图 5.2.3　青藏高原深厚强对流降水、深厚弱对流降水、浅薄降水的反射率因子概率密度随高度的分布（引自傅云飞等，2016）

5.3 云顶相态标准的降水类型

降水类型的划分没有唯一标准，可根据分析问题的视角或实际需要对降水进行分类，如研究降水强弱，则依据强度标准，再如研究冷云降水和暖云降水，则可依据相态标准，等等，但这些降水类型分类都有助于理解降水过程热动力学特征。除了按照测雨雷达探测的降水回波顶高度划分不同深厚度降水外，还可以按照卫星搭载的光谱仪器热红外波段观测的亮温，以云顶相态划分降水类型。由于 VIRS 的 10.8μm 通道亮温 T_b 可反映云顶高度(即相态)，则可利用 T_b 判别相态。为此，利用前面所述的 2A25 与 1B01 的融合资料，根据 1B01 中的 10.8μm 通道 T_b 来识别降水云的云顶高度(和相态相联系)，将降水云分为四种：冰相降水(T_b 小于 233K)、混合相 1 型降水(T_b 介于于 233K 和 253K，即偏冷的混合相降水)、混合相 2 型降水(T_b 介于 253K 和 273K，即偏暖的混合相降水)和水相降水(T_b 大于 273K，即暖云降水)。统计表明青藏高原上冰相降水数量占总降水样本的比例为 43.01%，混合相 1 型降水的比例为 38.85%，混合相 2 型降水的比例为 17.79%，而水相降水的比例最少(不足 0.5%)。这说明青藏高原上绝大部分降水云团的云顶高度都高于冻结层高度，而低于冻结层高度的降水云(暖云降水)非常少。

计算结果表明青藏高原冰相降水具有最高的回波顶高度，高原中西部这种降水的回波顶平均高度超过 9.5km，94°E 向东回波顶平均高度由低于 9.5km 继续降低至 8km；对于混合相 1 型降水，其回波顶平均高度在高原西部和中部为 8.5～9km，而 94°E 向东由低于 8.5km 继续降低至 103°E 附近的 7.5km；相比之下，在整体上混合相 2 型降水较混合相 1 型降水的平均回波顶高度偏低 0.5km，但分布型类似(傅云飞等，2016)。

青藏高原上的暖云降水回波顶高度非常奇怪，大约一半以上的这种降水云的平均回波顶高度高于 9km，甚至达到 10km 以上，显然已经高于高原上冻结层的高度，似乎不符合云物理学中暖云降水的定义。为什么青藏高原夏季暖云降水回波顶高度高于冻结层，而其云顶的 10.8μm 通道亮温 T_b 却高于 273K？初步猜测如下：暖云降水很可能是水平尺寸很小(如一个 PR 像元尺度)的孤立深对流，其周边是晴空，极高的地表亮温与对流云顶低亮温的平均使得 T_b 高于 273K。详细情况有待揭示。

5.3.1 降水频次和降水强度

上述四种降水的频次分布如图 5.3.1 所示。它表明高原上冰相降水出现频次自西北部(不足 0.5%)向东南部(高于 3%)增加，混合相 1 型降水出现频次自西部(不足 0.5%)向中部(1.5%)再向东部(2%)增加，混合相 2 型降水出现频次则自西部(不足 0.5%)向中部(不足 1%)和东部(高于 1%)增加，相比之下，暖云降水(水相降水)基本出现在高原 33°N 以南，东西方向频次分布差异不明显，且频次小于 0.08%。上述结果表明，如果以云顶相态来对降水分类，青藏高原上大多数降水的云顶都为冰相或冰水混合相，而暖云降水极少。

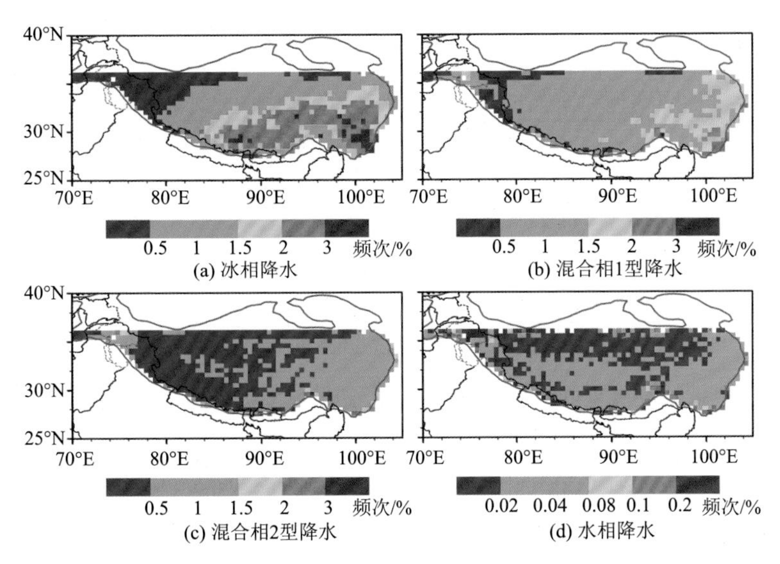

图 5.3.1 基于 VIRS 热红外 T_b 分类的青藏高原冰相降水、混合相 1 型降水、混合相 2 型降水、水相降水的频次分布(引自傅云飞等，2016)

图 5.3.2 为上述四种降水的近地表平均降水强度分布，表明高原上云顶冰相降水的强度最大，在高原东部可达 $4mm\cdot h^{-1}$，在高原中部和西部变化于 $1.2\sim3mm\cdot h^{-1}$；云顶混合相 1 型降水的强度除在高原东部和中部小范围达到 $1.8mm\cdot h^{-1}$ 外，在大部分地区均小于 $1.5mm\cdot h^{-1}$；云顶混合相 2 型降水的强度分布与云顶混合相 1 型降水相近，只是更偏小，在高原西部甚至小于 $1.2mm\cdot h^{-1}$；暖云降水强度起伏大，分布变化也大，在高原西部、喜马拉雅山脉南部边沿、高原北部，降水强度可大于 $4mm\cdot h^{-1}$，而在高原中部降水强度通常小于 $1.5mm\cdot h^{-1}$。总体上，除暖云降水外，高原上降水云的云顶越

高，近地表的降水率越大，这和非高原地区降水类似；高原上的这种现象也证实了早年利用卫星热红外亮温反演地面降水的方法具有较好的适用性(Arkin and Xie，1994)。

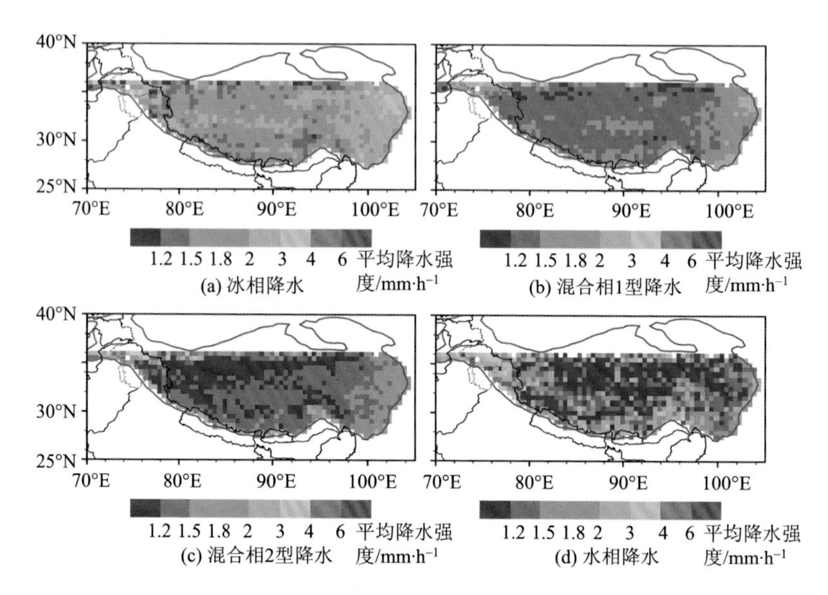

图 5.3.2　基于 VIRS 热红外 T_b 分类的青藏高原冰相降水、混合相 1 型降水、混合相 2 型降水、水相降水的平均降水强度分布(引自傅云飞等，2016)

5.3.2　降水回波结构

基于云 T_b 分类的青藏高原四种降水在垂直结构上也表现了差异(图 5.3.3)，如冰相云顶降水就表现出非常深厚的垂直结构和强近地表降水强度，其最大回波超过40dBZ(6.5km 高度上)，17～25dBZ 易出现在 6.5～10km；混合相 1 型降水与混合相 2 型降水的 DPDH 分布相似，只是前者的回波顶高度比后者稍高，可能这两种降水表征了实际降水过程的不同发展阶段；对比该图可以看到，DPDH 右侧等值线斜率自冰相降水向混合相 2 型降水减小，表明按照云顶热红外 T_b 的降水分类，能反映青藏高原降水云某些内在结构特征。

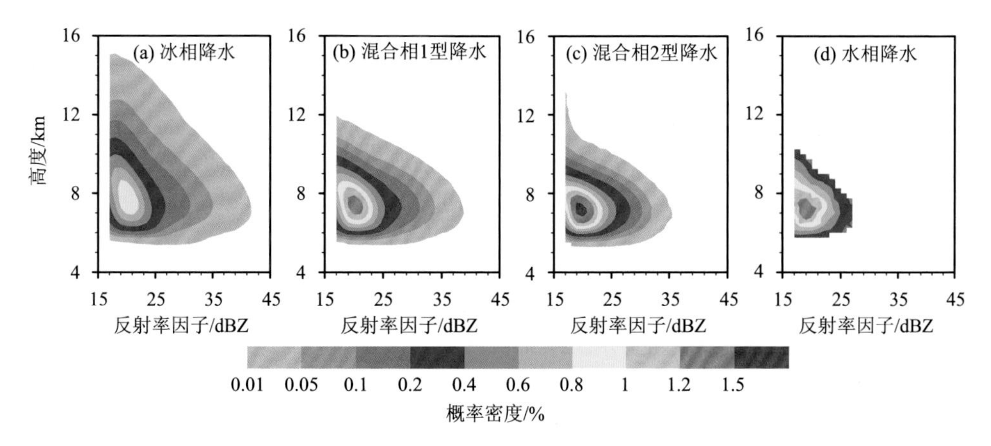

图 5.3.3 基于 VIRS 热红外 T_b 分类的青藏高原冰相降水、混合相 1 型降水、混合相 2 型降水、水相降水的反射率因子概率密度随高度的分布(引自傅云飞等，2016)

水相降水的 DPDH 同样难以理解，因为其回波顶高度超过 6km 的比例高。研究表明夏季高原主体近地面(4～5km 高度)平均气温可达 8℃(高由禧等，1984)，故可以推断 0℃层高度在地面 1km 以上(5～6km 高度)，因此我们定义的大部分水相降水云的回波顶已经高于 0℃层的高度。一种合理的解释是：高原浅对流内上升气流强，将环境 0℃层以下的水相粒子和暖空气携带至此高度以上，在低于 0℃环境中形成了短时间且水平尺度小的水云区，故热红外通道测到的 T_b 高于 273K，而 PR 却测到高于 0℃层高度的回波顶。

5.4 PR 层状降水和对流降水的物理内涵

为了解 2A25 资料中高原上层状降水与对流降水的内在意义，就 2A25 层状降水、对流降水、孤立浅对流降水、非孤立浅对流降水及其他类型降水，对它们各自含有冰相降水、混合相 1 型降水、混合相 2 型降水和水相降水的比例，以及含有深厚强对流降水、深厚弱对流降水和浅薄降水的比例进行了统计。结果表明 A25 的层状降水中冰相降水占 44.1%，混合相 1 型降水占 40.2%，混合相 2 型降水占 15.6%，水相降水仅占 0.1%，说明 2A25 中的大部分层状降水在高原上是云顶为冰相或云顶较高的冰水混合相降水，这与非高原的层状降水存在多大差异还有待分析。而如果以回波顶高度来考察 2A25 中青藏高原的层状降水，则 2A25 中的大部分层状降水在高原上为深厚弱对流降水云（约占 78%），浅薄降水只占近 22%，这再次证实我们先前的结论，2A25 中的层状降水在青藏高原上绝大部分为深厚弱对流降水（Fu and Liu，2007）。

5.4.1 PR 层状降水

通过计算青藏高原中部 2A25 层状降水样本中分别为冰相降水、混合相 1 型降水、混合相 2 型降水、水相降水的 DPDH，以及 2A25 层状降水样本中分别为深厚弱对流降水及浅薄降水的 DPDH，表明混合相 1 型降水及混合相 2 型降水的 DPDH 分布中均没有层状降水典型的回波亮带；2A25 层状降水样本中深厚弱对流降水的 DPDH 分布的确与对流降水回波的 DPDH 外形相似；而 2A25 层状降水样本中水相降水和浅薄降水的 DPDH，两者均表现了弱对流降水特征。

5.4.2 PR 对流降水

统计计算表明青藏高原 2A25 资料对流降水样本中冰相降水占 36.4%，混合相 1 型降水占 31.2%，混合相 2 型降水占 31.0%，水相降水比例不足 2%；说明高原上 2A25 资料中对流降水云的云顶多为冰相或云顶较高的冰水混合相或云顶较低的冰水混合相（各占 1/3 左右），云顶为水相的降水云很少。同样，如以回波顶高度来考察青藏高原 2A25 中的对流降水，则 2A25 中的大部分对流降水在青藏高原上为深厚弱对流降水（占 67.2%），深厚强对流降水仅占 7.2%，浅薄降水占比为 25.6%，这再次证实我们先前的结论，高原上 2A25 中的降水绝大部分为深厚弱对流降水（Fu and Liu，2007），青藏高原上深厚强对流降水比例少。

通过计算 2A25 资料中青藏高原中部对流降水样本中冰相降水、混合相 1 型降水、混合相 2 型降水和水相降水的 DPDH，以及样本中深厚强对流降水、深厚弱对流降水和浅薄降水的回波 DPDH，可见它们的 DPDH 伸展高度不同，冰相降水、混合相 1 型降水、混合相 2 型降水及水相降水的回波最大高度分别为 17km、13km、11km 和 10km，它们有可能指示着青藏高原降水系统发展的不同阶段。2A25 对流降水中的深厚强对流降水与深厚弱降水的 DPDH 的差异也很分明，如 8km 以下前者的回波出现在 33～47dBZ，后者在 17～37dBZ（虽然两者的回波都可以达到 17km 高度）；而 2A25 对流降水样本中的浅薄降水，其 DPDH 与 2A25 层状降水样本中的浅薄降水

DPDH 类似，均为弱对流降水。

由此可见，在夏季青藏高原上 2A25 中的层状降水实际上是高原上的弱对流降水，其中大部分为深厚弱对流降水，其比例可达 78%，它们的云顶较高，多为冰相(T_b低于 233K)或冰水混合相(T_b低于 253K 但高于 233K)。而青藏高原上 2A25 资料的对流降水中也包含了很多深厚弱对流降水，比例可达 67%，深厚强对流降水比例则不到 8%，毫无疑问它们的云顶也较高，基本上都是冰相或冰水混合相。青藏高原上 2A25 资料中包含了 20%多的浅薄降水，但它们中极少是暖云降水。

5.5　深厚降水的日变化

对流层内大气参数的日变化是一个普遍存在的现象，如 Haurwitz 和 Cowley (1973)指出地表气压存在日变化振荡，Bonner 和 Paegle(1970)指出强低空风极大值出现的频率存在日变化，Short 和 Wallace(1980)指出高低云量变化存在昼夜的差异。大气参数的日变化实际上反映了大气运动的某些规律。

降水作为一个重要的大气参数，研究其日变化特征对于理解降水形成机理和认识水汽循环特点都具有重要意义(刘鹏和傅云飞，2010)。Yang 和 Slingo(2001)指出大陆深厚对流一般在晚上达到强度峰值，但在海-陆风、山-谷风及中尺度对流系统生命周期的影响下，峰值时间存在区域差异。Dai(2001)指出降水显著的日变化存在于全球大部分地区，特别在陆地，这种日变化还具有季节性特点；通常陆面和洋面的弱降水多发于清晨，阵性降水与雷暴多发于陆面的傍晚，而洋面雷暴多发于午夜。Yu 等(2007)指出华南与东北地区降水峰值出现于傍晚，而黄河至长江流域之间的降水存在早晚双峰现象。青藏高原复杂的下垫面环境，造成了其地表热力和动力参数的复杂多变，高原上大气参数的日变化现象也普遍存在。如青藏高原上地表反照率存在明显的日变化，夏秋季其变化范围也较大(李英和胡泽勇，2006)。通过对卫星红外信号反演的地表温度分析表明，较中国几类典型的下垫面而言，青藏高原下垫面造成了最强烈的地表温度日变化幅度，这说明青藏高原地区辐射收支的变动较大(王旻燕和吕达仁，2005)。这些日变化既与高原地表特性有关，还与地表上热动力的湍流交换方式有关(冯璐等，2016)。

有关青藏高原云和降水日变化特点的研究，学者们通过对有限的地面观测数据进行分析，发现夏季青藏高原对流活动旺盛，降水多为对流降水且有显著的日变化特征(叶笃正等，1979；陈隆勋等，1999；江吉喜和范梅珠，2002)，并试图找到这些日变化的原因，如简茂球和罗会邦(2002)通过对高原附近区域的大尺度大气热量和水汽的研究，发现热源和水汽汇同向的日变化特征，可能是高原降水日变化的原因之一。随着星载测雨雷达的有效探测，克服了青藏高原降水地面观测的不足，学者们利用这些探测结果对青藏高原降水做了比较详细的分析，Fu 等(2006)通过对热带测雨卫星(TRMM)的测雨雷达(PR)多年探测数据的分析，指出青藏高原夏季降水相比周边区域，青藏高原上具有更多的孤立雨团，且青藏高原中部降水强度和频次的日变化幅度远比周边地区的大，降水强度和频次的峰值均出现在午后 16 点前后；造成这种降水日变化极值出现时间的原因主要是太阳短波加热和青藏高原下垫面沙石热容小。郑永光等(2008)和白爱娟(2008)随后的研究都证实了上述结果。刘黎平等(2015)通过对青藏高原地面测雨雷达和测云雷达探测结果的分析，并结合其他仪器探测的结果，也证实了先前 PR 探测的青藏高原降水日变化特点，他们指出青藏高原太阳短波辐射的加热有利于午后对流系统的发生发展，且深对流系统垂直厚度非常深厚，云体内部同时存在上升和下沉气流。

5.5.1 降水日变化信息的提取

为了表现降水诸多参数的日变化特点，我们将一天 24 小时分为六段，并按照地方时(太阳在天顶为正午 12 时)为基准来统计计算，即凌晨(地方时 02～06 时)、上午(地方时 06～10 时)、正午(地方时 10～14 时)、午后(地方时 14～18 时)、傍晚(地方时 18～22 时)、午夜(地方时 22～02 时)(刘鹏和傅云飞，2010)。

通过对 1998～2012 年 PR 逐日逐轨探测结果的计算，图 5.5.1 给出了青藏高原及其南部地区多年夏季 24 小时内深厚对流降水的频次峰值和强度峰值出现时段的空间分布。图 5.5.1(a)表明青藏高原上大部分区域的深厚对流降水发生于午后(地方时 14～18 时)，只是在中部区域(A 区域，83°E～92°E、30°N～36°N)有大面积的深厚对流降水频次峰值出现在正午(地方时 10～14 时)，高原东部(包括 B 区域，92°E～98°E、30°N～36°N)和河谷地区(C 区域，83°E～92°E、28°N～30°N)的大部分深厚对流降水出现在午后，夹杂一些出现在傍晚。而沿着喜马拉雅山脉山脚的深厚对流降水出现频次峰值的时间在午夜(地方时 22～02 时)，其南部存在明显且宽阔的带状凌晨(地方时 02～06 时)高峰的深厚对流降水区，这个带状区以南的印度地区深厚对流降水则主要出现在午后和傍晚。

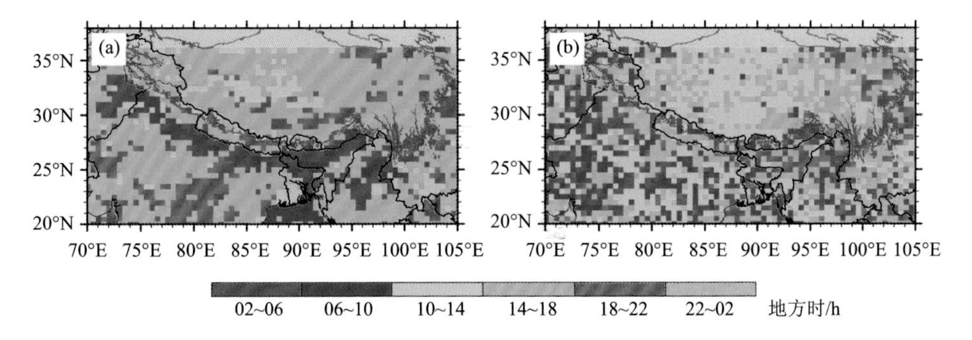

图 5.5.1　利用 1998～2012 年 PR 逐日逐轨探测结果计算得到的夏季青藏高原及其南部地区深厚对流降水频次峰值(a)和强度峰值(b)出现时段的空间分布(引自 Luo et al., 2021)

将 PR 探测降水像元时间转化为地方时，并将 24 小时分为六个时段，分别为凌晨(地方时 02～06 时)、上午(地方时 06～10 时)、正午(地方时 10～14 时)、午后(地方时 14～18 时)、傍晚(地方时 18～22 时)、午夜(地方时 22～02 时)

深厚对流降水的强度峰值时间分布相对其频次峰值时间分布在青藏高原上非常清楚，而在喜马拉雅山脉山脚以南地区显得杂乱。在高原西部，大部分区域的深厚对流降水强度峰值出现在正午至午后(频次峰值出现在午后)，高原中部包括河谷地区的深厚对流降水强度峰值出现在正午(频次峰值出现在正午或午后)，高原东部向东地区的深厚对流降水强度峰值时间自正午逐渐变成傍晚(频次峰值则在午后)。这表明青藏高原中部至东部深厚对流降水最容易出现的时间由正午转到午后，表现为强度向东传播的特点，这与潘晓和傅云飞(2015)的结果一致。在喜马拉雅山脉山脚地区，深厚对流降水强度峰值多出现在傍晚或午夜，其南部的凌晨高频次区[图 5.5.1(a)]西段(85°E 以西)的强度峰值主要出现在凌晨至上午，而东段则主要出现在午后至傍晚。在此凌晨高频次区以南的印度地区，图中表明这里的深厚对流降水强度峰值主要出现在上午至中午。图 5.5.1 中表现的青藏高原深厚对流降水的频次和强度峰值出现时间的相对均匀性，也说明了青藏高原大地形对其上降水产生的影响具有一定的均一性，而自高原中部向东部深厚对流降水强度峰值的时间滞后，也许反映了大地形抬升与西风带对这类降水的共同作用。这些现象的机理都有待于理论研究和数值模式研究来揭示。

为了进一步分析深厚对流降水的日变化特点，利用 1998～2012 年 PR 逐日逐轨探测结果，计算得到的青藏高原及其南部地区多年夏季 24h 内深厚对流降水最大回波强度峰值出现时间、相应的最大回波强度及出现高度。结果表明深厚对流降水的最大回波强度峰值出现时段的空间分布与地面降水强度的峰值时段的空间分布非常相似，因为降水强度与最大回波强度一定成正比。计算结果表明青藏高原中部和西部深厚对流降水的最大回波强度大体在 45～50dBZ，而东部地区为 50～55dBZ，这与青藏高原东部降水强度大一致。喜马拉雅山脉以南地区的深厚对流降水最大回波强度分布在 50～60dBZ，贴近喜马拉雅山脉山脚地区的稍偏大，这里因为山地地形抬升强迫作用，造成深厚对流强降水。Fu 等(2018)指出喜马拉雅山脚附近区域降水强度较其北侧山腰区域和南面平原区域的大。深厚对流降水最大回波高度表明青藏高原西部和中部多在 7～8km，而东部自 7km 逐渐降低至接近 5km。沿喜马拉雅山脉山脚地区深厚对流降水最大回波高度为 2～3km，山脚以南地区的高度变化于 3～5km。

深厚对流降水回波顶高度与最大回波高度差显示，青藏高原西部和中部高度差小于 8km、东部变化于 8～12km。除了喜马拉雅山腰地区，夏季青藏高原及其以南地区的最大回波降水对应的降水回波顶高度在 16km 左右，而山腰地区的降水回波顶高度则小于 7km。总之，深厚对流降水的最大回波强度峰值存在区域上的差异，但最大回波强度及其相应高度、深厚对流降水回波顶高度与最大回波高度差却表现出明显的高原与非高原的差异，再次说明了青藏高原大地形的独特作用。

5.5.2 降水频次日变化

按照前文定义的日六个时段统计计算了深厚对流降水频次空间分布，它表明青藏高原上的深厚对流降水主要出现在正午，自高原中部包括河谷地区至高原东部，特别是东南部，这些地区的降水频次在 4%～7%；午后这些区域达到频次的峰值(最大可超过 10%)，且分布空间广阔，特别是河谷地区和高原东南部；傍晚降水频次开始减少，直至凌晨基本消失。而沿喜马拉雅山脉的山脚地区，深厚对流降水主要表现为夜雨特征，即深厚对流降水高频次出现在午夜至凌晨，印度东北部的深厚对流降水则主要出现在午后至傍晚。青藏高原上深厚对流降水频次在日不同时段所表现的特征，与青藏高原下垫面热力状态的日变化密切相关，在沙石地表情况下，午后至傍晚大气的不稳定性最大(栾澜等，2018)；而沿喜马拉雅山脉山脚附近的深厚对流，也许与夜晚山坡冷却引起谷风效应触发山脚前对流活动有关。

5.5.3 降水强度日变化

深厚对流降水六个时段的平均强度空间分布表明，青藏高原上各时段平均降水强度均比其南部地区的小；高原上深厚对流降水强度大(大于 2.5mm·h^{-1})的时段在正午至午后，分布区域广；但高原东部(100°E 以东)在傍晚至午夜仍有较大的降水强度(大于 2.5mm·h^{-1})。而在喜马拉雅山脉山脚以南地区，各时段的平均降水强度总体上差异不大，基本上变化于 3～12mm·h^{-1}，其中正午时段强降水的分布面积大，且各时段沿喜马拉雅山脉山脚以南附近地区的降水强度稍大。此外，同一地区深厚对流降水频次与强度并不一一对应，如印度北部正午频次低，但该地区平均降水强度却大；又如午后时段的印度东北部频次最高(达 5%～7%)，但平均降水强度却不是最强的(在 3.5～6.5mm·h^{-1})。这些都反映了降水的地区性气候特点。

5.5.4 降水回波日变化

计算的六个时段最大回波强度及其高度的各时段均值分布表明，在 100°E 以西的青藏高原上，深厚对流降水最大回波平均强度在凌晨最弱，在上午最大回波平均强度开始增强(25dBZ 左右)，在正午达到峰值(超过 27dBZ)，随后开始减弱直至午夜，在凌晨为最弱。这种变化与青藏高原上近地面降水强度变化一致。在 100°E 以东的青藏高原东部，从午后至午夜一直存在一片大于 30dBZ 的区域，这也与该区域的近地面降水强度一致。在喜马拉雅山脉山脚以南地区，最大回波强度各时段的均值表现为午后至傍晚相对小(大于 33dBZ 的面积大)，而其他四个时段均比较大(大于 34dBZ 的面积大)。这点在各时段平均降水强度中并没有表现出来，但这两个时段该地区的深厚对流降水频次却偏大。

统计计算表明青藏高原深厚对流降水最大回波强度高度在上午至正午自高原西部向中部不断升高至 7.5km 左右，在午后深厚对流降水最大回波强度高度达到最高(8km 左右)，傍晚开始降低，午夜达到最低；高原东部的深厚对流降水最大回波强度高度也是在午后达到最高(6.5～7.5km)。总体上，深厚对流降水最大回波强度高度在各个时段均表现出“西高东低”的特点，这与傅云飞等(2016)指出的一致。在喜马拉雅山脉山脚以南地区，深厚对流降水最大回波强度高度在午后至傍晚相对其他时段高，午后至傍晚这里的大部分区域为 5.5～6.5km，这与午后至傍晚这些区域最大回波强度小相对应，而其他时段深厚对流降水最大回波强度高度则为 4～5.5km，与这些区域的最大回波强度大相对应。这符合雷达气象学的基本原理，即强(弱)的降水回波对应大(小)的降水粒子；在云体内相同的垂直气流情况下，大(小)的降水粒子重(轻)，因此它们出现的高度不同。上述结果在一定程度上反映了青藏高原及其以南地区深厚降水云内的微物理学和动力学特性。这方面的问题值得详细研究。

5.6 青藏高原穿透性对流

对流活动通常发生在对流层大气中，但有一类发展得非常深厚的对流，在它十分强盛时，其云顶可穿过对流层顶部，深入至平流层低层，这类对流被称为穿透性对流。穿透性对流对平流层大气有着非常重要的作用，因为它能将对流层大气中的水汽输送至平流层低层，改变平流层低层大气的湿度(Danielsen, 1982, 1993; Holton and Gettelman, 2001; Sherwood et al., 2003; Dessler and Sherwood, 2004; Chae et al., 2011)，并参与那里的光化学作用过程(易明建等，2012；Cooper et al., 2013; Fu et al., 2013; Schroeder et al., 2014)，进而影响平流层低层大气的热力结构(Sherwood et al., 2003; Kuang and Bretherton, 2004; Xian and Fu, 2015)。观测研究表明平流层的水汽有所增加，而水汽也是一种重要的温室气体，且水汽在平流层中存留时间长，可对全球能量收支平衡造成显著的影响，如导致平流层大气冷、对流层大气升温(Forster and Shine，1997；Jensen et al.，2007)。平流层内水汽的增加主要来自穿透性对流对水汽的向上输送(Chae et al., 2011)，因此需要研究穿透性对流活动的时空分布规律，而青藏高原的对流层大气厚度最薄，理论上说深对流容易从这里穿透对流层顶，因此需要了解青藏高原穿透性对流结构特征。

5.6.1 穿透性对流识别准则

最早利用卫星搭载的红外仪器观测云顶温度是否低于对流层顶的温度来确定云

是否成为穿透性对流。传统方法是比较观测亮温是否低于设定的阈值，如 208～210K（Mapes and Houze Jr., 1993; Machado et al., 1998; Zuidema, 2003）和对流层顶温度（Gettelman et al., 2002; Rossow and Pearl, 2007; Romps and Kuang, 2009）来判断该云团是否为穿透性对流。但是该方法不能完全确保判识结果的正确，因为有些被热红外观测的云，其红外亮温虽低于对流层顶的温度，但不一定穿透了对流层的顶层，这是由于对流云团内的气块通常有着不同的热力学路径，如气块在对流层下部为湿绝热过程，而在对流层顶附近为干绝热过程，则可能导致气块更冷，此时观测的云红外亮温容易误判气块穿透了对流层顶；而气块一旦进入了对流层顶，并开始与平流层下部相对暖的空气混合，则观测的云红外亮温可能比对流层顶温度高，容易误判气块没有穿透对流层顶。

由于卫星搭载仪器的热红外通道亮温判识穿透性对流云存在不足，就出现了 14km 高度的穿透性对流层阈值方法（Folkins et al., 1999; Alcala and Dessler, 2002; Liu and Zipser, 2005）。如 Liu 和 Zipser（2005）利用此阈值，指出热带有 0.023%的对流系统为穿透性对流。14km 高度的穿透性对流阈值方法的缺陷是明显的，因为对流层顶层的高度非恒定（Seidel and Randel, 2006; Borsche et al., 2007; Gettelman and Birner, 2007；Feng et al., 2011），如 Gettelman 和 Birner（2007）分析大气环流模式和无线电探空观测结果，就指出热带对流层顶在深厚对流频发区具有较高的高度。

对流层顶是对流层和平流层之间的过渡层，其传统定义为大气温度垂直递减率急剧减小的高度层（WMO, 1957; Holton et al., 1995），并且该高度层的相对湿度急剧变化（Pan et al., 2000）、大气处于静力稳定态（Birner et al., 2002, 2006; Birner, 2006; Grise et al., 2010）。Birner 等（2002）和 Birner（2006）还确定了在温度递减率对流层顶之上的一个浅层，该浅层具有很强的静态稳定性，导致了垂直方向上大气温度梯度反转，即该浅层大气温度垂直结构为逆温，这一逆温层被称为对流层顶的逆温层。此外，大气温度廓线中的最低温度所对应高度（所谓冷点温度），也常被定义为热带地区的对流层顶高度（Selkirk, 1993; Highwood and Hoskins, 1998）。

本书采用世界气象组织（WMO）1957 年给出的对流层顶定义，即大气温度递减率对流层顶。该定义具有两个特征：①第一对流层顶定义为大气温度递减率下降至 $2K\cdot km^{-1}$ 或更低的最低高度，②此高度以上 2km 气层内的大气温度递减率均不可超过 $2K\cdot km^{-1}$。为了消除对流层顶高度的异常值，统计计算中只考虑 40～500hPa 高度大气温度的资料。PR 的穿透性对流像元定义为地面具有降水、降水回波顶反射率因子不低于 20dBZ 的像元，且回波顶高于对流层顶的高度。

5.6.2 高原对流层顶高度

利用大气温度廓线和上述的对流层顶高度的定义，可计算得到对流层顶的高度。大气温度廓线可由地面探空站探测或掩星观测反演或模式输出得到。本书的大气温度廓线由 IGRA、COSMIC、ERA5(European Centre for Medium-Range Weather Forecasts reanalysis at version 5)、JRA-55(the Japanese 55-year Reanalysis) 和 MERRA-2(the Modern-Era Retrospective Analysis for Research and Applications at version 2) 五组数据提供。IGRA 是目前较为完备的全球探空数据库，由全球超过 1500 个探空站每天两次(0000 和 1200 UTC) 观测为数据库提供大气参数廓线，这些参数包括大气温、压、湿、风，且 IGRA 数据经过了严格的质量控制(Durre et al., 2006)。IGRA 提供大气 30km 以下的气压(1050～5hPa)、温度(50～–90℃)和相对湿度(100%～1%)，其中探测对流层大气温度的标准误差为 0.1～0.5℃。

COSMIC 由 6 颗近地轨道卫星(low Earth orbit，LEO)组成，这 6 颗卫星处在 700～800km 高度不同的观测轨道，卫星采用三轴稳定系统，其轨道倾角为 72°，卫星轨道升交点在赤道上均匀分布。6 颗卫星的主要载荷为 GPS 天线，以接收 24 颗 GPS 卫星 L1(1.58GHz) 和 L2(1.23GH 在) 频段信号。天线以掩星(radio occultation，RO)方式接收 GPS 信号，这样便能观测地球表面垂直向上至 60km 高度大气密度变化引起的无线电信号路径弯曲(即大气折射率变化引起的无线电射线弯曲)，并由此反演得到垂直分辨率为 100m 的大气温度和湿度。COSMIC 每天能提供不少于 2000 条的大气温湿风廓线(Ware et al., 1996; Anthes et al., 2008)。

ERA5 数据由欧洲中期天气预报中心(ECMWF)的哥白尼气候变化服务机构(Copernicus Climate Change Service，C3S)开发，为 ECMWF 的最新一代再分析大气参数资料；它提供逐小时的大气参数(240 个参数)，其水平分辨率为 31km，垂直方向自地面至 0.01hPa 有 37 层。研究表明 ERA5 数据可靠性高(Xian and Homeyer, 2019; Wang et al., 2020; Ji and Yuan, 2020)。JRA-55 和 MERRA-2 也是最新的再分析大气参数资料，JRA-55 和 MERRA-2 的水平分辨率相似，但 MERRA-2 的时间分辨率是 JRA-55 的 2 倍，MERRA-2 和 JRA-55 的垂直层数分别为 72 层和 60 层，几乎是 ERA5 的 2 倍。JRA-55 和 MERRA-2 也具有较好的可靠性(Xian and Homeyer, 2019; Wang and Prigent, 2020)。

由于这五组数据与PR的时空分辨率不同，需要将PR对流像元与这些数据给出的大气温度廓线进行时空匹配，表5.6.1所示IGRA、COSMIC与PR像元匹配要求PR像元位于IGRA测站250km范围内、时间为3h内；ERA5与PR像元匹配要求时间为1h之内，PR落在ERA5的格点内(0.25°×0.25°)；JRA-55、MERRA-2与PR像元匹配要求时间为3h之内，PR像元分别位于JRA-55格点内(0.563°×0.562°)和MERRA-2格点内(0.5°×0.625°)。由表5.6.1可见2004～2014年夏季PR与这五组数据匹配后得到穿透性对流事件：MERRA-2为389次，ERA5为281次，JRA-55为255次，IGRA为200次，COSMIC为40次。PR与COSMIC掩星匹配获得的穿透性对流事件最少，这是由COSMIC掩星工作方式造成的。匹配后穿透性对流的分辨率以ERA5的最佳(0.25°×0.25°、1h)，由此得出结论：PR与ERA5高时空分辨率资料匹配，可提高穿透性对流事件的判识精度。

表5.6.1　PR像元匹配五种数据的时空分辨率、匹配时间范围和水平空间范围

数据	IGRA	COSMIC	ERA5	JRA-55	MERRA-2
垂直层次	Random	400	37	60	72
水平分辨率	6stations	Random	0.25° × 0.25°	0.563° × 0.562°	0.5°× 0.625°
时间分辨率	12h	Random	1h	6h	3h
匹配时间范围	3h	3h	1h	3h	3h
匹配空间范围	250km	250km	0.25° × 0.25°	0.563° × 0.562°	0.5°× 0.625°
发生穿透的数量	200	40	281	255	389

利用五个数据集计算得到的夏季青藏高原对流层顶的平均高度为16.5～17km(±0.4km)，其中由IGRA数据计算的对流层顶高度最高，由COSMIC数据计算的对流层顶高度最低；这五组数据给出的大气温度廓线差异小，但在对流层底部(5～6km)廓线存在较大差异，其中四组数据(COSMIC、ERA5、JRA-55和MERRA-2)的大气温度略低于IGRA的温度，在5km高度(高原近地面)，五组数据大体存在±5K的差异；在6～8.5km高度，它们之间的差异在±3K内；在8.5～16km高度，五组数据显示的大气平均温度几乎相同；在对流层顶附近，IGRA和ERA5的大气平均温度廓线显示出不连续，这是由该两组数据的垂直分辨率不足造成，而五组数据显示的对流层顶附近平均温度差异在±3K 左右。总体上，除了在青藏高原近地面(5～

6km）存在一些差异外，由观测数据（IGRA 和 COSMIC）与再分析数据（ERA5、JRA-55 和 MERRA-2）计算得到的平均大气温度廓线基本相当，因此利用 COSMIC 掩星探测的大气温度廓线和再分析数据（ERA5、JRA-55 和 MERRA-2）大气温度廓线，可以用于青藏高原夏季的大气温度垂直结构包括对流层顶高度的研究，以弥补青藏高原探空站的不足。

利用前面提及的数据可计算得到平均对流层顶高度的空间分布。考虑到 COSMIC 提供的大气温度廓线来自仪器观测和反演，如果以它计算得到的平均对流层顶高度为基准，可方便地分析它与三组再分析数据计算得到的平均对流层顶高度的差异。结果表明青藏高原上大部分地区 COSMIC 的平均对流层顶高度分布在 16.4～17km，且显示了明显的准南北方向的变化（西南高、东北低），高原上 35°N 以北的平均对流层顶高度不超过 16.6km，而 32°N 以南的平均对流层顶高度超过 16.6km，最高的对流层顶高度位于喜马拉雅山脉南坡以南（可达 17.2km），这里夏季因西南季风北上受到青藏高原大地形的阻挡，暖湿空气上升运动强，因此这里的对流降水非常强、云体非常深厚、降水回波顶高度也很高（Fu et al., 2018）。再看青藏高原上，这里并非对流层顶高度最高的区域，说明青藏高原大地形并没有将其上的对流层顶高度抬高，还说明在远离地面边界层的对流层上部，大气云顶受地形影响很小，而不像边界层大气受到了地面的强烈影响。

由 ERA5 给出的平均对流层顶高度的空间分布型与 COSMIC 的相似，但前者明显比后者高度低，ERA5 的平均对流层顶高度分布在 16.6～16.8km，最高不超过 17km，位于喜马拉雅山脉西段，部分位于高原上、部分位于印度北部。JRA-55 和 MERRA-2 的平均对流层顶高度的空间分布相似，但都有别于 ERA5 和 COSMIC 的平均对流层顶高度空间分布，主要是 JRA-55 和 MERRA-2 给出的平均对流层顶高度偏高，如青藏高原上大部分地区及喜马拉雅山脉南坡与印度北部地区的平均对流层顶高度超过 17km，估计在 JRA-55 和 MERRA-2 的模式中，对流过程的处理遇到问题。总体上，观测资料和再分析资料给出的夏季青藏高原及其周边地区的平均对流层顶高度分布在 16.4～17.4km，尽管它们之间还存在细节上的差异，如 COSMIC 和 ERA5 在高原东北部的一个小范围平均对流层顶高度为 15.6～16.4km，而 JRA-55 和 MERRA-2 在此区域为 16.2～16.6km，差异在±0.6km 内。由此可得出 ERA5 较 JRA-55 和 MERRA-2 更接近观测值。此外，四组资料都显示对流层顶高度在喜马拉雅山脉中西段及其南侧高、在青藏高原东北部低的分布，为西南季风受到青藏高原大地形阻挡而形成。

四组数据计算的对流层顶高度标准差表明大部分地区的标准差分布为 0.4～1km（COSMIC）、小于 0.4km（ERA5）、小于 0.6km（JRA-55）、0.4～1km（MERRA-2），青藏高原北部（37°N 以北）该标准差较大，四组数据给出的对流层顶高度标准差超过 0.8km。上述说明 37°N 以南的青藏高原及周边地区的对流层顶高度变化平缓，而该纬度以北的变化较为剧烈；青藏高原相比喜马拉雅山脉以南地区的对流层顶高度起伏变化大，这与高原下垫面热力作用有关；四组数据中，ERA5 给出的对流层顶高度起伏变化最为平稳，ERA5 较 JRA-55 能给出更接近真实的对流层顶高度。

5.6.3 个例分析

如以 COSMIC 和 ERA5 给出的对流层顶高度判断降水回波顶是否穿透了对流层顶（简称为 COSMIC-个例，图 5.6.1），图中的 P 点为 COSMIC 掩星出现位置，对应时间为 2013 年 8 月 6 日 9:25 UTC，PR 于该日 6:55 UTC 经过 P 的附近，PR 探测降水系统与 COSMIC 掩星相匹配的时间在 3h 内、范围在 250km 内。首先，根据 COSMIC 计算得到了该区域的对流层顶高度，然后根据 PR 探测的降水廓线计算得到降水回波顶高度，该高度高于对流层顶高度的像元即为穿透性对流发生处[图 5.6.1（a）中黑框]。为了清楚地看到该降水系统中的穿透性对流垂直结构，沿图 5.6.1（a）中的 AB 线和 CD 线给出了降水反射率因子剖面[图 5.6.1（c）和（d）]，同时给出了 COSMIC、ERA5、JRA-55 和 MERRA-2 的对流层顶高度和它们的大气温度廓线[图 5.6.1（b）]。图 5.6.1（a）表明此降水系统的回波顶高度为 4～20km，大约一半的降水像元的降水回波顶高度超过了 10km，其中 11 个像元被确定为穿透性对流。图 5.6.1（b）表明 COSMIC 和 ERA5 及 MERRA-2 给出的大气温度廓线基本重叠，尤其在对流层顶以下，但 JRA-55 与其他三个数据的大气温度廓线有可见的差异，11km 以下 JRA-55 的温度偏低，11～17km 则偏高，说明这四种数据对大气温度垂直结构的描述随个例发生的时空而变化，大气运动复杂性所使；由 COSMIC、ERA5 和 JRA-55 计算的对流层顶高度比较一致，约 15.6km，而根据 MERRA-2 计算的对流层顶高度约为 14.6km，明显偏低 1km。图 5.6.1（c）和（d）表明穿透性对流的降水反射率因子强，云体 9.5km 以下高度和 11km 高度以下存在 50dBZ 以上的回波，回波顶高度可达 16.5km 以上，高于该处对流层顶高度（14.7～15.5km）。

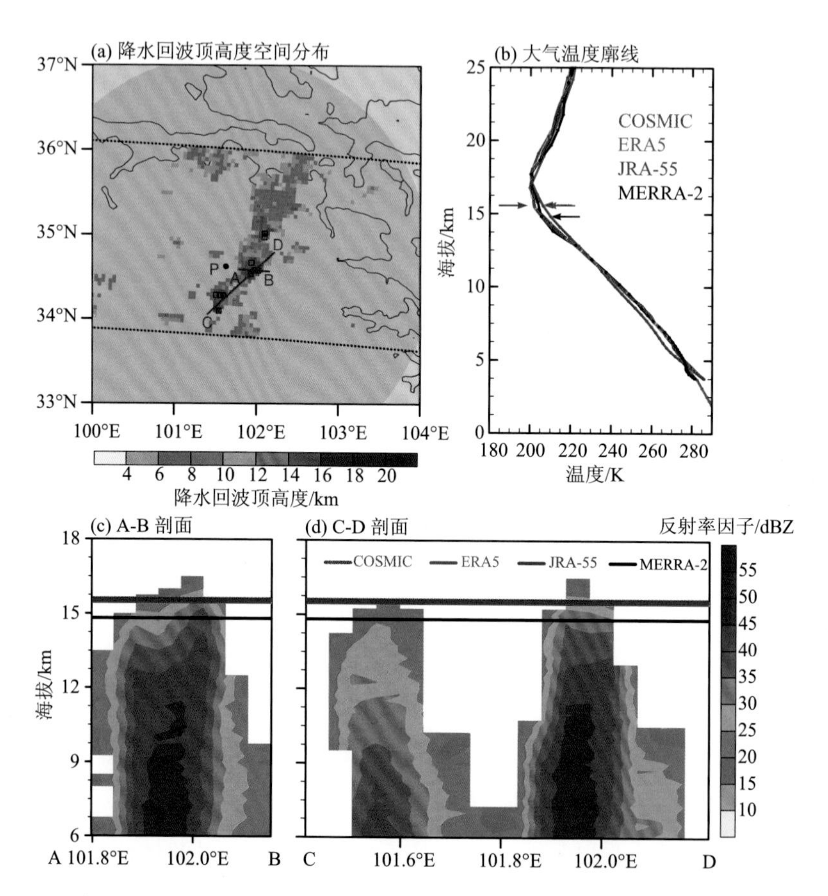

图 5.6.1 2013 年 8 月 6 日 6:55UTC PR 探测的降水回波顶高度空间分布(a)与利用 COSMIC、ERA5、JRA-55 和 MERRA-2 计算的大气温度廓线(b)及沿(a)图中 AB、CD 线的降水反射率因子剖面(引自 Sun et al., 2021)

图中 P 点为 COSMIC 掩星事件发生位置，黑框为穿透性对流发生像元，以 P 点为中心、250km 半径的浅蓝色圆形阴影区为 COSMIC 与 PR 的匹配范围

5.6.4 统计特征

1. 频次分布

穿透性对流的频次定义为穿透性对流发生次数与对流发生次数之比，穿透性阈值分别为 COSMIC 掩星发生时相应的对流层顶高度、ERA5 和 JRA-55 及 MERRA-2 逐时的对流层顶高度，因此计算得到的 2006～2014 年夏季青藏高原穿透性对流频次

空间分布如图 5.6.2 所示，表明青藏高原上穿透性对流出现的频率很低，大体为 0.0001%～0.0091%。刘鹏等(2012)发现夏季热带和副热带地区穿透性对流的平均频率为 0.031%，Xian 和 Fu(2015)发现南北 38°之间的穿透性对流发生频率为 0.005%～0.05%。由此可知，图 5.6.2 给出的青藏高原上空穿透性对流的频率远低于先前的研究结果，这是因为图 5.6.2 给出的穿透性对流的穿透阈值较先前高。由于 COSMIC 的掩星探测工作方式，其探测样本有限，故给出的青藏高原穿透性对流频次最低；ERA5 的空间分辨率较 JRA-55 和 MERRA-2 高，而穿透性对流的水平尺度小，因此 ERA5 对流层顶高度阈值的穿透性对流频次比 JRA-55 和 MERRA-2 的高，由此可见 PR 匹配不同空间分辨率的再分析资料，描述的穿透性对流特征会存在差异。

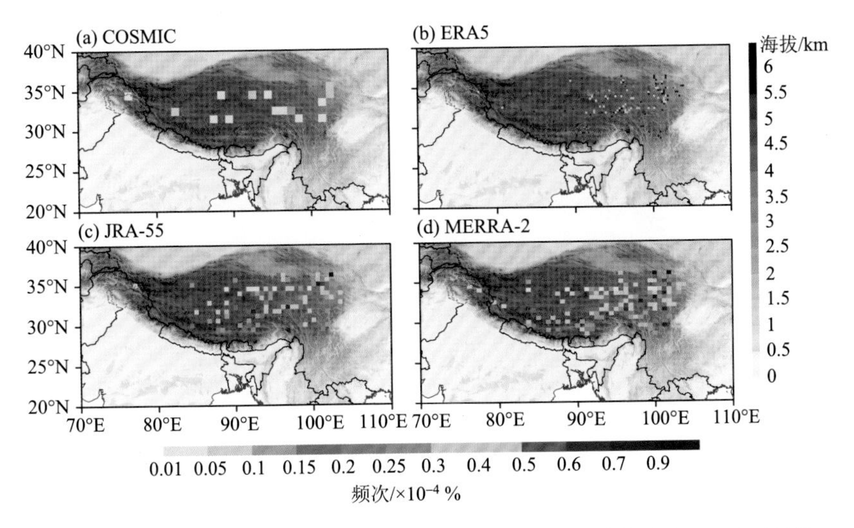

图 5.6.2　2006～2014 年夏季青藏高原穿透性对流频次的空间分布(引自 Sun et al., 2021)

穿透性对流空间分布的区域性差异表现为青藏高原的东部出现的频次较高，这是因为青藏高原东部的对流层顶高度较低，因此这里的强对流容易穿过对流层顶成为穿透性对流。据此可推测青藏高原东部对流层大气与平流层低层大气的相互作用频繁，值得后续深入研究。

计算的穿透性对流发生地的对流层顶的平均高度表明，发生穿透性对流位置的对流层顶平均高度分布在 15～19km，大部分高度为 16.5～18km，超过 18.5km 的情况很少。总体上看，ERA5、JRA-55 和 MERRA-2 给出的穿透性对流的平均对流层顶高度相近，可见的差异在 0.5km 之内。

2. 垂直结构

青藏高原穿透性对流垂直结构如图 5.6.3 所示，它给出了沿高原 20°N～40°N(海拔高于 3000m) 平均的东西方向对流降水回波顶高度的概率密度随高度分布(DPDH)，图中的彩色点为四组数据计算得到的穿透性对流的平均对流层顶高度。图 5.6.3 表明高原自西部至东部对流降水的回波顶高度主要分布在 6～9km，其概率密度为 4%～14%，其中高原西部(70°E～85°E)的对流降水回波顶高度集中分布在 6.5～8.5km，而高原东部(95°E～105°E)主要分布在 5～8km，但这里对流降水回波顶高度高于 12km 的对流明显多于高原西部，这也是高原东部穿透性对流频次高的原因。

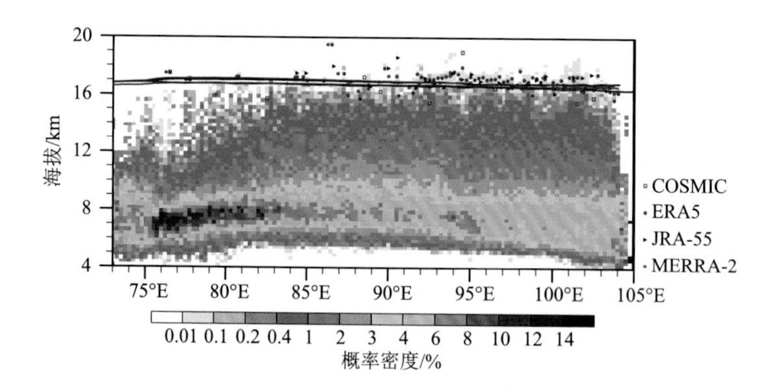

图 5.6.3　沿青藏高原东西方向(20°N～40°N 平均，且海拔高于 3000m)对流降水回波顶高度的概率密度随高度的分布(引自 Sun et al., 2021)

图中彩色点为利用 COSMIC、ERA5、JRA-55 和 MERRA-2 资料计算的穿透性对流相应的平均对流层顶的高度

沿高原南北方向分别对青藏高原西部(70°E～85°E)、中部(85°E～95°E)和东部(95°E～101°E)计算的对流回波顶高度的概率密度随高度的分布表明，对流降水的回波顶高度主要分布在 5～9km，其概率密度达 4%～12%，其中高原外(29°N 以南)对流降水的回波顶高度主要集中分布在 8km 以下，概率密度高于 6%；高原上(30°N～35°N)对流降水的回波顶高度在 9km 以下的对流降水回波顶高度概率密度为 4%～10%，9～16km 仍出现 1%～4%的概率密度，故高原上穿透性对流出现的比例高。这可视为青藏高原大地形的独特作用之一，即高原地形抬升作用，引发更多的穿透性对流事件，在青藏高原上形成对流层作用于平流层的通道。

由于穿透性对流为强对流，它与普通对流发生的大气层结差异值得关注，为此，可比较青藏高原普通对流与穿透性对流的大气温度廓线特点。图 5.6.4 为这两类对流相应的平均大气温度廓线，该图表明五组数据均展示了穿透性对流与普通对流相应的平均大气温度廓线存在可见的差异，如在高原对流层(5～13km)的各层，穿透性对流相应的大气温度高于大气平均温度及普通对流相应的温度，该差异在高原近地面最大，可达 6K 左右；随高度升高，差异逐渐减小，在 10～12km 高度，穿透性对流比普通对流的 COSMIC 温度高出近 1K、比 ERA5 和 JRA-55 温度高出近 4K、比 MERRA-2 和 IGRA 温度高出近 3K。Johnston 等(2018)发现深对流事件期间，对流层 10～14km 高度大气出现 0.2～0.8K 的增暖；而 Muhsin 等(2018)的研究结果认为，这种增暖可达 2～4K。这说明穿透性对流发生时，近地面大气温度高，大气处于不稳定状态。在 14～18km 高度，穿透性对流相应的大气温度则比平均大气温度和普

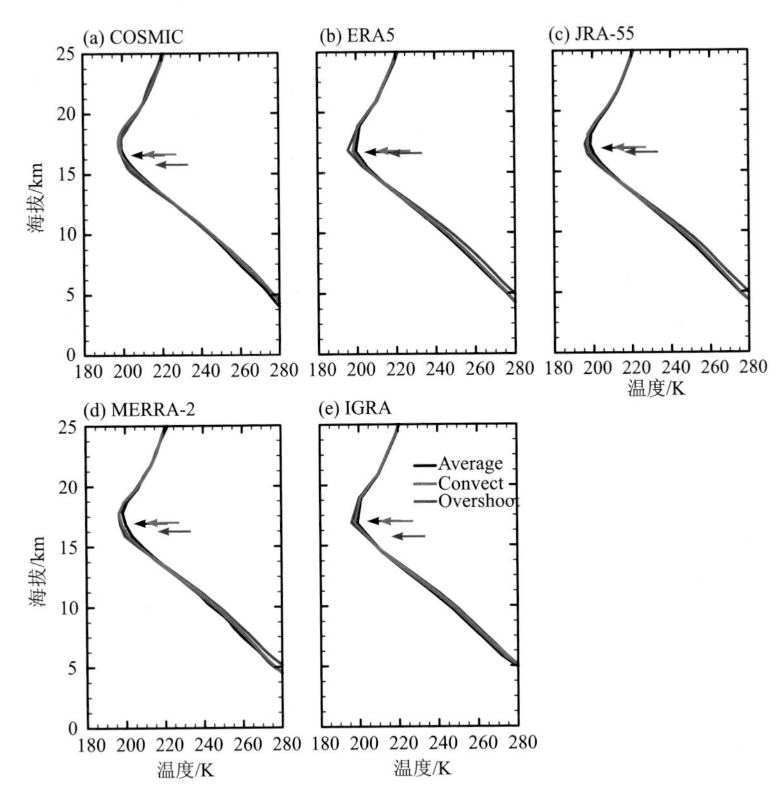

图 5.6.4　由 COSMIC、ERA5、JRA-55、MERRA-2 和 IGRA 数据计算的平均大气温度廓线(黑线)、正常对流(绿线)和穿透性对流(红线)的大气温度廓线(引自 Sun et al., 2021)

图中箭头代表平均对流层顶高度

通对流相应的温度低，即穿透性对流上部冷却明显，在 15～17km 出现最低温度，气温差异分别为–3.5K（COSMIC）、–4.1K（ERA5）、–3.8K（JRA-55）、–4K（MERRA-2）、–3K（IGRA）。此外，ERA5、JRA-55 和 MERRA-2 的大气温度廓线显示在平流层低层（17～20km），穿透性对流相应的大气温度明显低于普通对流相应的大气温度，而 COSMIC 的气温廓线显示高于普通对流相应的气温，最大差异达 1.2K。

由这些廓线分别计算的对流层顶高度表明，穿透性对流的对流层顶高度远低于对流层顶的平均高度，其差值分别为 0.8km（COSMIC）、0.1km（ERA5）、0.4km（JRA-55）、0.7km（MERRA-2）、1.0km（IGRA）。Muhsin 等（2018）发现在深对流期间对流层顶高度略低约 0.5km，但这里 COSMIC、MERRA-2 和 IGRA 给出的穿透性对流的对流层顶高度要低于深对流相应的对流层顶高度，这是由穿透性对流上部强烈冷却导致的。穿透性对流与普通对流相比，前者较后者在加热对流层中低层、冷却对流层高层及对流层顶都要强烈得多。

穿透性对流对对流层顶和平流层低层大气脱水过程的影响，表现为在 10km 以下高度穿透性对流内的湿度廓线明显高于平均湿度廓线，且在地表附近两者之间的差异最大，平均大气湿度为 $2.6g·m^{-3}$，而穿透性对流内的大气湿度为 $3.9g·m^{-3}$，即穿透性对流发生时近地面空气湿度较平均时增加了 $1.3g·m^{-3}$；随着高度增加，两者之间的差异逐渐减小，如在 7km 高度处，两者之间的差值减小为 $0.5g·m^{-3}$；而在对流层 11km 以上的 2km 之内，两者之间的差异消失，这反映了穿透性对流的顶部脱水非常显著，对流层顶和平流层低层的大气温度极低，空气的含水量极少，穿透性对流的气流到达这个高度会被充分冷却，水分会通过凝华过程变为冰晶而消失（Sun et al., 2021）。

5.7 本章要点概述

到目前为止，气象学家总结出两种基本的降水形式，即对流降水和层状降水，并对其形成机理进行了解释。由于这两类降水普遍地存在于陆面和洋面，以至于我们理所当然地认为这两类降水形式也存在于青藏高原。

本章就青藏高原夏季降水类型展开论述。首先介绍了星载测雨雷达 PR 的降水类型识别方法，介绍了该方法识别的中国东部及周边洋面的对流降水和层状降水的降水廓线特征、青藏高原这两种降水的频次和强度空间分布、降水廓线特点；之后指出了 PR 降水类型识别方法的缺陷，即 PR 降水识别方法中的亮带高度与青藏高原地表高度接近，导致 PR 的 V-方法和 H-方法在识别降水类型时失效。

接着介绍了基于青藏高原探空给出的大气温湿风结构特点，并以此提出新的青藏高原 PR 降水类型识别方法，指出青藏高原夏季三种基本的降水类型(深厚强对流降水、深厚弱对流降水和浅薄降水)及各自降水廓线的特点和相互差异、降水频次和强度的空间分布与回波强度垂直结构特征，并指出它们是青藏高原独特大气温湿风结构的产物。

本章还介绍了以云顶相态为标准的降水类型，说明降水类型划分标准实际上并不唯一，要看从什么角度去理解降水结构和物理属性，以启示考虑问题不能有思维定式。本章对 PR 降水类型的物理内涵也进行了讨论。

本章最后对夏季青藏高原深厚降水日变化空间分布特点进行了论述，给出了其频次和强度空间分布的日变化特征，并阐述了夏季青藏高原穿透性对流的定义、高原对流层顶高度分布的特点、穿透性对流的空间分布及相应的大气温湿风廓线特点。

照片 5.2 积雨云，此时正位于其下方，记得随后就遇到大雨。(拍摄时海拔为 4400m，光圈：f/18，曝光时间：1/200s，ISO：250)

照片 5.3 湖面上空的积云，其水平尺度大于厚度，云下已有降水。（拍摄时海拔为 4500m，光圈：f/16，曝光时间：1/320s，ISO：250）

照片 5.4 低矮的浓积云，左前方山顶云底部呈灰黑色，表明此云较厚。（拍摄时海拔为 4400m左右，光圈：f/16，曝光时间：1/200s，ISO：250）

照片 5.5 浓积云和淡积云，其上方为密实的卷云。（拍摄时海拔为 4500m，光圈：f/18，曝光时间：1/250s，ISO：250）

照片 6.1 似积雨云衰减后出现的层状云。(拍摄时海拔为 4400m，光圈：f/11，曝光时间：1/250s，ISO：400)

第6章 喜马拉雅山脉南坡陡峭地形云降水

喜马拉雅山脉南坡地形崎岖复杂、人烟稀少，很多地方人迹罕至，我们对那里包括云降水在内的大气参数特征知之甚少，与云降水直接相关联的水文信息也缺乏认知。尽管如此，利用有限观测数据的研究结果表明，喜马拉雅山脉南坡大约有 300～400cm 的年降水量(Barros et al., 2000; Shrestha, 2000; Lang and Barros, 2002)。研究还表明喜马拉雅山脉降水气候变化与印度次大陆地区明显不同(Shrestha et al.，2000)，而喜马拉雅山脉南坡降雨量对印度次大陆的河流流量有着重要影响，并影响流域及周边的人类社会活动(Burbank and Pinter，1999)。

由于喜马拉雅山脉南坡地形复杂，很多地方人迹罕见，对那里包括云和降水等大气参数的观测研究甚少。Barros 和 Lang(2003)分析了尼泊尔中部的有限观测结果，指出位于喜马拉雅山脉南坡的尼泊尔中部山地，白天上坡风(谷风)减弱了山脉地形阻挡而形成的大气低层气流辐合，造成白天南坡高海拔地区形成对流降水；而在夜间下坡风(山风)携带干冷空气的作用，使得因山脉地形阻挡而形成的大气低层气流辐合加强，且大气不稳定性增大，导致南坡低海拔地区出现强对流降水，形成当地特色的夜间降水峰值。Barros 等(2004)分析了卫星搭载仪器获得的红外和微波图像，发现印度北部至喜马拉雅山脉南坡的中尺度对流天气系统和短生命期对流系统的活动，与恒河河谷至喜马拉雅山脉南坡之间的地形汇合带的走向一致，且多出现在凌晨(1:00～3:00am)，对流系统的生命期为 1～3h。

20 世纪末，随着星载测雨雷达(TRMM PR)的出现，喜马拉雅山脉南坡及其周边的降水研究得以进展。Bhatt 和 Nakamura(2005)分析了 TRMM 的 PR 降水产品资料中的弱降水(降水率小于 $5mm\cdot h^{-1}$)和强降水(降水率大于 $5mm\cdot h^{-1}$)，指出午后至晚间喜马拉雅山脉南坡存在对流系统产生的大片弱降水区，该地区的中等至强降水则表现出较强的日循环特点：午后至傍晚(12:00～18:00 LT)降水集中在喜马拉雅山脉的南坡上，午夜至清晨强降水集中在山脊和河谷。他们的研究还指出喜马拉雅山脉南坡上，季风前午后降水最大，季风期午夜至凌晨降水最大，后者为季风增湿和午夜下坡风触发产生湿对流引起，而云顶的辐射冷却又会增强对流(Bhatt and Nakamura，2006)。利用 PR 近 5km 分辨率的降水资料，研究还发现沿喜马拉雅山脉走向的两个强降水带：小喜马拉雅山脉南缘海拔 0.9～0.4km 与地形起伏 1.2～0.2km 的狭窄地带，大喜马拉雅山脉南侧海拔为 2.1～0.3km 的非连续带(Bookhagen and Burbank, 2006)。Houze Jr.等(2007)发现回波强度大于 40dBZ、高于 10km 的“瘦高”外形强对流云主要出现在喜马拉雅山脉的上风方向且海拔较低的地区，尤其是在兴都库什山脉与喜马拉雅山脉西段构成的喇叭口地区；而喜马拉雅山脉中段南面低海拔地区的对流云形体宽而强；在喜马拉雅山脉东段地势较低地区则以宽广的层状降水区(面积达 50000km^2)为主。而 Shrestha 等(2012)从 PR 降水资料分析得出以下概念：在喜马拉雅山脉中段南坡的陡峭地形强迫下，对流降水强度及垂直伸展高度在季风爆发前期、季风活跃期和季风中断期随着海拔不同而变化；喜马拉雅山脉中段南坡低海拔地区，季风爆发前的对流活动比季风爆发期的强烈，尽管这时南坡水汽不足，大气干燥(时常伴有强烈的干燥西北风)且不稳定性强，但强降水时常由局部强对流活动产生，而喜马拉雅山脉南坡高海拔地区的频繁降水则由地形强迫造成；在季风爆发期，大气潮湿、稳定度高，对流降水减少但降水量大，此时低海拔地区的雨量峰值由强降水引发，而高海拔地区雨量峰值则由持续性降水造成。在季风中断期，对流降水强度减小、厚度也减小；降水的上述特点由季风活动变化引起湿度改变而造成。由于喜马拉雅山脉南坡地形复杂，相邻不远的山脊或河谷的降水都可能存在很大差异。Anders 等(2006)则利用 PR 的 10km 空间分辨率降水资料，分析了喜马拉雅山脉地形与降水分布之间的关系，发现年降水量沿山脉从东至西呈阶梯分布，山谷与其相邻山脊之间的降水量可相差 5 倍。

借用 CloudSat 卫星搭载的云廓线雷达(CPR)的探测，弥补了对喜马拉雅山脉云结构观测的不足。CPR 是一部毫米波雷达，它的独特之处是能够观测云剖面，获得云的垂直结构特征(Stephens et al.，2002；Im et al.，2005)。Sassen 和 Wang(2008)的研究表明高分辨率的 CPR 观测结果可显著增强对全球云系统性质的理解，如 Riley 和 Mapes(2009)分析了 CPR 回波顶高度的分布，发现 2km 高度和 14km 高度的峰值分别指示热带低云和高云，而 5～6km 和 7～8km 高度的峰值则指示大气中云。在青藏高原及其邻近地区，CPR 的探测也为认知这里的云结构提供了机遇，Luo 等(2011)通过分析 CPR 探测结果，给出了青藏高原及邻近地区对流云的示意结构，指出青藏高原深对流较浅对流的频率低。认知喜马拉雅山脉南坡上空云结构特征，对于理解青藏高原与印度北部之间的大气水循环和能量交换极其重要。

6.1 云体垂直结构

利用 3km 水平分辨率的地形海拔数据(Amante and Eakins, 2009)绘制的青藏高原南部至印度北部地形海拔分布如图 6.1.1(a)所示，可见这里的地形落差显著，因此将这里分为四个区域，即印度北部恒河平原区(the flat Gangetic Plains，FGP，海拔低于 500m，I 区)、喜马拉雅山脉山麓区(the foot hills of Himalayas，FHH，海拔低于 500m，II 区)、喜马拉雅山脉南面陡坡区(the steep slope of South Himalayas，SSSH，海拔在 0.5～5km，平均海拔为 3.0km，III 区)、喜马拉雅山脊至青藏高原的台地区(Himalayas-Tibetan Plateau tableland，HTPT，平均海拔高于 4.0km，IV 区)。这四块扇形区域大致与喜马拉雅山脉平行；四块区域的西边界远离喜马拉雅山脉西段与兴都库什山脉之间的喇叭状地形，而它们的东侧边界也远离帕特凯山附近的喇叭口地形。虽然 I 区和 II 区海拔相似，但它们与喜马拉雅山脉的距离不同，且这两个区域的大气环流也不同；因此，大体可以判断季风通过这四个扇形区进入青藏高原时，气流以爬流为主。平均地面风场[图 6.1.1(b)]表明来自阿拉伯海的西南风流和来自孟加拉湾的南风(水平风)流经印度北部平原被喜马拉雅山脉陡峭地形阻挡，在 FGP 区至 FHH 区减弱，在 SSSH 区持续减弱，而气流爬上 SSSH 区后就增强，可达 3～5m·s^{-1}。图 6.1.1(b)中的地形指数(TI)定义为中央格点与周围 8 个格点的海拔差绝对值之平均，它表示 6km×6km 方形面积上的地形平均起伏程度。以下将讨论发生在这四块扇形区上的云结构的特征。

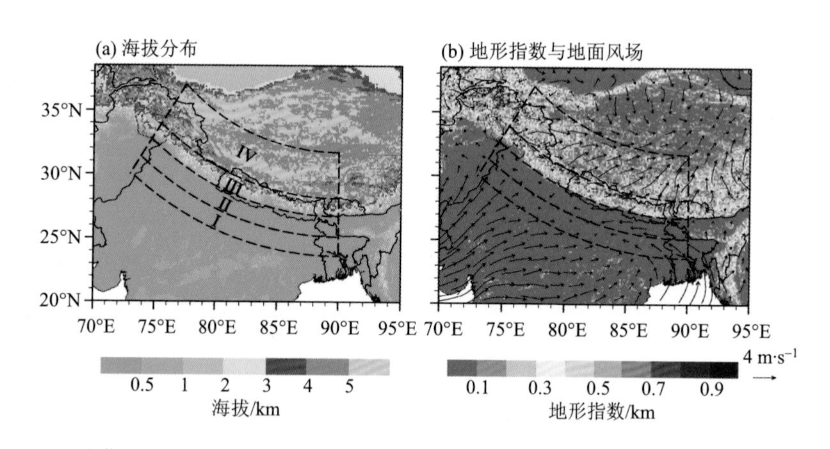

图 6.1.1 青藏高原-喜马拉雅-印度北部海拔、地形指数与地面风场(矢量)分布(引自 Fu et al., 2018)

6.1.1 云体剖面及其参数定义

研究使用的数据为 CloudSat 团队开发和提供的云廓线标准产品数据

2B-GEOPROF，它来自 CPR 的观测，并经过质控和反演。该数据提供云粒子的后向反射率因子廓线(其动态范围为–29.9～30.9dBZ)和地理定位信息(经度、纬度和海拔)。CPR 工作模式仅观测星下点的云，因此 CPR 随 CloudSat 卫星前进时，沿轨道方向每 1.1km 获得一条云廓线，该廓线的垂直分辨率为 240m，共 125 层(Sassen and Wang, 2008)。CloudSat 卫星采用 705km 高度的太阳同步轨道，过赤道时间分别为 13:30 和 01:30 LST(当地标准时间 LST=UTC+经度/15)(Stephens et al., 2002, 2008)，因此 CPR 观测结果无法应用于日变化研究。

云体剖面(cloud body profile，CBP)识别方法如下，首先定义 CPR 有效探测值为相邻廓线 125 层中反射率因子大于–30dBZ、云代码值大于等于 20 且相连的回波。云代码为 0～40 之间的数值，数值越大，表示云检测错误的可能性越低；如将星载激光雷达(CALIPSO)观测的云与云代码为 20 的云进行比较，发现只有 5%的检测错误(Marchand et al.，2008)。为避免地面对 CPR 回波信号的干扰，每条廓线中仅使用地面高度 1km 以上的回波信号。满足上述条件的相邻廓线组成的 CBP 至少由 10 个回波构成，以减少微型云体的干扰。

CBP 的中心被定义为其剖面几何中心。图 6.1.2(a)为 CPR 经过青藏高原南坡及周边地区的轨道(黑实线)；图 6.1.2(b)为利用 CPR 探测的反射率因子廓线组成的云剖面，图中可见深厚对流云系南北长度近 200km，位于喜马拉雅山脉南坡，其云顶高度接近 14km，云系剖面北侧上部似云砧飘出(9～12km 高度、29.5°N 附近)，云系垂直方向似有 3 个云柱，其中南侧的偏矮、坡面上的最深厚、喜马拉雅山脊上的也较深厚，还可见云剖面上无云区和地表的强回波(反射率因子大于 10dBZ)；按照上述 CBP 定义、消除地面和无云回波后，CBP 如图 6.1.2(c)所示；参照 Bacmeister 和 Stephens(2011)的定义，可计算得到 CBP 的几何参数[如云顶的最大高度 H_t 和最低云底 H_b、最大水平长度 L_{max}(CBP 的第一个和最后一个像元之间的距离)、最大厚度 $D(H_t–H_b)$、侧面积 S]和物理参数[如 CBP 的最大反射率因子 Z_{max}(云团/云簇的)、平均反射率因子 Z_{av}]，还可通过逐层计算，得到 CBP 的平均反射率因子廓线。

采用识别的云体剖面 CBP 研究云垂直结构，与以往利用 CPR 探测的廓线(原始数据)研究云垂直结构迥然不同。前者研究整个云体剖面，代表了云体(也是实际中最小的云单位)的特性，而后者研究云体内多条廓线，未能反映整个云体剖面的特性。因此，通过统计在某一地区识别的众多 CBP 样本，可得到该地区具有代表性云体的垂直结构特征。此外，将 CBP 认为是云团/云簇(cloud cluster，CC，如 Zhang et al.,

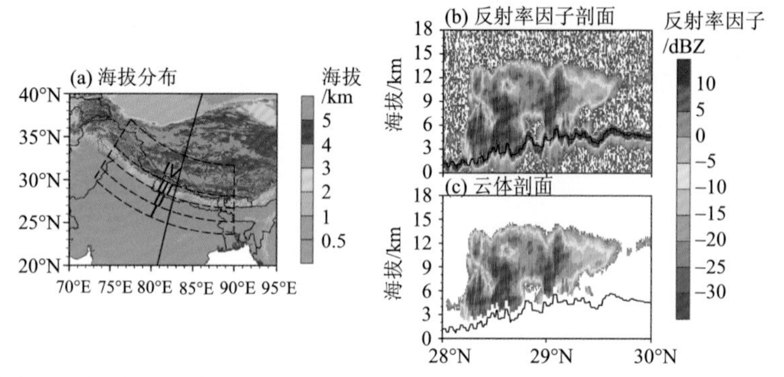

图 6.1.2　青藏高原-喜马拉雅-印度北部海拔分布和 CPR 沿(a)中黑实线探测的深厚对流云的反射率因子剖面和识别的云体剖面(引自 Chen et al., 2017)

(a)中黑实线为 2006 年 6 月 23 日 CPR 探测位置，CPR 的轨道号为 00802；(b)和(c)中黑细实线为地面海拔

2010b, 2014；Bacmeister and Stephens，2011；Luo et al.，2011；Igel et al.，2014)也不妥，云团/云簇为水平面上分布的云块，可以在可见光通道或红外通道上观测到一定面积的反射率或亮温的分布，而 CPR 只探测水平分辨率为 1.1km、垂直分辨率为 240m 云的垂直结构，无法给出云团/云簇的水平面积(除非云的水平面积为 CPR 的水平分辨率)。

利用 2006～2010 年夏季 CPR 探测结果和上述 CBP 识别方法，在四个扇形区识别的 CBP 个数如表 6.1.1 所示，其中分开了中午和子夜识别的 CBP 数量；CPR 廓线总数为表中括号内值，可见各区中午和子夜 CPR 探测的廓线总数相当，差异小于 10%；但在四个区域识别的 CBP 数量不等，在 FGP(I 区)和 FHH(II 区)，中午和子夜的 CBP 数量相当，中午为 800 多个、子夜为 700 个左右，中午多出 100 个；而在 SSSH(III 区)和 HTPT(IV 区)，中午 CBP 数量明显多于子夜，两个区域中午分别为 1234 个和 2078 个，子夜分别为 994 个和 1468 个。总体上四个区域(尤其在 III 区和 IV 区)中午的 CBP 数量多，说明中午水汽条件和大气上升运动等因素的成云能力强。

表 6.1.1　在恒河平原(FGP)、喜马拉雅山麓(FHH)、南喜马拉雅山麓(SSSH)和喜马拉雅-青藏高原(HTPT)CPR 中午和子夜识别的 CBP 数量

地方时间	FGP	FHH	SSSH	HTPT
13:30	835 (48528)	814 (51871)	1234 (43812)	2078 (96386)
01:30	707 (51389)	693 (53006)	994 (39535)	1469 (101224)

注：括号中为 CPR 廓线总数。

6.1.2 云体剖面的统计特征

通过计算云体剖面(CBP)的最大高度 H_t、侧面积 S、最大反射率因子 Z_{max} 和平均反射率因子 Z_{av} 的概率密度分布(DPD)，得知中午 13:30(地方时)H_t 分别在 FGP 和 FHH 上空 3km 和 15km 高度存在两个峰值，比例皆为 20%左右，分别代表这两个区域低云和高云常出现的高度。Riley 和 Mapes (2009)研究发现热带地区信风气流偏转区存在与低云和高云相关的两个峰值，这两地的差异体现了云的地域性特点。在 SSH 和 HTPT 上空，由于气流沿坡面爬升，低云的云顶高度分别增加到 7km 和 9km，且高云的峰值减小，即这两个区域高云比例少(只有 10%左右)。CBP 最大回波强度的 DPD 也显示明显的双峰分布，尤其在 SSSH 和 HTPT 更为明显，峰值均对应–15dBZ(次峰)和 15dBZ(主峰)，前者对应云粒子小的云，而后者对应云粒子较大的云，且出现比例最大；在海拔较低的 FGP 和 FHH 区，–15dBZ 的 DPD 峰值最大，15dBZ 的 DPD 峰值次大，说明低海拔的 FGP 和 FHH 区云粒子较小。CBP 平均回波强度的 DPD 曲线表明从云体剖面平均回波而言，不论低海拔区还是高海拔区，云体剖面内以小粒子为主，DPD 峰值对应–23dBZ 的反射率因子。由此可见，不仅要看云体剖面平均回波强度，还要看云体剖面的最大回波强度，才能更好地认知云结构特征。在四个扇形区，当 CBP 侧面积 S 大于 20km^2 时，随着 S 的增加，DPD 数值显著降低，即云体剖面垂直面积越大，这类云的数量越少；但在 FGP 和 FHH 区，S 在 10～20km^2 范围内时，随着 S 的增大，这类云的比例增多，云体垂直剖面 S 为 20km^2 为这两个低海拔区最多的云(Chen et al., 2017)。

子夜 01:30(地方时)云体剖面(CBP)的最大高度 H_t、侧面积 S、最大反射率因子 Z_{max} 和平均反射率因子 Z_{av} 的概率密度分布(DPD)表明，四个扇形区域 CBP 的四个参数 DPD 曲线分布型与中午的相近，但在 FGP 和 FHH 区，DPD 峰值对应 CBP 的最大云顶高度略有下降(1～2km)，具有大面积 S 和高 Z_{av} 的 CBP 比例也有所减少，Z_{max} 在 10～20dBZ 处的 DPD 峰值几乎消失，而在–20dBZ 的 DPD 峰值却增大，这说明 FGP 和 FHH 区子夜面积和粒子小的 CBP 比中午多。在 SSSH 和 HTPT 区，与中午相比，云顶高、面积大的 CBP 比例虽然下降，但最大反射率因子 Z_{max} 和平均反射率因子 Z_{av} 大的 CBP 比例增大，说明喜马拉雅山脉南坡至青藏高原南部夜间云内的粒子变大，很可能是云顶夜间辐射冷却增强，云内粒子下沉碰并增长过程，导致云内大粒子增大。这也许是此处夜雨多的云物理原因(Chen et al., 2017)。

计算的雷达的反射率因子概率密度随高度的分布(DPDH)表明,四个区域的云反射率因子随高度分布存在明显的差异，同一区域在中午与子夜也存在差异。在低海拔地区(FGP 和 FHH)，中午对流层低层(4km 以下)存在概率密度高于 0.12%且反射率因子分布在–25～–5dBZ 的低云(对流云)，在对流层高层(12～16km)则存在概率密度高于 0.12%且反射率因子分布在–25～–15dBZ 的高云(深对流云顶或卷云)；在子夜这两个区域低层的对流云比例明显减少，这是夜间地面感热强迫减弱、大气变得相对稳定的结果，而高云比例却显著增加，这很可能是午后对流残存的卷云增多的结果。DPDH 显示对流层中高层(4～10km)反射率因子 0～10dBZ 的凸出部分回波(FHH 区中午和子夜均很明显)与 Bacmeister 和 Stephens(2011)给出的西太平洋暖池和东太平洋的深厚对流凸出部分回波类似，应该产生于液态云粒子或冰水混合云粒子，这些云粒子位于深对流中。

高海拔的 SSSH 和 HTPT 区，它们的 DPDH 有别于低海拔地区，且两者之间也存在明显差异，在 SSSH 地面上至 7km 高度、HTPT 地面上至 9km 高度，不论中午还是子夜，概率密度大于 0.12%的云回波强度均强于低海拔地区对流层低层(5km 以下)云的回波强度，说明了地形高度升高对云粒子增大的作用。将中午和子夜进行比较，子夜两地区近地面云回波信号变大(大于 0dBZ)的比例增多，与这里夜雨多一致(Bhatt and Nakamura，2006)。此外，中午和子夜 DPDH 的分布表明最深厚的云出现在低海拔区，高原上的云深厚度最小(Chen et al., 2017)。这与后面叙述的降水云结构深厚度沿这四个区域的变化一致(Fu et al., 2018)。

6.1.3 云顶和云底的高度

青藏高原向南经喜马拉雅山脉南坡至其山麓区、印度北部平原区的 CBP 云底高度和云顶高度，是云整体性外观的表征，这比用单个云廓线来统计云顶和云底高度更符合实际情况。对四个扇形区东西方向平均的 CBP 云顶和云底高度、最大回波强度和面积沿南北方向分布的计算表明，自印度北部 FGP 向北至 HTPT 上，CBP 的云顶高度 H_t(云底高度 H_b)在 FGP 区达到 9km 以上(接近 6km)，在达到 FHH 区之前 H_t(H_b)升高 10km(6km)，然后到达 SSSH 时，H_t(H_b)迅速降低至 8km(5km)左右，之后随着海拔的升高而升高，在喜马拉雅山脊至高原南部上空达到最高，为 10km(7km)左右；印度北部平原与青藏高原南部的云层厚度大约减小了 0.5km，喜马拉雅山脊上空的云层厚度减小更多。CBP 的最大回波强度 Z_{max} 自 FGP 区(–6dBZ)至 FHH 区(–5dBZ)增加，而在 SSSH 区快速增加(从–4dBZ 增到 2dBZ)，然后在高原南部减小至–2dBZ，说明云在爬越喜马拉雅山脉南坡时，云中粒子不断长大，这与暖湿季风气流阻挡在喜马拉雅山脉南坡的气流辐合环境相关，水汽充足、爬升凝结，有利于云粒子生成(Fu et al., 2018)。CBP 面积自印度北部 FGP 区至喜马拉雅山脉山麓由 140km^2 增大到 180km^2，随后在南坡中上部迅速减小至 90km^2，自山脊到高原南部又逐渐增大。CBP 面积、云顶高度和云底高度在喜马拉雅山脉南坡急剧减小，而回波强度增大，说明这里云体小，但云水量不小，是否意味着云粒子数密度大，还需要进一步观测证实。

子夜 CBP 的云顶高度 H_t、云底高度 H_b、最大回波强度 Z_{max}、侧面积 S 随地形海拔的变化曲线表明，子夜印度北部至喜马拉雅山脉南坡的 CBP 云顶高度 H_t 和云底高度 H_b 均比中午高，而在山脊和高原南部比中午低。前者可以用山谷风环流解释，夜间喜马拉雅南坡近地面的下滑气流(山风)与暖湿爬流相汇，加强了近地面气流辐合，有利于云顶和云底高度的抬升，这时会时常伴随夜雨(Pan et al., 2021)，这很可能和 Yu 等(2007)发现的高原东侧夜雨峰值的产生机理一致；后者则与高原上的感热有关，白天山脊至高原因太阳辐射，地面的感热会使云顶和云底高度升高。而 CBP 的面积在印度北部 FGP 区北边迅速减小至 160km^2，然后至山麓北部迅速增大到近 220km^2，随后在南坡上又迅速减小到 100km^2，并在山脊上达到最小 95km^2，之后增大至青藏高原南部达 140km^2 以上，说明南坡多存在夜雨，云体不大，但云中含水量却大，同样也需要进一步观测证实。

通过计算并分析 CBP 的 H_t、Z_{max} 和 S 之间的关系，可了解云顶高度和最大回波强度对 CBP 面积 S 的表征能力。结果表明不论中午还是子夜，CBP 的面积 S 随着 H_t 和 Z_{max} 的变化主要分布在三个区域：Z_{max} 小于 0dBZ 且 H_t 大于 10km、Z_{max} 大于 0dBZ 且 H_t 大于 10km、H_t 小于 10km，它们分别对应高云(卷云的可能性大)、深厚对流云和中低云。研究还发现不论中午还是子夜，中低云的 CBP 面积减小，其中子夜喜马拉雅山脉南坡 SSSH 区和高原上尤为明显，这两处 S 多小于 10km^2；且中低云的 H_t 也随着海拔升高变得更加集中分布，如在 SSSH 区上空主要分布在 4～6km，而在 HTPT 区主要分布在 7～8km。高云 CBP 的面积 S 主要小于 30km^2，且其云顶高度 H_t 随着地形海拔升高而有所降低，HTPT 区的 H_t 较低海拔的 FGP 和 FHH 大概降低了 1km，且数量也减少。深厚对流云 CBP 的面积 S 多大于 100km^2，且子夜 S 比中午的大，子夜 S 大于 1000km^2 的数量多；在低海拔的 FGP 和 FHH 区，它们的回波强度分布宽，而在高海拔的 SSSH 和 HTPT 区，它们的回波强度主要集中在 10～20dBZ，而它们的云顶高度 H_t 可超过 17km，成为穿透性对流。

6.2 降水特征

喜马拉雅山脉南坡陡峭地形对降水的强迫效应一直为科学家们所关注。以往的研究表明喜马拉雅山脉南坡陡峭的山坡迫使暖湿气流上升，使大部分水汽凝结成云，形成一个强雨带，夏季经常伴有深厚对流(Bookhagen and Burbank, 2010)。Barros 等(2000)认为中尺度对流系统与海拔 1～2km 的陡峭地形之间存在强烈的相互作用；Barros 等(2004)发现从几千米到近千千米的空间尺度范围内，季风降水的时空变化受到地形分布的显著影响；Anders 等(2006)指出降水空间分布梯度受到喜马拉雅山脉地形的强烈影响，如以地面饱和水汽压与地形坡度的乘积来定义地形强迫因子，则那里的降水与该因子之间存在正相关关系。Bookhagen 和 Burbank(2010)观察到印度北部的恒河平原区(海拔低于 500m)存在 6 倍的东西向降水梯度变化，而在喜马拉雅山脉(海拔 500～5000m)降水没有这样的梯度变化。Shrestha 等(2012)发现季风期喜马拉雅山脉陡峭南坡上存在两个显著的降水峰值，分别位于亚喜马拉雅山脉的山麓区(500～700m)和小喜马拉雅山脉(2000～2200m)区。然而，认知喜马拉雅山脉陡峭南坡地形如何作用于降水，就必须系统地了解从印度北部的恒河平原至喜马拉雅山脉的山麓、南坡陡峭坡面、喜马拉雅山脊-青藏高原降水的水平分布(降水强度、降水频次等)和垂直结构(回波结构、云顶相态等)特征。

6.2.1 降水频次和强度的分布

包括图 6.1.1 中四个扇形区在内的 35°N 以南的青藏高原及周边区域雨季(1998～2012 年 5～8 月)的平均降水强度和降水频率的空间分布如图 6.2.1 所示，平均降水率和降水频次的统计方法见文献(傅云飞等，2008b)。结果表明平均降水率从 FGP 区的 4mm·h^{-1} 增加到 FHH 区的 5.5mm·h^{-1}，然后在 SSSH 区南部减少到 3～4mm·h^{-1}，在 SSSH 北部进一步减少到 1.5～2.5mm·h^{-1}，并继续在 HTPT 区减小到 2mm·h^{-1}。因此得出结论：最大的平均降水强度位于 FHH 区，最弱的平均降水强度位于 HTPT 区。这一结果进一步明确了先前关于喜马拉雅山脉低海拔地区出现暴雨的研究结果(Houze Jr. et al., 2007)。

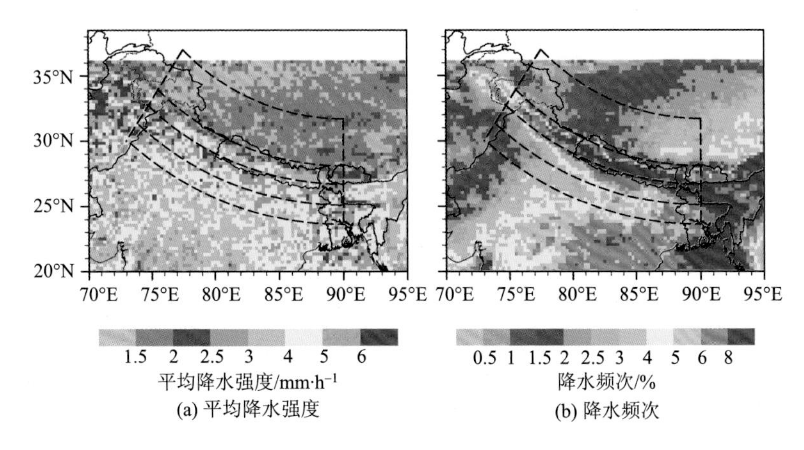

图 6.2.1　平均降水强度和降水频次的空间分布(引自 Fu et al., 2018)

在 0.25°格点进行统计计算

统计计算的降水频次空间分布表明 SSSH 区出现了一个高频次区(超过 8%)，该高频次区向孟加拉湾北部地区延伸；而 FGP 区和 FHH 区的降水频次比 SSSH 区小。FGP 区和 FHH 区东段靠近孟加拉湾，这里的高频次降水与季风低压东北部偏东气流造成的孟加拉湾暖湿气流输送有关。在 HTPT 区西段(83°E 以西)降水频次通常少于 2%，而东段的降水频次则超过 2.5%；研究表明青藏高原东部降水频次高与高原深厚对流降水东移活动有关(潘晓和傅云飞，2015)。此外，图 6.2.1(b)显示在喜马拉雅山脉北侧存在一个低降水频次带(小于 2%)，这由季风爬升至喜马拉雅山脉后，在山脉北侧气流下沉所引起，即气流背风坡效应，在图 6.2.1(a)中这里的平均降水率为 1.5～2.5mm·h^{-1}，比高原上的稍大。该现象与 Xie 等(2006)发现的亚洲季风系统中大尺度有组织对流分布、傅云飞等(2008b)发现的季风期缅甸西部山区和越南西部山区降水分布受到狭窄山脉强迫的现象类似，说明背风坡效应不受地形海拔的影响。

6.2.2 降水垂直结构

从 FGP 区到 HTPT 区地形变化复杂，是研究地形作用于降水垂直结构的理想地区。图 6.2.2 为沿四个扇形区平均的雷达反射率因子、降水回波顶高度频次和反射率因子大于 40dBZ 的频次。该图显示最大平均回波大于 26dBZ 主要出现在 FHH 区、FGP 区和 SSSH 南部的 4km 以下高度，而高于 28dBZ 的回波区位于 FGP 区北部和 FHH 区的近地面上空，说明这两个区域的降水强度最大，尤其在 FHH 区，这一结果与图 6.2.1(a)的结果一致。在 SSSH 区近地面 2km 高度内的平均降水回波一般小于 22dBZ，与 FGP 和 FHH 区上空 5～6km 高度的回波比较接近。SSSH 区北部的平均回波强度小于 24dBZ，说明该区以弱降水为主，这和图 6.2.2(a)显示的一致。整个 HTPT 区高于 24dBZ 的回波则位于 6～8km。回波频次的最高高度分布表明在 FGP 和 FHH 区最高，超过 16km，而由 SSSH 区南部的 16km 迅速降低到 12km，然后在 HTPT 区稳定于 14km 左右。一般来说，非高原地区夏季海拔 5～6km 的高度为融化层高度(Houze Jr. et al.，2007；Fu and Liu，2007)，图 6.2.2(a)中 FGP 区经 FHH 区到 SSSH 区南部的 5km 高度 20dBZ 均匀层大体对应此高度；SSSH 区北部平均回波最弱，也没有这样的稳定层，说明喜马拉雅山脉南坡上部的降水结构特殊；在 HTPT 上空均匀的 20dBZ 层高度约为 7.5km，而此高度对应第 5 章讨论的高原大气边界高度，该高度至地面的大气温度露点差小(潘晓和傅云飞，2015)。

从图 6.2.2(b)的降水回波顶高度(ETA)频次来看，降水最深厚的地区也是位于低海拔区，即 FGP 和 FHH 区，高于 12km 的频次可达 0.5%，这些区域的 ETA 最高可达 17km，而大多数降水(超过 3%)的 ETA 在 5～9km，这里 ETA 的最大频次高度接近 5.5km。总体上，FHH 区的 ETA 稍高。从 FHH 区北部至 SSSH 区中部，ETA 最大频次高度基本不变(5.5km)，但 10km 高度以上频次小于 1%的 ETA 高度明显下降，频次边沿从 16km 下降到 12km，而 SSSH 区北部的 ETA 最大频次高度从 5.5km 升高到 7km，且频次边沿高度最低(11.5km)，说明喜马拉雅山脉南坡的上部深厚降水最少。SSSH 区北部与 HTPT 衔接区，ETA 最大频次高度由近 7km 上升，然后整个 HTPT 区稳定在 7.5km 左右；ETA 频次高于 8%的区域也主要位于 SSSH 区北部至整个 HTPT 区，而在 HTPT 区 ETA 频次小于 0.5%的边沿高度也低于 14km，说明青藏高原与非高原的 FGP 和 FHH 区相比，降水深厚度小。

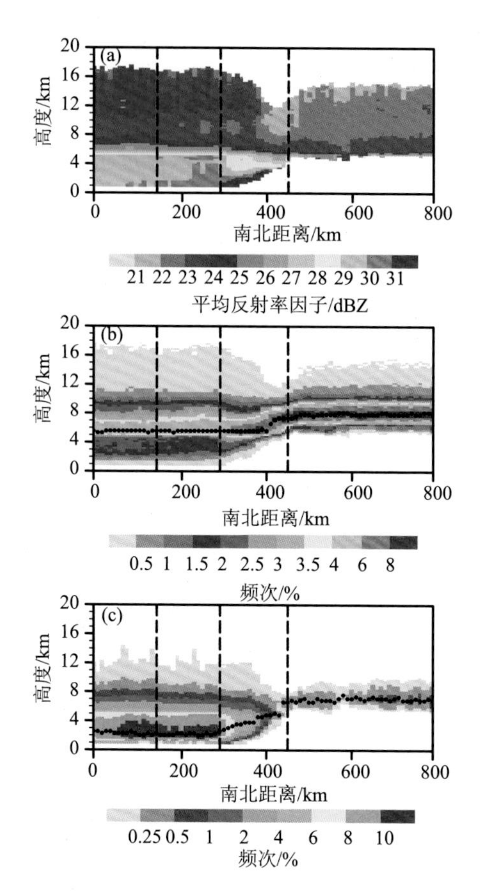

图 6.2.2 垂直于喜马拉雅山脉的雷达探测参数在南北向垂直剖面上的分布(引自 Fu et al., 2018)

(a)平均反射率因子，(b)降水回波顶高度频次，(c)反射率大于 40dBZ 的频次；x 轴的分辨率为 0.1°，y 轴的分辨率为 0.25km。图中长虚线是区域之间的边界，(b)和(c)中的黑色虚线表示最大频次

再看雷达反射率因子大于 40dBZ 的频次分布，图 6.2.2(c)表明在 FGP 和 FHH 地区 2～5km 高度，这类强度的回波频次最高，超过 6%，其中超过 10%的极值位于 FHH 区和 FGP 区北部低空，而频次的最大高度可达 12km 以上。同样说明这两个区域强降水且最深厚降水出现的比例最高；而在 SSSH 区南部和北部这类强度回波出现的频次分别小于 4%和 2%，最大高度由 12km 降低到 8km；在 HTPT 区，大于 40dBZ 的回波高度通常低于 8km，频次低于 1%，说明青藏高原发生回波高于 40dBZ 的暴雨少。早年的研究指出气流经过 SSSH 爬升过程，凝结耗损水汽，使得高原上空气中的水汽含量减少(Wang and Gaffen, 2001)。

总体上，低海拔的 FGP 和 FHH 区的平均雷达反射率因子大，伸展高度高，回波顶高度也高，强反射率因子出现比例高；而喜马拉雅山脉南坡北部至高原主体衔接处的平均雷达反射率因子最小，伸展高度最低，回波顶高度最低，强回波比例最少；青藏高原上平均雷达反射率因子小，降水深厚度也小。

计算的四个扇形区域的雷达反射率因子 DPDH 表明 FGP 和 FHH 区降水在垂直方向上具有四层结构，即地面到 2.0km、2.0～5.5km、5.5～7.0km、高于 7.0km，分别代表了降水粒子下降过程中破碎或蒸发过程、粒子碰并增长过程、冰水粒子混合过程(融化或冻结)过程、粒子冰晶过程。这与 Liu 和 Fu (2001)及 Fu 和 Liu (2003)总结的东亚地区、热带和副热带陆地与海洋的降水垂直结构特征相似。Houze Jr.等(2007)也曾利用类似方法分析喜马拉雅山脉西部、中部和东部的降水垂直结构，但他们没有将 SSSH 区作为整体考虑，来分析这里降水的 DPDH 特点。尽管 FGP 和 FHH 区的 DPDH 外形类似，但两者存在细节上的差异，如 FHH 区比 FGP 区的第三层概率密度大(回波小于 28dBZ、5.5～7km 高度)，这意味着 FHH 区的降水云中在这个高度多出现冰水粒子的混合，说明降水过程大气垂直运动变化剧烈(Fu et al., 2018)。

SSSH 和 HTPT 区的 DPDH 外形与 FGP 和 FHH 区的不同表现在 FGP 和 FHH 区清晰的融化层亮带在 SSSH 区变得模糊，而在 HTPT 区则完全消失。SSSH 区的降水在垂直方向上只有三层，缺少非高原地区降水碰并增长过程的层次，而 HTPT 区降水在垂直方向上只有二层，即 7.5km 以上层和 7.5km 以下层，这与 5.1 节分析的一致。我们推测 FHH 区降水强，消耗了大量的水汽，残存的水汽沿 SSSH 区上升，成云后云中水粒子长不大，抑制了粒子的合并增长，这可能是 SSSH 区降水强度弱[图 6.2.1(a)]、降水频次高[图 6.2.1(b)]的原因。在 SSSH 区的 5.5～7km 高度、小于 28dBZ 为高概率密度区，表明该高度层经常出现小粒子。

为进一步认识青藏高原、喜马拉雅山脉南坡及其南边非高原区降水深厚度的差异，图 6.2.3 给出了降水回波顶高度超过 12km 的深厚降水出现频次、平均回波顶高度(ETA)和回波顶高度前 5%的平均高度，统计计算仍为 0.25°的空间分辨率；为确保统计显著性，每个 0.25°格点中的样本量必须大于 20 个。计算结果表明深厚降水多发生在 FGP、FHH 和 HTPT 区的偏东部，出现频次为 0.1%～0.6%，而 SSSH 区南部有少量深厚降水；平均的 ETA 在 FGP 和 FHH 区为 13～15km，在 HTPT 区则小于 14km；深厚降水回波顶高度前 5%的平均高度显示，FGP 区在 14.5km 以上的比例较多，FHH 区在 13～14km 的比例多，HTPT 区则小于 13.5km，然而在 SSSH 区出现完整的低于 12km 高度带。上述结果验证了 Park 等(2007)提出的深厚对流位于南亚次大陆的观点，而喜马拉雅山脉南坡降水深厚度小的原因还需要地基仪器观测研究来揭示。

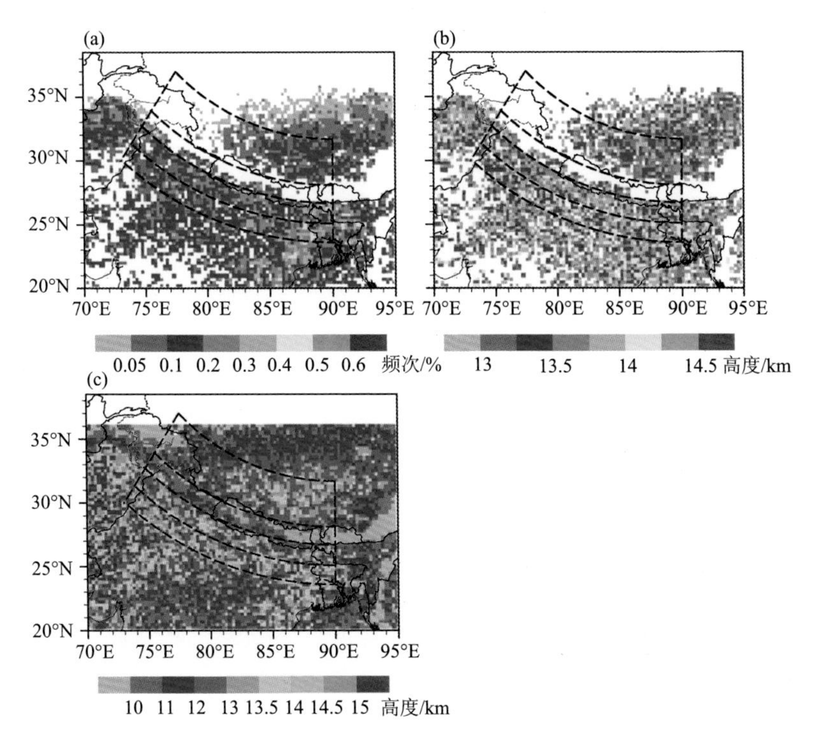

图 6.2.3 深厚对流(回波顶高度大于 12km)发生的频次(a)、相应的平均高度(b)及深厚对流回波顶高度前 5% 的均值(c)(引自 Fu et al., 2018)

6.2.3 云顶相态特点

降水回波顶高度大体上能表明云顶的相态，但由于云顶云粒子尺度小，微波雷达不能探测到这些粒子，而能探测到的粒子通常比云顶高度低，因此回波顶高度(ETA)低于云顶高度。卫星搭载的热红外通道(如 10.8μm)的波长短，它可以测到云顶粒子发出的热辐射，并由此推断云顶温度(相态)。PR 探测的降水回波顶高度的平均高度如图 6.2.4(a)所示，平均 ETA 在 HTPT 区最高(超过 8.0km)，在 FGP 和 FHH 区为 6.5～7.5km，而在 SSSH 区西段为 6.5～7km、东段低于 6.5km，可见青藏高原的地形抬升了降水云的回波顶高度，使高原上云顶高耸。与 ETA 相对应的 VIRS 的可见光通道 0.65μm 的反射率（RF1）、近红外通道 1.65μm 的反射率（RF2）和热红外通道 10.8μm 的辐射亮温（$TB_{10.8}$）如图 6.2.4（b）～（d）所示，这些通道均表征了云顶信息，如 RF1 高值表示小的云粒子，RF2 低值则表示冰云，$TB_{10.8}$ 低于 233K 表征冰云，而高于 273K 为水云。

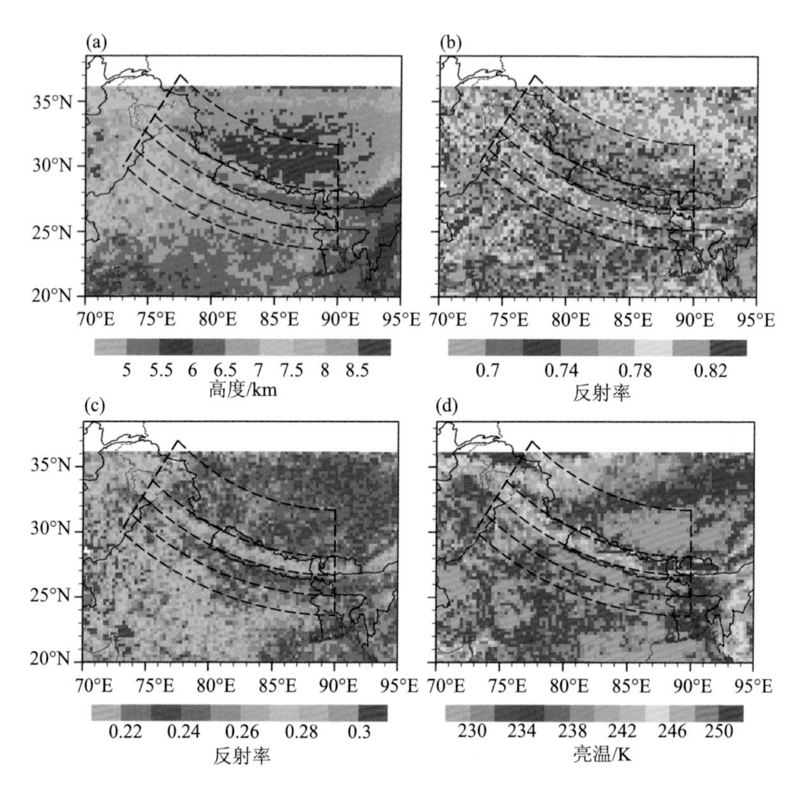

图 6.2.4 平均降水回波顶高度（a）、可见光通道 0.65μm 反射率 RF1（b）、近红外通道 1.65μm 反射率 RF2（c）和热红外通道 10.8μm 辐射亮温（d）的空间分布（引自 Fu et al., 2018）

这三个通道信号分布显示 FGP 区（特别是中段和东段）的 RF1 较小（大部分小于 0.8）、RF2 较大（大部分高于 0.25）、$TB_{10.8}$ 则低于 233K；相比之下的 FHH 区 RF1 较大（大部分大于 0.8）、RF2 较小（大部分低于 0.25）、$TB_{10.8}$ 也低于 233K；而在 SSSH 区，RF1 小（大部分小于 0.72）、RF2 大（大部分高于 0.26）、$TB_{10.8}$ 则高于 248K；在 HTPT 区，大部分 RF1 为 0.74～0.78、RF2 低于 0.26，除 HTPT 区西部 $TB_{10.8}$ 高于 240K，其他部分低于 233K。上述结果说明 SSSH 区的云顶粒子较大、冰水混合，很可能与因 SSSH 区坡面强迫而产生强烈上升运动有关（Houze Jr. et al., 2007）。而低海拔 FGP 区云顶粒子较大且冰相粒子相对少，FHH 区云顶粒子小且冰相粒子相对多，HTPT 区中部和东部云顶冰相粒子多且粒子小。

将云顶按照热红外通道 10.8μm 的辐射亮温大小进行分类：液相($273K < TB_{10.8}$)、冰水混合相($233K < TB_{10.8} < 273K$)和冰相($TB_{10.8} < 233 K$)。按照上述分类，统计的三种云顶相态降水云出现的比例及相应的平均降水率表明，HTPT 区几乎没有液相云顶的降水，FGP 区液相降水云出现的比例低于 20%，在 FHH 和 SSSH 区的比例更低(低于 10%)；冰水混合相和冰相云顶的降水在 SSSH 区表现出明显的差异：冰水混合相的降水比例很高(高于 70%)，而冰相的降水比例最低(低于 30%)；在 FGP 和 FHH 区，冰水混合相云顶的降水比例为 30%～55%，冰相云顶的降水比例为 40%～60%；在 HTPT 区，其西部云顶冰水混合相的降水比例较高(超过 70%)，而东部云顶冰相的降水比例较高(超过 55%)。潘晓和傅云飞(2015)指出青藏高原上降水在东移过程中，深厚降水逐渐变成了深厚强降水，从而造成青藏高原东部云顶冰相的降水多。喜马拉雅山脉南坡陡峭地形上云顶冰相的降水比例少，这与传统理论认为陡峭地形抬升，易造成云内上升运动强烈，形成云顶为冰相的深厚降水的观点不同。在 6.2.5 节中将分析其原因。

平均降水率空间分布表明在 FGP 和 FHH 区，云顶液相降水云的平均降水率约为 2.5～3.5$mm \cdot h^{-1}$，在 SSSH 区小于 3$mm \cdot h^{-1}$，在 HTPT 区基本没有云顶液相的降水；云顶为冰水混合相的平均降水率，在 FGP 和 FHH 区为 3～5$mm \cdot h^{-1}$，在 SSSH 区小于 3.5$mm \cdot h^{-1}$，在 HTPT 区小于 2$mm \cdot h^{-1}$；与云顶液相和冰水混合相降水云相比，云顶冰相的平均降水率最大，在 FGP 和 FHH 区大于 4$mm \cdot h^{-1}$(大部分超过 6$mm \cdot h^{-1}$)，在 SSSH 区为 2～5$mm \cdot h^{-1}$，而在 HTPT 区则小于 2.5$mm \cdot h^{-1}$。总之，喜马拉雅山脉南坡的陡峭地形上，平均降水强度没有因陡峭地形的强烈动力抬升作用而很大，云顶不同相态对应的降水率在陡峭坡面的下方(山麓)及印度北部平原最大，而在喜马拉雅山脉以北的高原上平均降水率最小。

6.2.4 降水与海拔的关系

海拔对降水的影响，我们从它对植物的影响可见一斑，按照植物学的知识可知，从山脚至山顶植物大体按照阔叶林、针叶林、灌木林和草甸进行分布，这与大气温湿风随海拔的分布密切相关。依据大气物理学原理，低海拔区的大气温度相对高、湿度大，随着海拔的升高，大气温度按照每千米6.5℃的递减率降低；而大气绝对湿度(含水量)与大气温度相关，大气温度高则大气中的含水量高，反之亦然。由此可见，地形海拔对降水产生影响，这也是第5章所述青藏高原降水量小的重要原因。不仅如此，为数不多的研究还表明喜马拉雅山脉南坡陡峭而复杂的地形，导致这里及附近地区降水存在显著的区域性差异(Houze Jr. et al., 2007)。然而，喜马拉雅山脉南坡陡峭地形的海拔对这里的降水强度有怎样的影响呢?

为了更好地理解从FGP区向北至HTPT区地形对降水的影响，对图6.1.2(a)中各扇形区的降水频次、降水率及地形指数进行沿喜马拉雅山脉走向的平均，绘制它们南北向的分布曲线(图6.2.5)。降水频次随海拔变化的曲线表明FGP区的降水频次向北由4.5%减小到4%，随后降水频次从FGP区与FHH区的交界处向北增大，在FHH区与SSSH区衔接处的降水频次达到7%，在SSSH区中部迅速增大到10%，然后急剧下降，在HTPT区与SSSH区衔接处为1.5%，之后在HTPT区维持此频次。平均降水率从FGP区的南部($4.3mm·h^{-1}$)向北增加到FHH区与SSSH区的衔接处($5.5mm·h^{-1}$)，然后在SSSH区从$5.5mm·h^{-1}$下降到$2.0mm·h^{-1}$，随后在HTPT区保持在$1.6mm·h^{-1}$左右。地形指数的变化与地形陡峭程度一致，它在FGP区和FHH区基本保持在0.02，对应这里的平原区和山麓区，随后在SSSH区迅速增大到0.56，然后在喜马拉雅山脊北侧迅速减小至0.3左右，在高原南部保持在0.25左右，而在高原中部则减小到小于0.15。

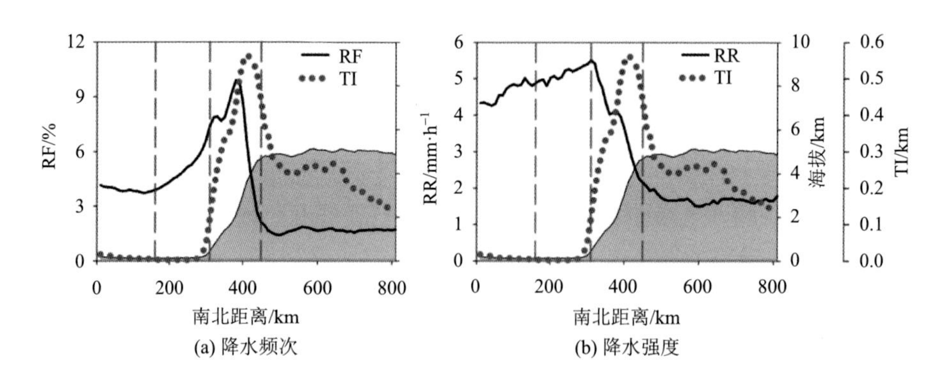

图6.2.5　各扇形区的降水频次(RF)、降水率(RR)及地形指数的南北向分布(取扇形的东西向平均)(引自Fu et al., 2018)

图中灰色填色为平均地形高度，灰色实心点为平均地形指数TI，灰色竖虚线为图6.1.2(a)中所划分区域I、II、III和IV的界线

总之，在 SSSH 区，地形指数变化并不随海拔的升高而单调增加，其峰值位于海拔 4km 处；在地形指数峰值的南边，地形指数随海拔升高而增大，在其峰值北边则相反。降水频次峰值在地形指数峰值之前，即降水频次最高值出现在 SSSH 区中部。降水频次在 SSSH 区存在两个峰值(FHH 区与 SSSH 衔接处，海拔为 0.6km；SSSH 区中部，海拔为 2.5km)，这与 Shrestha 等(2012)提出的喜马拉雅两级地形有关，即喜马拉雅次区和喜马拉雅主区。平均降水率在喜马拉雅山脉山麓区最大，而不是在传统上的山腰区达到最大，相反地，在山腰区急剧减小。

对 1998～2012 年雨季 SSSH 区降水率(RR)、标准化的降水率(NNR1)和(NNR2)与地形海拔之间的关系的统计计算结果如图 6.2.6 所示，考虑地形坡度的变化，在 SSSH 区地形指数(TI)峰值南侧和北侧的两个子区域(TI 峰值的地形海拔为 4km)分别进行计算；统计计算以等样本方式进行，即取总样本的 5%为间隔。计算结果表明在 TI 峰值以南子区域，RR、NRR1 和 NRR2 的均值及标准差均随地形海拔升高而线性递减[图 6.2.6(a)～(c)]，拟合关系式分别为 RR=4.91–0.60TE、NRR1=0.76–0.10TE、NRR2=2.32–0.33TE(TE 为地形海拔，单位：km)。该图显示当海拔低于 0.2km 时，RR、NNR1 和 NNR2 随地形海拔升高略有增大，这对应 FHH 区的降水率情况；当地形海拔从 0.2km 升高至 4.0km 时，三者线性减小，并在 4.0km 达到最小。在 TI 峰值以北子区域，地形海拔低于 4.5km 时，随着地形海拔升高，RR、NNR1 和 NNR2 单调减小；当地形海拔高于 4.5km 时，RR、NNR1 和 NNR2 则稍有增大；总体上，RR、NNR1 和 NNR2 随地形海拔按照三次方幂律减小，说明喜马拉雅山脉南坡地形高于 4.5km 的区域降水强度特殊。上述统计时，地形海拔与 RR、NNR1 和 NNR2 之间的相关系数大于 0.99，通过了 99%的 t 检验信度。

上述表明海拔 0.2km 可以视为平原与山地边沿的过渡区，该过渡区地形海拔比先前研究指出的高度低(Bookhagen and Burbank, 2010)，而海拔 4.5km 可视为地形升高减小降水强度的极限高度。必须指出在 SSSH 区划分南北两个子区域时，以 4km 的平均海拔为准，可实际上北部子区域有一些地方的海拔低于 4km，这就是图 6.2.6(d)～(f)中 x 坐标出现高度低于 4km 的原因，同时也证实了图 6.2.6(a)～(c)中结果正确。

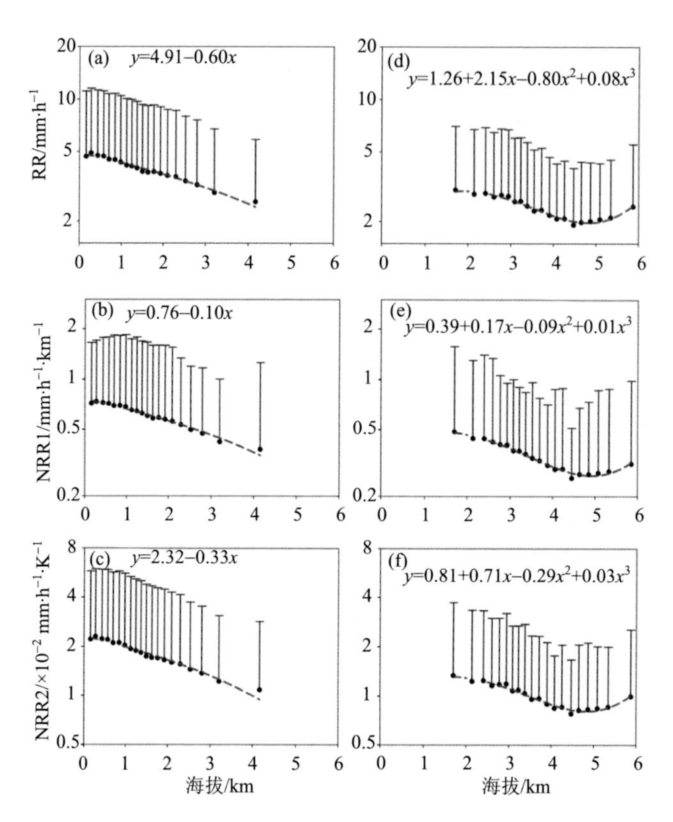

图 6.2.6　SSSH 区降水率 RR[(a)：TI 峰值南侧，(d)：TI 峰值北侧]、标准化的降水率 NNR1[(b)：TI 峰值南侧，(e)：TI 峰值北侧]和 NNR2[(c)：TI 峰值南侧，(f)：TI 峰值北侧]与地形海拔之间的关系(引自 Fu et al., 2018)

左图中线性关系和右图三次函数关系分别为 RR、NNR1、NNR2 对地形海拔的拟合数学关系

6.2.5　机理分析

以往的研究认为，青藏高原地表感热加热其上空大气，导致空气膨胀和上升运动，从而带动周边(包括喜马拉雅山脉以南的广大地区)空气向高原地区流动，即青藏高原的气泵抽吸作用，其结果导致高原南部包括喜马拉雅山脉南坡的水汽聚集，形成局地强降水。然而，Wang 等(2016)的研究表明当抑制青藏高原地面感热时，喜马拉雅山脉南坡上空仍存在较弱的大气上升运动和降水；因为抑制地面感热将导致地表变冷，使得饱和比湿度降低，而相对湿度增加；而喜马拉雅山脉南坡的大气弱上升运动导致的对流降水，其相变潜热释放则进一步加强了大气上升运动。因喜马拉雅山脉南坡地区的气象站稀少，目前还难以用观测数据来证实数值模拟结果。但

借助观测数据与模式模拟相结合的再分析资料，可以了解青藏高原南部包括喜马拉雅山脉南坡地区的大气环流特征。Wu 等(2007) 曾分析 NCEP/NCAR 再分析资料，指出了青藏高原上空大尺度和长期的月平均非绝热加热特征及它对大尺度环流的影响。

由于降水通常与云内的上升运动和适当的大气环流有关，大气的强烈上升运动是强降水发生的有利热动力条件，而下沉运动往往抑制降水(Houze Jr., 2014)。基于此，通过对再分析资料的大气垂直速度、相对湿度、比湿度、辐散度等参数进行分析，可了解高原南部包括喜马拉雅山脉南坡雨季降水与气象参数的关系。夏季南亚至青藏高原的子午向大气环流表明，在喜马拉雅山脉以南的 150hPa 以下高度，低层(约 4km 以下)季风暖湿气流和高层气流向北运动，在喜马拉雅山脉山麓以南、500～700hPa 高度，有一股向南的气流，它或许是低层向北流动的季风遇到山脉阻挡而出现的回流，如同海浪拍到堤坝后的回流。喜马拉雅山脉南坡(即前面定义的 SSSH 区)存在明显的上升运动(最大超过$-0.3\mathrm{Pa\cdot s^{-1}}$)，其厚度至少有 2km，紧贴坡面可见气流从印度北部向北爬升至青藏高原；厚度约 2km 的相对湿度层(相对湿度高于 70%)沿印度北部至喜马拉雅山脉和高原南部分布，但这一湿度层中的绝对湿度并不相同，高湿度区还是位于喜马拉雅山脉的山麓区及其南部，近地面比湿高达 $16\mathrm{g\cdot kg^{-1}}$，因为这里大气温度高，空气中的含水量就大，而喜马拉雅山脉南坡上的绝对湿度只有 8～$12\mathrm{g\cdot kg^{-1}}$，高原上更是小于 $8\mathrm{g\cdot kg^{-1}}$，这与前面分析指出坡面和高原上降水强度小吻合；印度北部平原 FGP 区和喜马拉雅山脉的 FHH 区 850hPa 以下、青藏高原地面至 450hPa 高度为大气辐合区，而陡峭南坡 SSSH 区为大气辐散区(最强值超过 $1.0\times10^{-5}\ \mathrm{s^{-1}}$)；涡度分布表明 FGP 区和 SSSH 区为正涡度控制区，而 FHH 区贴近地面处存在负涡度，对应弱的浅层辐散，高原上为弱负涡度区。总之，SSSH 区相对湿度较高、绝对湿度小、上升运动强、气旋辐散的特点，是这里降水强度小、降水频次高的原因。而 FGP 区和 FHH 区上空大气辐合辐散弱，但为较深厚气旋性环流(FHH 区为 925hPa 高度以上至 500hPa)，故上升运动较弱，这两个区较大的降水强度应与高比湿有关。

以示意图 6.2.7 来总结青藏高原南部—喜马拉雅山脉南坡—山麓—印度北部平原这四个不同地形上降水强度(云底雨滴大小表示)、频次(雨滴密集度表示)、回波顶高度(云顶高度表示)、大气低层水平运动(粗黑实线表示)、云中上升运动(红实线表示)与地形的关系。该图显示印度北部平原至喜马拉雅山麓区降水强度增大、降水云体变得深厚、云内上升运动强；而在喜马拉雅山脉南坡，降水强度小、频次高、云体变得浅薄、回波顶也低矮；在青藏高原南部，降水强度更小、频次更低、云体深厚度减小(尽管降水回波顶高度最高)。这一切的原因就是喜马拉雅山脉阻挡了季风向北推进，造成山麓大气湿度高，导致该区及其南边的印度北部平原区出现强降水、低降水频次、高降水回波顶和冰相云顶。印度北部平原和山麓区的强降水耗损了大量水汽，使继续爬升南坡的空气中水汽含量少，因此尽管南坡地形抬升强迫大，但只能造成降水频次高，降水强度却小。残存水汽上高原后，也只能造成弱降水强度。此外，由于青藏高原和喜马拉雅山脉南坡地形海拔升高，使得这里云体的垂直伸展高度受到限制，云粒子在垂直方向上的运动距离也就受到约束，云粒子长大的机会比非高原地区的少，这很可能也是青藏高原和喜马拉雅山脉南坡降水强度小的一个云物理学原因。

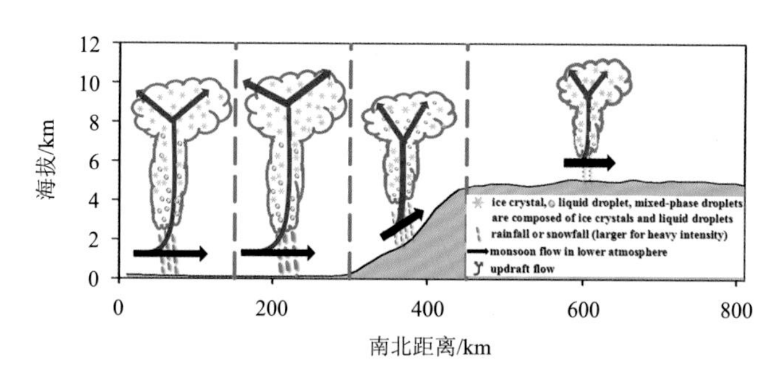

图 6.2.7 青藏高原南部—喜马拉雅山脉南坡—山麓—印度北部平原上降水强度(云底雨滴大小表示)、频次(雨滴密集度表示)、回波顶高度(云顶高度表示)、大气低层水平运动(粗黑实线表示)、云中上升运动(红实线表示)与地形的关系示意图

6.3 降水日变化特征

降水日变化具有区域性和全球性，它与区域及全球的天气和气候、地-气能量收支及水循环密切相关(Sorooshian et al., 2002; Fu et al., 2006; Yu et al., 2007, 2010; Chen et al., 2012b)，如某地降水频繁发生在日特定时间段，意味着该时间段的大气环境和物理过程有利于降水发生(Sorooshian et al., 2002)；研究降水日变化规律，可用来验证和提高天气模式预报和气候模式预测的准确性(Yang and Slingo, 2001; Chen et al., 2012b; Mao and Wu, 2012)。

已有研究表明下垫面对降水日变化具有重要的调节作用，如海陆地表差异在太阳辐射加热强迫作用下，造成海洋和陆地气温昼夜不同的变化，并引起海洋至陆地大气环流相应的变化，使下午和晚上在陆地上观测到最大降水，而清晨则容易在海洋上观测到最大降水(Nesbitt and Zipser, 2003; 傅云飞等, 2012; Yu et al., 2010)。而当海拔不断升高时，则会引起降水独特的日变化，即最大降水时间不是出现在低海拔陆面的下午(Fu et al., 2006)。因此，降水日变化很大程度上依赖于下垫面，地形地貌在调节降水日变化中发挥了至关重要的作用。

喜马拉雅山脉南坡地形陡峭而复杂，这里的降水日变化独特。有研究发现喜马拉雅山脉山麓区降水在凌晨最强(Bhatt and Nakamura, 2005; Singh and Nakamura, 2010)，这一现象与青藏高原上大气环流日变化有关(Chow and Chan, 2009)；研究还发现青藏高原和喜马拉雅山脉地区存在复杂的局地环流系统，包括山谷风和冰川风(Bhatt and Nakamura, 2005, 2006; Romatschke et al., 2010; Chen et al., 2012b; Zhang et al., 2018; Zhang et al., 2019)，它们对降水日变化影响大，如山地降水多发生在午后，而山谷降水多发生在夜间至凌晨(Barros et al., 2000; Barros and Lang, 2003; Fujinami et al., 2005; Yu et al., 2010; Zhang et al., 2018)。Romatschke 和 Houze Jr. (2011)在研究南亚季风对流系统活动特征时，发现喜马拉雅山脉西段的降水系统小但高耸，而喜马拉雅山脉东段的山麓区层状降水更多；由于山谷风环流作用，白天小型和中型降水系统形成于季风气流的地形强迫爬坡(谷风)，而夜间坡面冷的下沉气流(山风)导致山麓低海拔区生成中型对流系统。本节将在 6.2 节的基础上，分析喜马拉雅山脉陡峭南坡的降水日变化特征。

为突出降水日变化规律，对降水参数进行谐波分析(Roy and Balling, 2005)，将参数的时间序列变换到日变化的振幅和位相，以反映日变化强弱及时间点。基本谐波方程为

$$P = \overline{P} + \sum_{r=1}^{N/2} A_r \cos(\theta_r - \phi_r) \tag{6.3.1}$$

式中，P 和 $\overline{P}$ 分别为参数的逐小时值和日均值；θ为谐波分析中把小时变成对应的角度，它等于 $2\pi X/N$(X 为小时数，N 为 24)；ϕ_r 表示时间对应的位相；r 代表第 r 时的谐波数，当 r=1 时，则表示日变化；A_1 和 ϕ_1 分别对应日变化峰值的振幅和位相(即峰值出现的时间)。因参数幅值与其本身性质有关，故采用归一化的幅值能更客观地表征其日变化的程度。标准化的日变化振幅为 $A_1 / 2\overline{P}$，相应的解释方差为 $A_1^2/2\sigma^2$，

这里 σ 是 24h 的标准差。

如在计算参数日循环时，对各降水参数做以下算式的标准化处理：

$$D(h)=\frac{R(h)-R_a}{R_a} \tag{6.3.2}$$

式中，$D(h)$ 为标准化后的降水参数序列；$R(h)$ 为原始降水参数序列；R_a 为降水参数日均值(Yu et al., 2007)。

地形强迫气流造成的垂直运动速度 w_s，采用以下计算公式：

$$w_s=\boldsymbol{V}_0\cdot\nabla h \tag{6.3.3}$$

以便定量估算地形强迫对大气环流产生的影响，式中 $\boldsymbol{V}_0$ 是近地面的水平风矢量；h 是地形高度(Houze Jr., 2014)。

6.3.1 降水频次和强度分布

图 6.3.1 为降水频次、降水强度、降水回波顶高度和云顶热红外亮温的日变化峰值出现时间的空间分布。降水频次峰值时间的空间分布表明喜马拉雅山脉至青藏高原(HTPT)大部分区域的降水频次峰值出现在正午至午后(10:00～18:00 LT)，高原西部的降水频次峰值出现时间相对于高原东部略有提前；喜马拉雅山脉南部陡峭坡面(SSSH)的降水频次峰值出现时间在午后至傍晚(14:00～22:00 LT)；喜马拉雅山脉山麓(FHH)降水频次峰值出现时间与其他区域存在显著差异，这里的峰值主要出现在凌晨至上午(02:00～10:00 LT)，表现为夜雨特征，类似于洋面的降水日变化；印度北部恒河平原(FGP)的降水频次峰值出现时间则集中在午后(14:00～18:00 LT)。相对于降水频次峰值出现时间，降水强度峰值出现时间略有提前，如 HTPT 区、SSSH 区和 FGP 区的降水强度峰值出现在正午的比例增多，而 FHH 区的降水强度峰值则主要出现在午夜。与降水强度峰值出现时间相反，降水回波顶高度峰值的出现时间相对于降水频次峰值出现时间稍有后延，HTPT 区、SSSH 区和 FGP 区的降水回波顶高度峰值出现在午后的比例增多。从反映云顶高度的 $TB_{10.8}$ 亮温峰值出现时间看，它相对于其他三个参数均有所后延，如 HTPT 区的亮温峰值主要在傍晚(18:00～22:00 LT)出现，FHH 区和 FGP 区亮温峰值主要在傍晚至午夜(18:00～02:00 LT)出现。由于降水回波顶高度为测雨雷达 PR 探测，而云顶红外亮温为 VIRS $TB_{10.8}$ 通道观测，它们反映的物理属性不同，结合图 6.3.1(c)和(d)可以看到，回波顶达到最高

时，云顶高度仍在发展，表明云内上部云粒子仍有浮力上升。

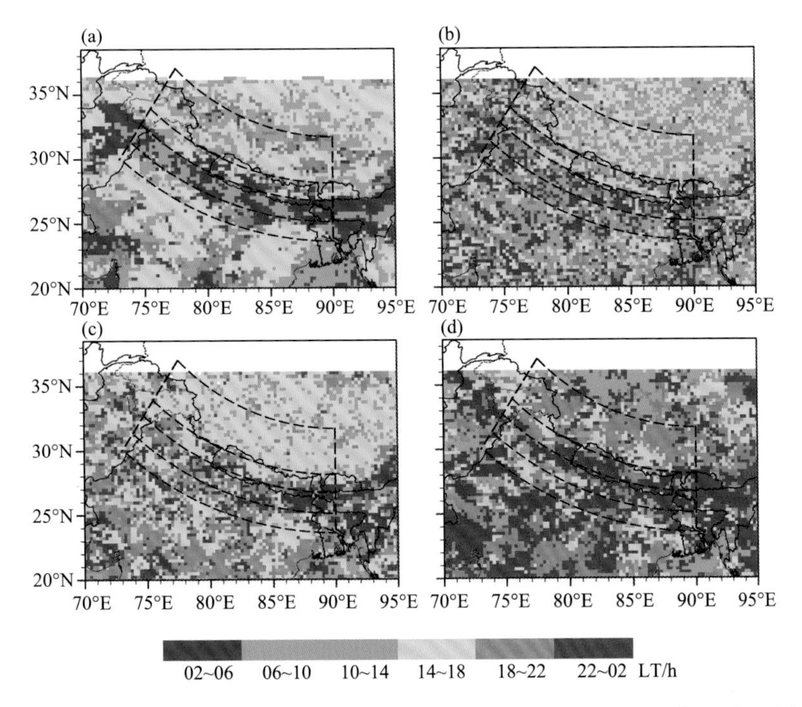

图 6.3.1 降水频次(a)、降水强度(b)、降水回波顶高度(c)、$TB_{10.8}$通道亮温(d)的峰值出现时间的空间分布(引自 Pan et al., 2021)

降水频次、降水强度、降水回波顶高度和 $TB_{10.8}$ 通道亮温经过标准化后的日循环表明，HTPT 区降水频次日循环曲线呈单峰分布，频次峰值出现在 16:00 LT，谷值出现在 08:00 LT；SSSH 区降水频次日循环曲线呈双峰分布，主峰出现在 15:00 LT、次峰值出现在 00:00 LT，谷值则出现在 08:00 LT；FHH 区的降水频次峰值出现在 05:00 LT，谷值出现在 20:00 LT；FGP 区降水频次峰值出现在 15:00 LT，谷值分别出现在 09:00 LT 和 20:00 LT。HTPT 区降水频次日变化振幅最大，FGP 区的最小。降水强度日循环曲线分布与降水频次的类似，HTPT 区降水强度峰值出现在 15:00 LT，比降水频次峰值提前 1h，降水强度谷值出现于 04:00 LT，比降水频次峰值出现时间提前 4h；SSSH 区的降水强度峰值时间与降水频次峰值基本一致，两个峰值时间分别为 16:00 LT(主峰)和 00:00 LT(次峰)，降水强度谷值出现在 11:00 LT，比频次谷值时间晚 3h；FHH 区的降水强度峰值时间为 04:00 LT，比频次峰值时间早 1h，降水强度的谷值出现在 12:00 LT；FGP 区的降水强度日循环曲线与降水频次的类似，主峰和次峰时间分别为 13:00 LT 和 06:00 LT，谷值时间为 09:00 LT。HTPT 区的降水强度日变化振幅仍最大，而 SSSH 区的降水强度日变化振幅最小。降水回波顶高度峰值出现时间在 HTPT 区和 SSSH 区为 16:00 LT，在 FHH 区和 FGP 区分别为 04:00 LT 和 16:00 LT，谷值分别为 12:00 和 10:00 LT。HTPT 区和 FGP 区，$TB_{10.8}$ 在 19:00 LT 达到峰值，此时的云顶高度最高；而 FHH 区和 SSSH 区，$TB_{10.8}$ 均在 12:00 LT 达到谷值。总体上，降水回波顶高度和热红外亮温的日循环曲线相近，说明这两个参数能一致地表征降水云的上部特性。

综上，喜马拉雅山脊至青藏高原上，最大降水强度通常在降水发生 1h 后出现，最大回波顶高度与最大降水强度时间同步，而最高云顶时间则比最强降水时间晚 2h 左右。喜马拉雅山脉陡峭南坡与高原上类似，但最高云顶时间出现在最强降水时间后的 8h。在喜马拉雅山麓区、印度恒河平原，这四个参数的日变化相位基本一致。

6.3.2 降水垂直结构

以雷达反射率因子概率密度随高度分布（DPDH）来表征降水垂直结构的日变化显示，在印度北部恒河平原区，降水反射率因子的 DPDH 外形在午后（14:00～18:00 LT）高耸且强回波较多，20/40dBZ 回波最高高度达 16/13km，表明这个时段降水在垂直方向上发展最旺盛、云内大粒子多，这比该地的降水频次和降水强度的峰值时间晚 1h，但与降水回波顶高度和云顶高度的日变化峰值时间一致；反射率因子的 DPDH 外形在上午（06:00～10:00 LT）显得最矮，20/40dBZ 回波最高高度为 12.5/7.5km。在喜马拉雅山麓区，反射率因子的 DPDH 外形在午夜至凌晨（22:00～06:00 LT）最深厚，20dBZ 回波顶高度约为 15km，这与该地的降水强度、降水回波顶高度和云顶高度的日变化峰值时间基本一致；在正午（10:00～14:00 LT）深厚度最小，20dBZ 回波顶高度约为 14km，降水比例也小，中午至午夜前，降水垂直结构都较弱，这也与该地的降水强度、降水回波顶高度和云顶高度的日变化峰值时间基本一致（Pan et al., 2021）。

在喜马拉雅山脉陡峭南坡，降水的垂直结构在午后至午夜最旺盛，20dBZ 回波顶高度约为 14km，与该地的降水强度、降水回波顶高度和云顶高度的日变化峰值时间基本一致，但 20dBZ 回波顶高度的峰值时间比这三个参数峰值持续时间长；在上午（06:00～10:00 LT）最弱，20dBZ 回波顶高度仅为 11km。对于喜马拉雅山脊至青藏高原，雷达反射率因子的 DPDH 日变化最显著，中午至傍晚降水垂直结构最为旺盛（午后最强），20dBZ 回波高度可达 16km，回波最大强度约为 45dBZ；降水垂直结构在凌晨最弱，20dBZ 回波高度约为 10km，回波最大强度约为 35dBZ。

上述分析表明描述降水的参数峰值或谷值时间上的一致或不一致，实际上反映了降水云内部热动力过程和云微物理过程的某些特点，如 SSSH 区地面降水在午后达到峰值，而降水垂直结构（包括云顶高度、回波顶高度）自午后至傍晚持续较强，说明地面降水虽然在午后达到峰值后减弱，但云体内上升运动仍然强盛，这或许是降水潜热所激发。其他三个区域也或多或少存在这个现象，即降水垂直结构的峰值持续时间比地面降水峰值持续时间长 2～3h。这一现象的云内热动力过程和云微物理过程需要数值模式模拟来解析，或云雾物理观测来揭示。

喜马拉雅山脉的雷达反射率因子的南北向垂直剖面日变化表明从傍晚至午夜再到凌晨，降水回波自喜马拉雅山脉山麓（FHH）向陡峭坡面（SSSH）发展（平均回波强度大于 26dBZ 的空间面积增大、位置升高），而这段时间正对应着恒河平原（FGP）和青藏高原（HTPT）上降水回波的减弱（平均回波强度分别大于 26dBZ 和 18dBZ 的空间面积减小、位置降低）；从上午至午后，FGP 区和 HTPT 区的降水回波不断增强，午后为最强时段，而山麓区和坡面区的降水回波则不断减弱。由此可见，喜马拉雅山麓区和陡峭坡面区的降水垂直结构与平坦地区（恒河平原、高原台地）的日变化相反。

6.3.3 地形对降水日变化的影响

地形对青藏高原—喜马拉雅山脉及其以南地区降水参数（降水频次、降水强度、降水回波顶高度和热红外亮温）的具体影响，可采用沿垂直于喜马拉雅山脉南北向的参数时间演变、谐波分析的标准化振幅和相位来表征。计算结果显示 HTPT 区的降水频次变化于 1%～5%，降水频次从 11:00 LT 开始增加、17:00 LT 达到峰值（5%）、午夜至凌晨持续减弱；相位随时间的变化与频次的基本一致，约为 17:00 LT。HTPT 区降水强度随时间的变化与降水频次一致，但峰值时间为 15:00 LT，相位也在 15:00 LT 附近，比降水频次相位时间提前了 2h（Pan et al., 2021）。Liu 等（2009）的研究结果指出降水频次峰值通常落后于降水量 1～2h。HTPT 区降水回波顶高度从 11:00 LT 开始增加、17:00 LT 达到峰值（9km），相位时间与峰值时间一致。HTPT 区热红外亮温变化于 220～252K，16:00～22:00 LT 亮温最低、8:00～12:00 LT 亮温最高，相位出现在 21:00 LT 附近，比其他三个参数的时间滞后。

在 SSSH 区，降水频次变化于 5%～11%，主要发生在午后至凌晨，呈双峰，主峰在 15:00 LT、次峰在 00:00 LT；SSSH 区在上午降水频次小于 7%。SSSH 区的降水强度从 11:00 LT 开始增大，17:00 LT 达到峰值；降水回波顶高度时间演变与降水强度演变一致；而表征云顶高度(相态)的热红外亮温变化于 236～252K，在午夜达到最低值、正午达到最高值，说明午夜云顶高度比正午高。此外，SSSH 区四个参数的相位基本不一致，说明陡峭坡面上降水复杂。

在 FHH 区，降水频次从凌晨至上午不断增大(最大值约 6%)、范围也扩大，03:00～07:00 时段可见降水频次由 SSSH 南移到 FHH 区，从 08:00 LT 降水频次开始减弱，21:00 LT 左右频次最低(约 2%)。降水强度在午夜至凌晨较大，且 22:00～03:00 LT 相位向南移动。降水回波顶高度变化于 6～7km，午夜至凌晨期间较高，相位大约在 01:00 LT 附近。热红外亮温变化于 228～240K，在凌晨达到最低值，正午达到最高值，与回波顶高度的变化基本一致。

FGP 区的降水频次日变化同 HTPT 区，变化范围在 2%～4%，相位在 17:00 LT。降水强度变化于 3.5～5.5mm·h^{-1}，在 12:00～17:00 LT 较强；可以看到 FGP 区与 FHH 区衔接处存在降水强度的南北移动，这是降水系统空间运动的结果，如午夜 FHH 区强降水南移，在 FGP 的凌晨造成相对强的降水。降水回波顶高度为 6～7.5km，在午后至傍晚较高，在凌晨至上午较低，相位出现在 18:00 LT 附近。热红外亮温变化于 228～244K，相位出现在 21:00 LT 附近。

谐波分析的标准化振幅表明降水频次振幅最大，日变化特征最显著，四个参数日变化的地域间差异以 HTPT 区的最大，日变化解释方差大于 80%，表明喜马拉雅山脊至青藏高原上的降水参数的日变化最为显著。

6.3.4 大气环流日变化

影响降水日变化的因子较多，其中大气流场日变化是一个重要因子，因为它控制着水汽运输和分布(Chow and Chan, 2009)。利用再分析资料给出的四个时次近地面距平风场的水平分布表明，在 06:00 UTC 和 12:00 UTC，由于青藏高原地面受到太阳强烈的加热作用，高原上空空气膨胀而上升，导致喜马拉雅山脉以南的距平风吹向高原上，即 SSSH 的距平风为西南风，这将有利于季风携带暖湿气流爬上喜马拉雅山脉南坡，并进入高原，为高原带来水汽，使高原上午后降水增多。在 18:00 UTC 和 00:00 UTC，由于青藏高原地表在夜晚辐射冷却作用下，高原空气变冷变重，使得距平风从高原吹向喜马拉雅山脉南坡，这种干冷气流顺坡面向下流动，可导致坡面爬升的暖湿气流向北运动减慢，或向南流动，在坡面形成夜雨。在山麓区（FHH）的 12:00 UTC 和 18:00 UTC 存在反向距风，12:00 UTC 为偏西距平风，18:00 UTC 为偏东距平风，这很可能与印度季风低压日变化有关，但这种距平风反向变化必然伴随大气流程的辐合辐散，从而造成降水日变化。

计算的再分析资料四个时次垂直于喜马拉雅山脉的子午方向平均大气环流，包括距平垂直速度、散度和比湿如图 6.3.2 所示，表明子午方向的大气环流在 500hPa 以下沿喜马拉雅山脉南坡为一致的向上爬流，以 06:00 UTC（大约 12:00 LT）最强，700hPa 以下为较厚的偏南季风层，而在 18:00 UTC（大约 00:00 LT）至 00:00 UTC（大约 06:00 LT）该偏南季风层厚度变薄，这是恒河平原大气边界层厚度日变化的反映；700hPa 至大约 400hPa 的高度（中层），喜马拉雅山脊以南为偏北气流，可以视为是低层偏南季风遇到山脉阻挡后的反流；这种低层偏南气流和中层偏北气流构成的子午向环流在 18:00 UTC 和 00:00 UTC 最强；喜马拉雅山脊以北的 500hPa 高度以上，季风爬上高原后，表现为一致的偏南气流。总体上，子午向大气环流在贴近喜马拉雅山脉南坡具有明显的昼夜差异，且和这里的垂直运动速度分布及比湿分布有很好的对应。如在 HTPT 区，距平上升气流在 00:00 UTC（06:00 LT）达到很强，在 18:00 UTC 达到很弱；在 00:00 UTC 的 HTPT 近地表到对流层上层（约 10km）有明显的距平下沉运动；在大气低层（4～6km）则存在一个距平辐散场，这些都不利于降水产生。在 SSSH 区，距平垂直运动在坡面下行，贴近坡面大气辐合、比湿为负距平，因此不利于降水发生。在 FHH 区，由于 00:00 UTC（06:00 LT）之前夜间冷却造成的地-气热力差异，距平垂直运动下沉，带来干冷气流，使得大气比湿减小（距平为负值），但大气低层气流为辐合距平，因此有利于产生降水。在 06:00 UTC（12:00 LT），FHH 区至 SSSH 区的距平上升运动增大（气流爬升坡面增强），对应清晨的山风变为正午的谷风，且喜马拉雅山麓至陡峭南坡的近地面大气辐合增大（散度为负距平）、比湿较前 6h 有所增加，故有利于降水发生。

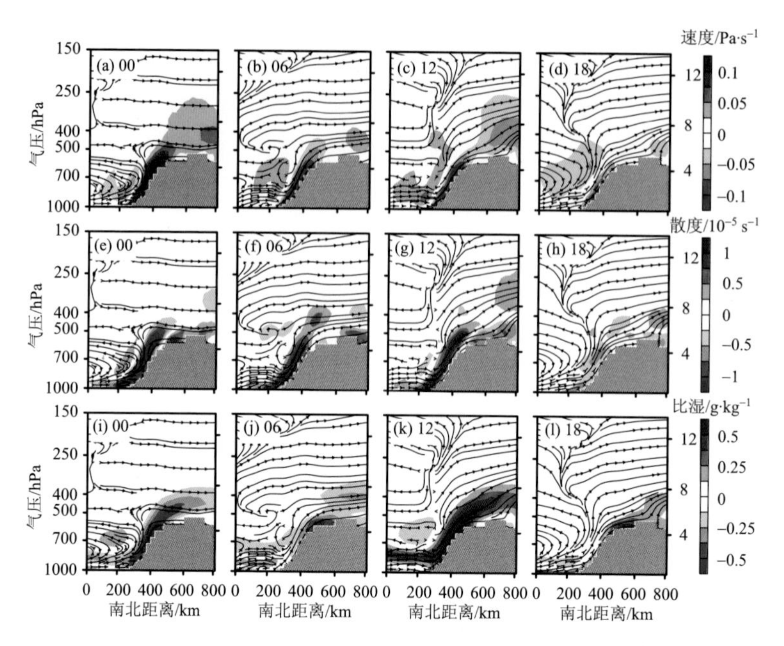

图 6.3.2 各扇形区东西向平均的子午方向平均环流($\omega \times 1000$)并叠加了距平大气垂直速度(上)、散度(中)和比湿(下)(引自 Pan et al., 2021)

从左至右为 00:00、06:00、12:00 和 18:00 UTC

在 12:00 UTC(18:00 LT)，FHH 区至 SSSH 区的距平上升运动较前 6h 减弱，坡面及山麓的近地面大气为辐散距平，即近地面大气的辐合运动减弱，但此时的大气比湿却增加(正距平)，相应地产生有利于降水的大气环境，而山麓区相反。在 18:00 UTC(00:00 LT)，FHH 区至 SSSH 区出现负距平上升运动，即坡面和山麓区上升运动减弱，或出现下沉运动，坡面和山麓区的近地面大气为负辐散距平，大气比湿也减少(负距平)，表明近地面大气辐合运动有所增加，相应的降水强度会下降；而山麓区降水频次减小、降水强度和降水回波顶高度增加，云顶高度基本不变。

6.4 陡峭坡面风场对降水的作用

从 6.3 节有关喜马拉雅山脉陡峭南坡的近地面风场日变化分析可知，坡面风场变化复杂。一方面暖湿季风在爬升运动时受到了复杂地形地貌的作用，另一方面是太阳辐射的日变化作用，还有一个重要因素则是区域或局地天气系统的作用。由于在季风大环流形式下，天气系统运动受到地形的影响，就势必引起坡面风场的变化。而地面风场的变化则引起大气低层辐合辐散运动的改变，进而影响大气的上升运动，改变的大气上升运动又对成云致雨起到决定性的作用。为此，本节分析喜马拉雅山脉陡峭南坡的近地面风场对降水的作用。

为研究喜马拉雅山脉南坡陡峭坡面风系对其上降水系统的作用，首先将依据DPR识别的降水系统(具体采用DPR_MS数据)与ERA-Interim再分析数据提供的地面上10m风相匹配，即将风向、风速匹配到DPR_MS像元中，使得降水像元具有风向和风速。匹配采用最近距离方法，将距离降水像元最近的ERA-Interim格点(12.5km分辨率、±3h以内)风向、风速赋予相应的DPR_MS降水像元。对于每个降水系统的平均风则取为降水系统内多个DPR_MS像元风向、风速的算术平均值。以下将基于DPR识别的喜马拉雅山脉南坡降水系统的降水信息和风向、风速，来研究这里近地面风场对降水的作用。

6.4.1 坡面风场的统计规律

根据风向将坡面风分为上坡风、下坡风、绕流东风、绕流西风、微风。具体定义如下：上/下坡风的方向定义为垂直指向喜马拉雅山脊线，将绕流东/西风的方向定义为平行喜马拉雅山脊线，微风不计方向。这五类降水系统分别简写为：(I)上坡风降水、(II)下坡风降水、(III)绕流东风降水、(IV)绕流西风降水、(V)微风降水。五类降水系统的统计信息(表6.4.1)显示喜马拉雅陡峭南坡的主导降水系统为上坡风降水(783个)，绕流东风降水(390个)和微风降水(318个)约占上坡风降水的一半，下坡风降水(95个)和绕流西风降水(143个)出现较少。表6.4.1中还给出微风是指风速S小于$1\mathrm{m\cdot s^{-1}}$，并对上/下坡风、绕流东/西风的风向角θ给出了约定，要求风向角θ与正向(脊线平行或垂直脊线方向)夹角小于45°，详见表6.4.1。

表6.4.1 基于DPR探测识别的五类降水系统的风向定义及降水系统数量

降水系统名称	定义(S：风速，θ：风向)	降水系统数量
I：上坡风降水	$S\geqslant 1\mathrm{m\cdot s^{-1}}$; $0.25\pi<\theta<0.75\pi$	783
II：下坡风降水	$S\geqslant 1\mathrm{m\cdot s^{-1}}$; $1.25\pi<\theta<1.75\pi$	95
III：绕流东风降水	$S\geqslant 1\mathrm{m\cdot s^{-1}}$; $0.75\pi<\theta<1.25\pi$	390
IV：绕流西风降水	$S\geqslant 1\mathrm{m\cdot s^{-1}}$; $\theta>1.75\pi$ 或 $\theta<0.25\pi$	143
V：微风降水	$S<1\mathrm{m\cdot s^{-1}}$	318

表 6.4.2 为五类降水系统风速和风向的标准差，该表显示定义的五类风系的标准差都很小(风速的标准差小于 0.14$m \cdot s^{-1}$、风向标准差小于 10.7°，微风不计)，说明所定义的喜马拉雅山脉南坡五类风系能够代表这里风的基本状态，研究这样的地面风系如何作用于降水将具有代表性。

表 6.4.2　五类降水系统的平均风向和风速的标准差

降水系统名称	平均风速标准差/$m \cdot s^{-1}$	平均风向标准差
I：上坡风降水	0.111	0.02π
II：下坡风降水	0.118	0.059π
III：绕流东风降水	0.132	0.023π
IV：绕流西风降水	0.085	0.02π
V：微风降水	0.106	0.112π

6.4.2　坡面风场类型及降水分布

五种降水类型中面积大于 600km^2 的降水系统(即大面积降水)出现的空间位置分布如图 6.4.1 所示，可见多数大面积降水系统都属于 I 类、III 类或 V 类，仅有少数大面积降水系统属于 II 类或 IV 类，这与表 6.4.1 中的统计结果一致。第 I 类降水中的大面积降水系统最多，它们出现在整个 SSSH 区及 FHH 区东部，其中 SSSH 东部，第 I 类降水的数据最多，这与来自孟加拉湾的季风暖湿气流北上有关(Pang et al., 2012)。第 III 类降水中的大面积降水系统多出现在 FHH 区，且该区域的东部和西部出现数量差异不大，表明来自孟加拉湾的季风暖湿气流能影响整个 FHH 区。第 V 类降水中的大面积降水系统主要出现在 SSSH 区和 FHH 区的东部，与第 I 类降水的情形相似，但大面积降水系统相对较少。第 II 类降水中的大面积降水系统少，主要出现在 SSSH 区与 FHH 区的衔接处；而第 IV 类降水中的大面积降水系统也少，主要出现在 FHH 区。

风向和风速不仅表明空气的流动，更重要的是反映水汽的输送，因此风场是降水系统中的重要组成部分(Wu et al., 2007; Romatschke and Houze Jr., 2011; Rasmussen and Houze Jr., 2012)。然而，以往的统计研究常常将风场简单地计算为降水期间整个区域的平均风场，这其中包含了大量非降水区域的风向和风速。为了减

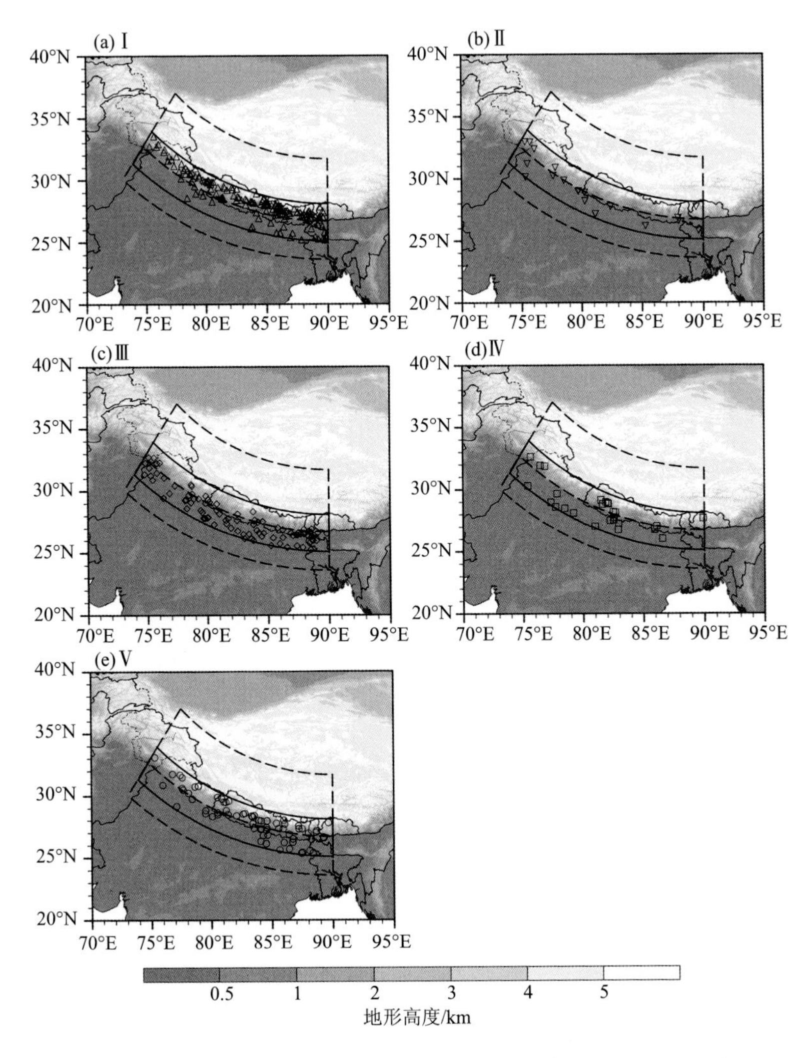

图 6.4.1 五类降水中大面积降水系统的区域分布（引自 Zhang et al., 2018）

少非降水区域风向和风速对计算降水风场平均值的影响，规定在利用 ERA-Interim 计算降水系统的风场时，只计算降水系统周边 200km 以内且时间在 3h 以内的风场。

图 6.4.2 为五种降水类型降水系统及周边的地表风场分布。上坡风降水的地表风场表明 SSSH 区及高原上（HTPT）为偏南风（上坡风），FHH 区的东部有偏东风、西部弱风，FGP 区基本以西南风或南风为主，除了靠近孟加拉湾的 FGP 区域为南风。故这种地表风场有利于将低海拔的暖湿空气带到高海拔的坡面及青藏高原上，这种地

表风场很可能与夏季青藏高原的“热泵效应”(Wu et al., 2007)有关，青藏高原地表被太阳辐射加热后，低层空气膨胀上升，“抽吸”低海拔空气来补偿高原低层大气的流失，因此该效应有利于低海拔空气上升到高原上。

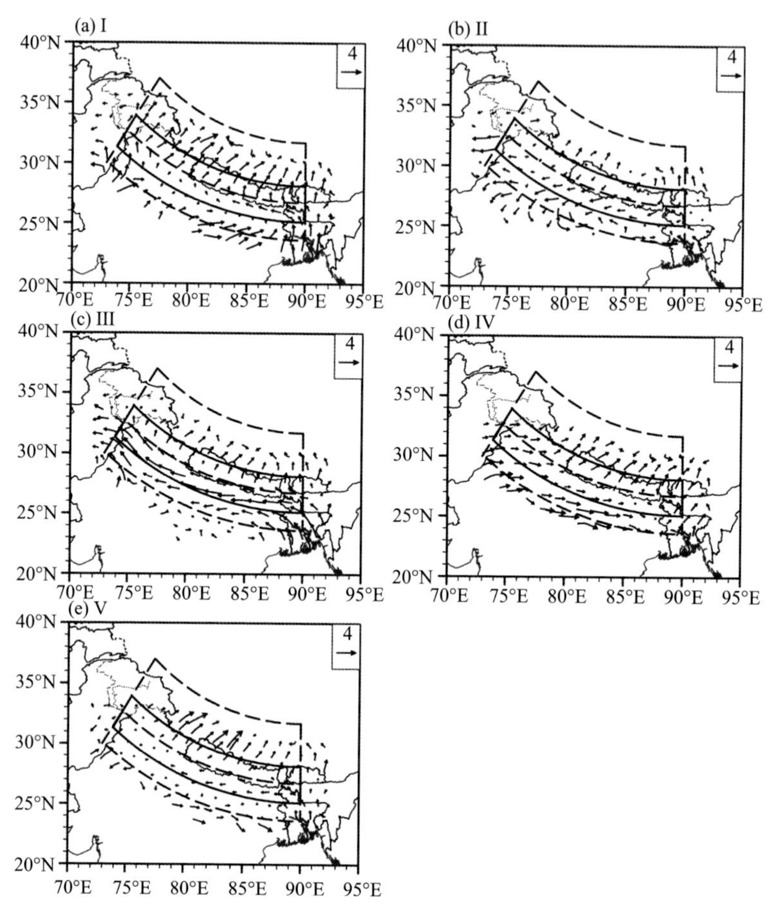

图 6.4.2 五种降水类型降水系统及周边的地表风场(单位：m·s^{-1})分布(引自 Zhang et al., 2018)

统计计算时，仅计算降水系统 2°内的 ERA-Interim 格点风场，以避免混淆非降水区域风向和风速对降水风场的影响

下坡风降水的地表风场表明 HTPT 区仍为上坡风，但其风速远小于上坡风降水对应的地表风速。SSSH 区表现为弱的下坡风，这样的风场不利于降水发生，故这类降水少(表 6.4.1)、大面积降水系统也少。在 FHH 区下坡风较强，并出现方向偏东的下坡风。在 FGP 区的下坡风比 FHH 区的更强，在 80°E 以西出现弱的下坡风气旋式环流。总体上，喜马拉雅山脉南坡的下坡风与夜间大气冷却有关，这种环流类似

于山谷风环流。

绕流东风降水和绕流西风降水的 SSSH 区和 HTPT 区地表风场相近，都盛行弱的上坡风，而在 FGP 区和 FHH 区则分别由绕流风向主导，但绕流东风降水的风速大，有利于偏东气流携带孟加拉湾的水汽进入喜马拉雅山脉的山麓区和恒河平原，并到达 FHH 区的西部，因此绕流东风降水占据了喜马拉雅山脉南坡降水系统的很大比例，大面积降水系统也多。相反，绕流西风降水的绕流风来自印度西部干旱区，携带的水汽少，且几乎很难到达 FHH 的东部，因此这类降水系统的数量少（表 6.4.1）、大面积降水系统也少。绕流东风和绕流西风代表着喜马拉雅山脉对南亚季风的一种地形影响（Boos and Kuang, 2010）。

与上述四类降水系统不同，微风降水的地表风速在 SSSH、FHH 和 FGP 区很小，只是 HTPT 区仍出现很强的偏南风。估计这类风场中发生的降水具有较强的局地性，因为环境流场弱，地形的热动力强迫作用会凸显。

五类降水系统的日变化的分析表明第 I 类降水的大多数降水系统出现在午后，14～16h 为降水峰值，此时通常对应青藏高原地面感热峰值，且高于印度平原，导致大气在青藏高原上辐合上升（Wu et al., 2007），有利于季风气流在喜马拉雅山脉南坡爬升到青藏高原上。第 II 类降水系统的峰值时间出现在凌晨 2～4h，此时因地-气长波辐射冷却效应，谷风最为旺盛，因此第 II 类降水表征了夜雨。对于绕流降水（III 类和 IV 类），绕流东风降水主要出现在上午 6～9h，此时地面的感热小（即热力作用小），故地形动力作用和大气低层风场对降水的贡献大；绕流西风降水的峰值降水时间分别为午后（15～18h）和凌晨（4～7h），午后的降水主峰很可能与地表感热的热力作用有关，而凌晨降水次峰则因为地表辐射冷却强，导致大气温度和饱和水汽压下降（Wang et al., 2016），使水汽容易凝结而产生降水。第 V 类降水主要出现在正午（12～14h）和凌晨（2～4h），其机理与第 IV 类降水系统类似，即地表感热作用（加热或冷却）使然。

6.4.3 坡面不同盛行风的降水垂直结构

坡面五种风系相应降水系统的风速、地表降水率、回波顶高度的概率密度表明第 I 类降水系统的地表风速分布在 0～4$m \cdot s^{-1}$，峰值风速为 2$m \cdot s^{-1}$ 左右。这比季风气流的地表风速小得多，说明上坡风在爬坡时速度受到了地形的摩擦作用，造成风速减小。第 II 类降水系统的地表风速峰值约为 1.8m·s^{-1}，地表风速大于 2.5m·s^{-1} 的降水系统仅占这类降水系统的 10%，说明喜马拉雅山脉南坡夜间谷风强度通常不大。第 III 类降水系统的地表风速分布区间较大，为 0～8m·s^{-1}，但峰值风速为 2.2m·s^{-1}，地表风速大于 4.0m·s^{-1} 的比例很少。第 IV 类降水系统的地表风速呈双峰，风速峰值分别为 1.6m·s^{-1} 和 2.4m·s^{-1}，地表风速大于 3.0m·s^{-1} 的比例也很少。第 V 类降水系统的地表风速均小于 2m·s^{-1}，峰值风速为 1m·s^{-1} 左右，因为定义中规定微风降水的平均风速不超过 1m·s^{-1}。

降水系统地表降水率的概率密度分布比风速的概率密度分布简单，五种降水类型的降水系统降水率峰值均出现在 0.8～2mm·h^{-1}，其中第 I 类至第 V 类降水系统中大于 5mm·h^{-1} 的强降水占各自降水系统数的比例分别为 11.8%、7.9%、18.4%、9.2% 和 13.7%；其中第 III 类降水系统的地表风主要来自孟加拉湾，携带的水汽充足，因此这类系统的强降水比例最大。

降水系统降水回波顶高度的概率密度分布表明这五类降水系统的回波顶高度分布在 1～15km，峰值均出现在约 6km，计算的各类降水系统的平均回波顶高度为 7～8km。这五类降水系统中降水回波顶高于 10km 或低于 5km 的降水系统大约占各自系统总数量的 10%。

利用 2014～2016 年夏季 GPM 团队开发的双频算法降水产品 2ADPR（Rose and Chandrasekar，2006；Iguchi et al.，2012），可计算得到坡面五种降水情形下的 DPDH。计算时依据 0℃层以上、0℃层（喜马拉雅山脉南坡 0℃层高度为 5.5～6km）和 0℃层以下高度，统计各类型降水系统的 DPDH 分为三个区域来进行分析。Houze Jr.等（2007）也类似地采用了这种方式进行统计计算。结果表明第 I、III、V 类降水系统中高于 0.7%的高回波概率分布在 0℃层以上（冰或冰水混合区）的 6～9km、18～28dBZ，而第 II、IV 类降水系统中在 0℃层以上的回波概率密度小（小于 0.6%），说明第 II、IV 类降水系统在 0℃层以上高度具有 18～26dBZ 回波强度的粒子不经常出现，意味着这两类降水系统中的上升气流比另三类弱，因此这种大小的粒子难以到达这个高度。此外，从 DPDH 外形看，第 III 和 IV 类降水系统的回波顶高度比其他三类的高，而回波顶高度最低的是第 II 类。

在 0℃层附近，第 I、III、V 类降水系统中的亮带凸显，即在 5.5～6km 高度出现明显的薄且均匀的层状回波，概率密度达 0.6%以上（回波强度分布为 18～35dBZ），说明这三类降水系统中经常出现亮带回波，具有层状降水特征，由此推测坡面上这三类降水系统的上部经常存在冰粒子下沉到达零度层附近，融合造成较强的回波，其过程与非高原地区层状降水亮带类似(Mason, 1972)。第II类和第IV类降水系统不具备明显的亮带特征，由此推断这两类降水大多属于非深厚的对流降水。

在 0℃层以下(液态水区)的地面约 6km，五种降水类型的地面回波为 16～49dBZ，高于 0.5%概率密度的回波范围为 18～35dBZ，其中第I、IV和V类的近地面回波稍弱，即这三类的近地面降水强度小。通常在 0℃层以下降水粒子为液态，粒子在下降过程中会通过碰并增长或破碎而降落至地面(Hocking, 1959)，这个高度层的雷达反射率因子与地表降水率有着较好的正相关性(Zhang et al., 2018)。

综上所述，大体可给出结论：第I、III和V类的DPDH外形相似、具有明显的亮带特征，但三者的近地面回波强弱有所差异，其中第III类的较强；推测这三类降水系统中的上升气流较强，云体上部冰粒子或冰水混合粒子较多。第II和IV类的DPDH外形相似，且均无亮带，回波信号随高度分布不集中，倾向弱对流降水的回波外形，其中第IV类的弱对流降水的外形更明显。

为进一步了解坡面上降水的垂直结构特点，计算沿坡面归一化的降水反射率因子频率随高度的分布，因只统计位于FHH和SSSH区的降水系统，故图6.4.3显示的归一化降水概率均出现在这两个区域内。该图表明第I类降水主要位于SSSH区中部(海拔 2～4km)、8km 高度以下，近地面降水分布宽(图 6.4.1)，可见上坡风降水属于典型的地形强迫降水。第III类降水主要位于FHH区和SSSH区的下半部(海拔0～3km)，主要的回波顶高度接近9km，近地面分布宽(图6.4.1)。第V类降水与第I类的分布类似，主要集中在SSSH区(海拔 0～3km)，但比第I类的地面降水分布宽，且在FHH区北部与SSSH区南部的降水比例高，说明微风降水系统也可造成大面积的降水(图6.4.1)；如前所述，第V类降水主要出现在正午(12～14h)和凌晨(2～4h)，主要由地表感热作用(加热或冷却)造成，因此这类降水的局地性较强。第II类降水因为发生在下坡风(山风)环境下，图 6.4.3(d)中显示它最容易出现在山麓与山坡的交汇处，这与山风与平原的暖湿季风对吹(辐合)有关；此外，在山坡和山麓出现的比例也不小；大部分这类降水的回波顶高度小于 7km，因此下坡风降水系统的厚度有限。第IV类绕流西风降水主要出现在坡面中间(海拔 2～3km)，大部分的降水回波顶高度在8km以下，且回波顶高度分布不均，这与该类降水出现时间有关，前面分析指出这类降水的峰值时间分别为午后(15～18h)和凌晨(4～7h)，因此降水系统受到地表感热作用具有昼夜差异，故回波顶高度变化大。

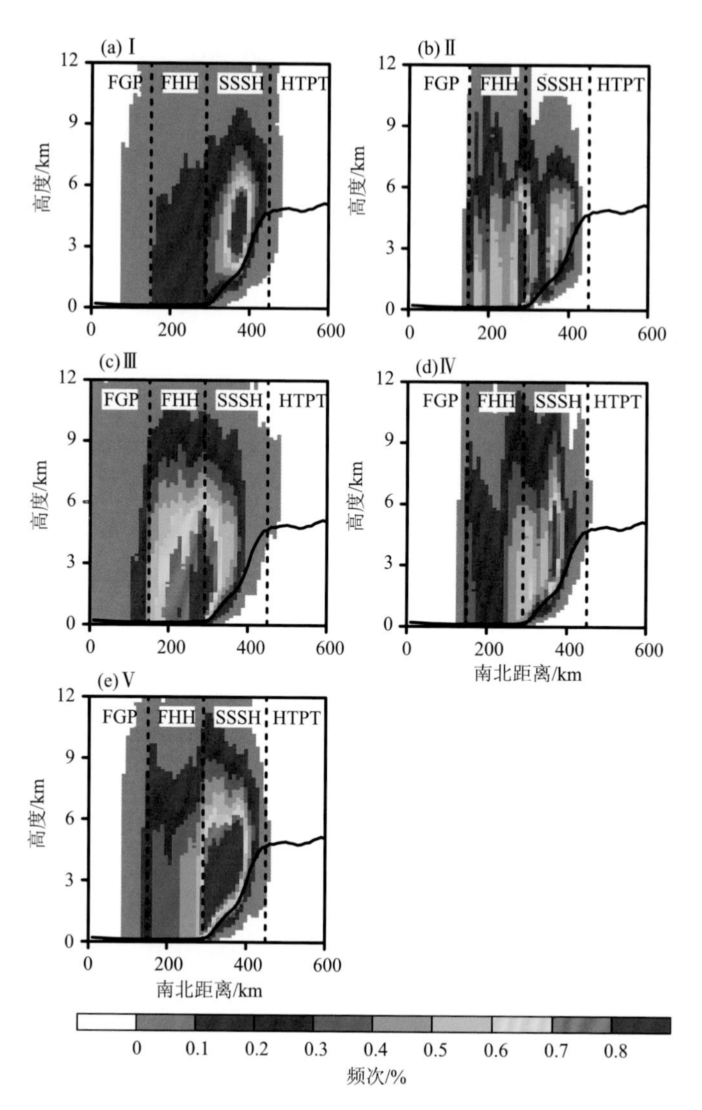

图 6.4.3　五种降水类型的降水反射率因子频次在喜马拉雅山脉南坡（南北向）随高度的分布（引自 Zhang et al., 2018）

对地表降水率、降水回波顶高度、近地表降水粒子浓度和有效粒子半径的统计计算表明，第 II 和 IV 类降水的平均地表降水率明显小于其他三类，这与第 II 和 IV 类降水环境（下坡风和绕流西风）中大气水汽少有关；第 I 类降水在山麓区中部达到降水峰值，峰值约为 $4\text{mm}\cdot\text{h}^{-1}$，降水率在陡峭坡面区随地形海拔的增加迅速减小，在陡峭坡面中部降水率约为 $2\text{mm}\cdot\text{h}^{-1}$；第 III 类降水从恒河平原至陡峭坡面，平均地表降水率从 $4.5\text{mm}\cdot\text{h}^{-1}$ 减小到 $2.7\text{mm}\cdot\text{h}^{-1}$，陡峭坡面的平均降水率约为 $2.5\text{mm}\cdot\text{h}^{-1}$，而在 FHH 区则相对更大，为 3～3.5mm·h^{-1}；第 V 类降水的最大平均降水率位于山麓区和陡峭坡面下部，陡峭坡面中部和上部的平均降水率随海拔升高而迅速减小。第 II 和 IV 类降水的最大平均降水率也都出现在山麓区，陡峭坡面上的降水率均较小。上述除了第 III 类绕流东风降水系统可以在陡峭坡面产生较大的降水外，其他四类均不能在喜马拉雅山脉南坡陡峭坡面上产生强降水。因为这四类降水系统在山麓的较大降水率已经耗尽了大部分的水汽，继续爬上陡峭坡面的空气中水汽量少，故虽有地形的强烈抬升却不能产生较大的降水(Fu et al., 2018)。

降水回波顶高度表明陡峭坡面上绕流东/西风降水系统(III 类和 IV 类)的回波顶最高，微风降水系统的次之，出现最多的上坡风降水系统(I 类)的回波顶高度较低，下坡风降水系统的最低。在山麓区与陡峭坡面衔接处，第 IV 类降水的回波顶高度最高，平均高度可达 8.5km；第 I 和 III 类降水的回波顶高度相当，平均高度大约为 7.5km；第 V 类较第 II 类的降水回波顶高度稍高。降水回波顶高度一方面与地形强迫有关，另一方面与降水释放潜热的热力激发作用有关。如第 III 类降水在陡峭坡面上的降水率大，对应的降水回波顶高度高，估计潜热的激发作用不小，而第 IV 类降水在陡峭坡面上的降水强度小，但降水回波顶高度却高，因此可判断地形对这类降水的强迫作用大；对于出现最多的上坡风降水，在陡峭坡面降水小，潜热释放少，因此降水回波顶高度较低，特别是在坡面的中部和下部，而坡面上部的地形强迫作用大，使降水回波顶高度升高。

近地表降水粒子浓度和有效粒子半径的统计计算表明随着坡面地形海拔的增加，第 I 类降水的降水粒子浓度和有效粒子半径均减小，这与地面降水率减小一致，这主要是前面分析指出的爬坡空气中水汽少，不利于粒子生成和长大，且随着海拔升高，空气会越来越干(不断失去水分)。第 II 类降水的降水粒子浓度和有效粒子半径始终小于 I 类，表明该类降水系统的降水强度弱。对于第 III 类降水，自山麓区中部至陡峭坡面，随着地形海拔的升高，近地面降水粒子浓度增加但有效粒子半径减小。对于这一现象，Zwiebel 等(2016)在个例分析中曾指出，因山脉地形高度减小了 0℃层到地表的距离，故削弱了粒子在液态区的碰并增长过程，所以虽然粒子浓度高，但粒子小，整体含水量变化较小，造成这类降水的降水强度变化小。

第 IV 类降水的微物理结构最为独特，近地面降水粒子浓度小，但粒子有效半径较大，结合前面分析的该类降水回波似弱对流降水回波，可进一步判断这类降水属对流性质，这与第 IV 类降水系统低层气流来自干燥沙漠有关。干湿空气在坡面相汇聚，使空气产生对流上升运动引发这类降水，正因如此，第 IV 类降水在坡面具有最高的降水回波顶高度，但因绕流西风环境水汽少，故近地面降水强度小。第 V 类降水的近地面降水粒子浓度和有效半径均自山麓区向陡峭山坡减小，基本上与近地面降水率变化一致；这类降水发生在近地面微风环境，降水发生的大气环流弱，降水多由地面热力作用产生，因此表现为对流性质，这与前面分析的这类降水多出现在正午(地面加热强迫)和凌晨(地面冷却强迫)、降水回波外形的弱对流属性一致。

以上分析结果表明喜马拉雅山脉陡峭南坡降水系统的地面盛行风可分为五类：上坡风降水、下坡风降水、绕流东风降水、绕流西风降水和微风降水。统计显示上坡风降水属于喜马拉雅山脉陡峭南坡出现数量最多的降水系统，其次为绕流东风降水，再次为微风降水，下坡风降水最少。如果以降水系统面积大于 600km^2 为大面积降水系统，则喜马拉雅山脉陡峭南坡出现大面积降水系统的近地面盛行风多为上坡风、绕流东风和微风。

日变化分析结果表明，上坡风降水主要出现在午后，下坡风降水主要出现在凌晨，前者为太阳辐射热力强迫和地形谷风环流所引起，青藏高原地面感热源作用大气的“热泵效应”也发挥了作用，使这类降水成为夏季喜马拉雅山脉陡峭南坡出现数量最多的降水，降水面积和强度也最大，降水强度、粒子浓度、粒子大小均随坡面海拔升高而变小；后者主要由夜间地-气辐射冷却导致山风环流，引发山坡与山麓区气流辐合产生降水，因此主要位于山麓区与陡峭坡面的交汇处，降水强度、粒子浓度、粒子大小均较小。

绕流东风降水与夏季印度热低压北部的偏东气流有关，偏东风可以将孟加拉湾水汽带入喜马拉雅山脉南部，因此这类降水数量较多，且出现在陡峭坡面南部和山麓区，降水主要发生在凌晨至上午。这类降水的发生机理主要是地形动力作用，地面热力作用小，这类降水的强度大，降水回波顶高度在坡面上较高。绕流西风降水主要出现在陡峭坡面中部，可发生在午后，也可出现在凌晨，这类降水中的对流降水比例最大，降水回波顶高度最高，降水粒子尺度大，但浓度小，地表降水率也小。

微风降水系统多出现在正午或凌晨的陡峭坡面上，降水粒子尺度较大、浓度高，降水强度也较大，但它们均随海拔升高而减小；估计这类降水多由地面热力作用产生，因此表现为对流降水性质。

6.5 本章要点概述

夏季来自印度北部的西南暖湿气流在喜马拉雅山脉南坡陡峭地形作用下，会形成独特的云和降水。本章首先介绍了通过分析星载测云雷达探测的云体剖面数据，揭示了云顶高度、云底高度、云体长度和厚度及面积、云粒子尺度和回波强度在喜马拉雅山脉陡峭南坡上的分布特征，以及午间和夜间云体剖面垂直结构的差异，并指出上述参数在陡峭坡面与山麓及高原的差异，如云顶和云底的高度在山脉山麓南部逐渐向山腰降低，然后在高原南部逐渐升高；又如云体剖面面积在山腰最小，而云剖面回波强度则从山麓向山腰和山顶不断增强。

6.2 节介绍了利用星载测雨雷达探测结构，分析喜马拉雅山脉南坡山麓及其南侧印度北部、山腰、山脉北侧高原上降水结构的分布特点，指出喜马拉雅山脉南坡山腰降水强度小、降水频次高的降水特征，山腰降水云顶高度低(多为冰水混合相态)，而山麓降水云顶高度高(多为冰相态)；在垂直结构上，喜马拉雅山脉山腰的降水云最为浅薄，而山麓最为深厚；从喜马拉雅山脉山麓至南坡山腰中部，随着地形海拔的升高，降水强度减弱、降水频次增大，其原因是山麓阻挡了西南暖湿气流，这一地区气流辐合强，导致降水强度大，水汽消耗大，使到达山腰地区的水汽量少，故降水强度小，而山腰的地形抬升作用，使得降水频次高。

6.3 节介绍了喜马拉雅山脉南坡降水日变化特征，该节内容是 6.2 节的延伸。本节指出喜马拉雅山脉南坡山腰降水主要出现在午后至傍晚，山麓降水主要出现在凌晨至上午，而喜马拉雅山脉至青藏高原大部分区域的降水频次峰值出现在正午至午后；降水强度、降水回波顶高度及云顶的热红外亮温也表现出相应的特点，但它们没有表现出与降水频次那样鲜明的特征；降水回波强度的垂直结构也表现出明显的日变化特点，如山麓区凌晨至上午降水垂直结构深厚、回波强，而山腰区在午后至傍晚降水垂直结构深厚、回波强。最后指出喜马拉雅山脉南坡降水日变化特征是这里大气环流日变化的响应。

6.4 节介绍了喜马拉雅山脉南坡地表风场形式及它对坡面降水的影响，指出喜马拉雅山脉陡峭南坡地面降水与风场可分为上坡风降水、下坡风降水、绕流东风降水、绕流西风降水和微风降水。上坡风降水属于南坡出现数量最多的降水，且这种情况下容易出现大面积的降水系统。上坡风降水主要出现在午后，下坡风降水主要出现在凌晨，微风降水系统多出现在正午或凌晨的陡峭坡面上。

6.2 积雨云，可见远方平整的云底，此云是否像平原积雨云那样高耸呢？（拍摄时海拔为4400m，行车速度约80km·h^{-1}，光圈：f/11，曝光时间：1/800s，ISO：400）

6.3 积雨云下方可见块状黑云，右前方已经下雨，左前方蓝天中飘着淡积云。（光圈：f/18，曝光时间：1/160s，ISO：250）

照片 6.4 长条状的浓积云，画面中间稍偏右前方的山顶上方，见云底被拖曳的纹路。（光圈：f/18，曝光时间：1/250s，ISO：250）

照片 6.5 蓝天下的白色淡积云。（行车速度约 80km · h^{-1}，光圈：f/10，曝光时间：1/1000 s，ISO：160）

照片 7.1 夏季青藏高原卷云。(拍摄于雅鲁藏布江河谷一侧，行车速度约80km·h^{-1}，光圈：f/10，曝光时间：1/800s，ISO：160)

青藏高原降水潜热反演及潜热结构

地球大气运动的根本能量来自太阳辐射。据估算，入射到大气顶的太阳辐射能量约为 341W·m^{-2}(Trenberth and Fasullo，2013)。由于大气对太阳短波辐射基本透明，这些辐射能量可通过大气直接照射地表，引发地表温度上升、水分蒸发和蒸腾，使得水汽以“潜在”能量的形式进入大气。大气中的水汽可通过相变释放热量，该热量称为潜热(latent heat，LH)；伴随水汽的相变过程，就会产生气-液-固之间的相互转化，以至于成云致雨。就地球大气系统而言，热带接收的太阳辐射量多，故热带洋面产生的水汽多，成为全球水循环中的重要水源地。热带暖湿空气受热膨胀则产生对流活动，使得水汽在上升运动中发生凝结、冷冻、凝华等相变过程，释放出大量的潜热加热大气，进而驱动大气运动，故热带也是大气潜热的重要源地；研究表明热带降水所释放的潜热为驱动全球大气环流提供了约 75%的能量(Kummerow et al., 2000; Tao et al., 2006)。由于地球旋转效应而产生的经圈大气环流，会向中高纬度地区输送水汽，以此来平衡地球上水汽的空间分布。在中高纬度地区，冷暖气团相遇的交汇处大气处于斜压状态，暖湿空气会沿倾斜锋面上升而凝结，然后成云致雨，这一过程所释放的潜热会加热中高纬度大气，成为中高纬度大气运动的重要能源。

潜热时空分布的变化还会引起大气多方面的显著响应，直接影响局地和区域的大气运动和水循环(Schumacher et al., 2004; Choudhury and Krishnan, 2011)；而响应后的大气环流又会作用于降水及潜热的时空分布(Hagos et al., 2010)。研究表明全球气候变化或极端地-气事件也能导致降水和潜热时空分布的变化，如 1997/1998 年厄尔尼诺事件中，赤道东太平洋的海表温度(SST)比赤道西太平洋高出 3℃，导致大气环流异常，引起降水时空分布的改变，进而使潜热空间分布及垂直结构发生变化(李锐等，2005)，这是因为海表温度变暖，导致洋面上空降水厚度、零度层高度及其厚度发生变化，进而潜热垂直结构也发生改变，造成大气环流中心抬升，并增强了对流层上层环流(Li et al., 2011)。虽然降水潜热的垂直结构复杂，但通常将它简化为两种基本形式，即对流和层状两种潜热结构，前者代表小尺度积云对流潜热结构，后者表征大尺度抬升凝结的降水潜热结构(Houze Jr., 1982, 1989; Mapes and Houze Jr., 1995; Schumacher et al., 2004)。

一方面，降水潜热时空分布与天气系统密切相关，如台风、气旋、中尺度扰动及副热带高压等，它们均有独特的潜热结构(沈如金和张宝严，1982；吴勇和欧阳首承，1995；段海霞等，2008；张亚妮等，2009)；另一方面，降水潜热也反馈作用于中尺度扰动系统(如江淮切变线、低涡、中β尺度系统等)的发展(赵思雄等，1982；朱抱真等，1990；侯淑梅和孙忠欣，1997；侯淑梅等，2000)。降水潜热在青藏高原地表-大气耦合过程中也起着重要作用。研究表明青藏高原上降水潜热及地面感热对南亚季风和东亚季风系统有重要的作用(Wu and Zhang，1998；吴国雄等，2005；Wu et al.，2012；刘云丰和李国平，2016)。

夏季青藏高原的降水潜热特征备受学者们的重视(叶笃正等，1979；Luo and Yanai, 1984; Chen et al., 1985; Li, 1987; Yanai and Li, 1992)，因为青藏高原地面已经深入至对流层的中部，这里的降水潜热在对流层中上部加热大气，而平原或洋面降水潜热主要加热对流层中部，所以高原降水潜热对区域大气甚至全球大气的作用具有独特性。研究已经得出结论：夏季青藏高原为热源(叶笃正等，1979)，它对南亚高压的维持具有决定性的贡献(叶笃正和张捷迁，1974)，青藏高原热源增强还会导致长江上游和淮河流域降水增多、华南地区降水减少(罗会邦和陈蓉，1995)，青藏高原热源激发的 Rossby 波列会使高原热源能作用于北半球甚至全球范围的大气环流(刘新等，2002)，青藏高原潜热的年代际变化会使非洲萨赫勒地区年代际降水减少(He et al., 2017)。

目前，对 NCEP/NCAR 再分析资料的计算，得出夏季青藏高原大气热源平均强度为 $105\mathrm{W \cdot m^{-2}}$，且认为夏季青藏高原潜热与高原上的低涡活动有关，低涡出现数量多，则潜热多，导致高原大气热源强度明显高于气候态(刘云丰和李国平，2016)。将再分析资料与卫星降水资料结合估算潜热，也可了解青藏高原的非绝热加热空间分布(Yang and Li, 2017)。但是，夏季高原大气热源强度的空间分布具有明显的地理差异，难以用几种空间分布型来描述其特征(段安民等，2003；段安民和吴国雄，2003)。

揭示青藏高原降水潜热的时空分布，还涉及青藏高原热力和机械强迫机理与亚洲夏季风系统形成与维持的关系(Qiu, 2013; Wu et al., 2015)。一种观点认为，喜马拉雅山脉的机械强迫作用可能是控制亚洲季风的主要因素(Boos and Kuang, 2010)；另一种观点认为，喜马拉雅山脉及高原南侧的地表感热输送和降水潜热释放(热力效应)是形成南亚季风的关键(Wu et al., 2012)。为此，深入理解青藏高原(特别是喜马拉雅山脉陡峭南坡)地表的感热加热、降水潜热加热及辐射加热等大气非绝热加热结构，对认知青藏高原与季风环流之间的相互作用有帮助。

物理学原理告诉我们，在等温等压情况下，当单位质量的物质从一个相态变化到另一个相态时，它将吸收或放出热量，称为相变潜热，简称潜热。这是因为自然界中的物体会在固态、液态、气态之间(这里没考虑等离子态)相互转变，这一转变过程会伴随能量的改变(吸收或释放)。固、液之间的潜热称为熔解热(或凝固热)，气、液之间的称为凝结热(或汽化热)，而气、固之间的称为凝华热(或升华热)。自然界中大多数云由水汽凝结而成，即水汽(气态)转化为云粒子(液态)，在上升气流中飘浮，形成形态各异的云；当云粒子继续长大、变重，成为大粒子，以至于上升空气无法让其悬浮，就下坠至地面，形成雨滴；水汽成云过程所释放的热量将彻底留在大气中，并直接加热周围的大气。由此可见，降水潜热加热率可表现为降水云团中空气块温度对时间的变化，它正比于单位时间内水汽发生相变生成的液态质量的改变量。

由于降水潜热非直接观测量，必须借助其他气象参数来计算获得。通常用潜热加热率来表征潜热能量的大小，它定义为单位时间、单位质量干空气受潜热加热而升高的温度，单位为开尔文每小时($K\cdot h^{-1}$)或摄氏度每小时(℃$\cdot h^{-1}$)。到目前为止，利用理论算式，结合再分析资料估算包括降水潜热在内的大气非绝热加热率是一种重要的方法(Yanai et al., 1973)，另一种方法便是基于观测和辅助信息来实现潜热反演(Tao et al., 2006; Min et al., 2013; Li et al., 2013)。本章将对潜热算法进行回顾，随后给出基于星载测雨雷达探测结果和结合再分析资料反演的青藏高原降水潜热的时空分布。

7.1 大气热源估算

7.1.1 大气热源和湿汇

为计算考虑积云潜热在内的大气热源加热大尺度环境场，Yanai 等(1973)提出了大气热源的诊断计算方法。他认为大尺度环境场中积云形成过程，水汽相变与成云致雨之间的潜热释放和湿平衡过程相联系，由此他根据大气的连续方程、能量方程和水汽方程，推导出大气热源 Q_1(原文称为视热源，apparent heat source)和湿汇 Q_2(原文称为视水汽汇，apparent moisture sink)的计算方法，具体算式如下(Luo and Yanai，1984)：

$$Q_1 = c_p\left[\frac{\partial T}{\partial t} + v\cdot\nabla T + \left(\frac{p}{p_0}\right)^{\kappa}\omega\frac{\partial \theta}{\partial p}\right] \tag{7.1.1}$$

$$Q_2 = -L\left[\frac{\partial q}{\partial t} + v\cdot\nabla q + \omega\frac{\partial q}{\partial p}\right] \tag{7.1.2}$$

式中，T 为大气温度；θ为位温；q 为水汽混合比；v 为大气水平风速；p 为气压；t 为时间；ω 为 p 坐标的大气垂直速度；$\kappa=R/c_p$，R 和 c_p 分别为气体常数和干空气定压比热系数；L 为凝结潜热系数；p_0 为 1000mbar（mbar 为压强单位，1mbar=100Pa=1hPa）。

Q_1 和 Q_2 的另一表达式为（Luo and Yanai，1984）

$$Q_1 = Q_R + L(c-e) - \frac{\partial}{\partial p}\overline{s'w'} \tag{7.1.3}$$

$$Q_2 = L(c-e) + L\frac{\partial}{\partial p}\overline{q'w'} \tag{7.1.4}$$

式中，$s=cT+gz$，为大气静力能，g 为重力常数，z 为几何高度；Q_R 为大气辐射加热率；w 为垂直速度；c 是单位质量空气的凝结率；e 为云和雨水的蒸发率；上划横线表示物理量的水平平均值，带撇表示由积云对流和湍流等小尺度涡动扰动导致的对大尺度值的偏差量。由此可知，在强对流环境中，涡动扰动量沿垂直方向的变化对大气热源和湿汇有贡献。

对于气柱而言，Yanai 等（1973）给出了大气热源和湿汇从地面 p_s 到云顶 p_t 的积分形式，并构建了两者与大气辐射加热率 Q_R 和地面单位面积降水率 P、地面感热通量 S 和蒸发率 E 之间的关系式：

$$\langle Q_1\rangle = \langle Q_R\rangle + LP + S \tag{7.1.5}$$

$$\langle Q_2\rangle = L(P-E) \tag{7.1.6}$$

式中，$\langle\ \rangle = \frac{1}{g}\int_{p_T}^{p_s}\mathrm{d}p$，因此有关系式 $\langle Q_1\rangle - \langle Q_2\rangle = \langle Q_R\rangle + S + LE$（He et al., 1987）。该式表明了大气热源为大气辐射加热、感热、潜热和湿汇的总和。

由此也产生了所谓大气非绝热加热的各项累加方法，即通过对再分析资料中的感热、潜热、辐射各分量的累加求和，得到大气非绝热加热率。但该方法中的加热率各分量对数值模式中诸多物理过程（如积云参数化方案、云和降水微物理方案、辐射传输参数化方案等）的依赖性大。He 等（1987）曾利用该方法研究了大气热源、湿汇和云顶向外长波辐射（OLR）通量的时空演变与季风环流变化之间关系，并由此揭示 1979 年夏季风爆发及青藏高原的作用。王同美等(2008，2011)也利用该方法研究了青藏高原及亚洲的大气垂直积分加热率的时空变化，指出所得的加热率源于非直接观测数据，而完全依赖于模式同化数据，故存在不确定性。

辜旭赞和张兵(2006)从质量(水汽)源、汇的连续方程出发，重新推导了水汽汇作用的热力学方程，而水汽汇则由大尺度凝结降水和积云对流凝结降水过程控制；由此重新给出了气压、气温预报方程及地面气压与高空位势高度的预报方程，从而揭示了大气凝结潜热“热机”做功的过程，并指出当模式分辨率足够高到只用降水显式方案时，即不必使用积云对流参数化方案，则模式必须引入包含水汽源、汇的连续方程。辜旭赞和张兵(2006)给出的大气非绝热加热 Q(单位质量空气加热率)还考虑了相变的混合冻结和凝华过程，相关参数很难从观测中获得，但理论意义重要。

7.1.2 大气非绝热加热的残差诊断法

大气非绝热加热指感热、潜热和辐射加热的总和，它是驱动区域和全球大气环流最主要的直接能量来源。大气非绝热加热的残差诊断方法基于大气能量守恒、物质平衡原理，从再分析资料的温度、气压和风的空间分布，反推月平均尺度下的大气非绝热加热率。其计算所依据的方程如下：

$$\frac{\mathrm{d}\bar{Q}}{\mathrm{d}t}=\frac{\Delta T}{\Delta t}+\bar{\boldsymbol{V}}\cdot\nabla\bar{T}+\left(\frac{p}{p_0}\right)^{\frac{R}{c_p}}\bar{\omega}\frac{\partial\bar{\theta}}{\partial p}+\left(\frac{p}{p_0}\right)^{\frac{R}{c_p}}\times\left[\nabla\cdot\overline{\boldsymbol{V}'\theta'}+\frac{\partial\left(\overline{\omega'\theta'}\right)}{\partial p}\right] \tag{7.1.7}$$

式中，$\frac{\mathrm{d}\bar{Q}}{\mathrm{d}t}$为月平均非绝热加热率；$T$ 是热力学温度；p 是气压；$\boldsymbol{V}$ 是水平风速；ω 是气压坐标系垂直风速；θ 是位温；上划横线表示月平均值，上撇表示扰动量。

残差诊断法所得的大气非绝热加热率不直接依赖于模式中的具体物理过程参数化方案，而是反映与大气环流场(大气动力场)相协调的大气热力场，因此它包含了与各项累加方法计算大气非绝热加热率所不同的信息。目前的再分析资料，如 NCEP 和 ERA40 等均不直接提供残差诊断法的大气加热场。Chan 和 Nigam(2009)利用该方法计算了 NCEP (1957～2002 年)、ERA40 (1979～2002 年)、ERA15 (1979～1993 年)三种再分析资料的大气非绝热加热率；Bollasina 和 Nigam(2010)利用该方法研究了巴基斯坦-印度低压的演化和生成机理；Li 等(2012)研究指出了北半球副热带高压随全球变暖而增强的趋势；Jang 和 Strauss(2012)研究了印度洋季风对 El Niño 非绝热加热的响应。

7.1.3 大尺度凝结潜热与积云对流潜热

在早年的数值模式计算中，认为大气凝结潜热加热率由两项构成，即大尺度稳定性降水潜热和次网格尺度(小于格点的尺度)积云对流降水潜热；前者由大尺度抬升运动引起的水汽凝结而造成，如假定上升运动环境中，大气比湿超过 0.8 倍饱和比湿，则发生水汽凝结释放潜热，故大尺度稳定性系统的降水潜热率 Q_s 可写成(沈如金和张宝严，1982)：

$$Q_s = \begin{cases} -L\omega \dfrac{\partial q_s}{\partial p}, & \text{当}q \geqslant 0.8q_s\text{和}\omega < 0 \\ 0, & \text{当}q < 0.8q_s\text{或}\omega \geqslant 0 \end{cases} \tag{7.1.8}$$

式中，q_s 为大气温度 T 状态下的饱和比湿；q 为大气温度 T 状态时的比湿；L 为凝结潜热系数；ω为大气垂直速度。

次网格尺度积云对流降水潜热率 Q_c 的计算方法有多种，通常采用参数化方法计算获得，这是因为缺乏次尺度的观测资料，只能采用格点分辨率资料在诸多假定条件下计算这类参数。郭晓岚的积云对流参数方案(被称为郭型方案)就是一种典型方法(Kuo, 1965)。该方案认为在条件不稳定大气中，即$(\theta_{se})_{700}-(\theta_{se})_{850}$小于零时，上升运动区域将发生对流运动，故积云对流降水的潜热率 Q_c 为

$$Q_c = \begin{cases} \dfrac{I}{M} c_p \left(T_s - T\right), & \text{当}I > 0\text{和}T < T_s \\ 0, & \text{当}I \leqslant 0\text{或}T \geqslant T_s \end{cases} \tag{7.1.9}$$

$$I = \frac{1}{g}\int_{p_b}^{p_t} \nabla \cdot \left(qV\right) \mathrm{d}p - \frac{\omega_b q_b}{g} \tag{7.1.10}$$

$$M = -\frac{c_p}{Lg}\int_{p_b}^{p_t} \left(T_s - T\right) \mathrm{d}p - \frac{1}{g}\int_{p_b}^{p_t} \left(q_s - q\right) \mathrm{d}p \tag{7.1.11}$$

式中，p_b、p_t 分别为积云底和顶的高度；ω_b、q_b 分别为积云底的大气垂直速度和比湿；T_s 和 q_s 为积云内的大气温度和比湿；T 和 q 为云外同高度的大气温度和比湿。

利用再分析数据，依据式(7.1.8)和式(7.1.9)便可计算得到大尺度稳定性降水潜热和积云对流降水潜热的加热率及其垂直结构，进而能分析诸如潜热加热与大气环境场之间的关系，如沈如金和张宝严(1982)分析台风降水及潜热加热之间关系，发现凝结潜热加热对台风的结构和降水有重要的作用。

钱正安等(1989)对郭型方案在积云成云条件、加热垂直分布函数及增湿系数等

方面做了改进，给出了比郭型方案更严格的成云条件：①气柱为条件不稳定状态；②边界层顶附近有较强上升运动；③气柱中除辐合外，还要求气柱中的净水汽辐合量> $0.3\times10^{-4}\mathrm{g\cdot s^{-1}}$，云厚≥100hPa，云底离地高度不超过 150hPa。并对郭型方案中以同高度云内外温差来计算加热垂直分布函数做了修改，因为郭型方案计算的降水量偏小。郭型方案中的加热垂直分布函数为

$$N(p)=\frac{\left(T_{C;K}-T_K\right)}{\overline{\left(T_{C;K}-T_K\right)}} \tag{7.1.12}$$

式中，$\overline{(\ )}=\dfrac{1}{p_{\mathrm{CB}}-p_{\mathrm{CT}}}\displaystyle\int_{p_{\mathrm{CT}}}^{p_{\mathrm{CB}}}(\ )\mathrm{d}p$ 为垂直平均运算符；$T_{C;K}$、T_K 分别为同高度 K 层的云内外温度；p_{CB}、p_{CT} 分别为积云的云底和云顶气压。由此可见，加热垂直分布函数由云内外的温差决定，故该方案也称为 T 差分方案。

钱正安等(1989)用云内外的温湿特征量相当位温 θ_{se} 差及比湿 q 差来定义加热垂直分布函数(也称为位温 θ_{se} 方案)，故修改后的加热垂直分布函数为

$$N(p)=\frac{\left(\theta_{\mathrm{se}C;K}-\theta_{\mathrm{se}K}\right)}{\overline{\left(\theta_{\mathrm{se}C;K}-\theta_{\mathrm{se}K}\right)}} \tag{7.1.13}$$

$$N(p)=\frac{\left(q_{C;K}-q_K\right)}{\overline{\left(q_{C;K}-q_K\right)}} \tag{7.1.14}$$

式中，垂直平均运算符 $\overline{(\ )}$ 同上；$\theta_{\mathrm{se}\ C;K}$ 和 $q_{C;K}$ 分别为同高度 K 层的云内外位温和比湿。钱正安等(1989)指出在青藏高原、湘鄂西及川西地区，位温 θ_{se} 方案给出的潜热加热出现在对流层高层这使得气柱渐趋稳定，最后抑制积云对流发展，故预报效果较好；且发现了潜热反馈的滞后效应，即潜热释放加热大气，到大气质量场调整，引起等压面高度变化，存在时间滞后。

随着观测技术发展和观测站点日益密集，近十年来高时空分辨率的观测数据已为直接计算积云对流降水潜热提供了便利，并可检验以往参数化方案的计算结果。王建捷等(2005)通过比较不同对流参数化方案中网格尺度(即显式方案)和次网格尺度(对流参数化方案)的凝结加热的三维结构及其时变特征，发现对流凝结加热的时空分布直接影响暴雨中尺度结构演变的细节特征。

7.1.4 降水潜热垂直结构模型

降水潜热结构在一定程度上决定了潜热结构，如热带地区对流性降水的热塔(hot tower)结构(Riehl and Malkus，1958)是因为整个云柱内为上升气流主导，水汽在这种环境中不断凝结、冻结、凝华，释放大量热量，故云柱中潜热加热大气，且最大加热值位于中低层[图 7.1.1(a)]。随着船载和机载设备探测，特别是卫星搭载仪器观测的发展，学界逐步认识到在热带盛行上升运动的对流核周围还存在着范围更大的层状降水区，且层状降水区只存在微弱的上升气流(一般小于 $1m\cdot s^{-1}$)，它位于冻结层以上，0℃层以下的云中则为下沉气流[图 7.1.1(b)]。随后发现热带中尺度对流系统(mesoscale convective system，MCS)中包含两种降水类型，即深对流降水(deep convective rain)和深层状降水(deep stratiform rain)；它们决定了热带降水潜热的垂直结构特点，深对流降水所释放的潜热加热整层大气柱，加热中心在云柱的中低层；深层状降水所释放的潜热仅仅在冻结层以上为加热，而在冻结层以下由于气流下沉、水凝物蒸发而吸热，故冻结层以下高度表现为冷却。因此 MCS 总潜热的垂直分布主要取决于这两种降水类型的比例，但其加热中心肯定比单纯的对流型降水潜热偏高(Houze Jr.，1997；Schumacher et al.，2004)。

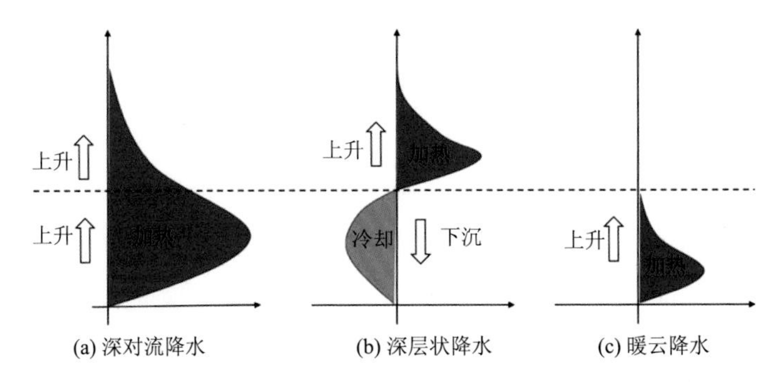

图 7.1.1 三种不同类型降水云中垂直气流的方向(上升或下沉)和潜热垂直结构(红色或浅蓝色)的基本特征示意图(根据 Houze Jr., 1997 和 Schumacher et al., 2004 绘制，引自李锐等，2021)

近年来，暖云降水(即云顶高度低于冻结层的降水，有时认为是回波顶高度低于零度层高度的降水)所对应的垂直方向浅薄加热结构[图 7.1.1(c)]受到重视。研究表明浅薄型潜热加热可能对热带大气季节内振荡(Madden-Julian oscillation，MJO)起着重要作用(Wu，2003；Sobel，2007；Zhang et al.，2010a)。

模式对潜热垂直结构的表征能力决定着模式的模拟结果。研究表明将上述潜热垂直结构特征应用于大气模式，模拟结果发现依据 MCS 潜热垂直结构特征所模拟的全球及区域大气环流的精度得到了提高(Hartmann et al.，1984；Schumacher et al.，2004；Choudhury and Krishnan，2011)。如果在大气模式中增大浅薄型潜热加热成分，可使模拟的 MJO 传递速度变慢，从而更符合实际的测量结果(Chang and Lim，1988；Sui and Lau，1989)。因此，准确量化降水潜热垂直结构特征，对提高目前天气预报模式的准确性具有实际应用价值(Jacques et al.，2018)。

必须指出上述对降水类型及其潜热垂直结构特点的归纳，多来自对热带地区降水的观测，因此潜热垂直结构特征适用于热带正压大气；中高纬度大气主要表现为斜压性，而青藏高原地形将大气柱压缩了 5km 左右，因此上述热带地区的潜热垂直结构特征未必适用于中高纬度地区和青藏高原地区。但是，目前热带测雨卫星(TRMM，观测范围为热带)和全球降水任务卫星(GPM，观测范围南北纬 65°以内)的降水类型仍继续沿用对流降水、层状降水这样的基本降水类型，因此在一些特殊性地理环境(如青藏高原)，这些降水类型的适用性也有局限性，而本书给出的结果已经明确了这点(见第 5 章)。

7.2 利用再分析资料估算青藏高原非绝热加热

依据 Yanai 等(1973)提出的大气热源思路和前面所述的大气非绝热加热的残差诊断方法，就可利用再分析资料，对不同地区和不同天气气候系统大气非绝热进行分析计算。然而，Chan 和 Nigma(2009)在研究大气非绝热加热的大尺度时空分布时，发现不同再分析资料诊断计算的结果存在明显差异，如热带地区 ERA40 比 NCEP 的非绝热加热大，前者 7 月纬向平均值甚至为后者的 2 倍；Jang 和 Strauss(2012)则指出在中国青藏高原高海拔、地形起伏剧烈、地基测站极其稀少的地区，残差诊断方法的适用性和精度需要进行分析评估。因此，这里利用残差诊断方法，就 NCEP 和 ERA40 再分析资料，分析两者估算青藏高原大气非绝热加热的时空分布差异，着重比较它们在高原南麓的差异，并结合 TRMM PR 降水和潜热资料，分析引起差异的可能原因。

所使用的 ERA40 月平均再分析资料来自欧洲中期天气预报中心(ECMWF)，其非绝热加热资料水平分辨率为 2.5°×2.5°，垂直分辨率为 23 层(Kållberg et al., 2004)；NCEP 再分析数据来自美国国家环境预报中心/美国国家大气研究中心(NCEP/NCAR)(Kalnay et al.，1996；Janowiak et al.，1998)，NCEP 月平均非绝热加热资料水平分辨率为 5°(经度)×2.5°(纬度)，垂直分辨率为 17 层。

基于以上两套再分析资料，Chan 和 Nigma(2009)通过热力学方程计算了 NCEP、ERA40 和 ERA15 三维非绝热加热场。因所公布的 ERA15 非绝热加热资料时间跨度短(1979～1993 年)，它与 TRMM PR 观测时间(1997～2012 年)无交集，故只对基于 ERA40 与 NCEP 计算的大气非绝热进行比较，以便用 PR 探测的降水来检验计算结果。当具体分析潜热在非绝热加热中的比例时，将再分析资料本身的降水场与 TRMM PR 探测降水进行对比；由于再分析系统模式逐日 4 次预报未来 6h 的降水，故将逐日 4 时次降水量累加，得到逐日的日降水量，且以 T62 高斯格点存储(Kalnay et al.，1996)，再进行插值得到 2.5°×2.5°格点值，以便于对比分析。采用的 TRMM PR 降水资料 3A25 为 TRMM 标准降水产品之一，其水平分辨率为 0.5°×0.5°，空间范围为 37°N～37°S，可将它视为高原月平均地表降水较准确的参考值。结合 TRMM PR 探测的回波顶高度、近地表降水率、降水类型等信息，Shige 等(2004，2008)开发了 SLH(spectral latent heating)降水潜热算法，该反演方法基于云模式预先构筑的数据库，将 PR 实测降水信息作为约束，实现了降水潜热反演，其潜热产品(书中称为 PR SLH)为国际上较为先进的潜热产品之一(Tao et al.，2006)；这里将 PR SLH 二级产品处理成 0.5°×0.5°的月平均产品，其垂直分辨率为 250m，该套潜热资料将作为高原上潜热垂直结构的参考值。

7.2.1 非绝热加热水平分布

为了解非绝热加热空间分布特点，首先分析 ERA40 和 NCEP 垂直积分(地表～125hPa，即柱总量)的非绝热加热水平分布。图 7.2.1 表明高原与其周边相比，这两套非绝热加热一致地反映了春夏季高原为一明显的热源，秋季高原热源不明显，而冬季高原则为冷源；高原夏季非绝热加热柱总量呈现自南向北递减，加热中心位于雅鲁藏布江河谷至印度东北一带，这与先前的研究结果基本一致(王同美等，2011)。

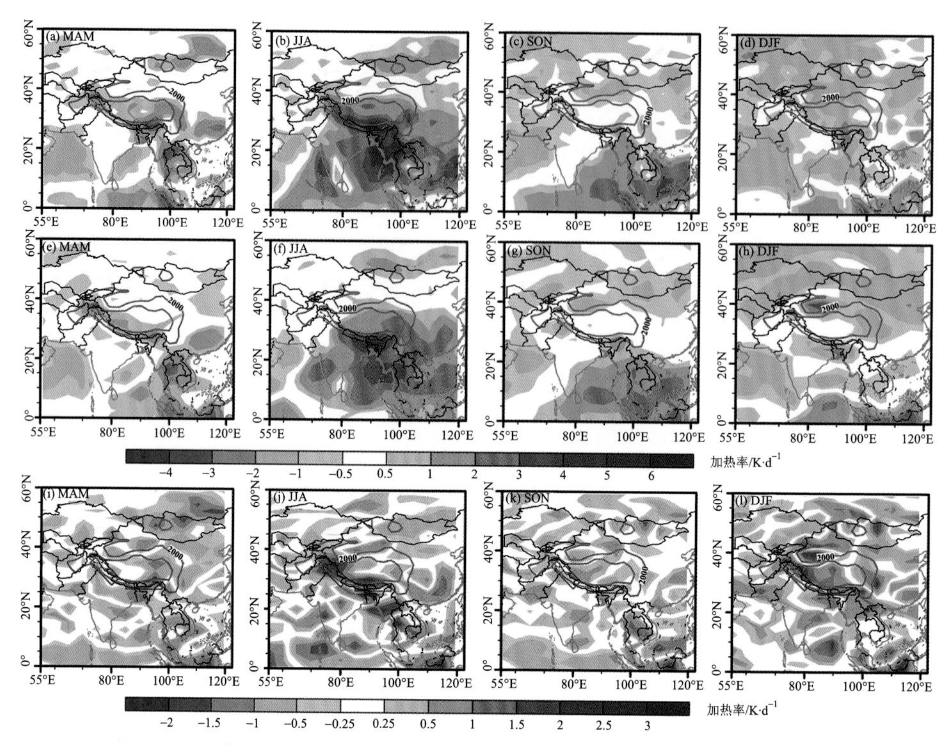

图 7.2.1　青藏高原及其周边地区气柱垂直积分非绝热加热分布图(引自李锐等，2017)

(a)～(d)为ERA40；(e)～(h)为NCEP；(i)～(l)为二者的差值(NCEP−ERA40)；MAM：春季；JJA：夏季；SON：秋季；DJF：冬季，下同；图中两条紫色实线分别为海拔2000m和4000m等高线

目前，喜马拉雅山脉南坡的热效应是学术争论的焦点(Qiu, 2013; Boos and Kuang, 2010; Wu et al.，2012)。从图7.2.1中可见ERA40和NCEP给出的柱潜热在此区域的差异最大，ERA40的柱潜热显示南坡犹如一条醒目的“热脊”，横贯喜马拉雅山脉南坡至雅鲁藏布江河谷之间，加热率约为5.5K·d^{-1}；而NCEP的柱潜热显示，加热中心在喜马拉雅山脉南坡以下的卡西山附近，南坡上并没有“热脊”。在喜马拉雅山脉南坡区域，ERA40显示的柱潜热比NCEP的普遍高1.5～2K·d^{-1}，且前者的加热区域向北延伸较远，1.5K·d^{-1}以上的加热区域向北延伸到海拔4000m以上的高原主体；而NCEP的柱潜热则显示1.5K·d^{-1}以上的加热区基本上未越过4000m。

图7.2.2为非绝热加热在各气压层的分布。图中可见，高原夏季ERA40和NCEP的非绝热加热均显示为从近地层一直延续到对流层高层，在300hPa以下高度两种资

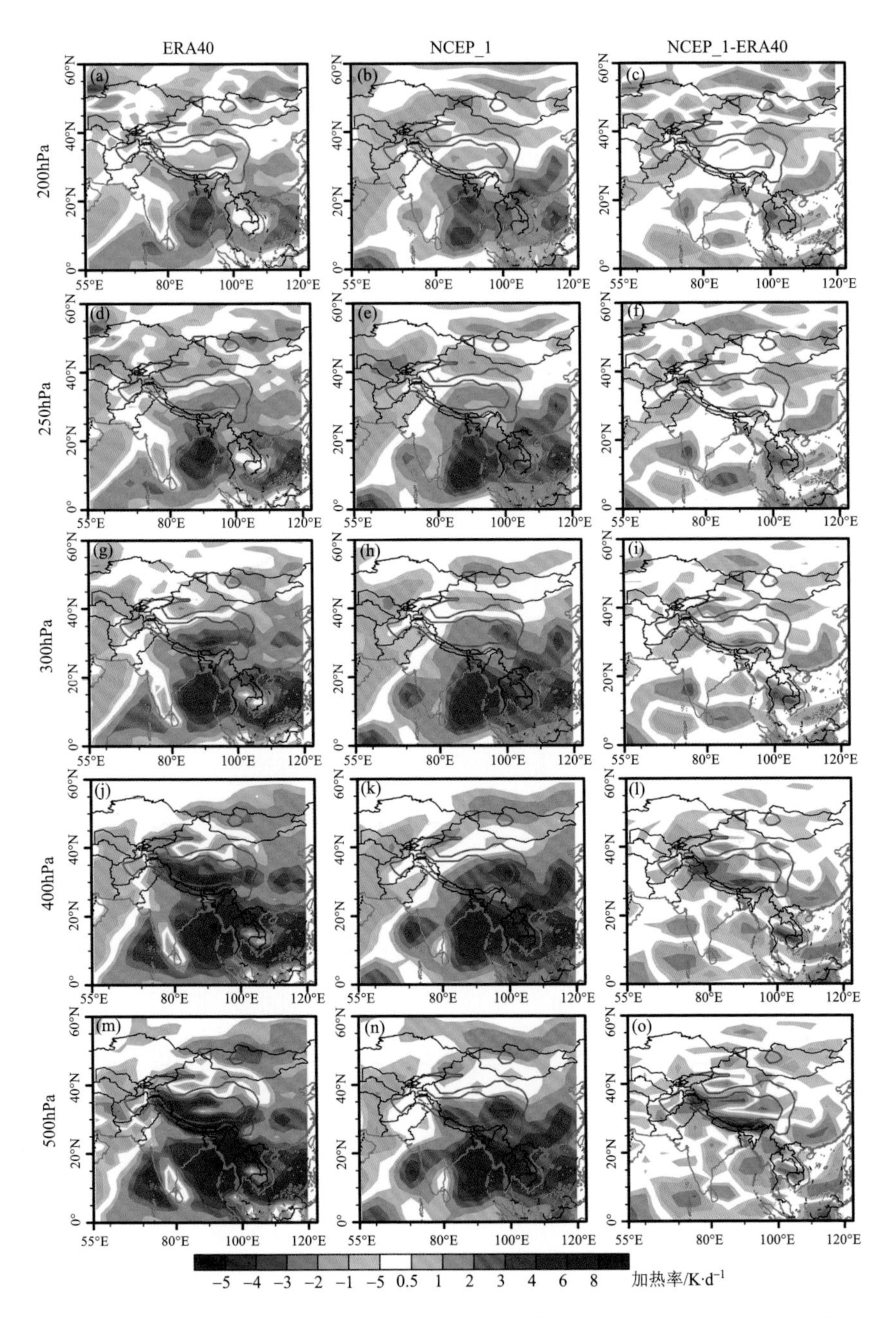

图 7.2.2 利用 ERA40（左列）和 NCEP（中列）资料计算的夏季青藏高原及周边地区不同气压层高度的大气非绝热加热率分布及二者的差异（NCEP−ERA40）（右列）（引自李锐等，2017）

两条紫色实线分别为海拔 2000m 和 4000m 等高线

料给出的非绝热加热的差异更明显，且各层的最大差异都出现在喜马拉雅山脉南坡上空，说明这里的云降水更多。此外，非绝热加热的显著差异不仅仅出现在近地层附近(500hPa)，在400hPa高度也很显著，说明两种资料对接近高原低层大气热力状态的表征能力差异大。地表感热直接作用于近地表的低层大气，而云降水潜热的最大值通常出现在对流层的中低层(Houze Jr., 1997)，因此该结果表明造成图7.2.1中差异的原因是云降水潜热。

大气非绝热加热由感热、潜热、辐射冷却三项构成，以往对高原地表感热的热效应有不少研究，如竺夏英等(2012)对比分析了8种夏季高原地表感热资料，发现多数产品(包括NCEP)显示高原西部感热较高原东部强，而ERA40的感热分布却相当均匀且强度偏弱。分析1979年青藏高原科学试验的数据显示，季风爆发前高原地表感热表现为热源，而季风爆发后高原东部的凝结潜热成为主要热源(Yanai and Li, 1994)。利用各项累加法计算NCEP的非绝热加热显示，高原春季的总加热增长斜率与感热加热的几乎相同，5月之后总加热变化趋势和潜热变化一致，7月总加热值达到最大(王同美等，2011)。

虽然大气中潜热源于云降水形成过程的释放，但是潜热会加热环境大气，增加大气湿度，剩下的潜热才留在大气中，由此可通过降水估算最终留在大气中的潜热，进而可分析降水与大气非绝热加热之间的联系。为此，图7.2.3给出了TRMM PR观测给出的降水、再分析资料的降水和两者之间的差异。TRMM PR观测的降水表明，由夏季西南季风经孟加拉湾向东、向北输送的充沛水汽(柳艳菊等，2005；周晓霞等，2008)，受到喜马拉雅山脉的阻挡，形成一条显著的地形降水带，喜马拉雅山脉南坡的降水率可达到$10mm\cdot d^{-1}$，南坡西段则可达$7mm\cdot d^{-1}$。但TRMM PR给出的强降水带不超过海拔4000m，高原台地上的降水仍弱，且自东南向西北方向迅速递减。其他三个季节因夏季风环流减弱或退出南亚，PR给出的青藏高原及周边的降水明显减弱。

对于瞬时降水测量而言，TRMM PR具有“飞行雨量计”之称(Adler et al., 2000)，其探测的降水数据具有很好的精度。故PR给出的降水可作为标准参考量。那么夏季喜马拉雅山脉南坡海拔2000m以南区域，ERA40和NCEP再分析资料都低估了那里的降水，而在海拔2000m高度以北区域，再分析资料则高估了降水，特别是在4000m高度以北的80°E～100°E区域，ERA40所估计的夏季降水比TRMM PR降水高出了$2\sim4mm\cdot d^{-1}$，其高估中心对应图7.2.1中的非绝热加热中心；在这一区域，NCEP也高估了夏季降水，但高估程度较小($0.5\sim2mm\cdot d^{-1}$)；此外，在海拔2000m高度附近区域，NCEP也低估了降水。

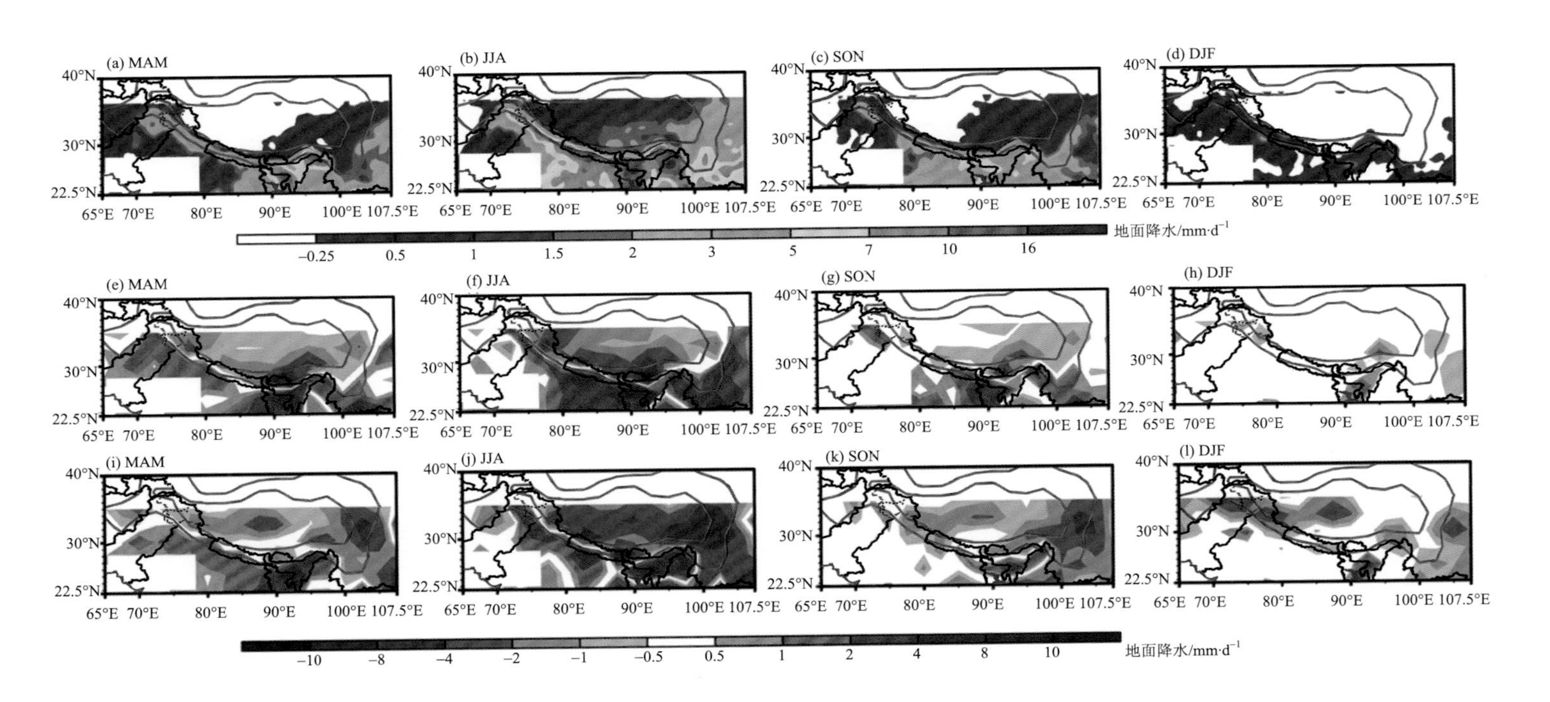

图 7.2.3 不同资料反映的青藏高原及其周边地区地面降水分布图(引自李锐等，2017)

(a)~(d)为 TRMM PR；(e)~(h)为 TRMM PR−ERA40；(i)~(l)为 TRMM PR−NCEP。两条紫实线分别为海拔 2000m 和 4000m 等高线

在 92.5°E 的子午方向，可以看到自赤道向北依次分布着不同性质的下垫面，0°～20°N 为热带洋面，20°N～26.5°N 为副热带陆面，26°N～40°N 为青藏高原。因此，分析 92.5°E 子午方向的非绝热加热和地表降水随时间的演变，可以帮助我们很好地理解海-陆差异及高原大地形对大气参数包括降水和潜热的影响。沿该经度的再分析资料降水和 PR 降水、再分析资料的柱非绝热加热总量、PR SLH 柱潜热总量的多年月平均演变表明两种再分析资料降水和 TRMM PR 降水一致地反映了在海陆交界处(约 20°N)降水随时间的变化，如夏季风爆发时(4～5 月)，该交界处出现强降水，但这两种再分析资料降水所反映的降水强度($>10\mathrm{mm\cdot d^{-1}}$)及强降水持续时间的位置存在差异，且都不同于 PR 降水强度和分布，说明再分析资料降水与雷达直接探测降水所表征的降水存在一定差异。虽然认为 PR 探测的降水较为准确，但因 TRMM 为极轨卫星，对同一区域降水进行探测的时间有限，且 PR 扫描探测范围也有限(即 PR 不能探测到该时段区域内的所有降水)，故在某一区域一定时间尺度(如月、季、年或更长时间)内，统计 PR 的降水并不能真正代表该区域该时段的降水真值。

在青藏高原上，这两种再分析资料所估计的降水差别明显。ERA40 认为 26°N～30°N 区域、4～10 月存在持续的强降水($>10\mathrm{mm\cdot d^{-1}}$)，且与之对应的是强非绝热加热；但 NCEP 和 TRMM PR 显示均无 ERA40 所反映的长时间强降水，NCEP 在该区域附近估计的强降水($>10\mathrm{mm\cdot d^{-1}}$)仅出现在夏季 25°N 以南地区，且 NCEP 非绝热加热时空演变分布的吻合度不高；而 TRMM PR 观测显示的强降水出现在 4～7 月、27°N 以南，8～10 月强降水仅存在于 25°N 附近，与 PR 降水相应的降水潜热 SLH 出现在喜马拉雅山脉南坡以南(27°N 以南区域)，而 27°N 以北则小于 $0.04\mathrm{K\cdot h^{-1}}$(约 $1\mathrm{K\cdot d^{-1}}$)。

由上述分析可知，NCEP 和 TRMM PR 所估计的强降水位于较低海拔地区，而 ERA40 认为在高海拔地区也存在长时间的强降水。据此可推测 ERA40 模式中春夏季喜马拉雅山脉南坡的非绝热加热之所以显著高于 NCEP，主要源于 ERA40 的潜热贡献。相对于 TRMM PR 观测降水而言，ERA40 高估了喜马拉雅山脉南坡的降水强度和范围，因此也就高估了潜热，进而高估了非绝热加热。而 NCEP 则相对低估了喜马拉雅山脉南坡降水，故造成这两种再分析资料诊断的非绝热加热在喜马拉雅山脉南坡有很大差异(图 7.2.1)。必须强调，由于 PR 探测能力和探测时间的限制，PR 降水也并非绝对的降水真值，所以这里所说 ERA40 的“高估”仅仅是相对 TRMM PR 而言。

7.2.2 非绝热加热垂直结构

云降水在垂直方向上具有复杂多变的特点，因此这一过程所释放的潜热在垂直方向上也应该具有多变性。为此，这里分析了沿 92.5°E 自赤道至 60°N 的大气非绝热加热和风场的垂直剖面(图 7.2.4)。该图表明两种再分析资料均显示热带洋面(0°～20°N)全年都有较强的垂直上升气流，并通过降水释放潜热加热大气，非绝热加热最大值位于对流层中部；春冬两季，对流层高层气流向中高纬度地区平流，并在高原南侧下沉，呈现典型的哈得来(Hadley)环流型，此时高原南侧为非绝热冷却；夏秋两季，高原南部及其以南的副热带陆地(20°N～25°N)同时存在强劲的上升气流，此时的非绝热加热最大值同样位于对流层中部 600～400hPa。在高原南侧(25°N～30°N)，各季节因高原地表吸收太阳短波辐射并向大气输送感热，使大气非绝热加热在近地层获得最大值；在对流层高层，春秋两季的辐射冷却超过了感热和潜热加热，故非绝热加热为负值，但在夏季，由于潜热的作用，高原南侧的对流层整层都被加热。

大气非绝热加热显示夏季高原及南侧区域(25°N～35°N)，ERA40 所估计的近地层非绝热加热显著大于 NCEP，特别是在 30°N～35°N 高原和喜马拉雅山脉南坡[图 7.2.4(b)]，且 ERA40 所估计的强加热(>4K·d^{-1})在垂直方向上延伸得更高，大于 4K·d^{-1} 的强加热区从地表向上到达 300hPa 等压面，这主要由深对流降水所释放的潜热所贡献。但 NCEP 认为在 25°N 以南的低海拔区域非绝热加热最强[图 7.2.4(f)]，且 NCEP 所估计的强加热区位于近地层；在喜马拉雅山脉南坡，NCEP 诊断的大气非绝热加热较 ERA40 弱，并且也限于较低的大气层，应该由地表感热和浅对流降水的潜热综合贡献。由此推测，ERA40 认为在高原地表感热加热的作用下，深对流降水可以发生在喜马拉雅山脉南坡海拔较高的区域和高原主体，而 NCEP 则认为该热效应没有那么强，深对流降水只能发生在高原南侧的低海拔地区，在高海拔地区只有浅对流降水。上述反映了这两种再分析资料模式对青藏高原及其南侧低海拔地区的对流降水的认识存在分歧。冬季，ERA40 显示高原上大气整层为强烈的冷源，而 NCEP 显示该冷却强度较弱，且在高原主体的低层大气(如 600～400hPa)还存在弱的非绝热加热。

大气环流显示两种资料都显示春季热带洋面(0°～10°N)和高原及其南侧(25°N～35°N)存在两个分离的大气上升运动中心，而在 10°N～20°N 则有一显著的下沉气流区；夏季从赤道到高原北侧(约 35°N)为一致的上升气流；秋季 92.5°E 经线

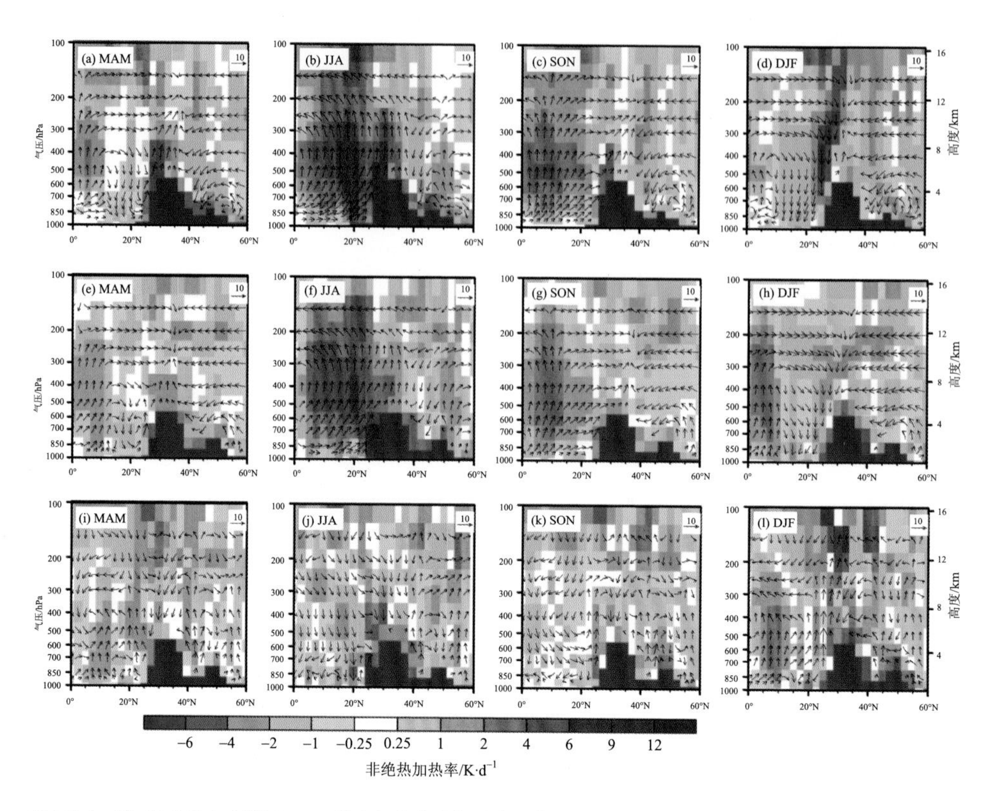

图 7.2.4　沿 92.5°E 自赤道至 60°N 的大气非绝热加热率和大气环流（v–w 合成风）的纬向–高度剖面（引自李锐等，2017）

(a)～(d) 为 ERA40；(e)～(h) 为 NCEP；(i)～(l) 为 NCEP–ERA40

上升气流的范围退缩到 20°N 以南地区；冬季上升气流进一步退缩到 10°N 以南区域，而高原上空为强劲的下沉气流区。

喜马拉雅山脉南坡和南坡西段 ERA40 和 NCEP 非绝热加热廓线及 PR 的潜热垂直廓线表明，两块区域中 PR 的降水潜热均在夏季最大、冬季最小，这与夏季风降水和冬季干燥的时间一致；在垂直方向上，PR 的潜热主要出现在 250hPa 以下，最大值加热位于 600hPa（南坡）和 500hPa（南坡西段）的高度。因 ERA40 和 NCEP 的非绝热加热廓线受到辐射冷却、地面感热和降水潜热的三重影响，春秋冬三季中，两者在垂直方向上高空为冷却，低空为加热，但夏季因降水潜热达到最大值，故非绝热加热在对流层各层表现为加热效果。

夏季 PR 的 SLH 最大潜热在喜马拉雅山脉南坡位于 600hPa 高度，在喜马拉雅山脉南坡西段位于 500hPa 高度，均体现为明显的“对流型”潜热廓线外形。喜马拉雅山脉南坡西段的最大潜热高度比喜马拉雅山脉南坡偏高，估计由两种可能性造成，一是南坡西段的海拔较高，故降水高度也相应抬高；二是南坡西段降水云系中含有较多的层状降水，估计与季风暖湿气流受到那里陡峭地形强迫有关，相关细节还有待进一步分析。

再分析资料的非绝热加热廓线表明，喜马拉雅山脉南坡(南坡西段)上，ERA40 非绝热加热廓线的形状接近 PR 的 SLH 潜热廓线外形，最大的非绝热加热值位于 700hPa(500hPa)，与 PR 的潜热廓线一致；而 NCEP 非绝热加热廓线的最大值却在地表。上述说明喜马拉雅山脉南坡和南坡西段，ERA40 的非绝热加热廓线中潜热加热的贡献大，而 NCEP 的非绝热加热廓线中地表感热加热的贡献大，潜热加热的贡献小。

夏季 ERA40 的非绝热加热从地表一直到 200hPa 均为正值，且在 300hPa 以下各层均显著地大于 PR 的 SLH 潜热，而 NCEP 非绝热加热的数值与 PR 的潜热相当(南坡 600hPa 以下部分除外)。由于对流层的加热主要来自对流降水所释放的潜热，地表感热对非绝热加热的影响随高度逐渐减小，辐射效应在对流层高层主要体现为冷却。据此可推断，ERA40 在喜马拉雅山脉南坡与南坡西段所诊断的潜热肯定远远大于 PR 的 SLH 潜热。这很可能是 ERA40 诊断喜马拉雅山脉南坡高海拔地区的强深对流降水多的缘故(参见前述讨论)。

7.2.3 再分析数据非绝热加热分布的启示

利用残差法诊断 NCEP 和 ERA40 的大气非绝热加热，特别是对比两者在喜马拉雅山脉南坡的时空分布，并以 PR 降水和潜热资料作为参照，分析非绝热加热差异的原因，大体可得出如下判断。

夏季，这两套资料中的大气非绝热加热最大差异位于喜马拉雅山脉南坡海拔 2000～4000m 的陡峭地形过渡带。ERA40 的大气非绝热加热显示在喜马拉雅山脉南坡如一条醒目的“热脊”，加热率约为 $5.5\mathrm{K\cdot d^{-1}}$；强加热区域可从海拔 2000m 向北延伸到达海拔 4000m 以上，甚至出现在高原主体的南部。而 NCEP 的大气非绝热加热显示夏季强加热区位于高原南侧较低海拔地区的上空，喜马拉雅山脉南坡不存在“热脊”；$1.5\mathrm{K\cdot d^{-1}}$ 的强加热区不会越过海拔 4000m。两者的差异不仅限于大气低层，在 400～500hPa 的大气层仍存在明显差异。ERA40 给出的喜马拉雅山脉南坡高海拔地区降水量显著地高于 NCEP 的结果，也高于 PR 的观测结果；ERA40 降水的时空分布与其大气非绝热加热场的时空分布很一致，据此推测 ERA40 大气非绝热加热中的降水潜热贡献大。

在垂直方向上，ERA40 给出的喜马拉雅山脉南坡非绝热加热比 NCEP 的更强，且伸展高度更高，ERA40 相应的上升运动速度也较强、对流层高层(如 200hPa)的水平风场也较强；在喜马拉雅山脉南坡和南坡西段，ERA40 的大气非绝热加热平均廓线形状与 PR 的 SLH 降水潜热“对流型”廓线接近，但 ERA40 的大气非绝热加热中的潜热要明显大于 PR 的 SLH 潜热。而 NCEP 大气非绝热加热廓线与 PR 的 SLH 潜热廓线形状相差较大，或许说明地表感热对 NCEP 总体加热廓线的影响大。

理解青藏高原(特别是喜马拉雅山脉南坡)地-气之间的能量转换与传输过程的诸多细节，是认知高原影响亚洲季风及我国天气气候系统内在机理的关键所在。由于青藏高原海拔高、地形起伏剧烈、下垫面状况复杂，而地基观测站稀少，大气模式模拟和卫星遥感反演的大气非绝热加热及降水等参数都存在较大的不确定性，因此目前还无法绝对准确地给出客观评价。但是，在利用新再分析资料的大气非绝热加热场，结合卫星遥感资料，仔细分析比较高原特别是喜马拉雅山脉南坡大气加热率的时空分布时，会发现国际上被广泛接受的两套大气再分析资料所诊断的大气非绝热加热恰恰在该区域出现明显差异，且集中体现为二者对喜马拉雅山脉南坡高海拔地区的深对流降水和潜热的不同认识。究竟谁对谁错，还有待从实地观测和模式模拟两方面进行深入研究。

7.3 利用星载微波雷达探测结果反演降水潜热垂直结构

降水潜热最先是利用降水量来估算的，如李栋梁等(2008)利用 OLR 估算降水量，进而估算降水凝结潜热，但这种方法不能给出潜热的垂直结构。TRMM 团队推出的潜热廓线资料(TRMM 的标准产品 2A12 数据)，源于 TRMM 的微波成像仪(TMI)观测和云模式模拟计算。但 TMI 的低频通道在遥感陆面上的云降水时，会受到下垫面不均匀的干扰，故该潜热廓线存在较大的不确定性(傅云飞等，2008a)。因此，利用星载微波雷达探测结果来反演降水潜热及其垂直结构就显得十分重要。

7.3.1 用于降水潜热廓线反演的卫星仪器观测

由于降水及其潜热为三维空间分布参数，故获取降水的三维结构至关重要。传统的地面雨量计观测、卫星被动微波和光谱遥感无法获得降水垂直结构，唯有主动探测(如微波雷达)才能得到该信息，因为目前运行的微波雷达采用脉冲式的工作方式，可以得到波束方向的云降水结构。对于星载平台搭载的微波雷达，其波束方向的回波强度或反演的降水率随高度的分布，常称为回波廓线或降水廓线(echo profile 或 precipitation profile)，这些廓线可用于降水潜热的反演。

7.3.2 降水潜热廓线的查算表反演方法

根据星载微波雷达探测的降水廓线，依据物理学原理，可通过一些算法实现降水潜热的反演，大致可将反演方法划分为潜热的查表法和物理反演方法。目前，国际上比较认可的查表法有两种：Tao 等(1993，2010)开发的 CSH 方法和 Shige 等(2004，2007，2008)开发的 SLH 方法，这两种方法产生的潜热资料已对用户开放。

Tao 等(1993，2010)开发的对流降水和层状降水的潜热算法 CSH，通过雷达观测的降水类型和地表降水率估算瞬时潜热剖面。该方法认为，虽然雷达探测的某条降水廓线所对应的潜热不可直接测量，但从大量的云模式模拟结果(事先构建的查找表)中，可找到一条"外形"与雷达探测降水廓线外形最相似的模拟降水廓线，则该模拟降水廓线对应的模式潜热廓线，也可视为雷达探测降水廓线具有的降水潜热廓线的最佳估计。CSH 算法认为能表征该"外形"的最重要参数是降水系统中降水类型及其比例，其次是地表降水率和冻结层高度回波强度。因此，在 CSH 算法中，通过云解析模型(CRM)的模拟，构建了查找表(LUTs)，表中包含了地理位置、降水强度、降水类型、降水廓线和潜热廓线等信息。然后以观测的地面降水率和降水类型作为查找指标，在表中检索到最可能的潜热廓线。此外，CSH 算法还提供视加热(Yanai et al.，1973)和辐射加热。研究还表明除降水类型外，降水回波顶高度也能代表降水和潜热的垂直结构，PR 观测的降水廓线可利用降水回波顶高度和降水率之间的关系(傅云飞等，2012；Chen et al.，2016)来表征(Takayabu，2002)。

降水潜热的谱方法 SLH 由 Shige 等(2004，2007)开发，并经过一些发展完善

(Shige et al.，2008，2009)。该方法也遵循与 CSH 类似的基本思想，即通过云模式建立降水廓线和相应的潜热廓线库(查算表)，然后寻找模式模拟降水廓线与实测最相似的降水廓线，来获得降水潜热廓线。但该方法不仅认为降水类型对降水廓线外形(潜热廓线外形)有决定性，还认为降水回波顶高度也是决定降水廓线外形最主要的外部特征，并把降水廓线按回波顶高度做“谱展开”，由此称为降水潜热的谱方法(spectral latent heating)。因此，SLH 方法在寻找模拟的最相似降水廓线时，除了利用降水类型、地表降水率等作为输入参数外，还将降水回波顶高度作为寻找模拟降水廓线的重要参数。

图 7.3.1 总结了查表法的基本思想和流程。该算法依据高分辨率的云解析模式，结合微波雷达(地基或星载)探测的降水廓线数据，通过云解析模式的模拟计算，产生大量的降水廓线数据，并根据某种规律(如降水类型、降水强度、回波顶高度等)编制降水廓线查找表(模拟降水特征)，同时该表中还给出每一条降水廓线对应的潜热廓线。在实际反演时，利用微波雷达(地基或星载)探测的降水廓线、降水类型、降水强度、回波顶高度等“探测降水特征”信息，在查找表中找到与微波雷达得到的“探测降水特征”最相似的“模拟降水特征”，最后将该模拟降水廓线所对应的潜热廓线作为实际潜热廓线。这类方法的优点是能充分反映降水所释放潜热的各分量(凝结-蒸发、冻结-融化、凝华-升华)和其他大气加热(如辐射加热等)，同时也可对非降水云的潜热做出估计。

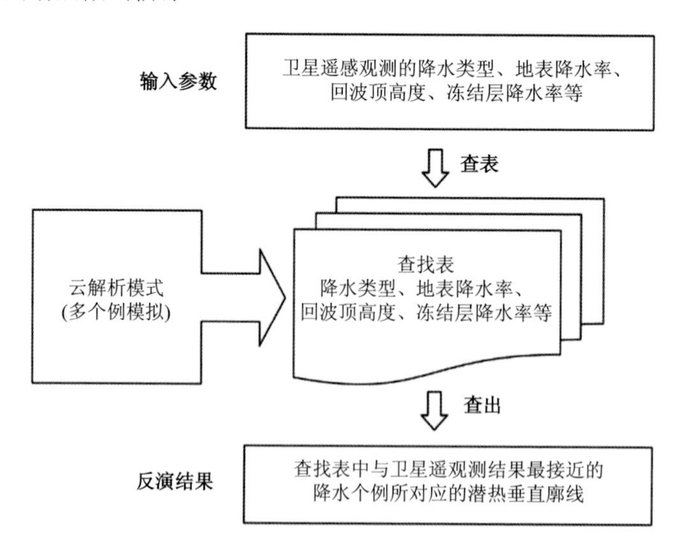

图 7.3.1 查表法卫星遥感降水潜热垂直廓线的基本思想和流程(引自李锐等，2021)

图 7.3.2 为利用 CSH 方法得到的热带洋面和陆面、太平洋暖池区域和大西洋东部对流降水及层状降水的潜热廓线，该图给出了 1993 年 2 月 TOGA COARE (Tropical Ocean and Global Atmosphere Coupled Ocean-Atmosphere Response Experiment) 试验区域、非洲区域、美国中纬度地区和澳大利亚的对流降水及层状降水的潜热廓线作为对比。该图表明对流降水潜热廓线和层状降水潜热廓线的基本形状完全不同，与图 7.1.1 中的描述一致，这说明实际反演中对降水类型的识别至关重要，不同的降水类型就决定了潜热廓线的形状。该图还表明查找表中的潜热廓线具有丰富的时空变化信息，因此可按地表降水率标准化后的潜热廓线，给出热带洋面和陆面、太平洋暖池、大西洋东部、TOGA COARE 试验区域、非洲区域、美国中纬度地区和澳大利亚等地区的降水潜热共性和差异，如在热带洋面层状降水潜热由“正”转“负”的转折高度明显高于陆面(Tao et al.，2001)。因此，可利用星载微波雷达在不同地区和不同时间探测的降水特征，通过查算表实时地反演降水潜热廓线。

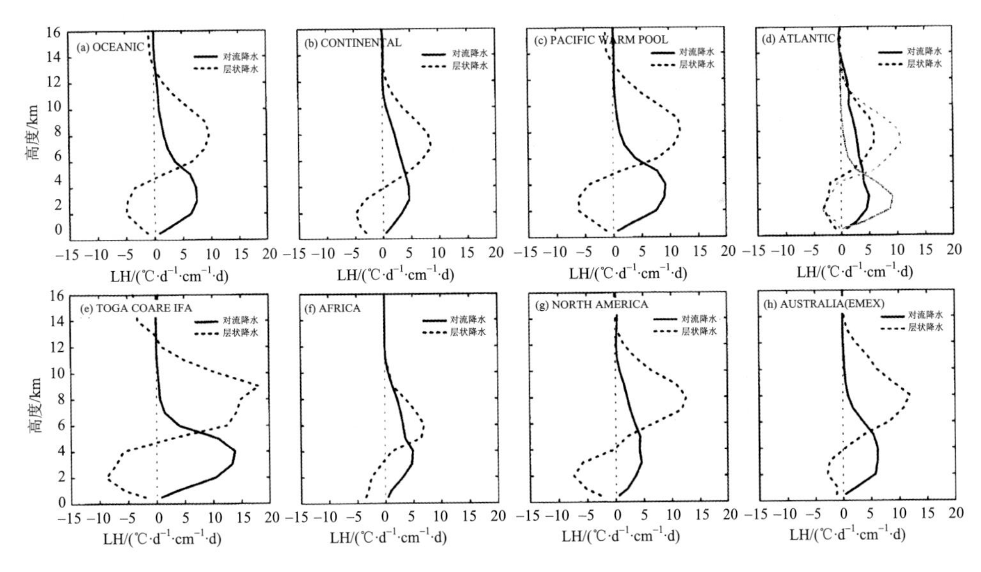

图 7.3.2 CSH 方法查找表中对流降水和层状降水的潜热(LH)廓线(已按地表降水率做标准化处理)(引自李锐等，2021)

(a) 热带洋面；(b) 热带陆面；(c) 太平洋暖池区域；(d) 大西洋东部；(e) 1993 年 2 月 TOGA COARE 试验区域；(f) 非洲区域；(g) 美国中纬度地区；(h) 澳大利亚

上述两种反演降水潜热的查算表方法，哪种占优？Shige 等(2004)给出了这两种查表法反演效果的比较。图 7.3.3(a) 为 1992 年 12 月 19～26 日 TOGA COARE 试验期间一次显著降水过程的潜热垂直结构随时间的变化。该图表明云解析模式模拟区域内平均降水潜热垂直结构存在多次深对流的发生、发展和消亡阶段，对应着潜热强度、加热正负(正为加热，负为吸热)、加热中心高度等参数的复杂演化过程。将云模式模拟的降水强度、降水类型、回波顶高度等信息作为输入，再利用 SLH 和 CSH 两种方法反演计算得到的潜热结构随时间的变化如图 7.3.3(b)和(c)所示；由于输入参数为模拟结果，没有实测参数具有的误差，其相应的模式潜热结果可视为真值，而反演结果与模式的真值差异，将完全来自查算表的“反演”过程，由此可检验反演算法的可信度和精度。与图 7.3.3(a)对比，从图 7.3.3(b)和(c)可以看到，两种反演方法均能成功地表征降水系统潜热结构的主要特点，如都能正确地反演出准两天的大气振荡相应的降水潜热加热强度、垂直分布范围、加热中心高度、持续时间等特征；但两种反演方法的结果均比云模式的模拟结果“平滑”，这是因为在查表过程中，是按照降水类型、降水强度、回波顶高度平均后的廓线进行查找。此外，由于两种方法输入参数的差异，反演结果也存在一定的不同，如 CSH 输入参数是降水类型、地表降水率等，而 SLH 方法在此基础上增加了回波顶高度作为输入参数，由此可见图 7.3.3 中，9 月 25 日 06：00～15：00(世界时，下同)期间，模式潜热真值显示约 4.5km 以上高度存在显著的加热、4.5km 以下有明显的吸热冷却，这一过程能被 SLH 方法正确地反演出来，但是 CSH 反演结果却未反映出这一过程。

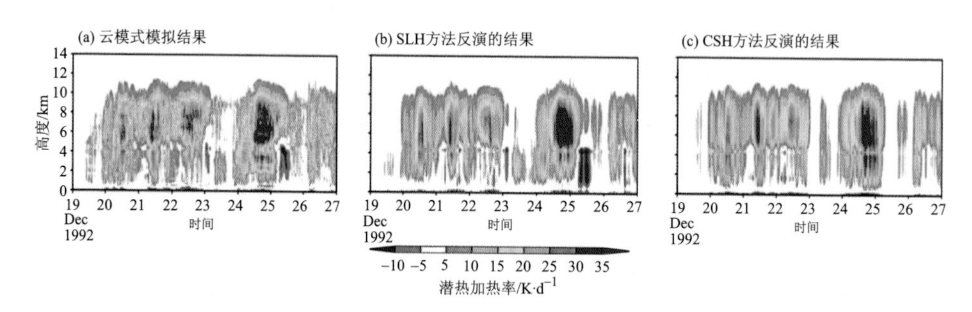

图 7.3.3　TOGA COARE 试验一次降水过程潜热垂直结构的时间变化(引自李锐等，2021)

必须指出就青藏高原降水潜热而言，CSH 方法(Tao et al.，2016)没有考虑高原的地形，故不能反演青藏高原降水潜热；SLH 算法也不能反演青藏高原地区的潜热。Min 等(2013)和 Li 等(2013)提出了利用云模式模拟的云降水水成物廓线与潜热廓线之间关系的参数化方法，实现了对层状降水、对流降水和暖云降水的潜热反演。该方法具有物理过程清晰的优点，但是否适应高原降水潜热的反演，仍需要试验和检验，因为夏季青藏高原地表高度与非高原地区的融化层高度接近(Fu and Liu，2007)。

7.3.3 降水潜热廓线的物理反演方法

降水潜热廓线还可以由星载仪器直接观测或间接反演的云降水参数垂直分布，如雨水、冰水、云水、云冰等水成物廓线，通过建立该廓线与潜热廓线之间的定量联系，实现潜热廓线反演。该类方法被称为潜热廓线的物理反演方法。20 世纪 90 年代初还没有星载微波雷达观测，水成物廓线主要基于星载多通道微波仪器观测反演得到。为了将云降水的水成物垂直分布与潜热结构相关联，在不使用云模式的前提下，通过各种假设，如时空互换性(Tao et al.，1990)或垂直速度参数化方法(Yang and Smith，1999a，1999b；Satoh and Noda，2001；Kodama et al.，2009)，实现水成物廓线与潜热廓线之间的关联。Tao 等(1990)提出了一种利用降水云中的水凝物廓线来估算潜热的方法，该方法通过输入各种水凝物垂直廓线，计算凝结、蒸发、融化、凝华等降水潜热的各分量。Yang 和 Smith(1999a)则提出利用多通道微波成像仪 SSM/I 反演雨滴、云滴和冰粒子垂直廓线，并以此来估算月平均潜热结构。随着 20 世纪 90 年代末 TRMM PR 的投入使用，微波雷达 PR 可以提供降水廓线，Satoh 和 Noda(2001)发展了一种利用降水率廓线反演潜热结构的方法(称为 PRH 方法)，其基本思路是假设降水云中的垂直速度是海拔高度的多项式，利用 PR 实测的降水类型、回波顶高度、冻结层高度等信息，可拟合获得该多项式的诸多参数，然后采用垂直速度来计算潜热结构。

由微波雷达探测的降水反射率因子廓线可反演得到降水率廓线，由此可知道降水率随高度的变化(降水率沿垂直方向的梯度)，而降水率的垂直变化就包含了成云致雨过程的相变信息，由此可建立降水率沿垂直方向变化与潜热廓线之间的联系。先前研究表明热带和副热带地区(非高原地区)，尽管近地面降水率变化，但对流降水和层状降水的降水廓线具有不同的层结分布，且它们具有稳定的降水率廓线斜率。在垂直方向上，深厚对流降水的稳定斜率变化，将这类降水分成了四层结构，而层状降水只有三层结构，这些分层结构恰恰反映了降水云内的微物理状态。如夏季陆面深厚对流降水的近地面向上至 4km 高度，降水率随高度降低而减小，表明雨粒子在下降过程中发生了蒸发或破碎；4km 高度向上至融化层高度(约 5km)，降水率随高度降低而快速增大，表明粒子下降过程中发生了碰并增长；融化层顶向上至 7km 高度，降水率随高度下降缓慢增大，该层表明了冰相粒子与水相粒子的混合过程；该层以上因为温度非常低，粒子为冰晶或过冷水状态。对于夏季陆面层状降水廓线，其平均降水廓线的层结表明融化层以下为降水层，雨粒子出融化层后，直接下落至地表，该过程降水率保持不变，因此该层没有相变发生。由此可见，降水率随高度(dR/dz)的变化可正可负，正值很可能与相变加热相联系，负值则相反。此外，降水粒子/云粒子下降过程与云体内垂直运动大小密切相关，可见降水率随高度分布还与云动力学相关(Liu and Fu，2001；Fu and Liu，2001)。

由于目前的星载微波雷达 PR 和 DPR 不能提供诸如云水、云冰等信息，Min 等(2013)和 Li 等(2013)提出了联合星载微波雷达和云解析模式，前者提供降水率垂直变化信息，而后者通过模拟提供云水信息。在具体反演过程中，他们假设降水廓线和云廓线可同时测到，由于降水率和云水含量都是潜热释放或消耗潜热的动力过程和微物理过程的结果，可将这些观测结果与水相变过程或潜热联系起来，由此他们利用降水率和云水含量廓线直接估算获得了对流降水/层状降水/浅对流降水的潜热廓线。如他们在反演暖云降水潜热时，利用传统降雨生长理论，借助云解析模式的模拟，对暖云降水的凝结和蒸发的主要微物理过程进行了参数化。对结果的自检验表明该方法可捕捉与暖云降水过程相对应的潜热结构。对中尺度对流系统(MCSs)从初始、成熟到衰减的强度变化过程进行的为期一个月的 CRM 模拟，其结果显示没有明显的系统性偏差。月平均的总潜热、凝结加热和蒸发冷却分量均与云解析模式的模拟一致。

以暖云降水的形成过程为例(图 7.3.4)，由于暖云中没有冰相过程，故暖云形成过程可分为云滴形成过程和雨滴形成过程。云滴由水汽凝结而成，故这一过程伴随潜热释放。随后云滴主要通过相互碰并而长大成为雨滴，这一过程没有相变发生。虽然一些雨滴可能会直接由水汽凝结生成，但通常这类雨滴的数量很少，其潜热可忽略不计。另外，在不饱和大气环境状态下，云滴和雨滴均会发生蒸发，使大气温度降低。因此，暖云降水过程的潜热反演需要考虑三项潜热：云滴凝结潜热、云滴蒸发冷却和雨滴蒸发冷却。

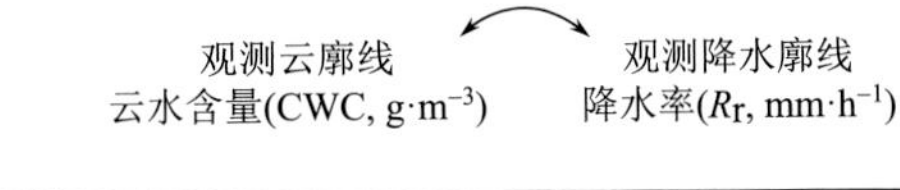

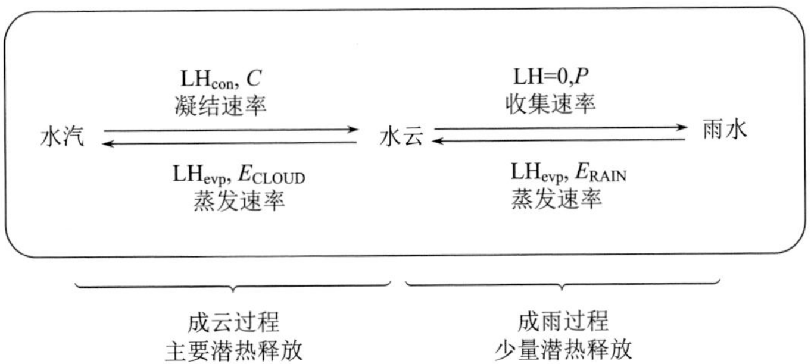

图 7.3.4 暖云降水过程中云和降水形成过程及相关的潜热释放过程示意图(引自 Li et al., 2013)

由于潜热与不同相态间的水质量变化率有关，成云致雨过程就是水汽凝结成云滴，云滴长大变成雨滴的过程，这一过程中水由气相变成液相，水质量的变化就意味着潜热产生，显然该过程涉及相态间的热动力学和微物理学。如能获得水质量和水汽的垂直分布及其时间变化，便可估算潜热结构。可目前很难在云天情况下，对大面积云中水成物及大气水汽的垂直结构进行探测，故难以直接得到水汽到云滴凝结过程的水质量变化率，也就是水汽凝结速率(C，单位：$\mathrm{kg \cdot m^{-3} \cdot h^{-1}}$)。如果假设云水含量(CWC)和降水率($R_r$)的廓线可同时观测到，那么通过云雾物理理论可参数化与降水形成过程相关的水质量变化率 P(单位：$\mathrm{kg \cdot m^{-3} \cdot h^{-1}}$)。

如果云水含量恰好处于稳态，则新生成的云水质量应被新形成的雨水质量消耗(即 $C = P$)，但在大多数实际情况下，云水会多于雨水，即存在残余的云水($C–P$)，且 $C–P$ 会随云的不同发展过程而变化，其空间位置也存在垂直迁移和水平平流的变化，这一过程受到云内气流的上升运动和水平运动的控制。

云凝结速率 C 可表示为 $C=P+(C–P)$，即云水含量为水质量变化率和云水残余，因此可用 C 和 P 来参数化云水残余($C–P$)。又因云滴和雨滴的蒸发量与云滴和雨滴的数量成正比，则云滴和雨滴的蒸发速率(E_{CLOUD} 和 E_{RAIN})也可参数化为云水含量及降水率的函数。于是潜热(LH)可表达为

$$\mathrm{LH} = \frac{L_{\mathrm{V}}}{c_p \rho_{\mathrm{a}}}\left[C + E\right] = \frac{L_{\mathrm{V}}}{c_p \rho_{\mathrm{a}}}\left[P + \left(C - P\right) + E\right]$$

$$=\frac{L_{\mathrm{V}}}{c_p\rho_{\mathrm{a}}}\left[P+\left(C-P\right)+E_{\mathrm{RAIN}}+E_{\mathrm{CLOUD}}\right] \tag{7.3.1}$$

式中，L_{V}为蒸发潜热；c_p和ρ_{a}分别是干空气定压比热系数和干燥空气的密度。

依据 Kessler(1969)的参数化方法、传统雨滴生长理论及 Marshall 和 Palmer (1948)的雨滴谱分布，并假定雨滴半径服从幂指数分布(Rogers and Yau，1989)，最终可得参数化的水质量变化率为

$$P=KR_{\mathrm{r}}^{\frac{2.21+\alpha}{3+\alpha}}\mathrm{CWC}\approx KR_{\mathrm{r}}^{\alpha}\mathrm{CWC} \tag{7.3.2}$$

式中，α为依赖雷诺数的系数；K为与粒子碰并效率有关的可调系数。

7.4 青藏高原的降水潜热结构

前面的分析表明星载测雨雷达 PR 探测的降水率在垂直方向的变化，反映了降水云内不同的微物理过程。图 7.4.1 为 PR 观测的热带东太平洋 1998 年和 1999/2000 年 1～4 月的降水平均廓线、用地表降水率及回波顶温度约束后的对流降水平均廓线和层状降水平均廓线(Li et al.，2011)。该图表明回波顶高度至冻结层以上 2～3km 处，冰粒子长大缓慢；在冻结层附近，冰粒子融化，并相互碰并，故粒子快速长大；在冻结层以下，对流降水系统的水粒子在下降过程中继续碰并长大，而层状降水粒子以蒸发为主，这与先前的结果一致(Liu and Fu，2001；Fu and Liu，2001)。毫无疑问，上述过程中降水率随高度的变化将对应不同的相变潜热释放率。

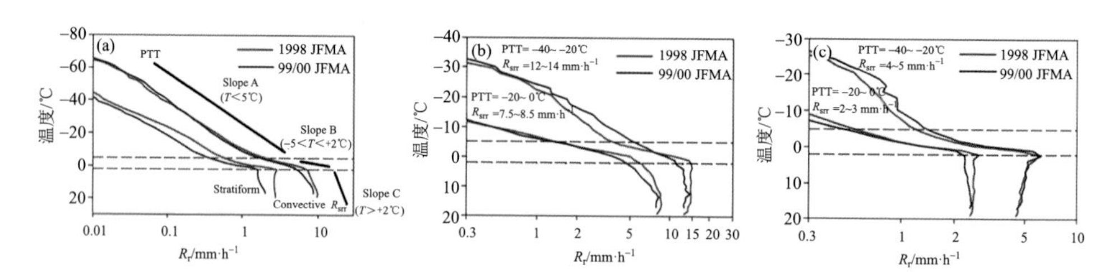

图 7.4.1 由 TRMM PR 探测的热带东太平洋 1998 年 1～4 月(红线)及 1999/2000 年 1～4 月(蓝线)的降水平均廓线(a)、用地表降水率及回波顶温度约束后的对流降水平均廓线(b)和层云降水平均廓线 (c)(引自李锐等，2021)

PTT 为降水云顶部温度(precipitation top temperature)；R_{srr}为地表降水率(surface rain rate)

为此，借用时空互换性原理(Tao et al.，1990)，降水率 R_r 随高度 z 的变化 Γ 可写成

$$\Gamma = -\frac{\partial R_r}{\partial z} = -\frac{\partial R_r}{\partial t}\frac{\partial t}{\partial z} = \frac{\partial\left[W\left(\bar{u}-\bar{\omega}\right)\right]}{\partial t}\frac{1}{\bar{u}-\bar{\omega}} = \frac{\partial W}{\partial t} \tag{7.4.1}$$

式中，u 和 ω 分别为降水粒子的降速和云中气流的垂直上升速度，上划线代表对空间的平均；W 为降水物质的质量(Li et al.，2011)。

如果假设在很短的时间间隔内，降水率垂直廓线不随时间变化。那么利用时空互换原理，测雨雷达在某一时刻观测的降水率随高度变化，就可转化为降水物质量随时间的变化($\frac{\partial W}{\partial t}$)，由此便可估算潜热结构。进一步假设云中的云水(液相、冰相)短时间内保持相对稳定，则新产生的云水用于雨水，即云水产生速率等于雨水形成速率，那么云水的净生成速度则等于降水物质量随时间的变化($\frac{\partial W}{\partial t}$)，这样潜热释放率(LH)与降水垂直廓线之间具有如下关系：

$$\mathrm{LH} = \Gamma\frac{1}{\rho_a c_p}\left(f_{\text{c-e}}L_v + f_{\text{d-s}}L_s + f_{\text{f-m}}L_f\right) \tag{7.4.2}$$

式中，$f_{\text{c-e}}$、$f_{\text{d-s}}$、$f_{\text{f-m}}$ 分别对应凝结-蒸发、凝华-升华、冻结-融化过程引起降水物质量变化的百分比；L_v、L_s、L_f 为相应的水物质汽化、凝华、冻结相变热；ρ_a、c_p 分别为干空气密度和定压比热系数。

显然，上述两个假设在实际大气中不可能完全成立，这样的假设会引起一定的误差，需要分析这种误差是否合理。为此，利用 4km 分辨率的云解析模式，模拟计算了 2006 年 7 月 7 日青藏高原地区一次降水过程。图 7.4.2 为模拟的海拔 7km、8km、9km 各层的地表降水率、降水类型、潜热释放率与降水率垂直的水平分布，表明在模拟的该高原中尺度降水系统中，降水率随高度的变化 Γ 均与潜热释放率 LH 之间存在高度的正相关，潜热释放率与降水率垂直微分之间的相关系数自 7km 至 9km 高度，从 0.74 增大到 0.81。这一结果说明高原这次降水过程中的潜热释放多发生在 8～9km，同时也表明利用降水率随高度的变化来反演降水潜热结构的思路正确。

7.4.1 利用 PR 降水廓线的潜热结构反演算法

基于上述思想，Li 等(2011，2013，2015，2019a)提出了一种新的利用 PR 降水

廓线估算潜热结构的方法——垂直廓线加热法(heating derived from vertical profile of rain rate，VPH)。该算法考虑了云水生成速率和雨水生成速率对潜热的影响，因此更贴近实际成云致雨过程。其潜热表达式如下：

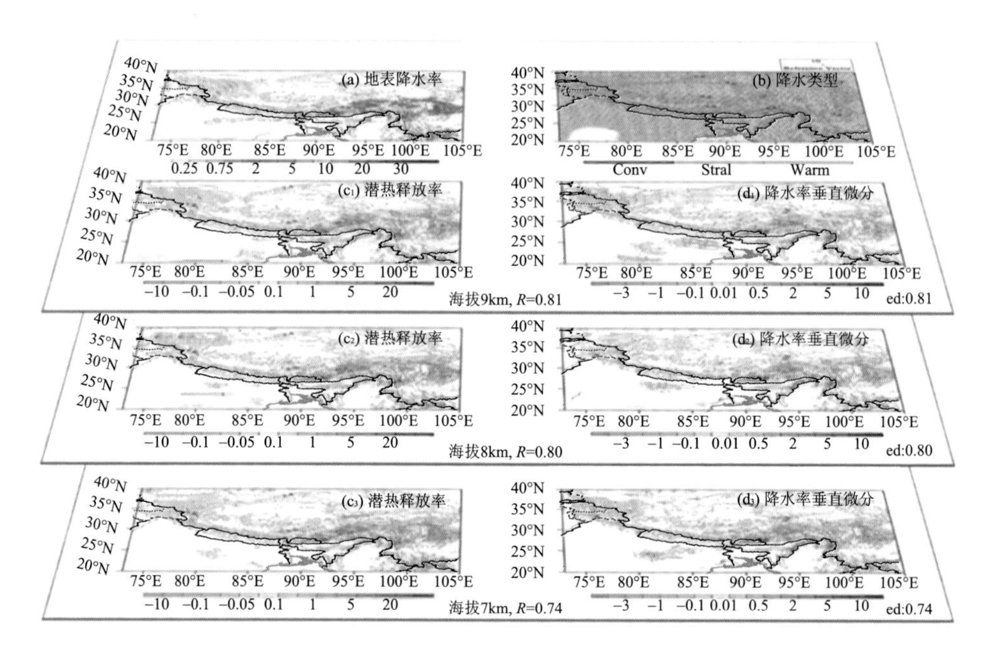

图 7.4.2　青藏高原地区 2006 年 7 月 7 日一次降水过程中海拔 7km、8km、9km 各层(自下而上)的地表降水率、降水类型、潜热释放率(单位：$K \cdot h^{-1}$)与降水率垂直微分(单位：$mm \cdot h^{-1}$)的水平分布(引自李锐等，2021)

R 为潜热释放率与降水率垂直微分之间的相关系数

$$\mathrm{LH} = K \times \Gamma \frac{1}{\rho_{\mathrm{a}} c_p}\left(f_{\text{c-e}} L_{\mathrm{v}} + f_{\text{d-s}} L_{\mathrm{s}} + f_{\text{f-m}} L_{\mathrm{f}}\right) + \mathrm{LH}_0 \tag{7.4.3}$$

式中，参数 K 表示云水生成速率与雨水生成速率的比值，如 K=1，表示云水产生即转化为雨水，即前面的理想假设。实际中，在降水形成的初期，大量水汽凝结为云水，而未形成雨水，故 K>1；而在降水系统衰减期，随着降水渐止，云中上升气流已经微弱，故云水生成速率很小，残留的雨粒子在下降过程中继续碰并收集已有的云粒子并增长，因此雨水生成速率大于云水生成速率，即 K<1。参数 LH_0 反映雨水的水平位移效应，对给定的三维坐标系，当存在净雨水辐合时，$\mathrm{LH}_0<0$，反之则 $\mathrm{LH}_0>0$。

式(7.4.3)中的降水率随高度的变化 Γ，可利用 PR 或 DPR 在青藏高原探测的降水率廓线计算获得，相关的系数则来自云解析模式对青藏高原区域的模拟计算。表 7.4.1 为模拟计算给出的不同高度(标准层和冻结层附近)的 LH_0、K 及 LH 与 Γ 的相关系数(Li et al，2019a)。由于这两个参数为区域的平均量，而实际中这两个参数会随时空而变化，它们具有什么样的时空分布？如何从可观测的降水参数量来表征这两个参数？相关的研究正在进行。

表 7.4.1　利用 WRF 模式模拟的 K 和 LH_0 数值及潜热与降水率随高度变化的相关系数

日期(时间)	NL			NFL		
	LH_0	K	相关系数	LH_0	K	相关系数
7/7/2006(1:00)	0.15	1.95	0.79	–0.04	1.25	0.62
19/7/2006(12:00)	–0.01	1.47	0.63	–0.25	0.97	0.48
19/7/2006(19:00)	0.13	1.63	0.65	–0.29	0.90	0.51
22/7/2006(15:00)	0.16	1.75	0.69	–0.05	1.38	0.65
22/7/2006(22:00)	0.18	1.90	0.78	–0.08	1.43	0.75
23/7/2006(13:00)	0.23	1.93	0.72	–0.31	1.29	0.54
23/7/2006(21:00)	0.20	2.08	0.79	–0.09	1.40	0.64
23/7/2006(16:00)	–0.02	1.24	0.59	–0.52	0.88	0.51
平均值	0.13	1.74	0.71	–0.20	1.19	0.59
标准差	0.09	0.28	0.08	0.17	0.23	0.09

注：WRF 指 weather research and forecasting model；NL 为 normal layer；NFL 为 near-freezing layer。

研究结果已表明对流降水和层状降水的水成物粒子生长过程存在明显的差异(Houze Jr.，1981)，它们相应的降水率和潜热在垂直方向上也存在差异(Houze Jr.，1997；Liu and Fu，2001；Fu et al.，2003)，因此降水类型一直被认为是决定降水和潜热结构的最重要因素。PR 降水分类算法在青藏高原上错误地将大部分弱对流降水判识为层状降水(Fu and Liu，2007)，因此高原降水率垂直廓线潜热法中将不使用 PR 提供的降水类型，但是，考虑到降水率的垂直梯度在一定程度上可反映降水属性，如强降水和弱降水、深厚降水和浅薄降水，故 VPH 仍可采用降水率随高度的变化来反演。

式(7.4.3)中的 L_f 值比 L_v 和 L_s 小 1 个数量级，且在大多数的高度上 $f_{f\text{-}m}$ 值远远小于 $f_{c\text{-}e}$ 和 $f_{d\text{-}s}$，故与冻结和融化相关的潜热(即 $f_{f\text{-}m}$ 和 L_f)比其他过程的潜热小 1～2 个数量级。因此在新算法中略去冻结和融化潜热对总潜热的贡献。此外，$f_{c\text{-}e}$ 与 $f_{d\text{-}s}$ 之和大约为 1，则有 VPH 计算式：

$$\mathrm{LH} \approx K \times \Gamma \frac{1}{\rho_{\mathrm{a}} c_p}\left[f_{\mathrm{c\text{-}e}} L_{\mathrm{v}}+\left(1-f_{\mathrm{c\text{-}e}}\right) L_{\mathrm{s}}\right]+\mathrm{LH}_0 \tag{7.4.4}$$

必须指出凝结蒸发过程所产生的水质量比例($f_{\mathrm{c\text{-}e}}$)非常复杂，且高度依赖于气象条件，但可用简化方法来估计它。当温度高于0℃时，无冰相，$f_{\mathrm{c\text{-}e}}$为1；当温度低于−38℃时，则水汽直接成为冰相，$f_{\mathrm{c\text{-}e}}$为0；在0～−38℃时，可假设$f_{\mathrm{c\text{-}e}}$随温度线性变化，$f_{\mathrm{c\text{-}e}}=1+T/38$。此外，$L_{\mathrm{v}}$和$L_{\mathrm{s}}$的大小相差约10%，故该简化不会造成很大误差。在计算时依据WRF模拟建立表7.4.1中的参数，K值范围为1.24～2.08(NL情况)和0.88～1.43(NFL情况)。

在实际反演时，考虑到地形海拔和空气温度对降水潜热和降水率垂直梯度的影响，则根据地形海拔，分别计算2km以下高度(低海拔区)、2～4km高度(喜马拉雅山脉陡峭南坡区)和4km以上高度(高原区)的降水潜热；依据气温的垂直分布，可分别计算暖层(T>0℃，液相水成物)、混合层(−38℃<T<0℃，液相和冰相混合的水成物)、冰层(T<−38℃，冰相水成物)的诸多参数。表7.4.2为三个不同海拔的暖层、混合层和冰层的LH_0、K及LH与Γ的相关系数，可见随着温度层的变冷，LH_0增大、相关系数减小；随着海拔的升高，暖层和混合层的K增大。

表7.4.2 利用WRF模式模拟的不同海拔暖层、混合层和冰层的LH_0和K及潜热与降水率随高度变化的相关系数

海拔	暖层(>0℃)			混合层(−38～0℃)			冰层(<−38℃)		
	LH_0	K	相关系数	LH_0	K	相关系数	LH_0	K	相关系数
低海拔区<2km	−0.11	1.59	0.73	0.13	1.61	0.62	0.59	0.37	0.46
陡峭南坡区 2～4km	−0.13	1.66	0.55	0.31	1.63	0.66	0.51	0.58	0.48
高原区>4km				0.43	1.94	0.63	0.61	0.36	0.39

图7.4.3为采用VPH反演的2014年7月14日降水过程的潜热加热率垂直剖面。该过程的降水剖面为DPR所探测，它显示喜马拉雅山脉的山麓区至26.75°N为一强对流降水柱，其地表降水率约$10\mathrm{mm \cdot h^{-1}}$(图中标为系统A)，而在高原上(30.5°N～33°N)有一片状弱降水区(图中标为系统B)，其地表降水率约$1\mathrm{mm \cdot h^{-1}}$。对于系统A，其平均降水率自回波顶向地表不断增大，降水廓线为经典的对流型降水[图7.4.3(a)的右列蓝色曲线]，而系统B的平均降水率也是由回波顶向地表不断增大，廓线外形呈深厚弱对流降水类型(傅云飞等，2016)。CSH、SLH算法和VPH算法计算的潜

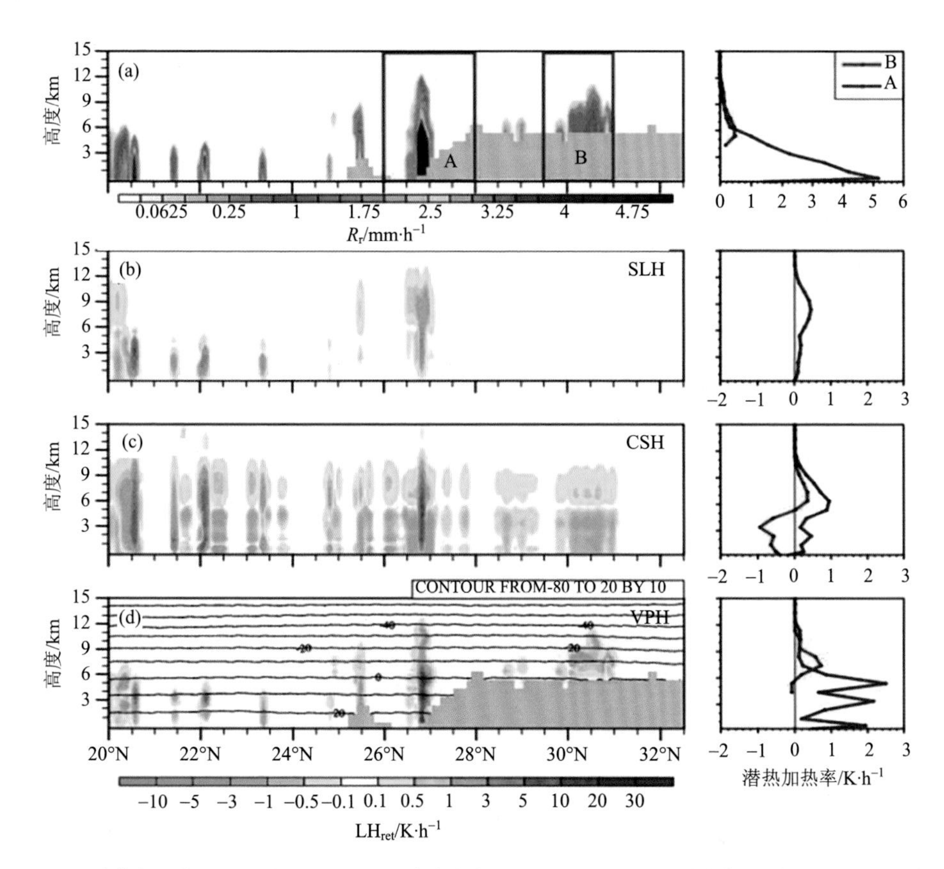

图 7.4.3　青藏高原地区 2014 年 7 月 14 日一次降水过程 GPM DPR 所观测的降水率垂直剖面(a)、SLH 算法所反演的潜热加热率垂直剖面(b)、CSH 算法所反演的潜热加热率垂直剖面(c)和 Li 等(2019a) 所开发的算法反演的潜热加热率垂直剖面(d)(引自李锐等，2021)

图中灰色为地形；图右侧为所选两个框区 A 和 B 内相应的平均垂直廓线

热剖面显示在系统 A 区，CSH 和 SLH 算法反演结果为一强烈柱状潜热加热、与强烈柱状紧邻为层状型潜热(上正下负)，VPH 算法反演结果与两者的结果相似；SLH 算法反演结果显示的最大潜热加热位于约 9km 高度处，值为 0.5K·h^{-1}；CSH 算法反演结果显示的最大潜热加热位于约 6km 高度处，值为 1.0K·h^{-1}；而 VPH 算法反演结果显示的最大潜热加热值为 2.5K·h^{-1}，高度约 6km，且在 3km 高度和近地面各有一个潜热大值。在系统 B 区，SLH 算法未提供潜热结果；CSH 算法则将系统 B 认定为“层状降水类型”，反演结果为经典的“上正下负”层状降水潜热结构，由于 CSH 算法完全不考虑青藏高原地形的存在，故地表以下仍有虚假的反演潜热存在；VPH 算法反演的潜热加热在 6km 以上均为正值，潜热结构表现为对流降水潜热的特点，最大加热值位于约 8km 高度，而在 6km 以下为微弱的冷却，这是因为 VPH 算法反演的潜热廓线以 DPR 降水率廓线为基础，能正确地体现青藏高原地形降水的潜热结构。

上述表明 VPH 算法和 CSH 和 SLH 查表法的反演结果，在低海拔地区有较高的一致性；在高原上，SLH 算法缺失潜热反演，CSH 算法给出的结果为层状降水潜热结构，且虚假地给出了高原地面以下的潜热，VPH 算法给出的反演结果则倾向于对流型降水潜热，且 VPH 算法不依赖于特定的云解析模式模拟结果、不受海拔影响、不受人为定义的降水类型的约束，直接利用微波雷达探测的降水率随高度的变化率来计算潜热结构，因此 VPH 算法能适用于包括青藏高原在内的中高纬度地区的降水潜热结构的反演。

7.4.2 降水廓线与再分析资料结合的潜热结构反演算法

上述利用 PR 降水廓线反演降水潜热的 VPH 方法，以星载测雨雷达探测反演的降水率廓线为依据，通过计算降水率随高度的变化和云解析模式的模拟，获得反演潜热算式中相应的参数。但降水系统相应的大气参数随时空变化，在不同的降水系统及其发展阶段相应的大气参数非固定不变，故反演潜热时，那些相关参数也随时空发生变化。因此，如能给出与降水廓线同时空分布的大气参数，将会更准确地估算降水潜热，也有利于降水潜热算法的实际应用。

根据质量守恒原理，在无气-液转化时，气团中的液态水的局地变化，由气流的平流运动 v 和垂直运动 ω 造成，故可得到气团中液态水守恒方程：

$$\frac{\partial q_{\mathrm{lw}}}{\partial t}+v\cdot\nabla q_{\mathrm{lw}}+\omega\frac{\partial q_{\mathrm{lw}}}{\partial p}=0 \tag{7.4.5}$$

式中，q_{lw} 为液态水含量。式(7.4.5)中不涉及相变，液态水的局地变化由平流运动和垂直运动输送引起。

但在实际的云团中，伴随气流的上升下沉会带来大量的气-液转化。对那些增长到一定大小的云滴，上升气流将无法承载它们，因此这些云滴会以降水的形式离开云体，且它们背离大气环流场运动，故仅通过大气环流场的运动不能完全描述液态水的输送。因此，在考虑云团中的液态水质量守恒时，需要添加修正项：

$$\frac{\partial q_{\mathrm{lw}}}{\partial t}+v\cdot\nabla q_{\mathrm{lw}}+\omega\frac{\partial q_{\mathrm{lw}}}{\partial p}=\frac{\partial q_{\mathrm{in}}}{\partial t}-\frac{\partial q_{\mathrm{out}}}{\partial t}+\frac{\partial q_{\mathrm{c\text{-}e}}}{\partial t} \tag{7.4.6}$$

式中，q_{in}、q_{out} 分别代表因降水流入和流出云团的液态水；$q_{\mathrm{c\text{-}e}}$ 为云团中凝结减去蒸发的相变量，即净的气态至液态的转变量，而该项正是云中局地潜热释放的来源。

考虑到降水粒子的运动以自上而下占据主导，q_{in} 主要为通过上界面进入云团的降水，而 q_{out} 为通过下界面离开云团的降水，因此 $\frac{\partial q_{\mathrm{in}}}{\partial t}-\frac{\partial q_{\mathrm{out}}}{\partial t}$ 又可改写成降水率的垂直变率 $\frac{\partial R_{\mathrm{rain}}}{\partial z}$，则液态水守恒公式可以进一步改写成

$$\frac{\partial q_{\mathrm{lw}}}{\partial t}+v\cdot\nabla q_{\mathrm{lw}}+\omega\frac{\partial q_{\mathrm{lw}}}{\partial p}=\frac{\partial R_{\mathrm{rain}}}{\partial z}+\frac{\partial q_{\mathrm{c\text{-}e}}}{\partial t} \tag{7.4.7}$$

由此可以得到气-液相变的潜热表达式：

$$\mathrm{LH}=\frac{L_{\mathrm{v}}}{c_p}\frac{\partial q_{\mathrm{c\text{-}e}}}{\partial t}=\frac{L_{\mathrm{v}}}{c_p}\left(-\frac{\partial R_{\mathrm{rain}}}{\partial z}+\frac{\partial q_{\mathrm{lw}}}{\partial t}+v\cdot\nabla q_{\mathrm{lw}}+\omega\frac{\partial q_{\mathrm{lw}}}{\partial p}\right) \tag{7.4.8}$$

式中，LH 表示因气-液相变所造成的气团的温度变化；L_{v} 为单位质量水的气-液相变能；c_p 为空气定压比热系数。

至此，在暖云降水时，通过液态水的空间分布、大气环流场的运动和降水率随高度的变化相结合，即可计算得到降水过程中的潜热释放。而在混合云和冰云降水时，要考虑液-固相变和气-固相变，则 L_{v} 用混合比的相变能 $L_{\mathrm{mix}}(=f_{\mathrm{c\text{-}e}}L_{\mathrm{v}}+f_{\mathrm{d\text{-}s}}L_{\mathrm{s}}+f_{\mathrm{f\text{-}m}}L_{\mathrm{f}})$ 来替代。

参照式(7.4.1)中对液-固的相变能 L_{f}、气-固和气-液转化随不同温度的变化，可得到混合云中的相变能随温度的变化关系：

$$L_{\mathrm{mix}}(T)=\begin{cases} L_{\mathrm{v}}, & T>0℃ \\ (L_{\mathrm{v}}-L_{\mathrm{s}})\dfrac{T}{38}+L_{\mathrm{v}}, & -38℃<T<0℃ \\ L_{\mathrm{s}}, & T<-38℃ \end{cases} \tag{7.4.9}$$

为此，考虑不同相态混合的混合相变能时的潜热公式如下：

$$\begin{aligned}\mathrm{LH}&=\frac{L_{\mathrm{mix}}(T)}{c_p}\frac{\partial q_{\mathrm{c\text{-}e}}}{\partial t}\\&=\frac{L_{\mathrm{mix}}(T)}{c_p}\left(-\frac{\partial R_{\mathrm{rain}}}{\partial z}+\frac{\partial q_{\mathrm{lw}}}{\partial t}+v\cdot\nabla q_{\mathrm{lw}}+\omega\frac{\partial q_{\mathrm{lw}}}{\partial p}\right)\end{aligned} \tag{7.4.10}$$

式中降水率垂直梯度可通过 PR 或 DPR 雷达探测结果计算得到，而大气温度 T、液态水含量 q_{lw}、大气流场 v 和 ω 等大气环境参数，可通过再分析数据 ERA5 得到，由

此便建立了降水廓线(如用 DPR 降水廓线)与再分析资料结合的潜热反演算法(简称 DPR-ERA5 潜热算法)。值得一提的是 ERA5 能提供逐小时水平分辨率为 0.25°、垂直方向 37 层的大气参数，这非常适合用于式(7.4.10)的降水潜热计算。

7.4.3 青藏高原降水潜热时空分布

利用 DPR-ERA5 潜热算法，首先对青藏高原降水个例的潜热结构进行反演计算。图 7.4.4 为 2019 年 8 月 20 日 11 时 DPR 在青藏高原东部(92°E～98°E、30°N～37°N，地面海拔 4.5～5km)探测的近地面降水率、回波顶高度、DPR 降水类型和潘-傅降水类型(潘晓和傅云飞，2015)，表明该个例的降水强度偏弱(大部分降水率小于 3mm·h^{-1})，但降水比较深厚(大部分回波顶高度为 8～14km)，DPR 给出该个例降水的大部分降水类型为层状降水，潘-傅降水类型显示大部分降水为深厚弱对流降水和少量浅薄降水。

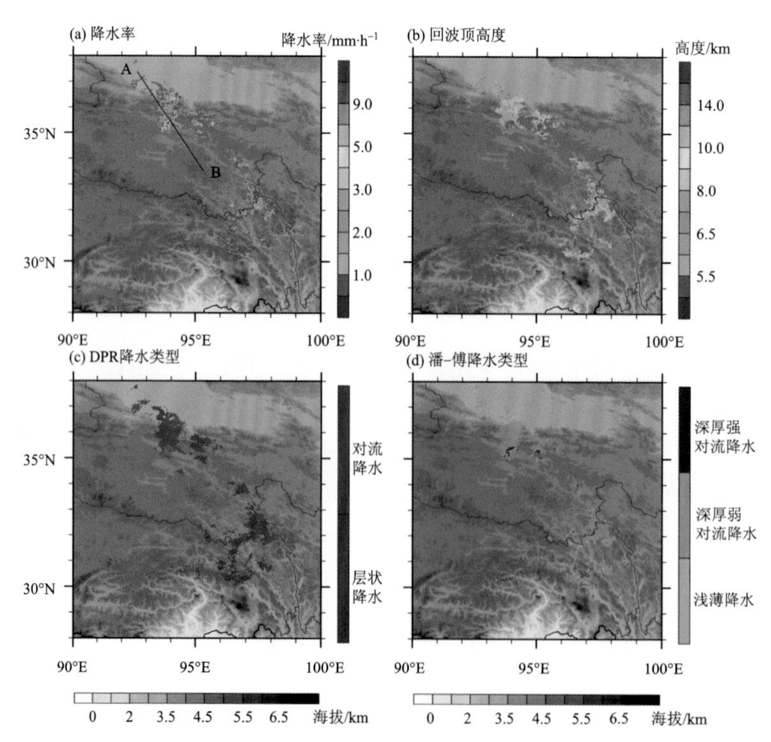

图 7.4.4 DPR 2019 年 8 月 20 日 11 时探测(轨道号：031111)的近地面降水率、回波顶高度、DPR 降水类型、潘-傅降水类型

沿图 7.4.4(a) 中 AB 线的降水率和反射率因子剖面如图 7.4.5 所示，表明该降水由多个深对流柱组成，最大反射率因子可达到 36dBZ(降水率超过 10mm·h^{-1})，大于 28dBZ 的回波可出现在近地面 3km 左右，说明云中上升运动较强。由此可见，该降水应为对流降水性质，而 DPR 降水类型给出了大量的层状降水类型，即 DPR 降水类型仍不适用于青藏高原。依据图 7.4.5 中的降水剖面，结合 ERA5 再分析数据，DPR-ERA5 潜热算法计算得到的潜热剖面如图 7.4.6 所示。该图还给出了利用 SLH

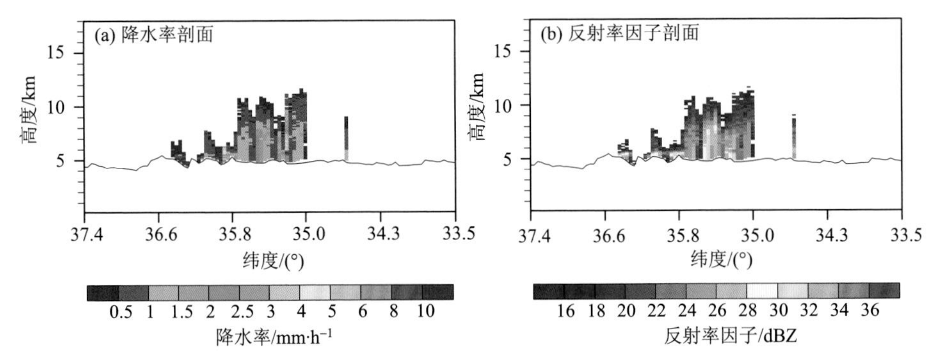

图 7.4.5 沿图 7.4.4(a) 中 AB 线的降水率剖面和反射率因子剖面

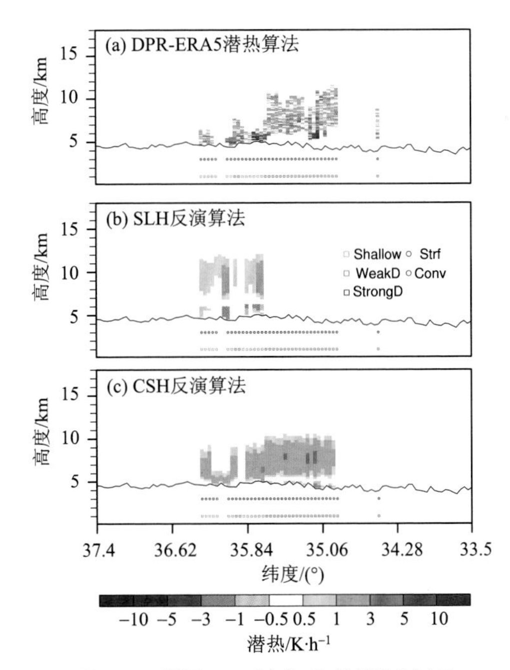

图 7.4.6 沿图 7.4.4(a) 中 AB 线的潜热剖面

图中层状降水 Strf 和对流降水 Conv 为 DPR 识别降水类型；浅薄降水 Shallow、深厚弱对流 WeakD 和深厚强对流 StrongD 为潘-傅识别方法的降水类型，下同

算法和 CSH 算法计算的降水潜热。DPR-ERA5 潜热算法得到的潜热剖面显示降水潜热主要位于地面上2～11km，加热率为0.5～5K·h^{-1}，云中有少量冷却(冷却率为–0.5～–3K·h^{-1})，而 SLH 算法没有给出海拔 5.5km 以上降水的潜热，CSH 算法给出的潜热剖面均为加热，加热率为 1～5K·h^{-1}，也就是说 CSH 算法认为降水云中没有雨粒子蒸发的吸热过程，这从云物理过程上说不通。

利用 DPR 长时间观测结果可进行潜热的统计分析，如利用 2019 年夏季(6～8月)DPR 探测结果可计算得到夏季平均降水率、深厚强降水、深厚弱降水及浅薄降水的平均降水率，该年夏季青藏高原平均降水率为 0.5～1.0mm·h^{-1}；深厚弱降水的平均降水率也类似，但有少量超过 1.5mm·h^{-1}；深厚强降水的平均降水率则分布在 3～20mm·h^{-1}，主要出现在青藏高原南部和东部；浅薄降水的平均降水率小于 1.0mm·h^{-1}。青藏高原周边地区的夏季平均降水率及不同类型降水的平均降水率均比高原上的大，如喜马拉雅山脉南部的印度、孟加拉国及我国西南地区的平均降水率为 1.5～10mm·h^{-1}，这些地区大部分区域的深厚强降水平均降水率超过 5mm·h^{-1}、深厚弱降水平均降水率超过 1.5mm·h^{-1}。

相应 2019 年夏季降水的降水潜热柱总量空间分布如图 7.4.7 所示，表明夏季青藏高原降水的平均潜热为 5～10K·h^{-1}，其中青藏高原东部稍大，可达 10K·h^{-1}，而喜马拉雅山脉南部的印度、孟加拉国及我国西南地区降水的平均潜热远高于青藏高原，大部分区域的潜热超过 20K·h^{-1}，其中沿喜马拉雅山脉南坡和青藏高原东南大峡谷地区为降水潜热高值区(超过 30K·h^{-1})。青藏高原大部分区域深厚强降水的平均潜热小于 5K·h^{-1}，少数区域可达 30K·h^{-1}(主要分布在高原东部)；深厚弱降水的平均潜热为 5～10K·h^{-1}，而浅薄降水的平均潜热小于 5K·h^{-1}。青藏高原以外地区的这三类降水平均潜热均高于青藏高原相应降水类型的平均潜热，其中喜马拉雅山脉南部的印度、孟加拉国及我国西南地区的深厚强降水平均潜热超过 30K·h^{-1}，深厚弱降水和浅薄降水的平均潜热分别为 20～30K·h^{-1} 和 15～30K·h^{-1}。上述说明青藏高原夏季降水潜热并不比非高原地区的多，因为与非高原地区相比，青藏高原水汽量少、降水量少，对大气的潜热加热有限，这就是为什么 200hPa 的南亚高压中心不位于青藏高原，而是位于喜马拉雅山脉南侧与印度北部之间的原因[图 1.1.6(b)]。但是，由于青藏高原对流层气柱低于非高原地区，降水厚度也相对小，从单位气柱厚度的角度看，高原上的降水潜热不可小视。

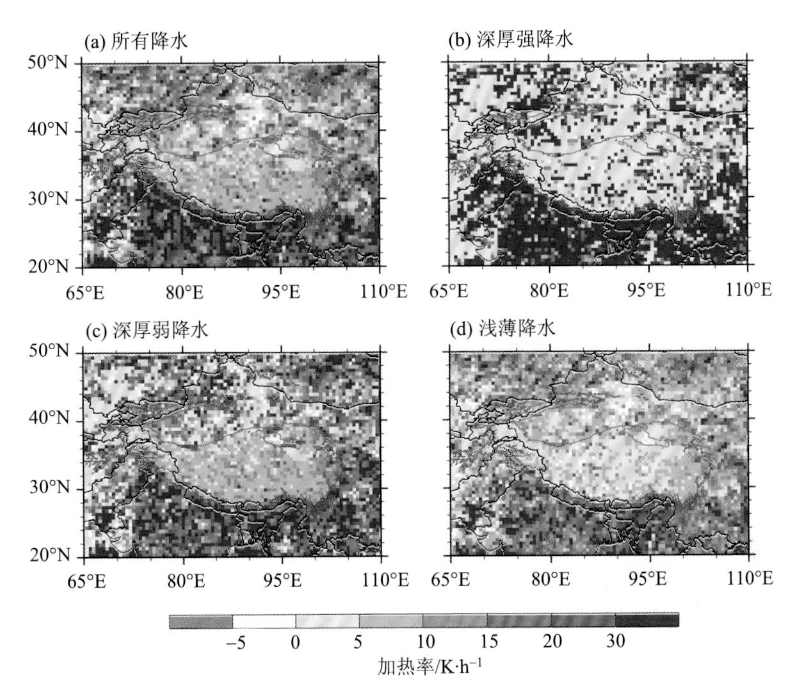

图 7.4.7　利用 2019 年夏季(6～8 月)DPR 探测结果和 DPR-ERA5 潜热算法计算得到的平均潜热加热率柱总量的空间分布

DPR-ERA5 潜热算法的优点是可以获得降水潜热的垂直结构。图 7.4.8 为计算得到的 2019 年夏季降水潜热沿经向(65°E～110°E)的分布，计算时在 30°N～35°N 纬度带范围进行了平均。该图表明夏季青藏高原降水潜热主要分布在 8～12km 高度，高原上不少区域潜热可达 16km 高度，潜热量为 0.5～1.5K·h^{-1}。青藏高原西侧的 30°N～35°N 地区为喜马拉雅山脉西段与兴都库什山脉交汇处，这里的喇叭口地形有利于气流辐合，在此形成强烈的对流活动，因此这里形成高耸的降水潜热柱，潜热从地面伸展至 16km 以上，其中 5～6km、14km 以上为加热高值区，加热率达 2.5K·h^{-1} 以上，其他高度的潜热加热率在 0.5～2.5K·h^{-1}，4km 以下至地面为冷却区，冷却率在–0.25～–0.5K·h^{-1}。自高原东侧向东至四川盆地，降水潜热柱仍很高耸，潜热高值主要位于 5～6km 和 10～16km，最大潜热为 1.5～2.5K·h^{-1}。

对于深厚强降水，其潜热主要位于高原东部，9km 以上潜热加热率为 2.5K·h^{-1} 左右，此高度以下多为冷却，冷却率为–0.25～–0.5K·h^{-1}，由于此类降水少，其平均垂直结构没有显现出强烈的加热分布，也没有显现高耸外表，因为平均会抹去高值；高原西侧和东侧的深厚强降水潜热都非常深厚，5km 以上高度为加热，5km 以下高度冷

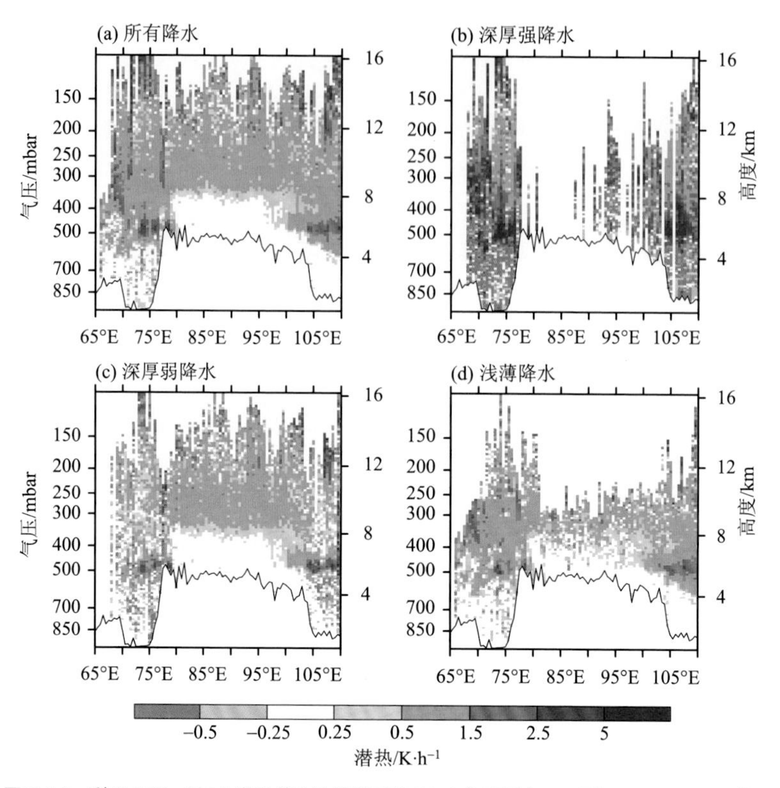

图 7.4.8 利用 DPR-ERA5 潜热算法计算得到的 2019 年夏季(6～8 月)30°N～35°N 平均的经向潜热垂直剖面

却明显。对于深厚弱降水，高原上其潜热分布与所有降水潜热的分布类似，数量级也相近，因为高原上深厚弱降水的数量多，故青藏高原降水潜热率及分布主要由这类降水决定。青藏高原上浅薄降水数量少，因此这类降水的潜热率小、高度分布低(低于 10km)，加热率小于 $0.5K·h^{-1}$，近地面存在弱的冷却率；高原东侧和西侧的浅薄降水潜热均小于 $2.5K·h^{-1}$，大部分的潜热顶高度低于 12km，少数高于 12km；按照高原和非高原地区浅薄降水的定义，两者的降水回波顶高度分别低于 7.5km 和 10km，根据式(7.4.10)，高于此高度的潜热，为水平输送和垂直输送所引起。

沿 20°N～50°N 子午方向(90°E～95°E 平均)的降水潜热如图 7.4.9 所示。该图显示夏季喜马拉雅山脉南坡至印度北部的降水潜热十分深厚，其高度范围为自地面以上 2～16km，最大加热率超过 $2.5K·h^{-1}$，位于 5～7km；7km 以上高度的加热率为 0.5～$1.5K·h^{-1}$，近地面上空的冷却率为$-0.25K·h^{-1}$左右；在青藏高原南部上，降水潜热加热率分布在 8～16km，加热率为 0.5～$2.5K·h^{-1}$，高值位于 12km 以上，这意味着青藏高原大气高层可能存在很强的相变或潜热水平和垂直输送；高原上 35°N 以北，潜热层厚度薄（低于 11km），地面上空冷却率可见，这里的空气干燥，降水粒子下降过程中存在蒸发。

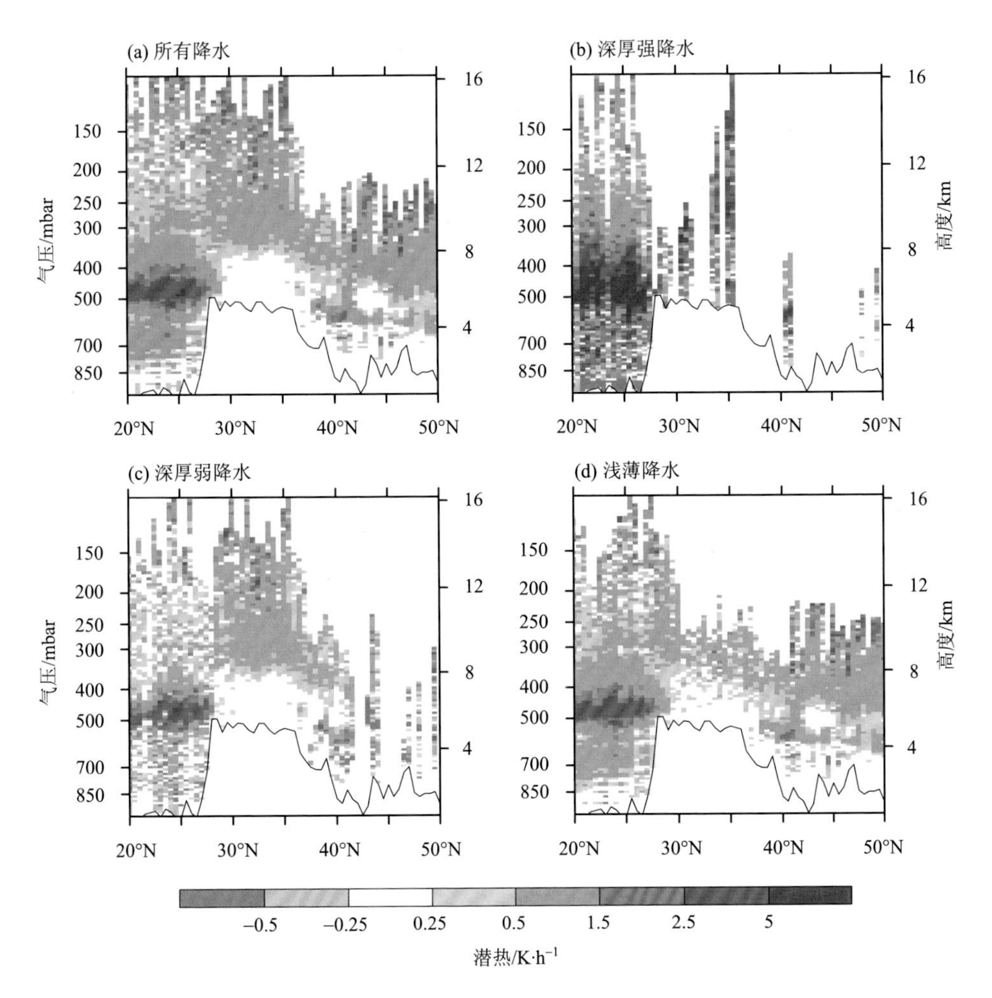

图 7.4.9　利用 DPR-ERA5 潜热算法计算得到的 2019 年夏季（6～8 月）90°E～95°E 平均的纬向潜热垂直剖面

深厚强降水情形时，高原北部大体位于通天河上游沱沱河区域出现了强而深厚的潜热柱，8～16km 强潜热率达 $5\text{K}\cdot\text{h}^{-1}$，而近地面冷却率明显，6km 高度的潜热加热及其上至 8km 的冷却，表明这里深厚强降水垂直结构复杂；这里出现十分强而深厚的潜热，与此地上部大气干冷、地面暖湿有关。喜马拉雅山脉南坡的深厚潜热层约 4km（加热率高于 $2.5\text{K}\cdot\text{h}^{-1}$），分布在 4～8km 高度，4km 以下高度大气中加热与冷却并存，近地面 1km 以冷却为主。深厚弱降水的潜热与所有降水的类似，但高原 40°N

以北的降水潜热主要由浅薄降水释放。对照图 7.4.8 和图 7.4.9 可以得出结论，青藏高原夏季降水潜热主要位于 8km 以上高度，以深厚弱降水潜热为主，喜马拉雅山脉南坡至印度北部的潜热深厚，最大潜热位于 5～6km 高度，该潜热高值区与大气低层的热低压中心和高空南亚高原中心相对应。

7.5　本章要点概述

降水潜热是驱动大气运动的重要能量，然而降水潜热不可直接观测，但可通过观测的大气温湿风参数来反算。本章首先介绍了大气热源估算方法，如大气非绝热的累加求和方法、残差诊断方法，还介绍了大尺度凝结潜热计算方法与积云对流潜热计算方法；之后分析了再分析资料估算青藏高原非绝热加热的空间分布特点和缺陷，并以再分析资料 ERA40 和 NCEP 为例，说明两者给出的青藏高原非绝热加热的差异，从中得出各自降水潜热的特点。

随后本章介绍了由降水垂直结构决定的潜热结构，如对流降水与层状降水潜热结构的差异，由此引出利用星载微波雷达探测结果反演降水潜热垂直结构。首先介绍了降水潜热廓线的查算表反演方法，如对流降水和层状降水的潜热算法 CSH、降水潜热的谱方法 SLH；总结了查算表方法的基本思想，指出了这两种方法反演青藏高原降水潜热的不足。

本章重点介绍了降水潜热廓线的物理反演方法，该方法通过建立该廓线与潜热廓线之间的定量联系，实现潜热廓线反演。其思想是基于微波雷达探测反演的降水率廓线所提供的降水率在垂直方向上的变化，借用时空互换性，将降水率随高度的变化转变为降水物质质量对时间的变化，由此实现降水潜热反演。具体以 PR 降水廓线估算潜热结构方法为例，剖析了该反演方法的具体细节和特点(雷达探测降水廓线与云解析模式模拟相结合)，并给出了该方法计算的青藏高原降水潜热结构。本章最后介绍了降水廓线与再分析资料 ERA5 结合的潜热反演算法，该方法可以避免云模式的模拟计算，以提高基于降水廓线估算潜热算法的实用性。降水廓线和再分析资料结合的潜热反演算法中，还考虑了云团中的液态水质量守恒情况下气-液相变、液-固相变、气-固相变所造成的气团的温度变化对计算潜热的影响。随后介绍了利用该方法计算的青藏高原潜热时空分布。

片 7.2 夏季青藏高原的淡积云和卷云。(拍摄于雅鲁藏布江河谷一侧，行车速度约80km·h^{-1}，光圈：f/10，曝光时间：1/1000s，ISO：160)

片 7.3 夏季青藏高原的淡积云和卷云。(拍摄于雅鲁藏布江河谷一侧，行车速度约80km·h^{-1}，光圈：f/10，曝光时间：1/1000s，ISO：160)

照片 7.4 夏季青藏高原山谷上空的淡积云。(拍摄于雅鲁藏布江河谷一侧，行车速度约80km · h^{-1}，光圈：f/10，曝光时间：1/800s，ISO：160)

照片 8.1 青藏高原爆炸状的对流云团。此类如同炸弹爆炸时散开的对流云，是因为青藏高原地形高度压缩了其上空对流层大气的厚度，高原对流在垂直方向上伸展高度有限，故云团水平展开。（拍摄于林芝至拉萨的雅鲁藏布江高速一侧；行车速度100km·h^{-1}，光圈 f/10，曝光时间：1/800s，ISO：250）

夏季青藏高原云水和水汽收支

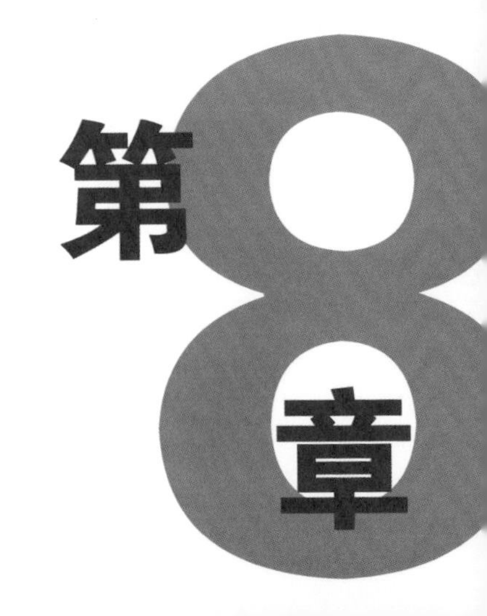

第8章

众所周知，青藏高原大部分地区地表海拔为 4000～5000m，地表在太阳辐射作用下，通过感热和潜热形式作用其上的大气，使得青藏高原如同一个巨大且深入对流层大气中层的热源。与周边地区相比，这里如同半空中的热岛。而青藏高原上湖泊及河流众多，湖泊面积达 36900km^2(占中国湖泊总面积的 52%)，冰川积雪冻土覆盖面积大，其中冰川面积占中国冰川总面积的 82.5%；相比于周边地区，青藏高原又如同半空中的湿地。青藏高原的这种“热岛”和“湿地”综合效应，直接影响了那里的云和降水，如研究表明青藏高原中部的积雨云达活动数量是非青藏高原地形区的 5 倍左右(Luo et al.，2011)，且高原上时常出现“爆米花”云系(徐祥德等，2014)。因为青藏高原的对流层顶高度与非高原地区的相近(Feng et al.，2011)，故高原高海拔地形压缩了对流层大气柱，对流云在垂直方向的伸展高度比非高原地区的低，从而向四周散开(见照片 8.1)，照片中显示云上部散开的云如同爆炸物飞溅，而云顶较平，说明受到了对流层顶的抑制。青藏高原上生成的这些云系，还时常引发下游长江流域的暴雨天气(江吉喜和范梅珠，2002；高青云，2004；郑永光等，2008；傅慎明等，2011)。由于青藏高原的水平尺度大，并在垂直方向上深入对流层大气的中部，其表面“热岛”和“湿地”效应造成了与周边地区同高度大气的温湿差异，在整体上就显现出了传统上所说的青藏高原地形对大气的热动力作用，进而形成亚洲大气环流基本特征(叶笃正和高由禧，1979；Wu et al.，2015)，并影响亚洲与全球的水分循环(徐祥德等，2014)。

大气中的水分由两部分构成，即云水和水汽。云水包含云中的液态水、冰水、过冷水，它是地球水循环和地-气辐射收支研究的具体参数(Stephens et al.，2012)，如低云(理解为水云)量的增加可抵消一部分温室效应(Ramanathan et al.，1989)。液相云粒子通常位于云中零度层高度以下，它可以直接转换成雨水脱离云体(如暖云降水)。由于云中存在气流上升和下沉运动(特别是对流云)，液相云粒子能被气流携带至云体上部低于零摄氏度的部位，与冰相云粒子进行混合，或直接冻结成冰相云粒子；而云体上部的冰相云粒子，在云体内上升气流减弱时，也可下沉至零度层高度以下，变成液相云粒子。云中的零度层高度会伴随着云内上升或下沉运动而变化，因此云中零度层高度是个相对位置，这不同于相对稳定的大气环境温度零度层高度；当然，稳定天气系统云系中的零度层高度比较稳定，如锋面的层状云系中的零度层高度。

通过气球系挂仪器入云取样、飞机入云采样、高山站仪器采样、地基被动微波遥感反演或地基毫米波雷达和激光雷达的探测，可获得局地或一定范围的云水特性，而通过卫星搭载光谱仪器或被动微波仪器的观测，则可获得大范围的云水特性。本书第 2 章中已经介绍了如何利用双光谱反射率方法，反演得到云粒子的有效半径、云光学厚度和云水路径，并指出云粒子有效半径(R_e)为不同大小云粒子半径的三次方之和除以其二次方之和，是衡量云整体粒子大小的参数；而云水路径(液相云水路径 LWP，冰相云水路径 IWP)取决于云滴密度(即云水含量)和云厚度。就青藏高原云水而言，研究指出 LWP 和 IWP 的高值区位于青藏高原东南的林芝地区附近，且 LWP 和 IWP 中心值可分别达 $0.21kg \cdot m^{-2}$ 和 $0.3kg \cdot m^{-2}$ 以上，而 LWP 和 IWP 的低值区位于高原南部的喜马拉雅山地区和高原东部的横断山地区(李文韬等，2018)。

水汽是大气中最活跃且易变的成分，因为它可以发生相变、释放潜热，并是成云致雨的主要元素，故它在多时空尺度大气运动过程中发挥着至关重要的作用。水汽在大气环流的携带下，时空变化或剧烈或平缓，对大气能量平衡有着重要的作用。发生的暴雨或特大暴雨事件也与水汽的输送密不可分(丁一汇等，1981)，如夏季北方地区、长江流域和华南地区的大暴雨天气过程，大气低层会出现强烈的水汽输送带(史学丽和丁一汇，2000；周兵等，2001；胡国权和丁一汇，2003；孙建华等，2013)。

大气水汽主要来自于江、河、湖、海的蒸发，雨后的陆面也会蒸发大量的水汽，因此气流来向区域如存在大量水汽，则成为气流下游地区的水汽源地。近地面大气湿度可利用干湿球温度表、毛发湿度计、通风干湿表及电阻湿度计等仪器观测获得，而空中湿度则通过探空气球系无线电探空仪测量来获得。大气湿度可用比湿或水气压或相对湿度或温度露点差来表征(盛裴轩等，2003)。

有关青藏高原水汽输送的研究表明夏季存在三条主要的水汽输送通道向青藏高原输送水汽，即西风带水汽输送通道、印度洋-孟加拉湾水汽输送通道、南海转入高原的水汽输送通道(Wang et al.，2009a)；另一项研究则表明印度季风区是夏季高原最主要的水汽源区(Chen et al.，2012a)。研究还表明青藏高原局部地区呈现变湿趋势，主要是西风和季风的水汽输送增强的原因(Zhang et al.，2017)。模式的模拟研究指出夏季西风带中水汽输送对高原水汽的贡献大，而高原降水过程中本地水汽占总水汽 60%以上(Curio et al.，2015)。Feng 和 Zhou(2012)的研究发现夏季青藏高原是水汽净流入区($4mm \cdot d^{-1}$)，水汽从高原南缘的大气低层流入，从高原东部大气中层流出。而 He 等(2020)则指出夏季高原位于弱水汽辐合区，除南边界以外，其他边界均净失去水汽；经向水汽收入增加，纬向水汽收入减少，故高原整体的净水汽收支变化不明显。

如果站在印度洋-西太平洋-青藏高原构成的地域三角来看这里夏季大气中低层天气系统，即南半球越赤道经索马里和阿拉伯海至印度次大陆的西南季风、孟加拉湾的季风槽、南海越赤道气流、西太平洋副热带高压脊西南侧偏东气流，就可知道这些系统在宏观上决定了青藏高原的水汽输送特点，这些系统间的互动则决定了大气流场，即影响了向青藏高原输送水汽的强弱。正如一些研究所指出的那样，高原周边向高原的水汽输送受多方因素的共同影响，其上空大气水分收支复杂（Kuwagata et al., 2001; Sasaki et al., 2003; Fujinami et al., 2005; Zhang et al., 2019b; Yan et al., 2020）。青藏高原大气水分变化及其与降水之间的关系就成为研究热点（Simmonds et al., 1999; Feng and Wei, 2008; Zhou et al., 2010; Gao et al., 2014; Li et al., 2019b）。Cai 等（2004）指出高原可降水量（10mm）低于周边地区，但有最高的降水转化率。Zhang 等（2013）分析表明自 20 世纪 90 年代以来，高原上空的可降水量呈现增加趋势（$6.45cm\cdot a^{-1}$），而高原地面呈现出变干趋势。Xie 等（2018）通过对多套再分析数据集的对比分析，指出 ERA-Interim 可以描述高原地区的夏季水汽输送情况。Zhao 和 Zhou（2020）发现 ERA-Interim 再分析资料可出色地体现高原气柱水汽含量的年际变化。ERA5 作为 ECMWF 最新发布的有关大气参数的再分析数据集，在 ERA-Interim 的基础上进行了多方改进，故利用 ERA5 进行夏季青藏高原与周边地区的水汽输送研究更为合理。

8.1 昼间云水空间分布

对大尺度云水的认识源于 20 世纪 80 年代初的国际卫星云气候计划（ISCCP），ISCCP 整合了覆盖全球的多颗静止卫星和极轨卫星的观测，建立了全球云的宏微观参数集，由此揭开了研究云-气候间相互作用的序幕（Schiffer and Rossow，1983，1985），如发现云辐射强迫表现为非平衡的净辐射冷却效应（Manabe and Wetherald，1967；Ramanathan et al.，1989）；但不同云型的微物理参数不同及包括厚度和高度在内的宏观参数的差异，也会产生不同的辐射效应，如高的薄云表现为阻挡地面上行的长波辐射，进而表现为对地-气的加热效应；而密实的低云则反射太阳的短波辐射，造成地-气系统冷却（Hartmann et al.，1992）。此外，对 ISCCP 云参数的统计分析结果表明云水路径(LWP)超过 250g·m^{-2}的云，可认为是降水云(Tian and Curry，1989；Lin and Rossow，1994，1997)；统计分析结果表明中低纬度地区云水路径的年平均值约为 51.5g·m^{-2}，其中强降水区中云水路径大于 60g·m^{-2}的面积占强降水总面积的 35.8%(刘奇，2007)。

8.1.1 平均状况

利用十五年夏季 VIRS 观测反演的夏季青藏高原及周边地区的云、水云、混合云和冰云的粒子有效半径(R_e)如图 8.1.1 所示，必须注意这里的水云、混合云及冰云都以云顶相态定义，因为热红外通道探测的亮温来自云顶上行辐射。图 8.1.1(a)表明青藏高原云粒子的有效半径为 20～30μm，其中高原中部的云粒子有效半径较大(25～30μm)；高原南侧、高原东南、中南半岛、中国东部的云粒子的有效半径为 20～25μm，洋面的云粒子有效半径最大(30～35μm)。对于水云，包括青藏高原在内的大部分地区云粒子有效半径为 10～15μm，云粒子有效半径较大(15～20μm)的地区为喜马拉

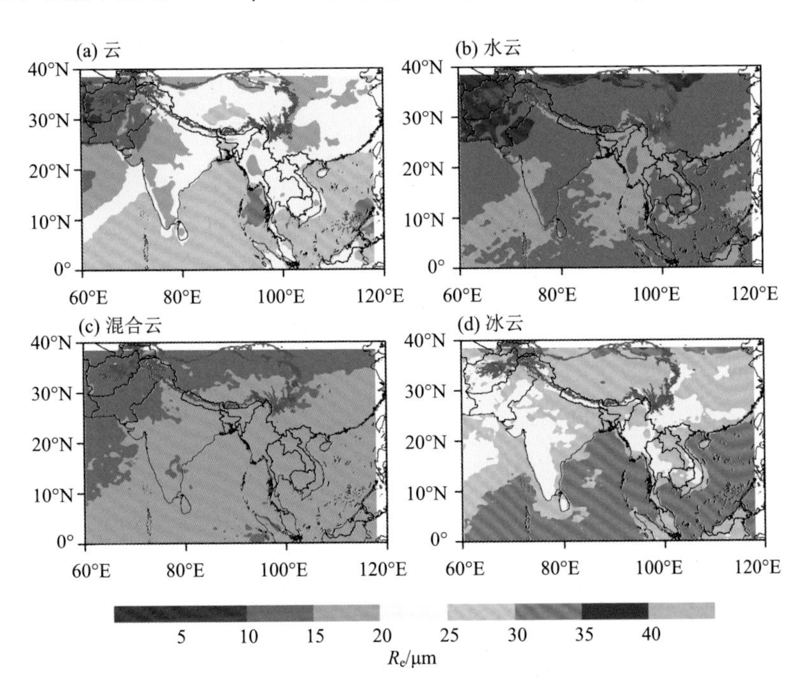

图 8.1.1　夏季青藏高原及周边地区白天的 R_e均值空间分布

雅山脉南侧、高原东南部大峡谷地区、孟加拉湾东北部、华南沿海、阿拉伯海东南部。混合云的云粒子有效半径没有显示高原与非高原的区别，包括高原在内的大部分地区云粒子有效半径为 10～20μm。冰云的云粒子有效半径表现出明显的海陆差异，位于青藏高原东南部的云贵高原、川西高原、沿喜马拉雅山脉南坡、中南半岛西部、印度次大陆西部和西北部冰云的云粒子有效半径较小(20～25μm)，包括青藏高原在内的其他陆面上冰云的云粒子有效半径较大(25～30μm)，洋面上冰云的云粒子有效半径最大(30～35μm)。一方面，按照云顶温度定义云相态的冰云，大部分为深厚云系，洋面上水汽充足，可为深厚云系提供足够的水汽成云，且有利于云粒子长大；另一方面，冰云的可见光反射率大，会引起反演的误差，这些都有待于深入研究。

由第 2 章的介绍可知，云水路径与云粒子有效半径和云光学厚度成正比。图 8.1.2 为夏季青藏高原及周边地区的云、水云、混合云和冰云的云水路径。图 8.1.2(a)显示青藏高原中部和东部、高原东南部的大峡谷地区、孟加拉湾、南海、中国东部的部分地区具有相同的云水路径，为 300～600g·m^{-2}，其他区域的云水路径小于 300g·m^{-2}，说明青藏高原除西部外，夏季云水充沛；对照图 8.1.1(a)可见夏季青藏高原的云粒子尺度比孟加拉湾和南海的小，由此可知夏季青藏高原中部和东部较孟加拉湾和南海的云要厚实。此外，MODIS 产品资料提供的青藏高原云水路径也超过 300g·m^{-2}(李文韬等，2018)。图 8.1.2(b)显示夏季青藏高原和洋面大部分地区的水云云水路径小(10～50g·m^{-2})，这些水云属于夏天常见的淡积云；陆面水云云水路径比青藏高原和洋面的大，分布在 50～150g·m^{-2}，其中印度中部、云贵高原至青藏高原以东的大陆云水路径较大(100～150g·m^{-2}，少数地区可达 200g·m^{-2})。混合云云水路径高值区位于高原以东的大陆、沿喜马拉雅山脉南坡和高原东南部的大峡谷(高于 300g·m^{-2})，青藏高原上为 100～200g·m^{-2}，印度次大陆为 200～300g·m^{-2}，而洋面混合云云水路径低于 150g·m^{-2}。冰云云水路径在印度次大陆南端、中南半岛西部和远离印度次大陆的阿拉伯海上为低值(小于 200g·m^{-2})，而其他地区均表现为高值(大于 300g·m^{-2})。如果按照已有研究认为云水路径高于 250g·m^{-2} 为降水云(Tian and Curry，1989；Lin and Rossow，1994，1997)，则冰云在青藏高原、中国东部、印度次大陆及孟加拉湾、南海为降水云，混合云在中国东部为降水云，而水云为非降水云；青藏高原夏季云水含量高、云厚实；迎风面地形(喜马拉雅山脉南坡、印度次大陆西海岸、缅甸西海岸)云水丰富。

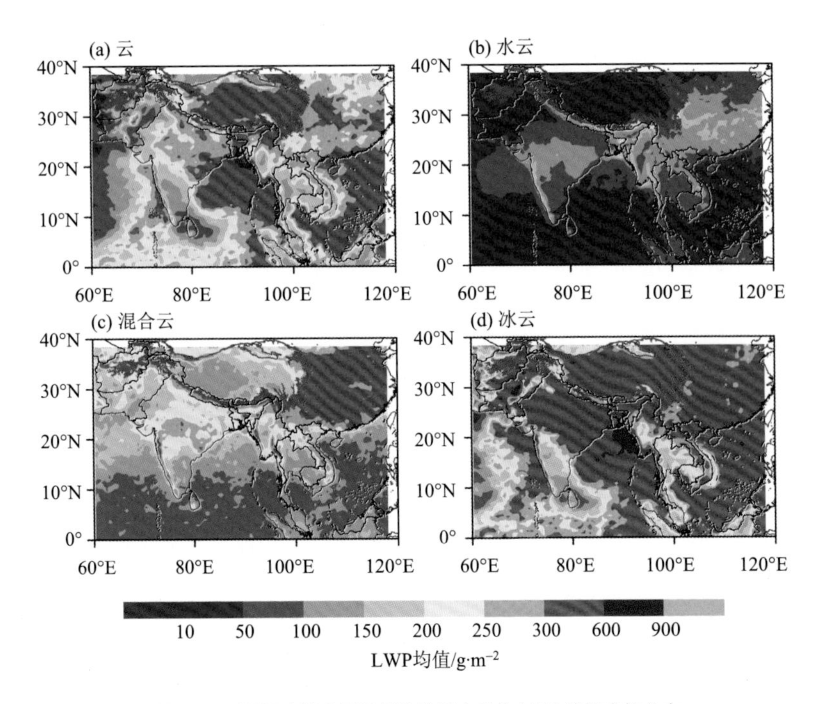

图 8.1.2 夏季青藏高原及周边地区白天的 LWP 均值空间分布

为了解清楚云顶相态为水云、混合云和冰云的空间分布，图 8.1.3 给出了夏季青藏高原及周边地区这三类云出现频次的空间分布。该图显示青藏高原水云出现频次最低，低于 10%，而印度河平原及其西侧水云出现频次最高，可达 60%以上，印度次大陆、中南半岛、中国东部水云出现频次为 20%～40%，洋面水云出现频次也较低(小于 15%)。高原上的混合云出现频次(20%～40%)远高于周边地区(低于 20%)，其中非高原陆面混合云出现频次为 5%～20%，大部分洋面低于 5%。冰云的高频次

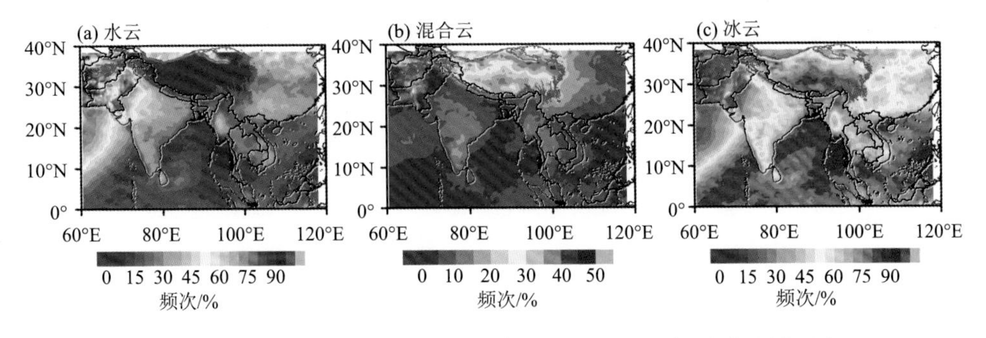

图 8.1.3 夏季青藏高原及周边地区白天水云、混合云和冰云出现频次的空间分布

区为洋面(除北阿拉伯海)和青藏高原，其中青藏高原的冰云出现频次为 50%～80%，高原南部的频次较北部高出 20%左右。

除了知道云顶不同相态云频次的空间分布外，我们更希望知道不同含水量云频次的空间分布，为此图 8.1.4 给出了云水路径小于 $100g \cdot m^{-2}$、$100 \sim 250g \cdot m^{-2}$、$250 \sim 500g \cdot m^{-2}$ 和大于 $500g \cdot m^{-2}$ 的云频次空间分布。该图显示青藏高原夏季云的含水量主要以 $100 \sim 250g \cdot m^{-2}$ 为主，其频次为 5%～20%；小于 $100g \cdot m^{-2}$ 的云频次低于 20%，$250 \sim 500g \cdot m^{-2}$ 的云频次低于 10%，大于 $500g \cdot m^{-2}$ 的云频次也低于 10%(高原大部分地区)；在青藏高原大峡谷地区及横断山脉地区，大于 $500g \cdot m^{-2}$ 的云频次最高(10%～20%，最高可达 30%)。相比之下，孟加拉湾靠近缅甸的大部分洋面，大于 $500g \cdot m^{-2}$ 的云频次也可达 30%，成为云水含量最高的地区；中国西南至华南和东部地区，大于 $500g \cdot m^{-2}$ 的云频次小于 20%。如果以云水含量大于 $250g \cdot m^{-2}$ 为降水云，则青藏高原夏季降水云少，孟加拉湾、中国西南及其以东地区的降水云多，这与夏季这些地区降水多一致。

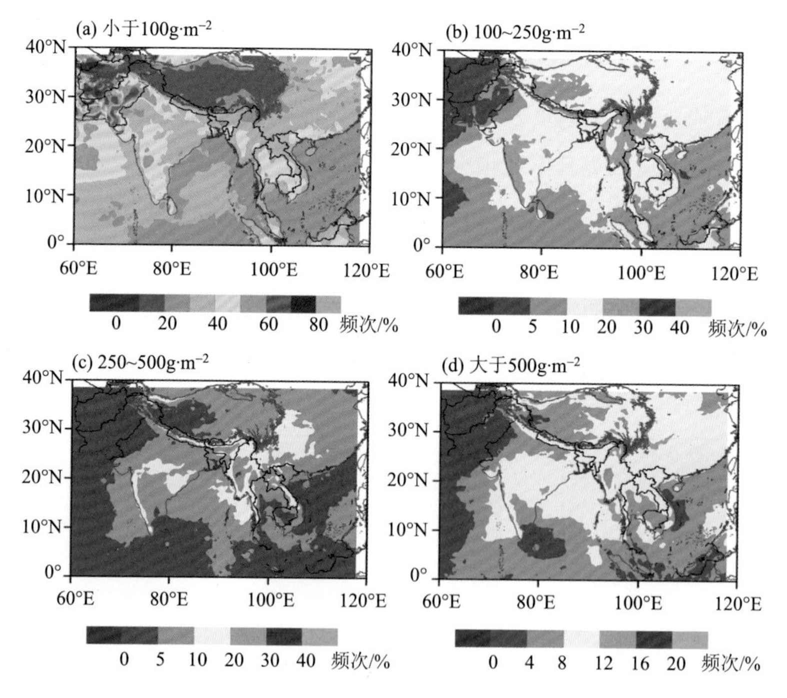

图 8.1.4 夏季青藏高原及周边地区白天不同云水路径云频次的空间分布

8.1.2 高原上云参数的差异

为了准确地获得青藏高原上云参数的区域性差异，可通过计算这些参数的概率密度分布(DPD)进行比较。对高原西部(80°E～85°E、30°N～38°N)、中部(85°E～95°E、30°N～38°N)和东部(95°E～102°E、30°N～38°N)及中国东部(115°E～120°E、27°N～35°N)的云粒子有效半径和云水路径概率密度的计算结果显示，上述四个区域的云粒子有效半径概率密度分布型基本一致，云粒子的有效半径分布在 5～50μm，14μm 为主峰值、35～40μm 为次峰值，但主峰和次峰的概率密度大小在四个区域稍有差异，说明从云顶的角度看，云粒子大小的分布不具有很明显的区域特征。对于水云粒子大小而言，则表现出高原与中国东部明显的地域性差异，高原三个区域的水云粒子大小分布一致，峰值为 6～7μm，概率密度达 12%以上，而中国东部水云粒子大小的峰值为 12～13μm，且粒子有效半径大于 10μm 的比例明显高于青藏高原的。混合云和冰云的云粒子有效半径没有表现出区域性差异，混合云的云粒子大小峰值为 15μm，而冰云粒子大小分布宽，且尺度大于 30μm 的比例高。

计算的青藏高原西部、中部、东部及中国东部的云水路径概率密度表明，四个区域云水含量的分布型也基本一致，主要分布在 10～500g·m^{-2}，峰值大体在 20～30g·m^{-2}，其中中国东部地区云水路径小于 50g·m^{-2} 的比例多于青藏高原。对于水云，高原上其云水路径主要分布在 10～100g·m^{-2}，峰值为 20g·m^{-2}，中国东部地区高于 100g·m^{-2} 的水云比例多于青藏高原。对于混合云的云水路径，青藏高原与中国东部地区表现出明显的差异，后者的混合云中含水量高于 250g·m^{-2} 的比例稍高，小于 100g·m^{-2} 的比例少，而高原小于 100g·m^{-2} 的比例高。冰云云水路径的概率密度分布表明，中国东部地区小于 50g·m^{-2} 的比例远高于青藏高原，而高原上冰云云水路径高于 60g·m^{-2} 的比例稍多于中国东部。

8.2 水汽收支

8.2.1 使用数据和分析方法

由于青藏高原地面观测站有限，难以对高原大面积水汽收支进行统计分析，因此采用欧洲中期天气预报中心(ECMWF)发布的最新一代再分析数据集 ERA5。该数据集时间跨度自 1979 年至今，其空间分辨率为 0.25°、时间分辨率为 1h，在垂直方向上给出了 37 层(1～1000hPa)。相比之前发布的再分析数据集，ERA5 采用 ECMWF IFS(Integrated Forecast System) Cycle 41r2 的预报模型及 4D-Var 数据同化计算，并将更多的卫星遥感和地面站观测结果输入模式进行同化，因此能提供精度更好的丰富参数(Hersbach et al.，2020)。ERA5 资料用来分析青藏高原及周边地区包括风场、比湿、位势高度和位温等与水汽输送相关的气象参数。

在分析青藏高原水汽收支时，需要了解周边地区向高原内的水汽输送及高原的净水汽得失。之前学者采用高原区域内或外划定的“矩形”方法(Feng and Zhou，2012；Wang et al.，2017)来分析青藏高原水汽收支情况。根据青藏高原地形高度及走向，并参考相关文献的方法(Curio et al.，2015；Lin et al.，2016；Yan et al.，2020)，这里提出用直线和曲线相结合的方法，将青藏高原与周边的分界线划定为低于海拔 3000m 高度的直线和曲线(图 8.2.1)。图 8.2.1 显示高原南边界、北边界和东边界将高原与周边分开，其中高原的南、北边界由直线和曲线混合组成，南边界西起克什米尔地区，向东经过高原东南部的大峡谷地区与东边界相接，北边界基本沿 3000m 等高线与南边界及东边界相接，图中还给出了 80°E 青藏高原主体西边界，用来分析该位置东西向的水汽交换。

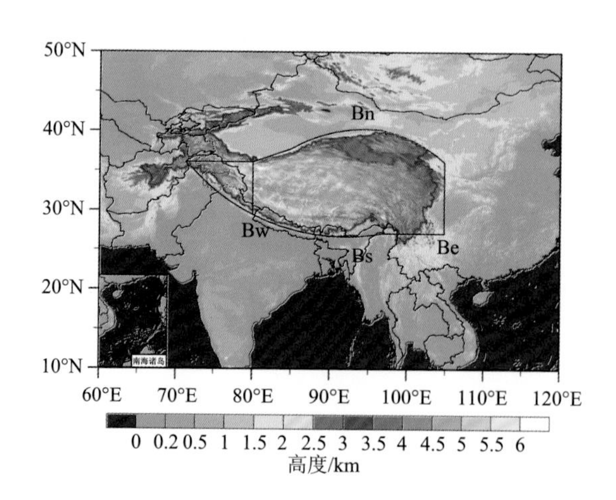

图 8.2.1 青藏高原及周边地区地形海拔及高原与周边地区的边界(黑色实线)

图中棕色实线为海拔 3000m 等高线；Bw、Be、Bs、Bn 分别代表高原的西、东、南、北边界

对于东边界和参考线位置，东风和西风分量即代表流入和流出边界的风；对于南、北边界，则定义流入和流出气流，如南边界除东段外的流入流出气流，将不单单由南风和北风决定，还取决东风和西风分量，因此在这里计算边界上流入或流出气流的频次及其水汽输送将比矩形边界的复杂，但计算水汽输送的结果将更精确。边界上 i 格点的流入或流出气流的频率 $F_i(\%)$ 定义为

$$F_i = \frac{n_i}{N} \tag{8.2.1}$$

式中，i 代表边界上具有水平位置经度和纬度、气压高度的第 i 个格点；n_i 代表该格点流入或流出气流出现的次数；N 表示该格点流入和流出气流的总次数。

同理，格点 i 流入或流出的平均风速 $V_i(\mathrm{m \cdot s^{-1}})$ 定义为

$$V_i = \frac{\sum v_i}{n_i} \tag{8.2.2}$$

即格点 i 的 n_i 次流入(流出)气流速度之和与 n_i 的比。

根据水汽通量的定义(Trenberth，1991；Connolley and King，1993)，具有比湿 q_i $(\mathrm{g \cdot kg^{-1}})$ 和流入(或流出)速度 $V_i(\mathrm{m \cdot s^{-1}})$ 的格点 i，其水汽通量 $Q_{V_i}(\mathrm{g \cdot s^{-1} \cdot hPa^{-1} \cdot cm^{-1}})$ 计算式如下：

$$Q_{V_i} = \frac{q_i V_i}{g} \tag{8.2.3}$$

式中，g 是重力加速度$(\mathrm{m \cdot s^{-2}})$。

那么格点 i 水平位置(经度和纬度)大气柱流入(或流出)的水汽通量 Q_λ $(\mathrm{kg \cdot m^{-1} \cdot s^{-1}})$，则通过对垂直方向上气压层进行积分得到

$$Q_\lambda = \frac{1}{g}\int_{p_\mathrm{s}}^{p_\mathrm{t}} q_i v_i \mathrm{d}p \tag{8.2.4}$$

式中，p_s 代表最接近地面的气压值；p_t 取为 200hPa，因为超过此高度的大气中水汽稀少。

区域或局地(如青藏高原)的水汽净收支量，通常定义为流入与流出之差。如果考虑到强和弱的水汽输送，可将某时间段内格点的水汽输送序列样本从小至大排序，选取前 20%和后 20%的样本，分别代表水汽弱输送和强输送的样本量，其中百分位第 20%和第 80%的水汽通量，可定义为弱和强水汽输送的阈值；分析强和弱的水汽输送样本的统计学特点，即可得到青藏高原周边对高原地区水汽的强和弱输送特征。

8.2.2 青藏高原及周边地区大气环流

研究表明夏季青藏高原的大气低层为热低气压控制(汤懋苍等，1979)，这不仅是青藏高原夏季地表热力状态的产物，也是南亚季风系统、大气环流共同作用的结果，其最显著的特征表现在这里的大气经圈环流，即气流上升支出现在高原及其南侧的印度次大陆北部，而大气低层为偏南气流，它们可沿喜马拉雅山脉南坡、青藏高原东南部大峡谷等地爬上高原，进而携带水汽深入高原。对 40 年的再分析数据统计表明，夏季高原上近地面气温低于 283K，周边地区近地面气温则高于 283K，印度次大陆和中国东部近地面气温高于 293K；高原地面气压相对周边地区地面气压低，因此夏季青藏高原地面为热源是相对同高度大气温度而言的。在 850hPa 气压高度层热带地区的位势高度向青藏高原南侧减小，印度北部存在一低压区，意味着高原南侧和印度北部存在大范围的辐合区；在 500hPa 气压高度层，等位势高度线密集区位于高原北侧，意味着西风带北移至高原北侧，高原上为弱低压区，而印度次大陆东部为低压区，这里对应夏季风低压，我国东部和南部及南海北部为西太平洋副热带高压脊控制区，这种气压形势有利于暖湿气流自高原大峡谷地区和高原东南进入高原；200hPa 气压高度的南亚高压中心位于喜马拉雅山脉中段，而非高原主体的上空，南亚高原中心区也是夏季哈得来环流上升支的位置。如此的大气温压场配置下，相应的流场表现为在近地面和 850hPa 气压高度层，西南气流盛行于阿拉伯海-印度次大陆-孟加拉湾-中南半岛-南海和中国东部地区，而青藏高原近地面为弱的流场；在 500hPa 气压高度层，青藏高原中部偏南和高原东南地区(包括大峡谷地区)则出现较强的偏南气流，该偏南气流为西南季风在喜马拉雅山脉陡峭南坡的强迫下形成，可推断它们将携带大量水汽进入高原腹地，并在青藏高原南侧产生降水(Bookhagen and Burbank, 2006; Houze Jr. et al., 2007; Fu et al., 2018)；在 200hPa 气压高度层，则存在南亚高压明显的反气旋环流风场。

8.2.3 青藏高原边界上的气流

众所周知，水汽输送与携带水汽的风向、风速密不可分，气流是水汽的载体，气流流向决定水汽输送方向，而在水汽含量一定的情况下，气流的强弱则决定水汽量的输送。因此，首先需要知道青藏高原四周边界上气流的垂直分布，依据图 8.2.1

所示的青藏高原边界，可计算得到高原主体西边界和高原东边界东风与西风随高度的频次及平均风速分布。结果表明高原主体西边界和高原东边界上的西风频次均高于东风频次。西边界东风频次为5%～30%、平均风速为2～4m·s^{-1}，西风频次为70%～95%，平均风速为2～18m·s^{-1}，说明高原主体西边界流入气流多。高原东边界东风频次为5%～90%、平均风速为2～7m·s^{-1}，西风频次为20%～95%、平均风速为1～22m·s^{-1}，说明高原东边界流出气流也多。这两个边界上高空的平均西风风速大于低层、边界的北部大于边界的南部，这与夏季西风带高空急流北移有关。此外，高原东边界28.5°N～32°N的700hPa以下气层(对应四川盆地西侧)出现东风高频次(西风低频次)，很可能与高原大地形和偏西风作用，形成绕流尾部气流运动有关，意味着这里流向高原的气流多，如果水汽充沛，将向高原东部低层输入大量水汽。

青藏高原南北边界上的流出和流入气流频次及平均风速随高度的分布如图8.2.2所示。在高原南边界的西段(80°E以西)的500hPa以上高度，流入气流频次高(70%～90%)、平均速度大(大于5m·s^{-1})，而流出气流频次低(5%～35%)、平均速度小(小于4m·s^{-1})，这与该纬度带高空西风带分支活动有关，但高空水汽少，故不会向高原输送很多水汽；在南边界的东段(96°E以东，对应青藏高原东南至云贵高原)，大气低层4km以下流入频次高于流出频次，表明这里流入高原气流多，而在5km以上高度则流出气流频次高、平均速度大；在南边界的中段，这里对应青藏高原东南部大峡谷地区，图8.2.2(b)显示这里6km以下高度流入气流的频次高于95%，表明大峡谷地区是气流流入高原的主要通道，夏季西南暖湿空气由此深入高原。高原北边界流入流出气流频次和平均速度随高度的分布出现东西向的四段差异，这与该边界划分的性状有关，西段流出气流频次稍高于流入气流频次，但西段75°E以西400hPa高度以下流入气流频次(大于50%)大于流出气流频次(小于40%)，这里位于帕米尔高原南部，说明存在从帕米尔高原南部进入青藏高原西部的气流；北边界中段(80°E～95°E)整层大气均表现为流入频次远高于流出频次，且气流平均流入速度也大于流出速度，这与高原北侧夏季西风气流盛行有关，因为该段边界非东西向直线，而是弧线，故西风气流有进入边界的分量；同样的道理可以解释北边界东段气流流出频次高于流入频次，但东段边界的低层(4km高度以下)，流入气流频次高于流出气流频次，说明这里经常有气流进入高原东北部。

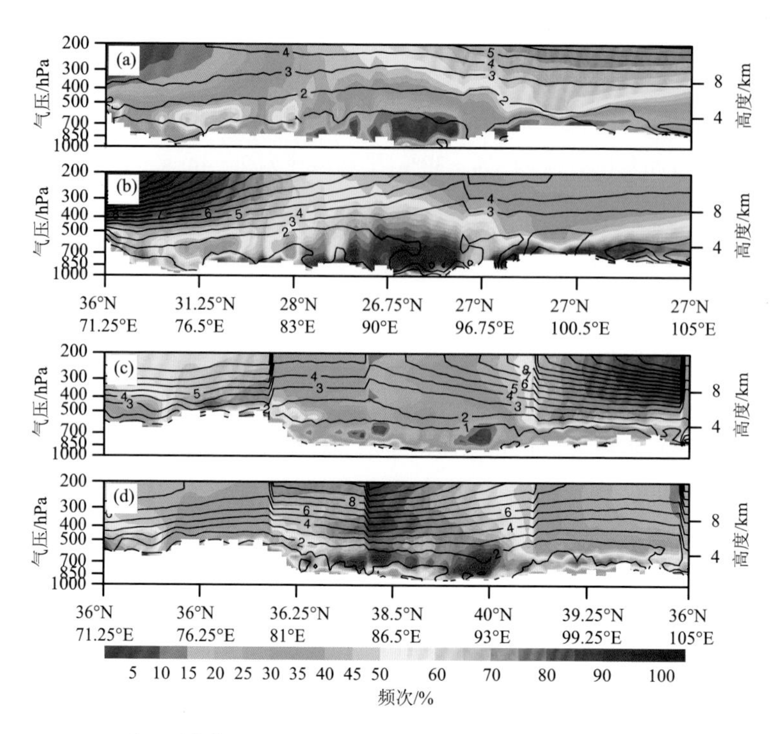

图 8.2.2　1990～2019 年夏季青藏高原主体南边界[(a)和(b)]和北边界[(c)和(d)]的流出[(a)和(c)]与流入[(b)和(d)]的风频次及平均风速(等值线，单位：$m\cdot s^{-1}$)随高度的分布

8.2.4　青藏高原边界上的水汽输送

上述分析告诉我们青藏高原边界上水汽输送的方向，但真实的水汽输送还必须考虑大气的水汽分布，通常可用水汽通量来描述水汽输送的强度。图 8.2.3 为青藏高原边界上的平均净水汽通量分布，该图显示高原主体西边界上的水汽通量为正，即水汽从此边界向高原输送水汽；在 500hPa 以下的近地面，大气中水汽通量较大，超过 $2g\cdot s^{-1}\cdot hPa^{-1}\cdot cm^{-1}$。高原东边界位于 29°N～32°N(四川盆地西部)、700hPa 以下有一负水汽通量中心，水汽通量值超过 $2g\cdot s^{-1}\cdot hPa^{-1}\cdot cm^{-1}$，说明四川盆地西部大气低层存在较强的水汽输入青藏高原东部，Lin 等(2016)的研究也曾发现高原东边界上的水汽交换发生在大气低层；东边界的 700hPa 以上高度，水汽从高原向外流出，水汽通量为 $0.1\sim2g\cdot s^{-1}\cdot hPa^{-1}\cdot cm^{-1}$，其中 400hPa 以上高度水汽通量迅速减少。在南边界上，可见西段至中段对流层大气中的水汽向高原输送，最大水汽通量位于大峡谷的喇叭口地形区，输送量超过 $2g\cdot s^{-1}\cdot hPa^{-1}\cdot cm^{-1}$；东段的 500hPa 高度以上水汽输出高原，

但水汽通量较小($0.5g·s^{-1}·hPa^{-1}·cm^{-1}$)，500hPa 高度至地面的水汽流向高原，且水汽通量较大(超过 $1.5g·s^{-1}·hPa^{-1}·cm^{-1}$)，南边界上的水汽通量分布不同于先前的带状分布(Curio et al., 2015)。整体上，高原北边界上自西向东的水汽通量分布显示出西段流出、中段流入、东段流出的特点，且在整个对流层大气中的垂直分布一致，水汽通量为$-1 \sim 1g·s^{-1}·hPa^{-1}·cm^{-1}$；但北边界东段的 700hPa 高度至地面，有一个流向高原的水汽通量的浅层($0.5g·s^{-1}·hPa^{-1}·cm^{-1}$)。图 8.2.3 还显示边界上的位温分布在 315～355K，其中东、西边界上可见等位温面微微向南倾斜，而南、北边界上等位温面稍有起伏，这反映了高原大地形热动力作用导致的大气层结的区域性改变；四个边界上地面 2km 以上高度的大气位温较为均匀，但近地面地形的热动力作用使大气位温分布非均匀。

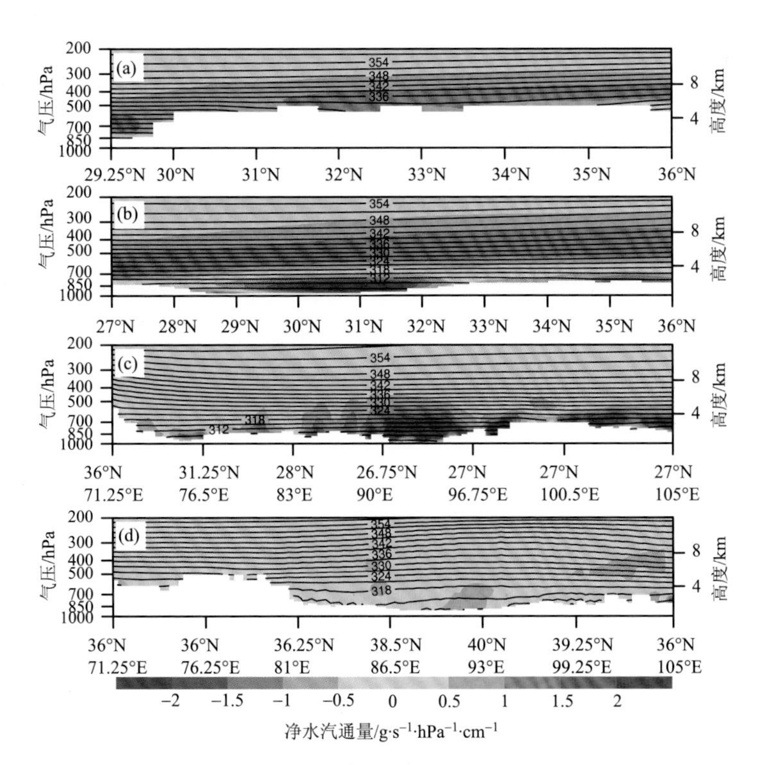

图 8.2.3 1990～2019 年夏季青藏高原主体西边界(a)、东边界(b)、南边界(c)和北边界(d)的平均净水汽通量和位温(黑色实线，单位：K)随高度的分布

计算结果显示周边向高原的弱水汽输送情形下，高原主体的西边界南端(30° N 以南)500hPa 高度以下，为较大的水汽通量输送区(高于 $0.8g·s^{-1}·hPa^{-1}·cm^{-1}$)；其他

位置水汽主要从近地面 2km 的高度向高原输送，水汽通量值为 0.2～0.4$g \cdot s^{-1} \cdot hPa^{-1} \cdot cm^{-1}$。自高原东边界向高原的水汽输送，主要位于四川盆地西部的大气低层(700hPa 高度以下)，水汽通量为 0.4～0.7$g \cdot s^{-1} \cdot hPa^{-1} \cdot cm^{-1}$；东边界南端(云贵高原北部)500hPa 高度以下，也存在进入高原的水汽，贴地面的低层大气中的水汽通量达 0.2～0.3$g \cdot s^{-1} \cdot hPa^{-1} \cdot cm^{-1}$。自高原南边界向高原的水汽输送，主要位于高原东南部大峡谷地区 500hPa 高度以下，这里喇叭口地形造成气流辐合，因此是水汽深入高原的重要通道，水汽通量为 0.5～1.0$g \cdot s^{-1} \cdot hPa^{-1} \cdot cm^{-1}$；此外，南边界的东段(高原东南部至云贵高原北部)近地面 2km 高度内，向高原的水汽输送也较强，水汽通量也达 0.5～1.0$g \cdot s^{-1} \cdot hPa^{-1} \cdot cm^{-1}$，由西南季风造成。自高原北边界向高原的水汽输送少，因为青藏高原北侧为沙漠，大气干燥。另外，高原四周 400hPa 以上高度，由高原外向高原内的水汽输送较弱，因为大气高层水汽少；向高原内输送水汽主要是位于青藏高原南边界的大气低层，尤其是青藏高原东南部的大峡谷地区，这里是夏季高原获得水汽的主要通道。

周边向青藏高原的强水汽输送时，高原主体西边界南端 700hPa 以下高度出现了 6～9$g \cdot s^{-1} \cdot hPa^{-1} \cdot cm^{-1}$ 的水汽通量，西边界其他位置贴地面 2～3km 高度向高原的水汽输送较均匀(1.5～3$g \cdot s^{-1} \cdot hPa^{-1} \cdot cm^{-1}$)，贴近地面因水汽多，水汽通量大。东边界位于四川盆地的大气低层(700hPa 高度以下)，水汽通量较大(4～8$g \cdot s^{-1} \cdot hPa^{-1} \cdot cm^{-1}$)，可见这里不论是强还是弱输送，都是水汽进入高原东部的重要通道；东边界的南端(云贵高原北部)，地面以上至 4km 高度(500hPa 以下)存在较强的向高原的水汽输送(4～5$g \cdot s^{-1} \cdot hPa^{-1} \cdot cm^{-1}$)，而弱输送情形时，这里进入高原的水汽少。高原南边界上向高原输送水汽的显著通道仍在大峡谷地区，这里的水汽通量为 6～10$g \cdot s^{-1} \cdot hPa^{-1} \cdot cm^{-1}$；整个南边界 300hPa 以下均存在较大的向高原的水汽输送，尤其在 400hPa 以下，而弱输送情形的水汽通量主要在 500hPa 以下高度。北边界上的水汽通量整体较小(0.5～3$g \cdot s^{-1} \cdot hPa^{-1} \cdot cm^{-1}$)，但比弱输送情形强 10 倍左右。总体看，水汽向高原强输送时，高水汽通量不仅出现在近地面大气，还出现在对流层中层以上，且约 10 倍于弱输送情形。

8.2.5 夏季高原的水汽收支

夏季青藏高原四个边界上水汽收支及高原上的净水汽收支均值如表 8.2.1 所示。该表依据边界上气流分布和实际大气高层中水汽少的特点，以 400hPa 高度为界，在此高度上下分析边界上和高原上的水汽收支。表中可见，在 400hPa 以上，高原主体西边界净水汽流入为 $6.84\times10^6\text{kg}\cdot\text{s}^{-1}$，东边界只存在水汽流出($-11.09\times10^6\text{kg}\cdot\text{s}^{-1}$)，北边界为水汽净流出($-2.58\times10^6\text{kg}\cdot\text{s}^{-1}$)，南边界水汽流入比流出稍大，净流入为 $2.95\times10^6\text{kg}\cdot\text{s}^{-1}$；因为高原主体西边界位于高原上，计算高原上的水汽净收支时，可不计该边界上的净收支，故 400hPa 高度以上青藏高原的净水汽收支为 $-10.72\times10^6\text{kg}\cdot\text{s}^{-1}$，即水汽流出高原。

表 8.2.1　1990～2019 年夏青藏高原主体西边界、高原东、南、北边界及整个高原的 400hPa 以上和以下高度的水汽收支　(单位：$\times10^6\text{kg}\cdot\text{s}^{-1}$)

高度层	收支类型	主体西边界*	东边界	北边界	南边界	高原主体
400hPa 以上高度	流入	6.91	0	4.16	6.85	
	流出	0.07	11.09	6.74	3.90	
	净收支	6.84	–11.09	–2.58	2.95	–10.72
400hPa 以下高度	流入	13.65	18.62	34.15	159.56	
	流出	0.18	29.20	13.65	5.48	
	净收支	13.47	–10.58	20.50	154.08	164.00
	总净收支					152.54

注：*因西边界位于高原主体的西侧，但位于高原内(图 8.2.1)，故不将该边界上的水汽收支纳入高原主体水汽净收支。

在 400hPa 高度以下，高原主体西边界净流入水汽为 $13.47\times10^6\text{kg}\cdot\text{s}^{-1}$；高原东边界的水汽流入和流出均比 400hPa 高度以上显著增大，但净水汽收支与 400hPa 以上高度的相近($-10.58\times10^6\text{kg}\cdot\text{s}^{-1}$)；北边界的水汽流入增加，净水汽流入达 $20.50\times10^6\text{kg}\cdot\text{s}^{-1}$；南边界的水汽净流入量巨大，约为 $154.08\times10^6\text{kg}\cdot\text{s}^{-1}$；故青藏高原夏季 400hPa 以下的净流入水汽为 $164.00\times10^6\text{kg}\cdot\text{s}^{-1}$。总之，在青藏高原大气中上层(400hPa 以上)的水汽由东边界及北边界流出高原，由西边界及南边界流入高原，水汽净流出高原；在高原大气中下层(400hPa 以下)，只有东边界为水汽流出，南边界的水汽流入对高原总水汽输入的贡献最大，该结果与先前研究结果一致(Xie et al.，2018)。因为所选的高原主体西边界位于高原内，在计算高原整体水汽净收支时，可不计该边界的净水汽收支，故整个高原大气的总净水汽收支为 $153.28\times10^6\text{kg}\cdot\text{s}^{-1}$，说明青藏高原夏季为水汽汇，先前的研究也有提及(Xu et al.，2008；Wang et al.，2009a；Feng and Zhou，2012；Zhou et al.，2013)。

由表 8.2.1 可知，夏季青藏高原为水汽汇，这些水汽将会被降水所消耗，从而维持大气中的水分平衡，这种水分平衡具有局地性，即在地形等因子作用下，会出现降水集中和稀少区，这就需要对降水和大气水汽进行时空密集观测。目前在青藏高原还缺乏这种观测条件，因此，可利用再分析资料对高原整体的降水与水汽之间的平衡进行估算，如利用大气可降水量来表征整层大气的含水量信息(Cai et al.，2004)，分析它与水汽净收支之间的关系。图 8.2.4 为青藏高原夏季净水汽收支与大气可降水量随时间的变化曲线。该图表明高原 400hPa 以上的净水汽收支及可降水量与 400hPa 以下的相比较小，因为大气中高层水汽稀少；在 400hPa 以上，水汽流出高原，净水汽收支为$-14.5\times10^6\sim-7\times10^6\text{kg}\cdot\text{s}^{-1}$，可降水量为 1.3～1.7mm；可降水量和水汽自 1990 年至 2019 年呈现总体增长的趋势，但 1992 年、1997 年、2015 年和 2019 年可降水量出现下降，据研究这与季风强度变弱有关(Lin et al.，2016；He et al.，2020)。图 8.2.4(a)还表明青藏高原大气中高层的可降水量与大气净水汽收支之间的一一对应关系弱，其原因是高原中高层为净水汽流出，而降水主要来自净水汽流入的贡献，因此可以看到 1998 年、2003 年、2012 年、2016 年和 2018 年两者的反向对应。

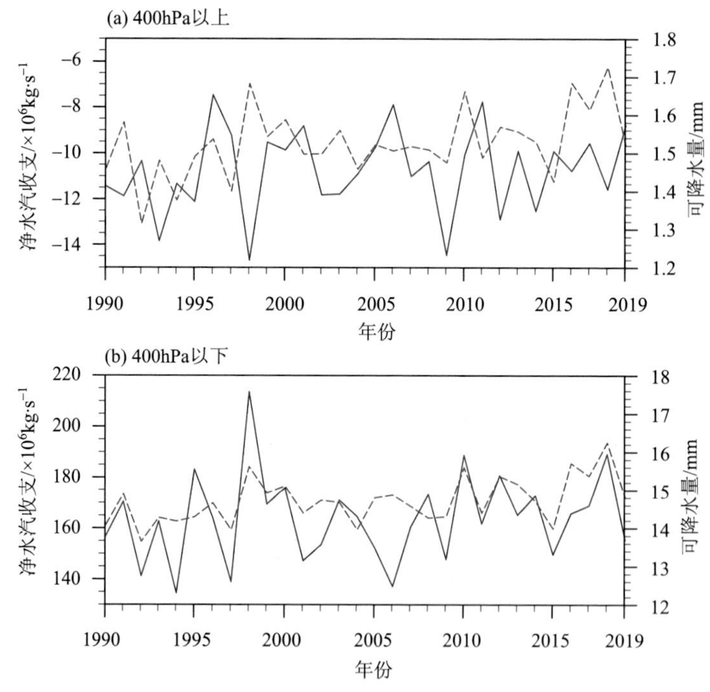

图 8.2.4　1990～2019 年夏季青藏高原净水汽收支(蓝色实线)及可降水量(红色虚线)在 400hPa 以上和以下随时间的变化曲线

青藏高原大气 400hPa 以下高度代表了那里大气的中低层。图 8.2.4(b)表明高原上为水汽净流入，净水汽收支为 140×10^6～218×10^6kg·s^{-1}，其中 1997 年夏季为最大净收季，为 218×10^6kg·s^{-1}；夏季大气可降水量的年际变化幅度为 14～16.3mm，最大值出现在 2018 年夏季；总体上高原净水汽收支与可降水量的变化趋势保持一致，即随时间稍有增加，意味着高原缓慢变湿。Lei 和 Yang(2017)的研究指出青藏高原中部湖泊面积发生扩张，主要由降水和径流显著增加造成，这也说明青藏高原中部变湿。当然影响水汽转化为降水的因素众多，这里给出的是大趋势变化。

8.3　本章要点概述

本章介绍了青藏高原及周边地区昼间云水时空分布的气候平均态，如青藏高原云粒子的有效半径为 20～30μm、云水路径为 300～600g·m^{-2}，总体上青藏高原云水路径高于中国中东部。本章还分析了青藏高原云顶为水云、混合云及冰云的云粒子有效半径及云水路径，高原水云粒子小、云水路径值低；高原混合云的粒子尺度和云水路径均比水云的大，而高原冰云的粒子尺度和云水路径均大于水云和混合云的。频次统计表明青藏高原云顶为冰相云的频次最高，而云顶为水相云的频次最低。统计分析还表明青藏高原西部、中部和东部的云粒子尺度及云水路径差异小；与中国中东部的云水路径相比，青藏高原低云水含量云、水云和混合云的比例多，而高云水含量冰云的比例多。

最后介绍了青藏高原水汽收支的气候态。通过分析青藏高原东西边界和南北边界上的流入与流出气流的频次、平均流速及净水汽通量，给出了四个边界上向高原水汽输送的通道(位置)，指出青藏高原南边界位于高原东南部大峡谷地区的 500hPa 高度以下，是水汽深入高原的重要通道，水汽通量为 0.5～1.0g·s^{-1}·hPa^{-1}·cm^{-1}，因为这里的喇叭口地形，造成气流强烈辐合涌上高原；南边界的东段(高原东南部至云贵高原北部)近地面 2km 高度内，也是水汽进入高原的重要通道，此通道由西南季风造成。夏季青藏高原水汽收支表明 400hPa 高度以下，南边界的净水汽流入量可达 154.08×10^6kg·s^{-1}，远远超过由其他三个边界进入高原的水汽量；夏季青藏高原周边地区 400hPa 高度以下大气净输入青藏高原的水汽量为 164.00×10^6kg·s^{-1}；考虑到 400hPa 以上高度青藏高原水汽的外流，则夏季青藏高原周边地区向高原的净水汽输送量为 153.28×10^6kg·s^{-1}。

照片 8.2 青藏高原爆炸状的对流云团。(拍摄于林芝至拉萨的雅鲁藏布江高速一侧，行车速度约100km · h^{-1}，光圈：f/10，曝光时间：1/800s，ISO：250)

照片 8.3 站在海拔 5100m 处看到的积云。夏季卫星云图上常见印度北部涌上高原的云系，或许所拍云属于这类云。(拍于加乌拉山口，行车速度约60km · h^{-1}，光圈：f/11，曝光时间：1/1250s，ISO：200)

参考文献

白爱娟, 刘长海, 刘晓东. 2008. TRMM 多卫星降水分析资料揭示的青藏高原及其周边地区夏季降水日变化. 地球物理学报, 51(3): 704-714.

包慧漪, 张显峰, 廖春华, 等. 2013. 基于MODIS与AMSR-E数据的新疆雪情参数协同反演研究. 自然灾害学报, 22(4): 41-49.

卞林根, 陆龙桦, 逯昌贵, 等. 2001. 1998 年夏季青藏高原辐射平衡分量特征. 大气科学, 25(5): 577-588.

蔡雯悦, 徐祥德, 孙绩华. 2012. 青藏高原东南部云状况与地表能量收支结构. 气象学报, 70(4): 837-846.

蔡英, 钱正安, 吴统文, 等. 2004. 青藏高原及周围地区大气可降水量的分布、变化与各地多变的降水气候. 高原气象, 23(1): 1-10.

常祎, 郭学良. 2016. 青藏高原那曲地区夏季对流云结构及雨滴谱分布日变化特征. 科学通报, 61(15): 1706-1720.

陈凤娇, 傅云飞. 2015. 基于 PR 和 VIRS 融合资料的东亚台风和非台风降水结构分析. 气候与环境研究, 20(2): 188-200.

陈光灿, 李函璐, 傅云飞. 2021. 利用 MODIS 和 CERES 遥感数据研究青藏高原的云辐射强迫效应. 高原气象, 40(1): 15-27.

陈隆勋, 龚知本, 温玉璞, 等. 1964. 东亚地区的大气辐射能收支（一）——地球和大气的太阳辐射能收支. 气象学报, 32(2): 146-161.

陈隆勋, 宋玉宽, 刘骥平, 等. 1999. 从气象卫星资料揭示的青藏高原夏季对流云系的日变化. 气象学报, 57(5): 499-560.

陈渭民. 2005. 卫星气象学. 2 版. 北京: 气象出版社: 523.

陈逸伦, 张鼻祺, 傅云飞, 等. 2016. 风云三号微波和光谱信号匹配及其反演应用. 科学通报, 61(26): 2939-2951.

陈英英, 周毓荃, 毛节泰, 等. 2007. 利用 FY-2C 静止卫星资料反演云粒子有效半径的试验研究. 气象, 33(4): 29-34.

陈有虞, 姚兰昌, 王文华. 1985. 青藏高原那曲地区的辐射状况及其年变特征. 高原气象, 4(S2): 50-66.

崔春光, 闵爱荣, 胡伯威. 2002. 中尺度地形对“98.7”鄂东特大暴雨的动力作用. 气象学报, 60(5): 602-612.

丁一汇, 章名立, 李鸿洲, 等. 1981. 暴雨和强对流天气发生条件的比较分析. 大气科学,

5(4): 388-397.
董超华, 杨军, 卢乃锰, 等. 2010. 风云三号A星(FY-3A)的主要性能与应用. 地球信息科学学报, 12(4): 458-465.
段安民, 刘屹岷, 吴国雄. 2003. 4-6月青藏高原热状况与盛夏东亚降水和大气环流的异常. 中国科学: 地球科学, 33(10): 997-1004.
段安民, 吴国雄. 2003. 7月青藏高原大气热源空间型及其与东亚大气环流和降水的相关研究. 气象学报, 61(4): 447-456.
段海霞, 陆维松, 毕宝贵. 2008. 凝结潜热与地表热通量对一次西南低涡暴雨影响分析. 高原气象, 27(6): 1315-1323.
冯璐, 仲雷, 马耀明, 等. 2016. 基于土壤温湿度观测资料估算藏北高原地区土壤热通量. 高原气象, 35(2): 297-308.
傅抱璞. 1992. 地形和海拔高度对降水的影响. 地理学报, 47(4): 302-314.
傅慎明, 孙建华, 赵思雄, 等. 2011. 梅雨期青藏高原东移对流系统影响江淮流域降水的研究. 气象学报, 69(4): 581-600.
傅云飞, 曹爱琴, 李天奕, 等. 2012. 星载测雨雷达探测的夏季亚洲对流与层云降水雨顶高度气候特征. 气象学报, 70(3): 436-451.
傅云飞, 冯静夷, 朱红芳, 等. 2005. 西太平洋副热带高压下热对流降水结构特征的个例分析. 气象学报, 63(5): 750-761.
傅云飞, 冯沙, 刘鹏, 等. 2010. 热带测雨卫星测雨雷达探测的亚洲夏季积雨云云砧. 气象学报, 68(2): 195-206.
傅云飞, 李宏图, 自勇. 2007. TRMM卫星探测青藏高原谷地的降水云结构个例分析. 高原气象, 26(1): 98-106.
傅云飞, 刘鹏, 刘奇, 等. 2011. 夏季热带及副热带降水云可见光/红外信号气候分布特征. 大气与环境光学学报, 6(2): 129-140.
傅云飞, 刘奇, 自勇, 等. 2008a. 基于TRMM卫星探测的夏季青藏高原降水和潜热分析. 高原山地气象研究, 28(1): 8-18.
傅云飞, 潘晓, 刘国胜, 等. 2016. 基于云亮温和降水回波顶高度分类的夏季青藏高原降水研究. 大气科学, 40(1): 102-120.
傅云飞, 宇如聪, 徐幼平, 等. 2003. TRMM测雨雷达和微波成像仪对两个中尺度特大暴雨降水结构的观测分析研究. 气象学报, 61(4): 421-431.
傅云飞, 张爱民, 刘勇, 等. 2008b. 基于星载测雨雷达探测的亚洲对流和层云降水季尺度特征分析. 气象学报, 66(5): 730-746.
高国栋, 陆渝蓉. 1982. 中国地表面辐射平衡与热量平衡. 北京: 科学出版社.
高青云. 2004. 青藏高原东侧一次特大暴雨过程的分析. 高原气象, 23(S1): 46-52.

高由禧, 蒋世逵, 张谊光, 等. 1984. 西藏气候. 北京: 科学出版社: 19-84.
高越, 刘奇, 傅云飞, 等. 2013. TMI 10.7 GHz 低分辨率亮温资料的细化处理方法研究. 中国科学技术大学学报, 43(5): 345-354.
巩远发, 段廷扬, 陈隆勋, 等. 2005. 1997/1998 年青藏高原西部地区辐射平衡各分量变化特征. 气象学报, 63(2): 225-235.
巩远发, 纪立人, 段廷扬. 2004. 青藏高原雨季的降水特征与东亚夏季风暴发. 高原气象, 23(3): 313-322.
辜旭赞, 张兵. 2006. 大气凝结水汽汇、凝结潜热作用与积云对流参数化. 气象学报, 64(6): 790-795.
谷星月, 马耀明, 马伟强, 等. 2018. 青藏高原地表辐射通量的气候特征分析. 高原气象, 37(6): 1458-1469.
何光碧. 2013. 高原切变线研究回顾. 高原山地气象研究, 33(1): 90-96.
何光碧, 高文良, 屠妮妮. 2009. 2000-2007 年夏季青藏高原低涡切变线观测事实分析. 高原气象, 28(3): 549-555.
侯淑梅, 孙忠欣. 1997. 潜热能场在暴雨过程中的作用. 湖北气象, 16(4): 11-13.
侯淑梅, 张经珍, 张洪卫, 等. 2000. “99.8”山东大暴雨的潜热能分析. 湖北气象, 19(4): 7-9.
胡国权, 丁一汇. 2003. 1991 年江淮暴雨时期的能量和水汽循环研究. 气象学报, 61(2): 146-163.
胡亮, 杨松, 李耀东. 2010. 青藏高原及其下游地区降水厚度季、日变化的气候特征分析. 大气科学, 34(2): 387-398.
胡明宝. 2007. 天气雷达探测与应用. 北京: 气象出版社: 389.
季国良, 姚兰昌, 王文华. 1985. 1982-1983 年青藏高原热源野外考察概况. 高原气象, 4(S2): 1-9.
季国良, 钟强, 沈志宝. 1989. 青藏高原地面热源观测研究的进展. 高原气象, 8(2): 127-132.
简茂球, 罗会邦. 2002. 1998 年 5-8 月青藏高原东部和邻近地区大气热源日变化特征及其与高原环流的关系. 高原气象, 21(1): 25-30.
江灏, 季国良. 1988. 五道梁地区的辐射特征. 高原气象, 7(2): 145-155.
江吉喜, 范梅珠. 2002. 夏季青藏高原上的对流云和中尺度对流系统. 大气科学, 26(2): 263-270.
蒋玲梅, 王培, 张立新, 等. 2014. FY3B-MWRI 中国区域雪深反演算法改进. 中国科学: 地球科学, 44(3): 531-547.
矫梅燕, 李川, 李延香. 2005. 一次川东大暴雨过程的中尺度分析. 应用气象学报, 16(5):

699-704.

李丁华, 吴敬之, 季国良, 等. 1987. 1982 年 8 月—1983 年 7 月拉萨、那曲、改则、甘孜地面热量平衡分析. 气象学报, 45(3): 370-373.

李栋梁, 柳苗, 王慧. 2008. 青藏高原雨季降水凝结潜热的估算研究. 高原气象, 27(1): 10-16.

李国平, 赵福虎, 黄楚惠, 等. 2014. 基于 NCEP 资料的近 30 年夏季青藏高原低涡的气候特征. 大气科学, 38(4): 756-769.

李宏毅, 肖子牛, 朱玉祥. 2018. 藏东南地区草地下垫面湍流通量和辐射平衡各分量的变化特征. 高原气象, 37(4): 923-935.

李娟, 李跃清, 蒋兴文, 等. 2016. 青藏高原东南部复杂地形区不同天气状况下陆气能量交换特征分析. 大气科学, 40(4): 777-791.

李锐, 傅云飞, 黄辰. 2021. 卫星遥感降水潜热的查表法和物理反演法简介. 暴雨灾害, 40(3): 259-270.

李锐, 傅云飞, 赵萍. 2005. 利用热带测雨卫星的测雨雷达资料对 1997/1998 年 El Nino 后期热带太平洋降水结构的研究. 大气科学, 29(2): 225-235.

李锐, 李文卓, 傅云飞, 等. 2017. 青藏高原 ERA40 和 NCEP 大气非绝热加热的不确定性. 科学通报, 62: 420-431.

李山山, 李国平. 2017. 一次鞍型场环流背景下高原东部切变线降水的湿 Q 矢量诊断分析. 高原气象, 36(2): 317-329.

李维京, 罗四维. 1986. 青藏高原对其邻近地区一次天气系统影响的数值试验. 高原气象, 5(3): 245-255.

李文韬, 李兴宇, 张礼林, 等. 2018. 青藏高原云水气候特征分析. 气候与环境研究, 23(5): 574-586.

李霞, 张广兴. 2003. 天山可降水量和降水转化率的研究. 中国沙漠, 23(5): 509-513.

李晓静, 刘玉洁, 朱小祥, 等. 2007. 利用 SSM/I 数据判识我国及周边地区雪盖. 应用气象学报, 18(1): 12-20.

李英, 胡泽勇. 2006. 藏北高原地表反照率的初步研究. 高原气象, 25(6): 1034-1041.

李跃清. 2011. 第三次青藏高原大气科学试验的观测基础. 高原山地气象研究, 31(3): 77-82.

李昀英, 宇如聪, 徐幼平, 等. 2003. 中国南方地区层状云的形成和日变化特征分析. 气象学报, 61(6): 733-743.

梁萍, 陈葆德, 汤绪. 2010. 青藏高原云型的卫星遥感判别方法研究. 高原气象, 29(2): 268-277.

廖国男. 2004. 大气辐射导论. 2 版. 北京: 气象出版社: 614.

林振耀, 赵昕奕. 1996. 青藏高原气温降水变化的空间特征. 中国科学: 地球科学, 26(4): 354-358.
林志强. 2015. 1979-2013 年 ERA-Interim 资料的青藏高原低涡活动特征分析. 气象学报, 73(5): 925-939.
刘富民, 潘平山. 1987. 青藏高原横切变线南移的研究. 高原气象, 6(1): 56-64.
刘洪利, 朱文琴, 宜树华, 等. 2003. 中国地区云的气候特征分析. 气象学报, 61(4): 466-473.
刘辉志, 洪钟祥. 2000. 青藏高原改则地区近地层湍流特征. 大气科学, 24(3): 289-300.
刘建军, 陈葆德. 2017. 基于 CloudSat 卫星资料的青藏高原云系发生频率及其结构. 高原气象, 36(3): 632-642.
刘黎平, 楚荣忠, 宋新民, 等. 1999. GAME-TIBET 青藏高原云和降水综合观测概况及初步结果. 高原气象, 18(3): 441-450.
刘黎平, 郑佳锋, 阮征, 等. 2015. 2014 年青藏高原云和降水多种雷达综合观测试验及云特征初步分析结果. 气象学报, 73(4): 635-647.
刘鹏, 傅云飞. 2010. 利用星载测雨雷达探测结果对夏季中国南方对流和层云降水气候特征的分析. 大气科学, 34(4): 802-814.
刘鹏, 傅云飞, 冯沙, 等. 2010. 中国南方地基雨量计观测与星载测雨雷达探测降水的比较分析. 气象学报, 68(6): 822-835.
刘鹏, 王雨, 冯沙, 等. 2012. 冬、夏季热带及副热带穿透性对流气候特征分析. 大气科学, 36(3): 579-589.
刘奇. 2007. 基于 ISCCP 及 TRMM 观测的热带降水云与非降水云差异的研究. 合肥: 中国科学技术大学: 136.
刘奇, 傅云飞. 2007. 基于 TRMM/TMI 的亚洲夏季降水研究. 中国科学: 地球科学, 37(1): 111-122.
刘奇, 傅云飞. 2009. 热带地区云量日变化的气候特征. 热带气象学报, 25(6): 717-724.
刘奇, 傅云飞, 刘国胜. 2007. 夏季青藏高原与东亚及热带的降水的廓线差异分析. 中国科学技术大学学报, 37(8): 885-894.
刘新, 李伟平, 吴国雄. 2002. 夏季青藏高原加热和北半球环流年际变化的相关分析. 气象学报, 60(3): 267-277.
刘云丰, 李国平. 2016. 夏季高原大气热源的气候特征以及与高原低涡生成的关系. 大气科学, 40(4): 864-876.
柳艳菊, 丁一汇, 宋艳玲. 2005. 1998 年夏季风爆发前后南海地区的水汽输送和水汽收支. 热带气象学报, 21(1): 55-62.
柳艳香. 1998. 青藏高原地气系统辐射收支变化特征及其与气候变化的关系. 高原气象,

17(3): 258-265.
卢鹤立, 邵全琴, 刘纪远, 等. 2007. 近 44 年来青藏高原夏季降水的时空分布特征. 地理学报, 62(9): 946-958.
陆龙骅, 戴家冼. 1979. 唐古拉山地区的总辐射和净辐射. 科学通报, (9): 400-404.
栾澜, 孟宪红, 吕世华, 等. 2018. 青藏高原土壤湿度触发午后对流降水模拟试验研究. 高原气象, 37(4): 873-885.
罗会邦, 陈蓉. 1995. 夏半年青藏高原东部大气热源异常对环流和降水的影响. 气象科学, 15(4): 94-102.
马嘉里, 姚秀萍. 2015. 1981-2013 年 6-7 月江淮地区切变线及暴雨统计分析. 气象学报, 73(5): 883-894.
么枕生. 1959. 气候学原理. 北京: 科学出版社.
潘晓, 傅云飞. 2015. 夏季青藏高原深厚及浅薄降水云气候特征分析. 高原气象, 34(5): 1191-1203.
彭治班, 刘建文, 郭虎. 2001. 国外强对流天气的应用研究. 北京: 气象出版社: 89-95.
钱正安, 颜宏, 何驰. 1989. 郭型积云对流参数化方案的对比试验及潜热加热效应. 高原气象, 8(3): 217-227.
钱正安, 张世敏, 单扶民. 1984. 青藏高原气象科学实验文集. 北京: 科学出版社: 243-257.
乔全明, 谭海清. 1984. 夏季青藏高原 500 毫巴切变线的结构与大尺度环流. 高原气象, 3(3): 50-57.
郄秀书, 张广庶, 孔祥贞, 等. 2003. 青藏高原东北部地区夏季雷电特征的观测研究. 高原气象, 22(3): 209-216.
秦宏德, 周和生, 刘建西, 等. 1984. 青藏高原那曲地区对流性降水回波的统计特征//青藏高原气象科学实验文集（一）. 北京: 科学出版社: 258-268.
邱金桓, 吕达仁, 陈洪滨, 等. 2003. 现代大气物理学研究进展. 大气科学, 27(4): 628-652.
沈如金, 张宝严. 1982. 凝结潜热加热对台风降水分布的影响. 大气科学, 6(3): 249-257.
沈永平, 苏宏超, 王国亚, 等. 2013. 新疆冰川、积雪对气候变化的响应（II）: 灾害效应. 冰川冻土, 35(6): 1355-1370.
盛裴轩, 毛节泰, 李建国, 等. 2003. 大气物理学. 北京: 北京大学出版社.
史学丽, 丁一汇. 2000. 1994 年中国华南大范围暴雨过程的形成与夏季风活动的研究. 气象学报, 58(6): 666-678.
舒守娟, 王元, 熊安元. 2007. 中国区域地理、地形因子对降水分布影响的估算和分析. 地球物理学报, 50(6): 1703-1712.
孙建华, 赵思雄, 傅慎明, 等. 2013. 2012 年 7 月 21 日北京特大暴雨的多尺度特征. 大气科学, 37(3): 705-718.
孙健, 赵平, 周秀骥. 2002. 一次华南暴雨的中尺度结构及复杂地形的影响. 气象学报, 60(3): 333-342.
孙礼璐, 王瑞, 谭瑞婷, 等. 2019. 基于TRMM PR和VIRS探测的青藏高原夏季横切变线云降水个例分析. 高原气象, 38(6): 1194-1207.
孙兴池, 王西磊, 周雪松. 2012. 纬向切变线暴雨落区的精细化分析. 气象, 38(7): 779-785.
谭瑞婷, 冼桃, 傅云飞. 2018. CPR 雷达探测北半球夏季多层云系结构统计特征分析. 气候与环境研究, 23(1): 124-138.
汤懋苍, 沈志宝, 陈有虞. 1979. 高原季风的平均气候特征. 地理学报, 34(1): 33-42.
唐洪. 2002. 西藏高原夏季强降水过程分析. 西藏科技, (9): 51-55.
陶诗言, 罗四维, 张鸿村. 1984. 1979年5-8月青藏高原气象科学实验及其观测系统. 气象, 10(7): 2-5.
汪方, 丁一汇. 2005. 气候模式中云辐射反馈过程机理的评述. 地球科学进展, 20(2): 207-215.
汪会, 罗亚丽, 张人禾. 2011. 用 CloudSat/CALIPSO 资料分析亚洲季风区和青藏高原地区云的季节变化特征. 大气科学, 35(6): 1117-1131.
王建捷, 周斌, 郭肖容. 2005. 不同对流参数化方案试验中凝结加热的特征及对暴雨中尺度模拟结果的影响. 气象学报, 63(4): 405-417.
王可丽. 1996. 青藏高原地区云对地表净辐射的影响. 高原气象, 15(3): 269-275.
王可丽, 江灏, 陈世强. 2001. 青藏高原地区的总云-地面观测、卫星反演和同化资料的对比分析. 高原气象, 20(3): 252-257.
王可丽, 钟强. 1995. 青藏高原地区大气顶净辐射与地表净辐射的关系. 气象学报, 53(1): 101-107.
王梦晓, 王瑞, 傅云飞. 2019. 利用 TRMM PR 和 IGRA 探测分析的拉萨降水云内大气温湿廓线特征. 高原气象, 38(3): 539-551.
王旻燕, 吕达仁. 2005. GMS 5 反演中国几类典型下垫面晴空地表温度的日变化及季节变化. 气象学报, 63(6): 957-968.
王胜杰, 何文英, 陈洪滨, 等. 2010. 利用 CloudSat 资料分析青藏高原、高原南坡及南亚季风区云高度的统计特征量. 高原气象, 29(1): 1-9.
王同美, 吴国雄, 万日金. 2008. 青藏高原的热力和动力作用对亚洲季风区环流的影响. 高原气象, 27(1): 1-9.
王同美, 吴国雄, 应明. 2011. NCEP/NCAR(Ⅰ, Ⅱ)和 ERA40 再分析加热资料比较. 中山大学学报, 50(5): 128-134.

王雨, 傅云飞. 2010. 微波成像仪通道对降水云参数响应的数值模拟研究. 气象学报, 8(3): 315-324.
韦志刚, 黄荣辉, 董文杰. 2003. 青藏高原气温和降水的年际和年代际变化. 大气科学, 27(2): 157-170.
魏丽, 钟强. 1997. 青藏高原云的气候学特征. 高原气象, 16(1): 10-15.
吴国雄, 李伟平, 郭华, 等. 1997. 青藏高原感热气泵和亚洲夏季风. 北京: 科学出版社: 116-126.
吴国雄, 刘屹岷, 刘新, 等. 2005. 青藏高原加热如何影响亚洲夏季的气候格局. 大气科学, 29(1): 47-56.
吴勇, 欧阳首承. 1995. 中低纬过渡地区潜热影响下中尺度扰动的对称发展. 大气科学, 19(5): 631-635.
武荣盛, 马耀明. 2010. 青藏高原不同地区辐射特征对比分析. 高原气象, 29(2): 251-259.
夏静雯, 傅云飞. 2016. 东亚与南亚雨季对流和层云降水云内的温湿结构特征分析. 大气科学, 40(3): 563-580.
徐桂荣, 乐新安, 张文刚, 等. 2016. COSMIC 掩星资料反演青藏高原大气廓线与探空观测的对比分析. 暴雨灾害, 35(4): 315-325.
徐国昌. 1984. 500 毫巴高原切变线的天气气候特征. 高原气象, 3(1): 36-41.
徐祥德. 1998. 青藏高原科学试验（TIPEX）介绍. 中国科技信息, (Z2): 95-95.
徐祥德, 陈联寿. 2006. 青藏高原大气科学试验研究进展. 应用气象学报, 17(6): 756-772.
徐祥德, 赵天良, Lu Chungu, 等. 2014. 青藏高原大气水分循环特征. 气象学报, 72(6): 1079-1095.
徐祥德, 赵天良, 施晓晖, 等. 2015. 青藏高原热力强迫对中国东部降水和水汽输送的调制作用. 气象学报, 73(1): 20-35.
许习华. 1987. 影响准东西向切变线运动的一些因子分析. 成都气象学院学报, (2): 80-87.
杨鉴初, 陶诗言, 叶笃正, 等. 1960. 西藏高原气象学. 北京: 科学出版社: 257-266.
杨军, 董超华, 卢乃锰, 等. 2009. 中国新一代极轨气象卫星——风云三号. 气象学报, 67(4): 501-509.
杨克明, 毕宝贵, 李月安, 等. 2001. 1998 年长江上游致洪暴雨的分析研究. 气象, 27(8): 9-14.
姚秀萍, 孙建元, 康岚, 等. 2014. 高原切变线研究的若干进展. 高原气象, 33(1): 294-300.
叶笃正, 高由禧, 陈乾. 1977. 青藏高原及其紧邻地区夏季环流的若干特征. 大气科学, 4(1): 289-299.
叶笃正, 高由禧, 等. 1979. 青藏高原气象学. 北京: 科学出版社.
叶笃正, 罗四维, 朱抱真. 1957. 西藏高原及其附近的流场结构和对流层大气的热量平衡.

气象学报, 28(2): 108-121.
叶笃正, 张捷迁. 1974. 青藏高原加热作用对夏季东亚大气环流影响的初步模拟实验. 中国科学, (3): 301-320.
叶晶, 李万彪, 严卫. 2009. 利用MODIS数据反演多层云光学厚度和有效粒子半径. 气象学报, 67(4): 613-622.
易明建, 傅云飞, 刘鹏, 等. 2012. 我国东部夏季一次强对流活动过程中对流层上部大气成分变化的分析. 大气科学, 36(5): 901-911.
于涵, 张杰, 刘诗梦. 2018. 基于CERES卫星资料的青藏高原有效辐射变化规律. 高原气象, 37(1): 106-122.
宇路, 傅云飞. 2017. 基于星载微波雷达和激光雷达探测的夏季云顶高度及云量差异分析. 气象学报, 75(6): 955-965.
郁淑华. 2000. 长江上游暴雨对1998年长江洪峰影响的分析. 气象, 26(1): 56-57.
郁淑华, 何光碧, 滕家谟. 1997. 青藏高原切变线对四川盆地西部突发性暴雨影响的数值试验. 高原气象, 16(3): 306-311.
张奡祺, 傅云飞. 2018. GPM 卫星双频测雨雷达探测降水结构的个例特征分析. 大气科学, 42(1): 33-51.
张丁玲, 黄建平, 刘玉芝, 等. 2012. 利用 CERES(SYN)资料分析青藏高原云辐射强迫的时空变化. 高原气象, 31(5): 1192-1202.
张鸿发, 郭三刚, 张义军, 等. 2003. 青藏高原强对流雷暴云分布特征. 高原气象, 22(6): 558-564.
张俊荣. 1997. 我国微波遥感现状及前景. 遥感技术与应用, 12(3): 58-64.
张培昌, 杜秉玉, 戴铁丕. 2001. 雷达气象学. 2版. 北京: 气象出版社: 1-511.
张鹏, 杨虎, 邱红, 等. 2012. 风云三号卫星的定量遥感应用能力. 气象科技进展, 2(4): 6-11.
张文龙, 崔晓鹏, 黄荣, 等. 2019. 北京“623”大暴雨的强降水超级单体特征和成因研究. 大气科学, 43(5): 1171-1190.
张亚妮, 刘屹岷, 吴国雄. 2009. 线性准地转模型中副热带环流对潜热加热的定常响应 I. 基本性质及特征分析. 大气科学, 33(4): 868-878.
赵大军, 姚秀萍. 2018. 高原切变线形态演变过程中的个例研究结构特征. 高原气象, 37(2): 420-431.
赵平, 李跃清, 郭学良, 等. 2018. 青藏高原地气耦合系统及其天气气候效应: 第三次青藏高原大气科学试验. 气象学报, 76(6): 833-860.
赵思雄, 周晓平, 张可苏, 等. 1982. 中尺度低压系统形成和维持的数值实验. 大气科学, 6(2): 109-117.

郑永光, 陈炯, 朱佩君. 2008. 中国及周边地区夏季中尺度对流系统分布及其日变化特征. 科学通报, 53(4): 471-481.
周兵, 徐海明, 谭言科, 等. 2001. 1998 年武汉大暴雨过程的切变涡度及非绝热加热垂直结构分析. 气象学报, 59(6): 707-718.
周顺武, 吴萍, 王传辉. 2011. 青藏高原夏季上空水汽含量演变特征及其与降水的关系. 地理学报, 66(11): 1466-1478.
周晓霞, 丁一汇, 王盘兴. 2008. 夏季亚洲季风区的水汽输送及其对中国降水的影响. 气象学报, 66(1): 59-70.
朱抱真, 丁一汇, 罗会邦. 1990. 关于东亚大气环流和季风的研究. 气象学报, 48(1): 4-16.
朱乾根, 林锦瑞, 寿绍文, 等. 2007. 天气学原理与方法. 4 版. 北京: 气象出版社.
竺夏英, 刘屹岷, 吴国雄. 2012. 夏季青藏高原多种地表感热通量资料的评估. 中国科学: 地球科学, 42(7): 1104-1112.
卓嘎, 边巴次仁, 杨秀海, 等. 2013. 近 30 年西藏地区大气可降水量的时空变化特征. 高原气象, 32(1): 23-30.
左大康, 陈建绥, 李玉海, 等. 1965. 东亚地区地球-大气系统和大气的辐射平衡. 地理学报, 31(2): 100-112.
Adler R F, Fenn D D. 1979. Thunderstorm intensity as determined from satellite data. Journal of Applied Meteorology, 18(4): 502-517.
Adler R F, Fenn D D. 1981. Satellite-observed cloud top height changes in tornadic thunderstorms. Journal of Applied Meteorology, 20(11): 1369-1375.
Adler R F, Huffman G J, Bolvin D T, et al. 2000. Tropical rainfall distributions determined using TRMM combined with other satellite and rain gauge information. Journal of Applied Meteorology, 39(12): 2007-2023.
Adler R F, Yeh H Y M, Prasad N, et al. 1991. Microwave simulations of a tropical rainfall system with a three-dimension cloud model. Journal of Applied Meteorology, 30(7): 924-953.
Alcala C M, Dessler A E. 2002. Observations of deep convection in the tropics using the Tropical Rainfall Measuring Mission (TRMM) precipitation radar. Journal of Geophysical Research, 107(D24): 17-1-17-7.
Amante C, Eakins B W. 2009. ETOPO1 1 Arc-Minute Global Relief Model: Procedures, Data Sources and Analysis. NOAA Technical Memorandum NESDIS NGDC-24. Washington, DC: NOAA.
Anders A M, Roe G H, Hallet B, et al. 2006. Spatial patterns of precipitation and topography in the Himalaya. Special Paper of the Geological Society of America, 398(3): 39-53.
Añel J A, Antuña J C, de la Torre L, et al. 2008. Climatological features of global multiple

tropopause events. Journal of Geophysical Research, 113(D7): D00B08.

Anthes R A, Bernhardt P A, Chen L, et al. 2008. The COSMIC/FORMOSAT-3 mission: Early results. Bulletin of the American Meteorological Society, 89(3): 313-333.

Arkin P A, Ardanuy P E. 1989. Estimating climatic-scale precipitation from space: A review. Journal of Climate, 2(11): 1229-1238.

Arkin P A, Xie P P. 1994. The global precipitation climatology project: First algorithm intercomparison project. Bulletin of the American Meteorological Society, 75(3): 401-419.

Arking A, Childs J D. 1985. Retrieval of cloud cover parameters from multispectral satellite images. Journal of Applied Meteorology, 24(4): 322-333.

Atlas D, Serafin R J, Ulbrich C W. 1989. Educational and institutional issues in radar meteorology, Battan memorial and 40th anniversary radar meteorology conference. Bulletin of the American Meteorological Society, 70(7): 768-775.

Awaka J, Iguchi T, Okamoto K. 1998. Early results on rain type classification by the Tropical Rainfall Measuring Mission (TRMM) precipitation radar. Proc. URSI-F Open Symp. on Wave Propagation and Remote Sensing, Aveiro, Portugal: 143-146.

Bacmeister J T, Stephens G L. 2011. Spatial statistics of likely convective clouds in CloudSat data. Journal of Geophysical Research, 116(D4): D04104.

Barnes W L, Pagano T S, Salomonson V V. 1998. Prelaunch characteristics of the Moderate Resolution Imaging Spectroradiometer (MODIS) on EOS-AM1. IEEE Transactions on Geoscience and Remote Sensing, 36(4): 1088-1100.

Barrett E C. 1970. The estimation of monthly rainfall from satellite data. Monthly Weather Review, 98(4): 322-327.

Barros A P, Joshi M, Putkonen J, et al. 2000. A study of the 1999 monsoon rainfall in a mountainous region in central Nepal using TRMM products and rain gauge observations. Geophysical Research Letters, 27(22): 3683-3686.

Barros A P, Kim G, Williams E, et al. 2004. Probing orographic controls in the Himalayas during the monsoon using satellite imagery. Natural Hazards and Earth System Sciences, 4(1): 29-51.

Barros A P, Lang T J. 2003. Monitoring the monsoon in the Himalayas: Observations in Central Nepal, June 2001. Monthly Weather Review, 131(7): 1408-1427.

Baum B A, Arduini R F, Wielicki B A, et al. 1994. Multilevel cloud retrieval using multispectral HIRS and AVHRR data: Nighttime oceanic analysis. Journal of Geophysics Research, 99(D3): 5499-5514.

Baum B A, Frey R A, Mace G G, et al. 2003. Nighttime multilayered cloud detection using MODIS and ARM data. Journal of Applied Meteorology, 42(7): 905-919.

Beauchamp R M, Chandrasekar V, Chen H N, et al. 2015. Overview of the D3R observations during the IFloodS field experiment with emphasis on rainfall mapping and microphysics. Journal of Hydrometeorology, 16(5): 2118-2132.

Bhat G S, Kumar S. 2015. Vertical structure of cumulonimbus towers and intense convective clouds over the South Asian region during the summer monsoon season. Journal of Geophysics Research, 120(5): 1710-1722.

Bhatt B C, Nakamura K. 2005. Characteristics of monsoon rainfall around the Himalayas revealed by TRMM Precipitation Radar. Monthly Weather Review, 133(1): 149-165.

Bhatt B C, Nakamura K. 2006. A climatological-dynamical analysis associated with precipitation around the southern part of the Himalayas. Journal of Geophysical Research, 111(D2): D02115.

Biondi R, Randel W J, Ho S P, et al. 2012. Thermal structure of intense convective clouds derived from GPS radio occultations. Atmospheric Chemistry and Physics, 12(12): 5309-5318.

Birner T. 2006. Fine-scale structure of the extratropical tropopause region. Journal of Geophysical Research, 111(D4): D04104.

Birner T, Dörnbrack A, Schumann U. 2002. How sharp is the tropopause at midlatitudes? Geophysics Research Letters, 29(14): 45-1-45-4.

Birner T, Sankey D, Shepherd T G. 2006. The tropopause inversion layer in models and analyses. Geophysics Research Letters, 33(14): L14804.

Bollasina M, Nigam S. 2010. The summertime "heat" low over Pakistan/northwestern India: Evolution and origin. Climate Dynamics, 37(5-6): 957-970.

Bonner W D, Paegle J. 1970. Diurnal variations in boundary layer winds over South-Central United-States in summer. Monthly Weather Review, 98(10): 735-744.

Bookhagen B, Burbank D W. 2006. Topography, relief, and TRMM-derived rainfall variations along the Himalaya. Geophysical Research Letters, 33(8): L08405.

Bookhagen B, Burbank D W. 2010. Toward a complete Himalayan hydrological budget: Spatiotemporal distribution of snowmelt and rainfall and their impact on river discharge. Journal of Geophysical Research, 115(F3): F03019.

Boos W R, Kuang Z M. 2010. Dominant control of the South Asian Monsoon by orographic insulation versus plateau heating. Nature, 463(7278): 218-222.

Borsche M, Kirchengast G, Foelsche U. 2007. Tropical tropopause climatology as observed with radio occultation measurements from CHAMP compared to ECMWF and NCEP analyses. Geophysics Research Letters, 34(3): L03702.

Boucher O, Randall D, Artaxo P, et al. 2013. Clouds and Aerosols. Cambridge: Cambridge

University Press: 595-605.

Braga R, Vila D A. 2014. Investigating the ice water path in convective cloud life cycles to improve passive microwave rainfall retrievals. Journal of Hydrometeorology, 15(4): 1486-1497.

Burbank D W, Pinter N. 1999. Landscape evolution: The interactions of tectonics and surface processes. Basin Research, 11(1): 1-6.

Cai Y, Qian Z G, Wu T W, et al. 2004. Distribution, changes of atmospheric precipitable water over Qinghai-Xizang Plateau and its surroundings and their changeable precipitation climate. Plateau Meteor, 23(1): 1-10.

Chae J H, Wu D L, Read W G, et al. 2011. The role of tropical deep convective clouds on temperature, water vapor, and dehydration in the tropical tropopause layer (TTL). Atmospheric Chemistry and Physics, 11(8): 3811-3821.

Chan S C, Kendon E J, Roberts N M, et al. 2016. Downturn in scaling of UK extreme rainfall with temperature for future hottest days. Nature Geoscience, 9(1): 24-28.

Chan S C, Nigam S. 2009. Residual diagnosis of diabatic heating from ERA-40 and NCEP reanalyzes: Intercomparisons with TRMM. Journal of Climate, 22(2): 414-428.

Chandrasekar V, Le M. 2015. Evaluation of profile classification module of GPM-DPR algorithm after launch. IEEE International Geoscience and Remote Sensing Symposium (IGARSS): 5174-5177.

Chang C P, Hou S C, Kuo H C, et al. 1998. The development of an intense East Asian summer monsoon disturbance with strong vertical coupling. Monthly Weather Review, 126(10): 2692-2712.

Chang C P, Lim H. 1988. Kelvin Wave-CISK: A possible mechanism for the 30-50 day oscillations. Journal of the Atmospheric Sciences, 45(11): 1709-1720.

Chen B, Xu X D, Yang S, et al. 2012a. On the origin and destination of atmospheric moisture and air mass over the Tibetan Plateau. Theoretical and Applied Climatology, 110(3): 423-435.

Chen F J, Fu Y F, Liu P, et al. 2016. Seasonal variability of storm top altitudes in the tropics and subtropics observed by TRMM PR. Atmospheric Research, 169: 113-126.

Chen G X, Sha W M, Iwasaki T, et al. 2012b. Diurnal variation of rainfall in the Yangtze River Valley during the spring-summer transition from TRMM measurements. Journal of Geophysical Research, 117(D6): D06106.

Chen L X, Reiter E R, Feng Z Q. 1985. The atmospheric heat source over Tibetan Plateau May-August 1979. Monthly Weather Review, 113(10): 1771-1790.

Chen R Y, Chang F L, Li Z Q, et al. 2007. Impact of the vertical variation of cloud droplet size on the estimation of cloud liquid water path and rain detection. Journal of the Atmospheric

Science, 64(11): 3843-3853.

Chen T, Rossow W B, Zhang Y C. 2000. Radiative effects of cloud-type variations. Journal of Climate, 13(1): 264-286.

Chen Y L, Chong K Z, Fu Y F. 2019. Impacts of distribution patterns of cloud optical depth on the calculation of radiative forcing. Atmospheric Research, 218: 70-77.

Chen Y L, Fu Y F, Xian T, et al. 2017. Characteristics of cloud cluster over the steep southern slopes of the Himalayas observed by CloudSat. International Journal of Climatology, 37(11): 4043-4052.

Chen Y L, Zhang A Q, Fu Y F, et al. 2021. Morphological characteristics of precipitation areas over the Tibetan Plateau measured by TRMM PR. Advances in Atmospheric Sciences, 38(4): 677-689.

Choudhury A D, Krishnan R. 2011. Dynamical response of the South Asian monsoon trough to latent heating from stratiform and convective precipitation. Journal of the Atmospheric Sciences, 68(6): 1347-1363.

Chow K C, Chan J C L. 2009. Diurnal variations of circulation and precipitation in the vicinity of the Tibetan Plateau in early summer. Climate Dynamics, 32(1): 55-73.

Cong Z, Kang S, Kawamura K, et al. 2015. Carbonaceous aerosols on the south edge of the Tibetan Plateau: Concentrations, seasonality and sources. Atmospheric Chemistry and Physics, 15(3): 1573-1584.

Connolley W M, King J C. 1993. Atmospheric water-vapour transport to Antarctica inferred from radiosonde data. Quarterly Journal of the Royal Meteorological, 119(510): 325-342.

Conway J W, Zrinc D S. 1993. A study of Embryo production and hail growth using dual-Doppler and multiparameter radars. Monthly Weather Review, 121(9): 2511-2528.

Cooper M J, Martin R V, Livesey N J, et al. 2013. Analysis of satellite remote sensing observations of low ozone events in the tropical upper troposphere and links with convection. Geophysics Research Letters, 40(14): 3761-3765.

Curio J, Maussion F, Scherer D. 2015. A 12-year high-resolution climatology of atmospheric water transport over the Tibetan Plateau. Earth System Dynamics, 6(1): 109-124.

Dai A. 2001. Global precipitation and thunderstorm frequencies. Part II: Diurnal variations. Journal of Climate, 14(6): 1112-1128.

Dai L Y, Che T, Wang J, et al. 2012. Snow depth and snow water equivalent estimation from AMSR-E data based on a priori snow characteristics in Xinjiang, China. Remote Sensing of Evironment, 127: 14-29.

Danielsen E F. 1982. A dehydration mechanism for the stratosphere. Geophysics Research Letters,

9(6): 605-608.

Danielsen E F. 1993. In situ evidence of rapid, vertical, irreversible transport of lower tropospheric air into the lower tropical stratosphere by convective cloud turrets and by larger-scale upwelling in tropical cyclones. Journal of Geophysical Research, 98(D5): 8665-8681.

Delanoë J, Hogan R J. 2010. Combined CloudSat-CALIPSO-MODIS retrievals of the properties of ice clouds. Journal of Geophysical Research, 115(D4): D00H29.

Dessler A E, Sherwood S C. 2004. Effect of convection on the summertime extratropical lower stratosphere. Journal of Geophysical Research, 109(D23): D23301.

Dewitte S, Clerbaux N. 1999. First experience with GERB ground segment processing software: Validation with CERES PFM data. Advances in Space Research, 24(7): 925-929.

Doelling D R, Sun M, Nguyen L T, et al. 2016. Advances in geostationary-derived longwave fluxes for the CERES Synoptic (SYN1deg) product. Journal of Atmospheric and Oceanic Technology, 33(3): 503-521.

Durden S L, Im E, Haddad Z S, et al. 2003. Comparison of TRMM precipitation radar and airborne radar data. Journal of Applied Meteorology, 42(6): 769-774.

Durre I, Vose R S, Wuertz D B. 2006. Overview of the integrated global radiosonde archive. Journal of Climate, 19(1): 53-68.

Farrar M R, Smith E A. 1992. Spatial-resolution enhancement of terrestrial features using deconvolved SSM/I microwave brightness temperatures. IEEE Transactions on Geoscience and Remote Sensing, 30(2): 349-355.

Feng L, Wei F Y. 2008. Regional characteristics of summer precipitation on Tibetan Plateau and it's water vapor feature in neighboring areas. Plateau Meteor, 27(3): 491-499.

Feng L, Zhou T J. 2012. Water vapor transport for summer precipitation over the Tibetan Plateau: Multidata set analysis. Journal of Geophysical Research, 117(D20): D20114.

Feng S, Fu Y F, Xiao Q N. 2011. Is the tropopause higher over the Tibetan Plateau? Observational evidence from Constellation Observing System for Meteorology, Ionosphere, and Climate (COSMIC) data. Journal of Geophysical Research, 116(D21): D21121.

Flohn R H. 1968. Contributions to a Meteorology of the Tibetan High-lands. Colorado: Colorado State University: 130.

Folkins I, Loewenstein M, Podolske J, et al. 1999. A barrier to vertical mixing at 14km in the tropics: Evidence from ozone sondes and aircraft measurements. Journal of Geophysical Research, 104(D18): 22095-22102.

Forster P M D, Shine K P. 1997. Radiative forcing and temperature trends from stratospheric ozone changes. Journal of Geophysical Research, 102(D9): 10841-10855.

Fouquart Y, Buriez J C, Herman M, et al. 1990. The influence of clouds on radiation: A climate-modeling perspective. Review of Geophysics, 28(2): 145-166.

Fu Y F. 2014. Cloud parameters retrieved by the bispectral reflectance algorithm and associated applications. Journal of Meteorological Research, 28(5): 965-982.

Fu Y F, Chen Y L, Zhang X D, et al. 2020. Fundamental characteristics of tropical rain cell structures as measured by TRMM PR. Journal of Meteorological Research, 34(6): 1129-1150.

Fu Y F, Lin Y H, Liu G S, et al. 2003. Seasonal characteristics of precipitation in 1998 over East Asia as derived from TRMM PR. Advances in Atmospheric Sciences, 20(4): 511-529.

Fu Y F, Liu G S. 2001. The variability of tropical precipitation profiles and its impact on microwave brightness temperatures as inferred from TRMM data. Journal of Applied Meteorology, 40(12): 2130-2143.

Fu Y F, Liu G S. 2003. Precipitation characteristics in mid-latitude East Asia as observed by TRMM PR and TMI. Journal of Meteorological Society of Japan, 81(6): 1353-1369.

Fu Y F, Liu G S. 2007. Possible misidentification of rain type by TRMM PR over Tibetan plateau. Journal of Applied Meteorology Climatology, 46(5): 667-672.

Fu Y F, Liu G S, Wu G X, et al. 2006. Tower mast of precipitation over the central Tibetan Plateau summer. Geophysical Research Letters, 33(5): L05802.

Fu Y F, Liu Q, Gao Y, et al. 2013. A feasible method for merging the TRMM microwave imager and precipitation radar data. Journal of Quantitative Spectroscopy and Radiative Transfer, 122: 155-169.

Fu Y F, Pan X, Xian T, et al. 2018. Precipitation characteristics over the steep slope of the Himalayas in rainy season observed by TRMM PR and VIRS. Climate Dynamics Observational Theoretical and Computational Research on the Climate, 51(5-6): 1971-1989.

Fu Y F, Qin F. 2014. Summer daytime precipitation in ice, mixed, and water phase as viewed by PR and VIRS in tropics and subtropics. The International Society for Optics and Photonics, 9259: 925906.

Fu Y F, Xian T, Lu D R, et al. 2013. Ozone vertical variations during a typhoon derived from the OMI observations and reanalysis data. Science Bulletin, 58(32): 3890-3894.

Fujinami H, Nomura S, Yasunari T. 2005. Characteristics of diurnal variations in convection and precipitation over the Southern Tibetan Plateau during summer. SOLA, 1: 49-52.

Fujinami H, Yasunari T. 2001. The seasonal and intraseasonal variability of diurnal cloud activity over the Tibetan Plateau. Journal of the Meteorological Society of Japan, 79(6): 1207-1227.

Fujita T T. 1982. Principle of stereoscopic height computations and their applications to stratospheric cirrus over severe thunderstorms. Journal of the Meteorological Society of Japan,

60(1): 355-368.
Fujiyoshi Y, Takasugi T, Gocho Y, et al. 1980. Radar-echo structure of middle-level precipitating clouds and the change of raindrops—Processes of mixing of precipitation particles falling from generating cells. Journal of Meteorological Society of Japan, 58(6): 203-216.
Fulton R, Heymsfield G M. 1991. Microphysical and radiative characteristics of convective clouds during COHMEX. Journal of Applied Meteorology, 30(1): 98-116.
Gao Y H, Cuo L, Zhang Y X. 2014. Changes in moisture flux over the Tibetan Plateau during 1979-2011 and possible mechanisms. Journal of Climate, 27(5): 1876-1893.
Gettelman A, Birner T. 2007. Insights into tropical tropopause layer processes using global models. Journal of Geophysical Research, 112(D23): D23104.
Gettelman A, Forster P M D. 2002. A climatology of the tropical tropopause layer. Journal of the Meteorological Society of Japan, 80(4B): 911-924.
Gettelman A, Salby M L, Sassi F. 2002. Distribution and influence of convection in the tropical tropopause region. Journal of Geophysical Research, 107(D10): 6-1-6-12.
Grise K M, Thompson D W J, Birner T. 2010. A global survey of staticstability in the stratosphere and upper troposphere. Journal of Climate, 23(9): 2275-2292.
Grody N C. 1976. Remote sensing of atmospheric water content from satellites using microwave radiometry. IEEE Transactions on Antennas and Propagation, 24(2): 155-162.
Guo J P, Zhai P M, Wu L, et al. 2014. Diurnal variation and the influential factors of precipitation from surface and satellite measurements in Tibet. International Journal of Climatology, 34(9): 2940-2956.
Hagos S, Zhang C D, Tao W K, et al. 2010. Estimates of tropical diabatic heating profiles: Commonalities and uncertainties. Journal of Climate, 23(3): 542-558.
Hamada A, Takayabu Y N. 2016. Improvements in detection of light precipitation with the global precipitation measurement dual-frequency precipitation radar (GPM DPR). Journal of Atmospheric and Oceanic Technology, 33(4): 653-667.
Han Q Y, Rossow W B, Lacis A A. 1994. Near-global survey of effective droplet radii in liquid water clouds using ISCCP data. Journal of Climate, 7(4): 465-497.
Hansen J, Sato M, Ruedy R. 1997. Radiative forcing and climate response. Journal of Geophysics Research, 102(D6): 6831-6864.
Hansen J E, Travis L D. 1974. Light scattering in planetary atmospheres. Space Science Review, 16(4): 527-610.
Hartmann D L, Hendon H H, Houze Jr R A. 1984. Some implications of the mesoscale circulations in tropical cloud clusters for largescale dynamics and climate. Journal of the Atmospheric

Sciences, 41(1): 113-121.

Hartmann D L, Ockert-Bell M E, Michelsen M L. 1992. The effect of cloud type on earth's energy balance: Global analysis. Journal of Climate, 5(11): 1281-1304.

Hartmann D L, Ramanathan V, Berroir A, et al. 1986. Earth radiation budget data and climate research. Review of Geophysics, 24(2): 439-468.

Haurwitz B, Cowley A D. 1973. Diurnal and semidiurnal barometric oscillations, global distribution and annual variation. Pure and Applied Geophysics, 102(1): 193-222.

Haynes J M, Stephens G L. 2007. Tropical oceanic cloudiness and the incidence of precipitation: Early results from CloudSat. Geophysical Research Letters, 34(9): L09811.

He H Y, Mcginnis J W, Song Z S, et al. 1987. Onset of the Asian summer monsoon in 1979 and the Effect of the Tibetan Plateau. Monthly Weather Review, 115(9): 1966-1995.

He S, Yang S, Li Z N. 2017. Influence of latent heating over the Asian and Western Pacific Monsoon region on Sahel summer rainfall. Scientific Reports, 7(1): 7680.

He X H, Song M H, Zhou Z X. 2020. Temporal and spatial characteristics of water vapor and cloud water over the Qinghai-Xizang Plateau in summer. Plateau Meteor, 39(6): 1339-1347.

Hersbach H, Bell B, Berrisford P, et al. 2020. The ERA5 global reanalysis. Quarterly Journal of the Royal Meteorological, 146(730): 1999-2049.

Highwood E J, Hoskins B J. 1998. The tropical tropopause. Quarterly Journal of the Royal Meteorological Society, 124(549): 1579-1604.

Hobbs P V. 1989. Research on clouds and precipitation: Past, present, and future, Part I. Bulletin of the American Meteorological, 70(3): 282-285.

Hocking L M. 1959. The collision efficiency of small drops. Quarterly Journal of the Royal Meteorological Society, 85(363): 44-50.

Hocking L M, Jonas P R. 1971. The collision efficiency of small drops. Quarterly Journal of the Royal Meteorological Society, 97(414): 582-582.

Hollinger J P, Dmsp S, Cal I, et al. 1991. DMSP Special Sensor Microwave/Imager Calibration/Validation: Final Report. Washington: Naval Research Laboratory: 309.

Holton J R, Gettelman A. 2001. Horizontal transport and the dehydration of the stratosphere. Geophysics Research Letters, 28(14): 2799-2802.

Holton J R, Haynes P H, McIntyre M E, et al. 1995. Stratosphere-troposphere exchange. Reviews of Geophysics, 33(4): 403-439.

Hou A Y, Kakar R K, Neeck S, et al. 2014. The global precipitation measurement mission. Bulletin of the American Meteorological Society, 95(5): 701-722.

Houghton H G. 1968. On precipitation mechanisms and their artificial modification. Journal of

Applied Meteorology, 7(5): 851-859.

Houze Jr R A. 1981. Structures of atmospheric precipitation systems—A global survey. Radio Science, 16(5): 671-689.

Houze Jr R A. 1982. Cloud clusters and large-scale vertical motions in the tropics. Journal of the Meteorological Society of Japan, 60(1): 396-410.

Houze Jr R A. 1989. Observed structure of mesoscale convective systems and implications for large-scale heating. Quarterly Journal of the Royal Meteorological, 115(487): 425-461.

Houze Jr R A. 1993. Cloud Dynamics. New York: Academic Press.

Houze Jr R A. 1997. Stratiform precipitation in regions of convection: A meteorological paradox? Bulletin of the American Meteorological Society, 78(10): 2179-2196.

Houze Jr R A. 2014. Cloud Dynamics. 2nd ed.Waltham: Academic Press.

Houze Jr R A, Cheng C P. 1977. Radar characteristics of tropical convection observed during GATE: Mean properties and trends over summer season. Monthly Weather Review, 105(8): 964-980.

Houze Jr R A, Wilton D C, Smull B F. 2007. Monsoon convection in the Himalayan region as seen by the TRMM Precipitation Radar. Quarterly Journal of the Royal Meteorological Society, 133(627): 1389-1411.

Hsu H H, Liu X. 2003. Relationship between the Tibetan Plateau heating and East Asian summer monsoon rainfall. Geophysical Research Letters, 30(20): 2066.

Hu Y X, Rodier S, Xu K M, et al. 2010. Occurrence, liquid water content, and fraction of supercooled water clouds from combined CALIOP/IIR/MODIS measurements. Journal of Geophysics Research, 15(D4): D00H34.

Huang H L, Diak G R. 1992. Retrieval of nonprecipitating liquid water cloud parameters from microwave data: A simulation study. Journal of Atmospheric and Oceanic Technology, 9(4): 354-363.

Huang J P, Minnis P, Lin B, et al. 2006. Possible influences of Asian dust aerosols on cloud properties and radiative forcing observed from MODIS and CERES. Geophysical Research Letters, 33(6): 4-7.

Igel M R, Drager A J, van den Heever S C. 2014. A CloudSat cloud object partitioning technique and assessment and integration of deep convective anvil sensitivities to sea surface temperature. Journal of Geophysical Research, 119(17): 10515-10535.

Iguchi T, Kozu T, Meneghini R, et al. 2000. Rain-profiling algorithm for the TRMM precipitation radar. Journal of Applied Meteorology, 39(12): 2038-2052.

Iguchi T, Meneghini R. 1994. Intercomparison of single-frequency methods for retrieving vertical rain profile from airborne or spaceborne radar data. Journal of Atmospheric and Oceanic

Technology, 11(6): 1507-1516.

Iguchi T, Seto S, Meneghini R, et al. 2010. GPM/DPR Level-2 Algorithm Theoretical Basis Document. Washington: National Aeronautics and Space Administration: 127.

Iguchi T, Seto S, Meneghini R, et al. 2012. An overview of the precipitation retrieval algorithm for the Dualfrequency Precipitation Radar (DPR) on the Global Precipitation Measurement (GPM) mission's core satellite. Proc. SPIE, 8528, 85281C.

Im E, Wu C L, Durden S L. 2005. Cloud profiling radar for the CloudSat mission. IEEE Aerospace and Electronic Systems Magazine, 20(10): 15-18.

Inoue T, Aonashi K. 2000. A comparison of cloud and rainfall information from instantaneous visible and infrared scanner and precipitation radar observations over a frontal zone in East Asia during June 1998. Journal of Applied Meteorology, 39(12): 2292-2301.

Jacques D, Michelson D, Caron J F, et al. 2018. Latent heat nudging in the Canadian Regional Deterministic Prediction System. Monthly Weather Review, 146(12): 3995-4014.

Jang Y, Strauss D M. 2012. The Indian Monsoon circulation response to El Niño diabatic heating. Journal of Climate, 25(21): 7487-7508.

Janowiak J E, Gruber A, Kondragunta C R, et al. 1998. A comparison of the NCEP-NCAR reanalysis precipitation and the GPCP rain gauge-satellite combined dataset with observational error considerations. Journal of Climate, 11(11): 2960-2979.

Jensen E J, Ackerman A S, Smith J A. 2007. Can overshooting convection dehydrate the tropical tropopause layer? Journal of Geophysical Research, 112(D11): D11209.

Ji G L, Yao L C, Yuan F M, et al. 1987. The climatological characteristics of the components of the surface radiation balance over the Qinghai-Xizang Plateau from August 1982 to July 1983. American Meteorological Society: 116-125.

Ji P, Yuan X. 2020. Underestimation of the warming trend over the Tibetan Plateau during 1998-2013 by global land data assimilation systems and atmospheric reanalyses. Journal of Meteorological Research, 34(1): 88-100.

Johnston B R, Xie F Q, Liu C T. 2018. The effects of deep convection on regional temperature structure in the tropical upper troposphere and lower stratosphere. Journal of Geophysical Research, 123(3): 1585-1603.

Joiner J, Vasilkov A P, Bhartia P K, et al. 2010. Detection of multi-layer and vertically-extended clouds using A-train sensors. Atmospheric Measurement Techniques, 3(1): 233-247.

Joyce R, Arkin P A. 1997. Improved estimates of tropical and subtropical precipitation using the GOES precipitation index. Journal of Atmospheric and Oceanic Technology, 14(5): 997-1011.

Kållberg P, Simmons A, Uppala S, et al. 2004. ERA-40 Project Report Series. Reading: European

Centre for Medium Range Weather Forecasts.
Kalnay E, Kanamitsu M, Kistler R, et al. 1996. The NCEP/NCAR 40-year reanalysis project. Bulletin of the American Meteorological Society, 77(3): 437-471.
Kang S C, Chen P F, Li C L, et al. 2016. Atmospheric aerosol elements over the Inland Tibetan Plateau: Concentration, seasonality, and transport. Aerosol and Air Quality Research, 16(3): 789-800.
Kessler E. 1969. On the distribution and continuity of water substance in atmospheric circulations. Boston: American Meteorological Society: 84.
Key J R, Intrieri J M. 2000. Cloud particle phase determination with the AVHRR. Journal of Applied Meteorology, 39(10): 1797-1804.
King M D, Kaufman Y J, Menzel W P, et al. 1992. Remote sensing of cloud, aerosol, and water vapor properties from the moderate resolution imaging spectrometer (MODIS). IEEE Transactions on Geoscience and Remote Sensing, 30(1): 2-27.
Klein S A, Hartmann D L. 1993. The seasonal cycle of low stratiform clouds. Journal of Climate, 6(8): 1587-1606.
Knupp K R, Geerts B, Goodman S J. 1998. Analysis of a small vigorous mesoscale convective system in a low-shear environment. Part I: Formation, radar echo structure, and lightning behavior. Monthly Weather Review, 126(7): 1812-1836.
Kochanski A. 1955. Cross sections of the mean zonal flow and temperature along 80-degrees-W. Journal of Meteor, 12(2): 95-110.
Kodama Y M, Katsumata M, Mori S, et al. 2009. Climatology of warm rain and associated latent heating derived from TRMM PR observations. Journal of Climate, 22(18): 4908-4929.
Kopacz M, Mauzerall D L, Wang J, et al. 2011. Origin and radiative forcing of black carbon transported to the Himalayas and Tibetan Plateau. Atmospheric Chemistry and Physics, 11(6): 2837-2852.
Kotsuki S, Terasaki K, Miyoshi T. 2014. GPM/DPR Precipitation Compared with a 3.5-km-Resolution NICAM Simulation. SOLA, 10: 204-209.
Kuang Z M, Bretherton C S. 2004. Convective influence on the heat balance of the tropical tropopause layer: A cloud-resolving model study. Journal of Atmospheric Sciences, 61(23): 2919-2927.
Kubota M. 1994. A new cloud detection algorithm for nighttime AVHRR/HRPT data. Journal of Oceanogr, 50(1): 31-41.
Kühnlein M, Appelhans T, Thies B, et al. 2013. An evaluation of a semi-analytical cloud property retrieval using MSG SEVIRI, MODIS and CloudSat. Atmospheric Research, 122: 111-135.

Kumagai H, Kozu T, Satake M, et al. 1995. Development of an active radar calibrator for the TRMM precipitation radar. IEEE Transactions on Geoscience and Remote Sensing, 33(6): 1316-1318.

Kummerow C, Barnes W, Kozu T, et al. 1998. The tropical rainfall measuring mission (TRMM) sensor package. Journal of Atmospheric and Oceanic Technology, 15(3): 809-817.

Kummerow C, Giglio L. 1994. A passive microwave technique for estimating rainfall and vertical structure information from space. Part I: Algorithm description. Journal of Applied Meteorology, 33(1): 3-18.

Kummerow C, Simpson J, Thiele O, et al. 2000. The status of the Tropical Rainfall Measuring Mission (TRMM) after two years in orbit. Journal of Applied Meteorology, 39(12): 1965-1982.

Kuo H L. 1965. On formation and intensification of tropical cyclones through latent heat release by cumulus convection. Journal of the Atmospheric Sciences, 22(1): 40-63.

Kuwagata T, Numaguti A, Endo N. 2001. Diurnal variation of water vapor over the central Tibetan Plateau during summer. Journal of the Meteorological Society of Japan, 79(1B): 401-418.

Lang T J, Barros A P. 2002. An investigation of the onsets of the 1999 and 2000 monsoons in central Nepal. Monthly Weather Review, 130(5): 1299-1316.

Lee R B, Priestley K J, Barkstrom B R, et al. 2000. Terra spacecraft CERES flight model 1 and 2 sensor measurement precisions: Ground-to-flight determinations. EOS V, 4135(1): 1-12.

Lei Y B, Yang K. 2017. The cause of rapid lake expansion in the Tibetan Plateau: Climate wetting or warming? Wires Water, 4(6): E1236.

Li R, Guo J C, Fu Y F, et al. 2015. Estimating the vertical profiles of cloud water content in warm rain clouds. Journal of Geophysical Research, 120(19): 10250-10266.

Li R, Min Q L, Fu Y F. 2011. 1997/98 El Nino-Induced changes in rainfall vertical structure in the East Pacific. Journal of Climate, 24(24): 6373-6391.

Li R, Min Q L, Wu X Q, et al. 2013. Retrieving latent heating vertical structure from cloud and precipitation profiles-Part II: Deep convective and stratiform rain processes. Journal of Quantitative Spectroscopy and Radiative Transfer, 122: 47-63.

Li R, Shao W C, Guo J C, et al. 2019a. A simplified algorithm to estimate latent heating rate using vertical rainfall profiles over the Tibetan Plateau. Journal of Geophysical Research, 124(2): 942-963.

Li W H, Li L F, Ting M F, et al. 2012. Intensification of northern hemisphere subtropical highs in a warming climate. Nature Geoscience, 5(11): 830-834.

Li W L. 1987. The Feathers of the Atmospheric Heat Sources over the Qinghai-Xizang in Summer 1979. Beijing: Science Press: 99-106.

Li Y, Su F G, Chen D L, et al. 2019b. Atmospheric water transport to the endorheic Tibetan Plateau and its effect on the hydrological status in the region. Journal of Geophysical Research, 124(23): 12864-12881.

Lin B, Rossow W B. 1994. Observations of cloud liquid water path over oceans: Optical and microwave remote sensing method. Journal of Geophysical Research, 99(D10): 20907-20927.

Lin B, Rossow W B. 1996. Seasonal variation of liquid and ice water path in nonprecipitating clouds over oceans. Journal of Climate, 9(11): 2890-2902.

Lin B, Rossow W B. 1997. Precipitation water path and rainfall rate estimates over oceans using special sensor microwave imager and International Satellite Cloud Climatology Project data. Journal of Geophysical Research, 102(D8): 9359-9374.

Lin H B, You Q L, Zhang Y Q, et al. 2016. Impact of large-scale circulation on the water vapour balance of the Tibetan Plateau in summer. International Journal of Climatology, 36(13): 4213-4221.

Liou K N. 1980. An Introduction to Atmospheric Radiation. New York: Academic Press: 404.

Liou K N. 2002. An Introduction to Atmospheric Radiation. 2nd ed. San Diego: Academic Press: 608.

Liou K N, Zhou X J. 1987. Progress and prospects for Atmospheric Radiation - Summary of the Beijing International Radiation Symposium. Bulletin of the American Meteorological Society, 68(7): 783-792.

Liu C T, Zipser E J. 2005. Global distribution of convection penetrating the tropical tropopause. Journal of Geophysical Research, 110(D23): D23104.

Liu C T, Zipser E J. 2009. "Warm rain" in the tropics: Seasonal and regional distributions based on 9 yr of TRMM data. Journal of Climate, 22(3): 767-779.

Liu G, Takeda T. 1989. Two types of stratiform precipitating clouds associated with cyclones. Tenki, 36(3): 147-157.

Liu G S. 1998. A fast and accurate model for microwave radiance calculations. Journal of the Meteorological Society of Japan, 76(2): 335-343.

Liu G S. 2004. Approximation of single scattering properties of ice and snow particles for high microwave frequencies. Journal of the Atmospheric Science, 61(20): 2441-2456.

Liu G S, Curry J A. 1992. Retrieval of precipitation from satellite microwave measurement using both emission and scattering. Journal of Geophysics Research, 97(D9): 9959-9974.

Liu G S, Fu Y F. 2001. The characteristics of tropical precipitation profiles as inferred from satellite radar measurements. Journal of the Meteorological Society of Japan, 79(1): 131-143.

Liu L P, Feng J M, Chu R Z, et al. 2002. The diurnal variation of precipitation in monsoon season in the Tibetan Plateau. Advances in Atmospheric Sciences, 19(2): 365-378.

Liu Q, Fu Y F. 2010. Comparison of radiative signals between precipitating and non-precipitating clouds infrontal and typhoon domains over East Asia. Atmospheric Research, 96(2-3): 436-446.

Liu Q, Fu Y F, Yu R C, et al. 2008. A new satellite-based census of precipitating and non-precipitating clouds over the tropics and subtropics. Geophysical Research Letters, 35(7): 366-377.

Liu X D, Bai A J, Liu C H. 2009. Diurnal variations of summertime precipitation over the Tibetan Plateau in relation to orographically induced regional circulations. Environmental Research Letters, 4(4): 045203.

Loeb N G, Manalo-Smith N, Kato S, et al. 2003. Angular distribution models for top-of-atmosphere radiative flux estimation from the clouds and the Earth's radiant energy system instrument on the tropical rainfall measuring mission satellite. Part I: Methodology. Journal of Applied Meteorology, 42(2): 240-265.

Loeb N G, Manalo-Smith N, Su W Y, et al. 2016. CERES top-of-atmosphere earth radiation budget climate data record: Accounting for in-orbit changes in instrument calibration. Remote Sens-Basel, 8(3): 182-196.

Loeb N G, Wielickl B A, Doelling D R, et al. 2009. Toward optimal closure of the Earth's top-of-atmosphere radiation budget. Journal of Climate, 22(3): 748-766.

Long D G, Daum D L. 1998. Spatial resolution enhancement of SSM/I data. IEEE Transactions on Geoscience and Remote Sensing, 36(2): 407-417.

Lu Z F, Streets D G, Zhang Q, et al. 2012. A novel back-trajectory analysis of the origin of black carbon transported to the Himalayas and Tibetan Plateau during 1996-2010. Geophysics Research Letters, 39(1): L01809.

Luo H B, Yanai M. 1984. The large-scale circulation and heat source over the Tibetan Plateau and surrounding areas during the early summer of 1979. Part Ⅱ: Heat and moisture budgets. Monthly Weather Review, 112(5): 966-989.

Luo J, Zheng J Q, Zhong L, et al. 2021. The phenomenon of diurnal variations for summer deep convective precipitation over the Qinghai-Tibet Plateau and its southern regions as viewed by TRMM PR. Atmosphere, 12(6): 745.

Luo Y L, Zhang R H, Qian W M, et al. 2011. Intercomparison of deep convection over the Tibetan Plateau-Asian Monsoon region and subtropical North America in Boreal summer using CloudSat/CALIPSO data. Journal of Climate, 24(8): 2164-2177.

Luo Y L, Zhang R H, Wang H. 2009. Comparing occurrences and vertical structures of hydrometeors between eastern China and the Indian monsoon region using CloudSat/CALIPSO data. Journal of Climate, 22(4): 1052-1064.

Ma Q R, You Q L, Ma Y J, et al. 2021. Changes in cloud amount over the Tibetan Plateau and impacts of large-scale circulation. Atmospheric Research, 249: 105332.

Ma R Y, Luo Y L, Wang H. 2018. Classification and diurnal variations of precipitation echoes observed by a C-band vertically-pointing radar in central Tibetan Plateau during TIPEX-III 2014-IOP. Journal of Meteorological Research, 32(6): 985-1001.

Ma Y M, Fan S, Ishikawa H, et al. 2005. Diurnal and inter-monthly variation of land surface heat fluxes over the central Tibetan Plateau area. Theoretical and Applied Climatology, 80(2-4): 259-273.

Mace G G, Zhang Q Q, Vaughan M, et al. 2009. A description of hydrometeor layer occurrence statistics derived from the first year of merged Cloudsat and CALIPSO data. Journal of Geophysics Research, 114(D8): D00A26.

Machado L A T, Rossow W B, Guedes R L, et al. 1998. Life cycle variations of mesoscale convective systems over the Americas. Monthly Weather Review, 126(6): 1630-1654.

Manabe S, Wetherald R T. 1967. Thermal equilibrium of the atmosphere with a given distribution of relative humidity. Journal of the Atmospheric Sciences, 24(3): 241-259.

Mao J Y, Wu G X. 2012. Diurnal variations of summer precipitation over the Asian Monsoon region as revealed by TRMM satellite data. Science in China (Earth Sciences), 55(4): 554-566.

Mapes B E, Houze Jr R A. 1993. Cloud clusters and superclusters over the oceanic warm pool. Monthly Weather Review, 121(5): 1398-1415.

Mapes B E, Houze Jr R A. 1995. Diabatic divergence profiles in western Pacific mesoscale convective systems. Journal of the Atmospheric Sciences, 52(10): 1807-1828.

Marchand R, Mace G G, Ackerman T, et al. 2008. Hydrometeor detection using Cloudsat: An earth-orbiting 94-GHz cloud radar. Journal of Atmospheric and Oceanic Technology, 25(4): 519-533.

Marshall J S, Palmer W M. 1948. The distribution of raindrops with size. Journal of the Atmospheric Sciences, 5(4): 165-166.

Martin G M, Johnson D W, Rogers D P, et al. 1995. Observations of the interaction between cumulus clouds and warm stratocumulus clouds in the marine boundary layer during ASTEX. Journal of the Atmospheric Science, 52(16): 2902-2922.

Marzoug M, Amayenc P. 1994. A class of single- and dual-frequency algorithms for rain-rate profiling from a spaceborne radar. Part I: Principle and tests from numerical simulations. Journal of Atmospheric and Oceanic Technology, 11(6): 1480-1506.

Mason B J. 1972. Physics of thunderstorm. Proceeding of the Royal Society (London), 327(1571): 433.

Masunaga H, Nakajima T Y, Nakajima T, et al. 2002. Physical properties of maritime low clouds as retrieved by combined use of tropical rainfall measurement mission microwave imager and visible/infrared scanner: Algorithm. Journal of Geophysics Research, 107(D9): 4367.

McKague D, Evans K F. 2002. Multichannel satellite retrieval of cloud parameter probability distribution functions. Journal of the Atmospheric Science, 59(8): 1371-1382.

Meneghini R, Kozu T. 1990. Spaceborne Weather Radar. Boston: Artech House: 212.

Meyer K, Platnick S. 2010. Utilizing the MODIS 1.38μm channel for cirrus cloud optical thickness retrievals: Algorithm and retrieval uncertainties. Journal of Geophysics Research, 115(D24): D24209.

Migliaccio M, Gambardella A. 2005. Microwave radiometer spatial resolution enhancement. IEEE Transactions on Geoscience and Remote Sensing, 43(5): 1159-1169.

Min Q L, Li R, Wu X Q, et al. 2013. Retrieving latent heating vertical structure from cloud and precipitation profiles-Part I: Warm rain processes. Journal of Quantitative Spectroscopy and Radiative Transfer, 122: 31-46.

Minnis P, Heck P W, Young D F, et al. 1992. Stratocumulus cloud properties derived from simultaneous satellite and island-based instrumentation during fire. Journal of Applied Meteorology, 31(4): 317-339.

Mitrescu C, Miller S, Hawkins J, et al. 2008. Near-real-time applications of CloudSat data. Journal of Applied Meteorology Climatology, 47(7): 1982-1994.

Muhsin M, Sunilkumar S V, Ratnam M V, et al. 2018. Effect of convection on the thermal structure of the troposphere and lower stratosphere including the tropical tropopause layer in the South Asian monsoon region. Journal of Atmospheric and Solar-Terrestrial Physics, 169: 52-65.

Nakajima T, King M D. 1990. Determination of the optical thickness and effective particle radius of clouds from reflected solar radiation measurements. Part I: Theory. Journal of the Atmospheric Science, 47(15): 1878-1893.

Nakajima T, King M D, Spinhirne J D, et al. 1991. Determination of the optical thickness and effective particle radius of clouds from reflected solar radiation measurements. Part II: Marine stratocumulus observations. Journal of the Atmospheric Science, 48(5): 728-750.

Nakajima T Y, Nakajima T. 1995. Wide-area determination of cloud microphysical properties from NOAA AVHRR measurements for fire and ASTEX regions. Journal of the Atmospheric Science, 52(23): 4043-4059.

Nauss T, Kokhanovsky A A. 2011. Retrieval of warm cloud optical properties using simple approximations. Remote Sensing of Environment, 115(6): 1317-1325.

Nesbitt S W, Zipser E J. 2003. The diurnal cycle of rainfall and convective intensity according to three years of TRMM measurements. Journal of Climate, 16(10): 1456-1475.

Okamoto K, Kozu T. 1993. TRMM precipitation radar algorithms. IEEE Geoscience Remote Sensing Society: 426-428.

Ou S C, Liou K N, Gooch W M, et al. 1993. Remote sensing of cirrus cloud parameters using advanced very-high-resolution radiometer 3.7- and 10.9-μm channels. Applied Optics, 32(12): 2171-2180.

Pan L L, Hintsa E J, Stone E M, et al. 2000. The seasonal cycle of water vapor and saturation vapor mixing ratio in the extratropical lower most stratosphere. Journal of Geophysical Research, 105(D21): 2169-8996.

Pan X, Fu Y F, Yang S, et al. 2021. Diurnal variations of precipitation over the steep slopes of the Himalayas observed by TRMM PR and VIRS. Advances in Atmospheric Sciences, 38(4): 641-660.

Pang H X, Hou S G, Kaspari S, et al. 2012. Atmospheric circulation change in the central Himalayas indicated by a high-resolution ice core deuterium excess record. Climate Research, 53(1): 1-12.

Park M, Randel W J, Gettelman A, et al. 2007. Transport above the Asian summer monsoon anticyclone inferred from aura microwave limb sounder tracers. Journal of Geophysical Research, 112(D16): D16309.

Petty G W. 1994. Physical retrievals of over-ocean rain rate from multichannel microwave imagery. Part II: Algorithm implementation. Meteorology and Atmospheric Physics, 54(1-4): 101-121.

Platnick S, King M D, Ackerman S A, et al. 2003. The MODIS cloud products: Algorithms and examples from terra. IEEE Transactions on Geoscience and Remote Sensing, 41(2): 459-473.

Poe G A. 1990. Optimum interpolation of imaging microwave radiometer data. IEEE Transactions on Geoscience and Remote Sensing, 28(5): 800-810.

Posselt D J, Stephens G L, Miller M. 2008. CloudSat: Adding a new dimension to a classical view of extratropical cyclones. Bulletin of the American Meteorological, 89(5): 599-610.

Probert-Jones J R. 1961. The radar equation in meteorology. Quarterly Journal of the Royal Meteorological, 88(378): 485-495.

Qie X S, Wu X K, Yuan T, et al. 2014. Comprehensive pattern of deep convective systems over the Tibetan Plateau-South Asian Monsoon region based on TRMM data. Journal of Climate, 27(17): 6612-6626.

Qin F, Fu Y F. 2016. TRMM-observed summer warm rain over the tropical and subtropical Paciflc

Ocean: Characteristics and regional differences. Journal of Meteorological Research, 30(3): 371-385.

Qiu J. 2013. Climatology monsoon melee. Science, 340(6139): 1400-1401.

Ramanathan V, Cess R D, Harrison E F, et al. 1989. Cloud-radiative forcing and climate: Results from the earth radiation budget experiment. Science, 243(4887): 57-63.

Randel W J, Seidel D J, Pan L L. 2007. Observational characteristics of double tropopauses. Journal of Geophysical Research, 112(D7): D07309.

Randel W J, Wu F, Gaffen D J. 2000. Interannual variability of the tropical tropopause derived from radiosonde data and NCEP reanalyses. Journal of Geophysical Research, 105(D12): 15509-15523.

Rao N X, Ou S C, Liou K N. 1995. Removal of the solar component in AVHRR 3.7-μm radiances for the retrieval of cirrus cloud parameters. Journal of Applied Meteorology, 34(2): 482-499.

Raschke E, Ohmura A, Rossow W B, et al. 2005. Cloud effects on the radiation budget based on ISCCP data (1991 to 1995). International Journal of Climatology, 25(8): 1103-1125.

Rasmussen K L, Houze Jr R A. 2012. A flash-flooding storm at the steep edge of high terrain disaster in the Himalayas. Bulletin of the American Meteorological Society, 93(11): 1713-1724.

Reynolds D W. 1980. Observations of damaging hailstorms from geosynchronous satellite digital data. Monthly Weather Review, 108(3): 337-348.

Riehl H, Malkus J S. 1958. On the heat balance in the equatorial trough zone. Geophysical, 6(3-4): 503-538.

Riley E M, Mapes B E. 2009. Unexpected peak near -15℃ in CloudSat echo top climatology. Geophysical Research Letters, 36(9): L09819.

Robinson W D, Kummerow C, Olson W S. 1992. A technique for enhancing and matching the resolution of microwave measurements from the SSM/I instrument. IEEE Transactions on Geoscience and Remote Sensing, 30(3): 419-429.

Rogers R, Yau M. 1989. A Short Course in Cloud Physics. New York: Pergamon.

Rogers R R, Yau M K. 1982. Areal extent and vertical structure of radar weather echoes at Montreal. Pure and Applied Geophysics, 120(2): 273-285.

Romatschke U, Houze Jr R A. 2011. Characteristics of precipitating convective systems in the South Asian Monsoon. Journal of Hydrometeorology, 12(1): 3-26.

Romatschke U, Medina S, Houze Jr R A. 2010. Regional, seasonal, and diurnal variations of extreme convection in the South Asian region. Journal of Climate, 23(2): 419-439.

Romps D M, Kuang Z M. 2009. Overshooting convection in tropical cyclones. Geophysics

Research Letters, 36: L09804.

Rose C R, Chandrasekar V. 2006. A GPM dual-frequency retrieval algorithm: DSD profile-optimization method. Journal of Atmospheric and Oceanic Technology, 23(10): 1372-1383.

Rosenfeld D, Cattani E, Melani S, et al. 2004. Considerations on daylight operation of 1.6-VERSUS 3.7-μm channel on NOAA and Metop satellites. Bulletin of the American Meteorological Society, 85(6): 873-881.

Rosenkranz P W, Staelin D H, Grody N C. 1978. Typhoon June (1975) viewed by a scanning microwave spectrometer. Journal of Geophysics Research, 83(C4): 1857-1868.

Rossow W B. 1989. Measuring cloud properties from space: A review. Journal of Climate, 2(3): 201-213.

Rossow W B, Garder L C. 1993. Cloud detection using satellite measurements of infrared and visible radiances for ISCCP. Journal of Climate, 6(12): 2341-2369.

Rossow W B, Pearl C. 2007. 22-year survey of tropical convection penetrating into the lower stratosphere. Geophysics Research Letters, 34(4): L04803.

Rossow W B, Schiffer R A. 1999. Advances in understanding clouds from ISCCP. Bulletin of the American Meteorological Society, 80(11): 2261-2287.

Roy S S, Balling Jr R C. 2005. Analysis of diurnal patterns in winter precipitation across the conterminous United States. Monthly Weather Review, 133(3): 707-711.

Santer B D, Sausen R, Wigley T M L, et al. 2003. Behavior of tropopause height and atmospheric temperature in models, reanalyses, and observations: Decadal changes. Journal of Geophysical Research, 108(D1): 4002.

Sasaki T, Wu P M, Kimura F, et al. 2003. Drastic evening increase in precipitable water vapor over the southeastern Tibetan Plateau. Journal of the Meteorological Society of Japan, 81(5): 1273-1281.

Sassen K, Wang Z E. 2008. Classifying clouds around the globe with the CloudSat radar: 1-year of results. Geophysical Research Letters, 350(4): L048054.

Satoh S, Noda A. 2001. Retrieval of latent heating profiles from TRMM radar data//Proceedings of the 30th International Conference on Radar Meteorology. Munich: American Meteorological Society: 340-342.

Schiffer R A, Rossow W B. 1983. The international satellite cloud climatology project (ISCCP): The first project of the world climate research programme. Bulletin of the American Meteorological Society, 64(7): 779-784.

Schiffer R A, Rossow W B. 1985. ISCCP global radiance data set: A new resource for climate research. Bulletin of the American Meteorological Society, 66(12): 1498-1505.

Schmidt T, Beyerle G, Heise S, et al. 2006. A climatology of multiple tropopauses derived from GPS radio occultations with CHAMP and SAC - C. Geophysics Research Letters, 33(4): L04808.

Schmidt T, Wickert J, Beyerle G, et al. 2004. Tropical tropopause parameters derived from GPS radio occultation measurements with CHAMP. Journal of Geophysical Research, 109(D13): D13105.

Schroeder J R, Pan L L, Ryerson T, et al. 2014. Evidence of mixing between polluted convective outflow and stratospheric air in the upper troposphere during DC3. Journal of Geophysical Research, 119(19): 11477-11491.

Schumacher C, Houze Jr R A. 2000. Comparison of radar data from the TRMM satellite and Kwajalein oceanic validation site. Journal of Applied Meteorology, 39(12): 2151-2164.

Schumacher C, Houze Jr R A, Kraucunas I. 2004. The tropical dynamical response to latent heating estimates derived from the TRMM Precipitation Radar. Journal of the Atmospheric Sciences, 61(12): 1341-1358.

Seidel D J, Randel W J. 2006. Variability and trends in the global tropopause estimated from radiosonde data. Journal of Geophysical Research, 111(D21): D21101.

Seidel D J, Rose R J, Angell J K, et al. 2001. Climatological characteristics of the tropical tropopause as revealed by radiosondes. Journal of Geophysical Research, 106(D8): 7857-7878.

Selkirk H B. 1993. The tropopause cold trap in the Australian monsoon during STEP/AMEX 1987. Journal of Geophysical Research, 98(D5): 8591-8610.

Shang H Z, Letu H S, Nakajima T Y, et al. 2018. Diurnal cycle and seasonal variation of cloud cover over the Tibetan Plateau as determined from Himawari-8 new-generation geostationary satellite data. Scientific Reports, 8(1): 1105.

Shenk W E. 1974. Cloud top height variability of strong convective cells. Journal of Applied Meteorology, 13(8): 917-922.

Sherwood S C, Dessler A E. 2000. On the control of stratospheric humidity. Geophysics Research Letters, 27(16): 2513-2516.

Sherwood S C, Dessler A E. 2001. A model for transport across the tropical tropopause. Journal of Atmospheric Sciences, 58(7): 765-779.

Sherwood S C, Horinouchi T, Zeleznik H A. 2003. Convective impact on temperatures observed near the tropical tropopause. Journal of Atmospheric Sciences, 60(15): 1847-1856.

Shifrin K S. 1969. Transfer of Microwave Radiation in the Atmosphere. Washington: National Aeronautics and Space Administration: 160.

Shige S, Takayabu Y N, Kida S, et al. 2009. Spectral retrieval of latent heating profiles from TRMM PR data. Part IV: Comparisons of lookup tables from two- and three-dimensional simulations. Journal of Climate, 22(20): 5577-5594.

Shige S, Takayabu Y N, Tao W K, et al. 2004. Spectral retrieval of latent heating profiles from TRMM PR data. Part I: Development of a model-based algorithm. Journal of Applied Meteorology, 43(8): 1095-1113.

Shige S, Takayabu Y N, Tao W K, et al. 2007. Spectral retrieval of latent heating profiles from TRMM PR data. Part II: Algorithm improvement and heating estimates over Tropical Ocean regions. Journal of Applied Meteorology Climatology, 46(7): 1098-1124.

Shige S, Takayabu Y N, Tao W K. 2008. Spectral retrieval of latent heating profiles from TRMM PR data. Part III: Estimating apparent moisture sink profiles over tropical oceans. Journal of Applied Meteorology Climatology, 47(2): 620-640.

Shin D B, North G R, Bowman K P. 2000. A summary of reflectivity profiles from the first year of TRMM radar data. Journal of Climate, 13(23): 4072-4086.

Short D A, Nakamura K. 2000. TRMM radar observations of shallow precipitation over the tropical oceans. Journal of Climate, 13(23): 4107-4124.

Short D A, Wallace J M. 1980. Satellite-inferred morning-to-evening cloudiness changes. Monthly Weather Review, 108(8): 1160-1169.

Shrestha A B, Wake C P, Dibb J E, et al. 2000. Precipitation fluctuations in the Nepal Himalaya and its vicinity and relationship with some large scale climatological parameters. International Journal of Climatology, 20(3): 317-327.

Shrestha D, Singh P, Nakamura K. 2012. Spatiotemporal variation of rainfall over the central Himalayan region revealed by TRMM Precipitation Radar. Journal of Geophysical Research, 117(D22): D22106.

Shrestha M L. 2000. Interannual variation of summer monsoon rainfall over Nepal and its relation to the Southern Oscillation index. Meteorology and Atmospheric Physics, 75(1-2): 21-28.

Simmonds I, Bi D H, Hope P. 1999. Atmospheric water vapor flux and its association with rainfall over China in summer. Journal of Climate, 12(5): 1353-1367.

Simpson J, Adler R F, North G R. 1988. A proposed tropical rainfall measuring mission (TRMM) satellite. Bulletin of the American Meteorological Society, 69(3): 278-295.

Singh P, Nakamura K. 2010. Diurnal variation in summer monsoon precipitation during active and break periods over central India and southern Himalayan foothills. Journal of Geophysical Research, 115(D12): D12122.

Skofronick-Jackson G, Hudak D, Petersen W, et al. 2015. Global precipitation measurement cold season precipitation experiment (GCPEX) for measurement's sake, let it snow. Bulletin of the American Meteorological Society, 96(10): 1719-1741.

Smith E A, Mugnai A. 1988. Radiative transfer to space through a precipitating cloud at multiple microwave frequencies. Part II: Result and analysis. Journal of Applied Meteorology, 27(9): 1074-1091.

Sobel A H. 2007. Simple Models of Ensemble-Averaged Tropical Precipitation and Surface Wind, Given the Sea Surface Temperature. New Jersey: Princeton University Press: 219-251.

Sorooshian S, Gao X, Hsu K, et al. 2002. Diurnal variability of tropical rainfall retrieved from combined GOES and TRMM satellite information. Journal of Climate, 15(9): 983-1001.

Spratt S M, Sharp D W, Welsh P, et al. 1997. A WSR-88D assessment of tropical cyclone outer rainband tornadoes. Weather Forecasting, 12(3): 479-501.

Stein T H M, Delanoë J, Hogan R J. 2011. A comparison among four different retrieval methods for ice-cloud properties using data from CloudSat, CALIPSO, and MODIS. Journal of Applied Meteorology Climatology, 50(9): 1952-1969.

Steiner M, Houze Jr R A, Yuter S E. 1995. Climatological characterization of three-dimensional storm structure from operational radar and rain gauge data. Journal of Applied Meteorology, 34(9): 1978-2007.

Stephens G L, Li J L, Wild M, et al. 2012. An update on Earth's energy balance in light of the latest global observations. Nature Geoscience, 5(10): 691-696.

Stephens G L, Vane D G, Boain R J, et al. 2002. The CloudSat mission and the A-Train: A new dimension of space-based observations of clouds and precipitation. Bulletin of the American Meteorological Society, 83(12): 1771-1790.

Stephens G L, Vane D G, Tanelli S, et al. 2008. CloudSat mission: Performance and early science after the first year of operation. Journal of Geophysical Research, 113(D8): D00A18.

Stogryn A. 1964. Effect of scattering by precipitation on apparent sky temperature in the microwave region. Space General Corporation El Monte.

Strabala K I, Ackerman S A, Menzel W P. 1994. Cloud properties inferred from 8-12-μm data. Journal of Applied Meteorology, 33(2): 212-229.

Sui C H, Lau K M. 1989. Origin of low-frequency (intraseasonal) oscilliations in the tropical atmosphere. Part II: Structure and propagation of mobile Wave-CISK modes and their modification by lower boundary forcings. Journal of the Atmospheric Sciences, 46(1): 37-56.

Sun N, Fu Y F, Zhong L, et al. 2021. The impact of convective overshooting on the thermal structure over the Tibetan Plateau in summer based on TRMM, COSMIC, Radiosonde, and Reanalysis Data. Journal of Climate, 34(19): 8047-8063.

Szoke E J, Zipser E J, Jorgensen D P. 1986. A radar study of convective cells in mesoscale systems in gate. Part I: Vertical profile statistics and comparison with hurricanes. Journal of the Atmospheric Sciences, 43(2): 182-197.

Takayabu Y N. 2002. Spectral representation of rain features and diurnal variations observed with TRMM PR over the equatorial areas. Geophysical Research Letters, 29(12): 25-1-25-4.

Tao W K, Lang S, Olson W S, et al. 2001. Retrieved vertical profiles of latent heat release using TRMM rainfall products for February 1998. Journal of Applied Meteorology, 40(6): 957-982.

Tao W K, Lang S, Simpson J, et al. 1993. Retrieval algorithms for estimating the vertical profiles of latent heat release: Their applications for TRMM. Journal of the Meteorological Society of Japan, 71(6): 685-700.

Tao W K, Lang S, Zeng X P, et al. 2010. Relating convective and stratiform rain to latent heating. Journal of Climate, 23(7): 1874-1893.

Tao W K, Simpson J, Lang S, et al. 1990. An algorithm to estimate the heating budge from vertical hydrometeor profiles. Journal of Applied Meteorology, 29(12): 1232-1244.

Tao W K, Smith E A, Adler R F, et al. 2006. Retrieval of latent heating from TRMM measurements. Bulletin of the American Meteorological Society, 87(11): 1555-1572.

Tao W K, Takayabu Y N, Lang S, et al. 2016. TRMM latent heating retrieval: Applications and comparisons with field campaigns and large-scale analyses. Meteorological Monographs, 56(1): 2.1-2.34.

Tian L, Curry J A. 1989. Cloud overlap statistics. Journal of Geophysical Research, 94(D7): 9925-9935.

Tokay A, Short D A. 1996. Evidence from tropical raindrop spectra of the origin of rain from stratiform versus convective clouds. Journal of Applied Meteorology, 35(3): 355-371.

Trenberth K E. 1991. Climate diagnostics from global analyses: Conservation of mass in ECMWF analyses. Journal of Climate, 4(7): 707-722.

Trenberth K E. 1997. Using atmospheric budgets as a constraint on surface fluxes. Journal of Climate, 10(11): 2796-2809.

Trenberth K E, Fasullo J T. 2013. Regional energy and water cycles: Transports from ocean to land. Journal of Climate, 26(20): 7837-7851.

Twomey S, Seton K J. 1980. Inferences of gross microphysical properties of clouds from spectral reflectance measurements. Journal of the Atmospheric Science, 37(5): 1065-1069.

Ulaby F T, Moore R K, Fung A K. 1981. Microwave Remote Sensing Active and Passive: Microwave Remote Sensing Fundamentals and Radiometry. Massachusetts: Addison-Wesley: 456.

Ulbrich C W. 1983. Natural variations in the analytical form of the raindrop size distribution. Journal of Applied Meteorology Climatology, 22(10): 1764-1775.

Uyeda H, Yamada H, Horikomi J, et al. 2001. Characteristics of convective clouds observed by a Doppler radar at Naqu on Tibetan Plateau during the GAME-Tibet IOP. Journal of the Meteorological Society of Japan, 79(1B): 463-474.

Valovcin F R. 1965. Infrared Measurements of Clouds form a U-2 Platform. Ann Arbor: The University of Michigan: 153-172.

van de Hulst H C. 1980. Multiple Light Scattering: Tables, Formulas, and Applications. New York: Academic Press: 422.

Wang C X, Yang P, Baum B A, et al. 2011. Retrieval of ice cloud optical thickness and effective particle size using a fast infrared radiative transfer model. Journal of Applied Meteorology Climatology, 50(11): 2283-2297.

Wang J X L, Gaffen D. 2001. Late-twentieth-century climatology and trends of surface humidity and temperature in China. Journal of Climate, 14(13): 2833-2845.

Wang R, Fu Y F. 2017. Structural characteristics of atmospheric temperature and humidity inside clouds of convective and stratiform precipitation in the rainy season over East Asia. Journal of Meteorological Research, 31(5): 890-905.

Wang R, Xian T, Wang M X, et al. 2019. Relationship between extreme precipitation and temperature in two different regions: The Tibet Plateau and Middle-East China. Journal of Meteorological Research, 33(5): 870-884.

Wang X J, Chen D L, Pang G J, et al. 2020. A climatology of surface-air temperature difference over the Tibetan Plateau: Results from multi-source reanalyses. International Journal of Climatology, 40(14): 6080-6094.

Wang X N, Prigent C. 2020. Comparisons of diurnal variations of land surface temperatures from numerical weather prediction analyses, infrared satellite estimates and in situ measurements. Remote Sensing, 12(3): 583.

Wang X, Gong Y F, Cen S X. 2009a. Characteristics of the moist pool and its moisture transports over Qinghai-Xizang Plateau in summer half year. Acta Geographical Sinica, 64(5): 601-608.

Wang Y, Fu Y F, Liu G S, et al. 2009b. A new water vapor algorithm for TRMM Microwave Imager (TMI) measurements based on a log linear relationship. Journal of Geophysics Research, 114: D21304.

Wang Y, Liu G S, Seo E H, et al. 2013. Liquid water in snowing clouds: Implications for satellite remote sensing of snowfall. Atmospheric Research, 131: 60-72.

Wang Z Q, Duan A M, Wu G X, et al. 2016. Mechanism for occurrence of precipitation over the southern slope of the Tibetan Plateau without local surface heating. International Journal of Climatology, 36(12): 4164-4171.

Wang Z Q, Duan A M, Yang S, et al. 2017. Atmospheric moisture budget and its regulation on the variability of summer precipitation over the Tibetan Plateau. Journal of Geophysical Research, 122(2): 614-630.

Ware R, Exner M, Feng M, et al. 1996. GPS sounding of the atmosphere from low earth orbit: Preliminary results. Bulletin of the American Meteorological Society, 77(1): 19-40.

Wen L, Zhao K, Zhang G F, et al. 2016. Statistical characteristics of raindrop size distributions observed in East China during the Asian summer monsoon season using 2-D video disdrometer and Micro Rain Radar data. Journal of Geophysics Research, 121(5): 2265-2282.

Weng D. 1986. An analysis of the characteristics features of the surface heat source and heat balance over the Qinghai-Xizang Plateau form May to August 1979. Proceedings of International Symposium on the Qinghai-Xizang Plateau and Mountain Meteorology: 201-218.

Weng F Z. 1992a. A multi-layer discrete-ordinate method for vector radiative transfer in a vertically-inhomogeneous, emitting and scattering atmosphere—I. Theory. Journal of Quantitative Spectroscopy and Radiative Transfer, 47(1): 19-33.

Weng F Z. 1992b. A multi-layer discrete-ordinate method for vector radiative transfer in a vertically-inhomogeneous, emitting and scattering atmosphere—II. Application. Journal of Quantitative Spectroscopy and Radiative Transfer, 47(1): 35-42.

Weng F Z, Grody N C. 1994. Retrieval of cloud liquid water using the special sensor microwave imager (SSM/I). Journal of Geophysics Research, 99(D12): 25535-25551.

Wielicki B A, Barkstrom B R, Harrison E F, et al. 1996. Clouds and the Earth's Radiant Energy System (CERES): An earth observing system experiment. Bulletin of the American Meteorological Society, 77(5): 853-868.

Wielicki B A, Cess R D, King M D, et al. 1995. Mission to planet earth: Role of clouds and radiation in climate. Bulletin of the American Meteorological Society, 76(11): 2125-2153.

Wielicki B A, Young D F, Mlynczak M G, et al. 2013. Achieving climate change absolute accuracy in orbit. Bulletin of the American Meteorological Society, 94(10): 1519-1539.

Wilheit T T, Chang A T C, Rao M S V, et al. 1977. Satellite technique for quantitatively mapping rainfall rates over the oceans. Journal of Applied Meteorology, 16(5): 551-560.

Wilson-Diaz D, Mariano A J, Evans R H. 2009. On the heat budget of the Arabian Sea. Deep-Sea Research Part I, 56(2): 141-165.

Winker D M, Pelon J, Coakley Jr J A, et al. 2010. The CALIPSO mission: A global 3D view of aerosols and clouds. Bulletin of the American Meteorological Society, 91(9): 1211-1229.

WMO. 1957. Meteorology—A three-dimensional science//Second Session of the Commission for Aerology. WMO Bulletin, 6: 134-138.

Wu D L, Ackerman S A, Davies R, et al. 2009. Vertical distributions and relationships of cloud occurrence frequency as observed by MISR, AIRS, MODIS, OMI, CALIPSO, and CloudSat. Geophysical Research Letters, 36(9): L09821.

Wu G X, Duan A M, Liu Y M, et al. 2015. Tibetan Plateau climate dynamics: Recent research progress and outlook. National Science Review, 2(1): 100-116.

Wu G X, Liu Y M, He B, et al. 2012. Thermal controls on the Asian summer monsoon. Scientific Reports, 2: 404.

Wu G X, Liu Y M, Wang T M, et al. 2007. The influence of mechanical and thermal forcing by the Tibetan Plateau on Asian climate. Journal of Hydrometeorology, 8(4): 770-789.

Wu G X, Zhang Y S. 1998. Tibetan Plateau forcing and the timing of the Monsoon onset over South Asia and the South China Sea. Monthly Weather Review, 126(4): 913-927.

Wu Z H. 2003. A shallow CISK, deep equilibrium mechanism for the interaction between large-scale convection and large-scale circulations in the Tropics. Journal of the Atmospheric Sciences, 60(2): 377-392.

Xian T, Fu Y F. 2015. Characteristics of tropopause-penetrating convection determined by TRMM and COSMIC GPS radio occultation measurements. Journal of Geophysics Research, 120(14): 7006-7024.

Xian T, Homeyer C R. 2019. Global tropopause altitudes in radiosondes and reanalyses. Atmospheric Chemistry and Physics, 19(8): 5661-5678.

Xie S P, Xu H M, Saji N H, et al. 2006. Role of narrow mountains in large-scale organization of Asian Monsoon convection. Journal of Climate, 19(14): 3420-3429.

Xie X R, You Q L, Bao Y T, et al. 2018. The connection between the precipitation and water vapor transport over Qinghai-Tibetan Plateau in summer based on the multiple datasets. Plateau Meteor, 37(1): 78-92.

Xu W X. 2013. Precipitation and convective characteristics of summer deep convection over East Asia observed by TRMM. Monthly Weather Review, 141(5): 1577-1592.

Xu X D, Lu C G, Shi X H, et al. 2008. World water tower: An atmospheric perspective. Geophysical Research Letters, 35(20): L20815.

Yan H R, Huang J P, He Y L, et al. 2020. Atmospheric water vapor budget and its long-term trend over the Tibetan Plateau. Journal of Geophysical Research, 125(23): JD033297.

Yan H R, Huang J P, Minnis P, et al. 2011. Comparison of CERES surface radiation fluxes with surface observations over Loess Plateau. Remote Sensing of Environment, 115(6): 1489-1500.

Yanai M, Esbensen S, Chu J H. 1973. Determination of bulk properties of tropical cloud clusters from large-scale heat and moisture budgets. Journal of the Atmospheric Sciences, 30(4): 611-627.

Yanai M, Li C F. 1994. Mechanism of heating and the boundary layer over the Tibetan Plateau. Monthly Weather Review, 122(2): 305-323.

Yanai M, Li C F, Song Z S. 1992. Seasonal heating of the Tibetan plateau and its effects on the evolution of the Asian Summer Monsoon. Journal of the Meteorological Society of Japan, 70(1): 319-350.

Yang G Y, Slingo J. 2001. The diurnal cycle in the tropics. Monthly Weather Review, 129(4): 784-801.

Yang J, Zhang P, Lu N M, et al. 2012. Improvements on global meteorological observations from the current Fengyun 3 satellites and beyond. International Journal of Digital Earth, 5(3): 251-265.

Yang S, Li T. 2017. Causes of intraseasonal diabatic heating variability over and near the Tibetan Plateau in boreal summer. Climate Dynamics, 49(7-8): 2385-2406.

Yang S, Smith E A. 1999a. Four-dimensional structure of monthly latent heating derived from SSM/I satellite measurements. Journal of Climate, 12(4): 1016-1037.

Yang S, Smith E A. 1999b. Moisture budget analysis of TOGA COARE area using SSM/I - retrieved latent heating and large-scale Q_2 estimates. Journal of Atmospheric and Oceanic Technology, 16(6): 633-655.

Yu R C, Wang B, Zhou T J. 2004. Climate effects of the deep continental stratus clouds generated by the Tibetan Plateau. Journal of Climate, 17(13): 2702-2713.

Yu R C, Yuan W H, Li J A, et al. 2010. Diurnal phase of late-night against late-afternoon of stratiform and convective precipitation in summer southern contiguous China. Climate Dynamics, 35(4): 567-576.

Yu R C, Zhou T J, Xiong A Y, et al. 2007. Diurnal variations of summer precipitation over contiguous China. Geophysical Research Letters, 34(1): L01704.

Yu S H, Gao W L, Xiao D X, et al. 2016. Observational facts regarding the joint activities of the southwest vortex and plateau vortex after its department from the Tibetan Plateau. Advances in Atmospheric Sciences, 33(1): 34-46.

Zelinka M D, Randall D A, Webb M J, et al. 2017. Clearing clouds of uncertainty. Nature Climate Change, 7(10): 674-678.

Zhang A Q, Fu Y F, Chen Y L, et al. 2018. Impact of the surface wind flow on precipitation characteristics over the southern Himalayas: GPM observations. Atmospheric Research, 202:

10-22.

Zhang C, Tang Q H, Chen D L. 2017. Recent changes in the moisture source of precipitation over the Tibetan Plateau. Journal of Climate, 30(5): 1807-1819.

Zhang C D, Ling J A, Hagos S, et al. 2010a. MJO signals in latent heating: Results from TRMM retrievals. Journal of the Atmospheric Sciences, 67(11): 3488-3508.

Zhang D L, Huang J P, Guan X D, et al. 2013. Long-term trends of precipitable water and precipitation over the Tibetan Plateau derived from satellite and surface measurements. Journal of Quantitative Spectroscopy and Radiative Transfer, 122: 64-71.

Zhang D M, Luo T, Liu D, et al. 2014. Spatial scales of altocumulus clouds observed with collocated CALIPSO and CloudSat measurements. Atmospheric Research, 149: 58-69.

Zhang D M, Wang Z E, Liu D. 2010b. A global view of midlevel liquid-layer topped stratiform cloud distribution and phase partition from CALIPSO and CloudSat measurements. Journal of Geophysical Research, 115(D4): D00H13.

Zhang M X, Zhao C, Cong Z Y, et al. 2020. Impact of topography on black carbon transport to the southern Tibetan Plateau during the pre-monsoon season and its climatic implication. Atmospheric Chemistry and Physics, 20(10): 5923-5943.

Zhang X, Yao X P, Ma J L, et al. 2016. Climatology of transverse shear lines related to heavy rainfall over the Tibetan Plateau during boreal summer. Journal of Meteorological Research, 30(6): 915-926.

Zhang Y, Chen H M, Wang D. 2019a. Robust nocturnal and early morning summer rainfall peaks over continental East Asia in a global multiscale modeling framework. Atmosphere, 10(2): 53.

Zhang Y, Huang W Y, Zhong D Y. 2019b. Major moisture pathways and their importance to rainy season precipitation over the Sanjiangyuan region of the Tibetan Plateau. Journal of Climate, 32(20): 6837-6857.

Zhao L M, Weng F Z. 2002. Retrieval of ice cloud parameters using the advanced microwave sounding unit. Journal of Applied Meteorology, 41(4): 384-395.

Zhao Y C. 2015. A study on the heavy-rain-producing mesoscale convective system associated with diurnal variation of radiation and topography in the eastern slope of the western Sichuan plateau. Meteorology Atmospheric Physics, 127(2): 123-146.

Zhao Y, Zhou T J. 2020. Asian water tower evinced in total column water vapor: A comparison among multiple satellite and reanalysis data sets. Climate Dynamics, 54(1-2): 231-245.

Zhou L B, Zhu J H, Zou H, et al. 2013. Atmospheric moisture distribution and transport over the Tibetan Plateau and the impacts of the South Asian summer monsoon. Journal of Meteorological Research, 27(6): 819-831.

Zhou X X, Ding Y H, Wang P X. 2010. Moisture transport in the Asian summer monsoon region and its relationship with summer precipitation in China. Journal of Meteorological Research, 24(1): 31-42.

Zipser E J, Lutz K R. 1994. The vertical profile of radar reflectivity of convective cells: A strong indicator of storm intensity and lightning probability? Monthly Weather Review, 122(8): 1751-1759.

Zuidema P. 2003. Convective clouds over the Bay of Bengal. Monthly Weather Review, 131(5): 780-798.

Zwiebel J, Van Baelen J, Anquetin S, et al. 2016. Impacts of orography and rain intensity on rainfall structure. The case of the HyMeX IOP7a event. Quarterly Journal of the Royal Meteorological Society, 142(S1): 310-319.